"十二五"普通高等教育本科国家级规划教材

Hydraulics Third Edition

水力学（第3版）

赵振兴　何建京　王忖　主编
Zhao Zhenxing　He Jianjing　Wang Cun

U0360928

清华大学出版社

北 京

内 容 简 介

本书按照教育部高教司制定的水力学课程教学基本要求编写。共分 13 章：绪论，水静力学，液体一元恒定总流基本原理，层流和紊流、液流阻力和水头损失，液体三元流动基本原理，有压管流，明渠均匀流，明渠非均匀流，堰流和闸孔出流，泄水建筑物下游水流的衔接与消能，渗流，污染物的输运和扩散，水力相似与模型试验基本原理。

本书是依据多年的教学实践，并广泛汲取国内外教材之优点而编写的。在内容安排上，着重分析水流现象，揭示水流内在规律；以水力学的基本概念、基本原理为主，避免繁琐的数学推导，着重物理概念的阐述，对过于繁琐的计算重点介绍计算方法，引导学生用计算机来完成计算；力求与水利、土建工程实际相结合，并注重与其他学科更好地结合，对推动水力学的学科发展起到较好的促进作用。

本书主要作为高等院校水利、土建类专业的大学本科教学用书，也可作为从事水力学工作的工程技术人员参考用书。

图书在版编目(CIP)数据

水力学/赵振兴，何建京，王忖主编.—3 版.—北京：清华大学出版社，2021.3(2025.2 重印)
ISBN 978-7-302-57401-9

Ⅰ．①水…　Ⅱ．①赵…②何…③王…　Ⅲ．①水力学　Ⅳ．①TV13

中国版本图书馆 CIP 数据核字(2021)第 021157 号

责任编辑：佟丽霞
封面设计：何凤霞
责任校对：王淑云
责任印制：曹婉颖

出版发行：清华大学出版社
网　　　址：https://www.tup.com.cn，https://www.wqxuetang.com
地　　　址：北京清华大学学研大厦 A 座　　　邮　　编：100084
社 总 机：010-83470000　　　　　　　　　邮　　购：010-62786544
投稿与读者服务：010-62776969，c-service@tup.tsinghua.edu.cn
质量反馈：010-62772015，zhiliang@tup.tsinghua.edu.cn
印 装 者：河北盛世彩捷印刷有限公司
经　　销：全国新华书店
开　　本：185mm×260mm　　印　张：22.5　　　　字　数：545 千字
版　　次：2005 年 9 月第 1 版　2021 年 4 月第 3 版　印　次：2025 年 2 月第 12 次印刷
定　　价：63.00 元

产品编号：086107-02

第3版前言
foreword

　　2010 年出版的《水力学》第 2 版,至今已使用 10 年。我们在教学过程中发现教材中存在一些不足和需要完善的地方,有必要对教材进行一次修订,使其更加适应教学和工程技术人员的要求,更加成熟。

　　本次再版没有对全书的框架和内容做大的调整,以保持教材的特色和连续性。我们对在教材使用过程中发现的问题,进行了认真的讨论,形成修改意见。力求在语言表达和概念阐述上更加准确和清晰,方便读者使用本教材。

　　此次再版采用集体讨论、分工执笔的方式进行。参加本次修订工作的有赵振兴(第 1 章、第 3 章、第 11 章),何建京(第 4 章、第 9 章、第 13 章),王忖(第 2 章、第 6 章、第 10 章),程莉(第 7 章、第 8 章),张淑君(第 5 章),戴昱(第 12 章)。全书由赵振兴、何建京统编审定。

　　由于水平所限,书中缺点和错误在所难免,敬请批评指正。

作 者
2020 年 12 月

再版前言
foreword

几十年来,从华东水利学院到河海大学,水力学教研室始终致力于教学研究和教材建设,先后公开出版发行水力学教材和教参十余个版次。例如,于1979年编写出版的《水力学》教材,是由教研室集体讨论,分工编写,许荫椿、胡德保、薛朝阳担任主编,该教材于1983年和1990年出版了第2版和第3版;1996年由李家星、陈立德任主编组织教研室的教师并且邀请了部分兄弟院校的教师参与编写的教材,2001年出版了第2版。近20多年来,经过大量的教学实践,在教研室教师们的共同努力下,教材建设不断得到完善和提高,形成了自己的特色。

2005年9月出版的《水力学》教材是由现任水力学教研室负责人组织教师编写的,传承了以往编写的《水力学》教材的许多成果,在此对所有为教材建设作出贡献的老师们表示深切的谢意。

本书是2005年版的修订版(第二版),主要作了如下修订:

(1)对全书的内容阐述进行了反复推敲,力求更加简洁、明了,利于读者理解和掌握。

(2)删除了水力计算中图解法的内容,着重介绍利用迭代方法进行计算的相关内容。

(3)增加了"污染物的输运和扩散"一章,以适应多种专业的教学要求。

(4)对习题做了部分调整,补充了一些习题,也精简了部分习题,力求使习题内容既较为全面又比较简练。

参与本次修订工作的有赵振兴、何建京、王忤、程莉、张淑君和戴昱。其中第12章由戴昱编写,其他各章均由原编写人修订。全书由赵振兴、何建京统编审定。

限于作者水平,书中缺点和错误在所难免,敬请批评指正。

作 者
2009 年 11 月

第1版前言
Foreword

　　水力学是水利类等专业的一门主要技术基础课,它既有本学科的系统性和完整性,又有鲜明的工程应用特征。本书根据教育部水力学及流体力学课程指导小组新近审定的水力学(多学时)课程教学基本要求,结合我们多年的教学实践,并广泛地汲取国内外同类教材中的优点编写而成。全书以分析水流现象,揭示水流规律,加强水力学的基本概念、基本原理为主,避免繁琐的数学推导,着重于物理概念的阐述。

　　在内容安排上,从水力学课程的基础地位出发,加深加宽理论基础,"削枝强干",在不削弱一元流动理论的同时,加强对三元流动的分析,注意运用基本方程分析流动问题,引导学以致用,重在培养学生分析问题的能力。并根据教学的需要,删减了一些传统水力学中偏于专业的内容,使重点更加突出。

　　为了便于学生课后的复习和自学,在每章的书后编写了一定量的思考题供学生独立思考,以加深对所学基本概念的理解;同时,对每章的习题均附了标准答案。

　　本书第1章、第3章、第11章由赵振兴编写;第4章、第9章、第12章由何建京编写;第2、第6章、第10章由王忖编写;第7章、第8章由程莉编写;第5章由张淑君编写。全书由赵振兴统编审定。在制定编写计划过程中得到了许荫椿教授的热情帮助和大力支持,在此表示衷心感谢。

　　由于水平所限,书中缺点和错误在所难免,敬请批评指正。

作者

2005 年 6 月

目　录
Contents

第1章
Chapter

绪　　论

1.1　水力学的定义、任务和发展简史

水力学是研究液体平衡和机械运动规律及其应用的一门技术科学,是力学的一个分支。它的研究对象是液体,主要是水。

水力学的内容大致可分为水静力学、水动力学和工程应用三个部分。水静力学主要是研究液体处于静止(或相对静止)状态时的力学规律及其在实践中的应用,如液体间的相互作用力、液体对固体表面的作用力等。水动力学主要是研究液体处于运动状态时的力学规律。有了上述规律后,可用这些规律解决生产实践中的管道水流、明渠水流、堰流、孔口与管嘴出流、渗流等问题。

水力学理论不仅在水利工程的建设过程中有着广泛的应用,例如修建堤坝、灌溉渠系、水力发电、河道整治等各个方面,而且在国民经济建设的其他领域,例如城市建设、交通运输、石油化工、冶金机械、生物医学、环境工程等诸领域也是所需应用的理论基础之一。此外,随着科技的不断发展,水力学与其他学科相结合又形成了许多分支学科,如河流动力学、海岸动力学、环境水力学、随机水力学、计算水力学等。

同其他自然科学一样,水力学的发展,既依赖于生产实践和科学实验,又受到社会因素的影响。我国在防止水患、兴修水利方面有着悠久的历史。相传四千多年以前的大禹治水,秦朝修建的都江堰、郑国渠和灵渠三大水利工程,都说明当时对明渠水流和堰流的认识已达到相当高的水平。特别是都江堰工程所总结的"深淘滩,低作堰"反映了当时人们对明渠水流和堰流的水流运动规律已有了相当高的认识。隋朝自文帝始,历二世,修浚并贯通南北的大运河长达 1782 km,大大改善了我国南北运输的条件,特别在运河上建造了许多船闸,表明了我国劳动人民的勤劳智慧。我国古代制造的铜壶滴漏,就是利用孔口出流,水位随时间变化的规律制成的,反映了当时人们对孔口出流已经有了相当深入的认识。此外,古代的劳动人民利用水流的冲击力带动水碓、水磨和水排等水利机械来为生产服务。这些都表明当时我国的科学技术在世界上是处于领先地位的。然而在长期的封建统治下,我国水力学的发展较慢,人们对水流的认识始终处于概括的定性阶段而未能够形成一套严密的科学理论。

同我国的情况类似,世界各国为了发展农业和航运事业,也修建了大量的渠系。古罗马

人则修建了大规模的供水系统,这些都反映出人们对水流运动规律有了初步认识。但是,世界公认的最早的水力学萌芽,是古希腊的阿基米德(Archimedes)论述的液体浮力和浮体的定律,奠定了水静力学基础。此后,水力学发展缓慢。

到 15 世纪至 17 世纪,随着生产力的不断发展,出现了大量的水力学问题,但受到当时的科学水平的限制,无法用理论的方法加以解释,只能够凭借直觉或者借助实验来解决。这一时期的代表人物达·芬奇(L.da Vinci)、托里拆利(E. Torricelli)、伽利略(G. Galilel)、帕斯卡(B. Pascal)、牛顿(I. Newton)等用实验方法研究了水静力学、大气压力、孔口出流、压力传递和流体的内摩擦力等问题。但总体上,还没能够真正形成系统的理论。

17 世纪以后,水力学得到了较快的发展,对其运动规律的研究大致可分为两类:其一,通过数学分析的方法严格地进行理论推导,来建立流体力学的基本方程,如伯努利(D. Bernoulli)建立了理想液体运动的能量方程;欧拉(L. Euler)建立了理想液体的运动微分方程;纳维(L.M.H. Navier)和斯托克斯(G.G. Stokes)建立了实际液体的运动方程;雷诺(O. Reynolds)建立了雷诺方程。这样就构成了古典流体力学的理论基础,并且发展成为力学的一个分支。虽然上述方程的建立采用了比较严格的理论推导,但所作的某些假设与实际情况也不尽相符,或由于数学求解上所遇到的困难,所以无法用于求解许多实际工程问题。其二,由于生产力发展的需要,从大量的实验和实际的观测资料中总结出一些经验关系式用以解决实际工程问题,最具代表性的有谢才(A.de Chezy)建立的均匀流动的谢才公式,以及后来为确定谢才系数的曼宁(R. Manning)公式;达西(H.P.G. Darcy)提出的线性渗流定律;毕托(H. Pitot)发明量测水流流速的毕托管;文丘里(A.G.B. Venturi)发明量测管道流量的文丘里管等。这些成果由于理论指导不足,往往都有其局限性,难以解决复杂的问题。

19 世纪末,由于科技发展的突飞猛进,新技术的不断涌现,生产实践要求理论与实际紧密结合才能解决问题。特别在 1904 年普朗特(L. Prandtl)创立了边界层理论,使流体力学的发展进入了一个崭新阶段。逐渐形成了现代流体力学。根据其研究的侧重点不同,可将内容侧重理论分析的称为流体力学,而在内容上注重工程实际应用的称为工程流体力学,亦称为水力学。

20 世纪以来,随着科技的不断进步,根据不同的研究领域的实际需要,水力学得到了空前的发展,并且与其他学科相互渗透,形成了一些新的分支学科,如环境水力学、生态水力学、化学流体力学等。尤其是近半个世纪以来,电子计算机的广泛应用,使得过去无法求解的问题可通过数值计算得到解决。这也为流体力学这一古老的学科插上腾飞的翅膀,从而又形成了一门新的学科——计算流体力学。此外,如激光、超声波、热膜、同位素等现代量测技术的不断发展和日趋成熟,也为流体力学的研究提供了更多有效途径。现代流体力学的研究是建立在理论分析、试验研究、数值计算三大支柱的基础之上的。它们之间相互渗透,赋予流体力学以新的生命力,使其为生产实际的各个领域发挥其应有的作用。

1.2　液体的连续介质模型

液体是由分子组成的;分子之间存在空隙;分子本身作永不停息的、不规则的运动;分子与分子之间还存在相互作用力。这些统属于微观范畴。若以分子为研究对象,由于分子之间存在空隙,因此描述液体的物理量(如速度、压强等)的空间分布也是不连续的。同时,由于分子的随机热运动,又导致物理量在时间上的不连续性。

在标准状态下,1 cm³ 体积的水中约含有 3.3×10^{22} 个水分子,相邻分子间距约为 3.1×10^{-8} cm。可见,分子间的距离相当微小,而在很小的体积中,包含了大量的分子。在一般工程问题中所研究的液体空间比分子尺寸远大得多,而且要解决的工程问题是液体大量分子微观运动的物理量统计平均的结果,即宏观特性。1753 年欧拉提出了一个基本假说,认为液体是由无数没有微观运动的质点组成的没有空隙存在的连续体,并且认为表征液体运动的各物理量,例如密度、速度、加速度、压强等在空间和时间上都是连续分布的。该基本假说也称为欧拉连续介质模型。引入该模型后,不仅可使研究工作大为简化,而且可以将数学分析这一强有力的工具引入到研究中来。在连续介质中,质点是最小的物质单元,其概念是:每个质点包含足够多的分子并保持着宏观运动的一切特性,但其体积与研究的液体空间范围相比又非常之小,以至于可以认为它是液体空间的一个点。简而言之,液体质点就是一个"宏观小、微观大"的液体单元。

连续介质模型是根据科学的研究目的而提出的,它是对液体物质结构的一种简化,与人们的感观相一致,这个概念的引入也是非常自然的。实践证明,在连续介质这一假说的条件下得到的结论具有足够的精度,完全能够满足工程实际的要求。因此对于水力学问题的研究,一般都是建立在连续介质假说的基础之上的。只有某些特殊的水力学问题除外,例如掺气水流、空化空穴现象等,因为液体的连续性遭到破坏,所以连续介质模型不再适用。

1.3 液体的主要物理性质

液体受到力的作用,都是通过液体自身的物理性质来表现的。因此从宏观角度来探讨液体的物理性质是研究液体机械运动的基本出发点。液体的主要物理性质有质量和重量、易流性、黏滞性、压缩性、表面张力等。下面论述这些物理性质及其对液体运动的影响。

1.3.1 质量和重量

像其他物质一样,液体也具有惯性。质量是惯性的度量,质量越大,惯性越大。液体单位体积内所具有的质量称为液体的密度,用 ρ 表示。密度分布均匀的液体称为均质液体,否则为非均质液体。对于均质液体,若其体积为 V,质量为 m,则其密度为

$$\rho = \frac{m}{V} \tag{1.1}$$

对于非均质液体,各点处的密度不同。若想确定空间某点处液体的密度,可围绕该点周围取一微元体积 ΔV,其质量为 Δm,则该点的密度可表示为

$$\rho = \lim_{\Delta V \to 0} \frac{\Delta m}{\Delta V} \tag{1.2}$$

在国际单位制中,密度的单位为 kg/m^3。在一般情况下,液体的密度随压强和温度的变化而发生的变化甚微,故液体的密度可以视为常数。例如水的密度,实际上就以在一个大气

压下、温度为 4℃时最大密度值作为计算值,其数值为 $\rho = 1000\ kg/m^3$。而水银的密度值为 $\rho = 13.6 \times 10^3\ kg/m^3$。不同温度下水的各种物理性质见表 1.1。

表 1.1 水的各种物理性质(一个标准大气压下)

温度 T /℃	密度 ρ /(kg/m³)	动力黏度 μ /(10⁻³ N·s/m²)	运动黏度 ν /(10⁻⁶ m²/s)	体积弹性系数 K /(10⁹ N/m²)
0	999.9	1.792	1.792	2.04
5	1000.0	1.519	1.519	2.06
10	999.7	1.308	1.308	2.11
15	999.1	1.100	1.141	2.14
20	998.2	1.005	1.007	2.20
25	997.1	0.894	0.897	2.22
30	995.7	0.801	0.804	2.23
35	994.1	0.723	0.727	2.24
40	992.2	0.656	0.661	2.27
45	990.2	0.599	0.605	2.29
50	988.1	0.549	0.556	2.30
55	985.7	0.506	0.513	2.31
60	983.2	0.469	0.477	2.28
65	980.6	0.436	0.444	2.26
70	977.8	0.406	0.415	2.25
75	974.9	0.380	0.390	2.23
80	971.8	0.357	0.367	2.21
85	968.6	0.336	0.347	2.17
90	965.3	0.317	0.328	2.16
95	961.9	0.299	0.311	2.11
100	958.4	0.284	0.296	2.07

在液体运动中,一般需要考虑地球对液体的引力,这个引力就是重力,重力的大小称为重量,用 G 表示。重量 G 与质量 m、重力加速度 g 的关系是

$$G = mg \tag{1.3}$$

采用国际单位制时,重量 G 的单位是 N 或 kN,$1\ N = 1\ kg \cdot m/s^2$。

单位体积液体的重量也称为重度,即 $\dfrac{G}{V} = \dfrac{mg}{V} = \rho g$,工程上仍采用此量,但一般的教科书已不再使用。

1.3.2 黏滞性

液体一旦承受剪切力(尽管切力很小,只要切力存在)就会连续变形(即流动),这种特性称为易流性。

液体在流动(连续不断变形)的过程中,其内部会出现某种力抵抗这一变形。不同性质的液体,如水或油,它们抵抗变形的能力是不同的。在流动状态下液体抵抗剪切变形速率能力的度量称为液体的黏滞性(亦称黏性)。

从上面的叙述可知,既然抵抗剪切变形的力和液体的剪切变形速率以及黏性之间存在着某种联系,那么它们之间一定有某种关系存在。下面可以通过液体沿固体壁面作二元平行直线运动(见图 1.1)来分析。设液体质点在运动过程中,始终沿着自己的行动路线,一层一层相互没有混掺地向前运动(这种流动状态亦称为层流运动,将在第 4 章详细讨论),当液体流过固体边界时,由于紧贴边界的极薄液层与边界之间无相对运动(称为实际液体的无滑动条件),则液体与固体之间不存在摩擦力,这样液流中的摩擦力均表现为液体内各流层之间的摩擦力,故称液体内摩擦力。设液流中某点的流速为 u,与流速相垂直的方向为 y,而沿 y 向取微小距离 dy 的流速增量为 du(见图 1.1),则液体的内摩擦力 F 与液层间接触面面积 A 和流速梯度 $\dfrac{du}{dy}$(沿 y 向的流速变化率)成正比,并与液体的黏滞性有关,而与接触面上的压力无关。这一结论于 1686 年由牛顿首先提出,后经大量的试验验证了它的正确性,故称为牛顿内摩擦定律(以区别固体的摩擦定律),可表示为

$$F = \mu A \frac{du}{dy} \tag{1.4}$$

将上式两端同除以面积 A,可得出牛顿内摩擦定律的另一种形式

$$\tau = \frac{F}{A} = \mu \frac{du}{dy} \tag{1.5}$$

式中的 τ 为单位面积上的内摩擦力,亦称为切应力。

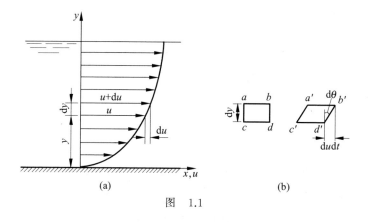

图 1.1

式(1.4)和式(1.5)可表述为:液体运动时,相邻液层间所产生的切力或切应力与剪切变形的速率成正比。此两式均为牛顿内摩擦定律的表达式。

作用在两相邻液层之间的 τ 与 F 都是成对出现的,数值相等,方向相反。运动较慢的液层作用于运动较快的液层上的切力或切应力,其方向与运动方向相反;运动较快的液层作用于运动较慢的液层上的切力或切应力,其方向与运动方向相同。

式(1.4)及式(1.5)中的 μ 为比例系数,称为黏度或黏滞系数,量纲是 $ML^{-1}T^{-1}$,国际单位是 $Pa \cdot s$。其中 Pa 是压强的单位,称为帕[斯卡],$1Pa = 1\ N/m^2$。由于 μ 含有动力学的量纲,亦称为动力黏度,简称黏度。黏度 μ 是黏滞性的度量,μ 值大,黏滞性作用愈强。μ 的数值随液体的种类而各不相同,并随压强和温度的变化而发生变化,但压强对它的影响甚微,可不考虑。温度是影响 μ 的主要因素。温度升高时液体的 μ 值降低,而气体的 μ 值则

加大。其原因可定性地简单解释如下：液体和气体的微观结构不同,由于液体的分子间距较小,液体的黏性主要取决于液体分子间的相互吸引力,温度越高,液体分子热运动越激烈,分子摆脱互相吸引的能力越强,导致液体的黏度随温度的升高而减小。气体的黏性主要取决于气体分子间相互碰撞引起的动量交换,温度越高,气体分子间的动量交换越激烈,导致气体的黏度随温度的升高而增大。液体黏度的大小还可以用 ν 来表达。ν 为黏度 μ 与密度 ρ 的比值,即

$$\nu = \frac{\mu}{\rho} \tag{1.6}$$

ν 的量纲为 $L^2 T^{-1}$,常用的单位是 m^2/s。由 ν 的量纲可知,它仅含运动学的量纲,故称 ν 为运动黏度或运动黏滞系数。不同温度时水的 μ 和 ν 值列于表 1.1。

　　式(1.4)和式(1.5)中的流速梯度 $\dfrac{\mathrm{d}u}{\mathrm{d}y}$ 实质上是表示液体的切应变率(亦称剪切应变率)或角变形率。在图 1.1(a)中垂直于流动方向的 y 轴上任取一厚度为 $\mathrm{d}y$ 的方形微小水体 $abcd$,见图 1.1(b)。由于其上表面的流速 $u+\mathrm{d}u$ 大于其下表面的流速 u,经过 $\mathrm{d}t$ 时段以后,上表面移动的距离 $(u+\mathrm{d}u)\mathrm{d}t$ 大于下表面移动的距离 $u\mathrm{d}t$,因而矩形微小水体 $abcd$ 变为平行四边形 $a'b'c'd'$,角变形为 $\mathrm{d}\theta$(亦称为切应变)。由于 $\mathrm{d}\theta$ 和 $\mathrm{d}t$ 都是微小量,这样可得

$$\mathrm{d}\theta \approx \tan \mathrm{d}\theta = \frac{\mathrm{d}u\,\mathrm{d}t}{\mathrm{d}y}$$

即

$$\frac{\mathrm{d}u}{\mathrm{d}y} = \frac{\mathrm{d}\theta}{\mathrm{d}t} \tag{1.7}$$

式中,$\dfrac{\mathrm{d}\theta}{\mathrm{d}t}$ 是单位时间的角变形,称为角变形率或称为切应变率。需要说明的是,固体与液体有所不同,对于固体,在应力低于比例极限的情况下,切应力与切应变呈线性关系(剪切胡克定律),而液体的切应力与切应变率呈线性关系。虽然仅一字之差,却表明了固体和液体的应力与变形的关系的不同。

　　最后还应特别指出的是,牛顿内摩擦定律仅适用于牛顿流体,反之,凡是符合牛顿内摩擦定律的流体均为牛顿流体。当然,不符合牛顿内摩擦定律的流体为非牛顿流体。可将切应力与切应变率的关系绘于图 1.2。横坐标为 $\dfrac{\mathrm{d}u}{\mathrm{d}y}$,纵坐标为 τ,图中各条线的斜率就是动力黏度 μ 值。

　　图 1.2 中线 A 代表牛顿流体,如水、空气、汽油、酒精和水银。线 B,C,D 均代表非牛顿流体。其中线 B 代表宾汉塑性流体,当切应力低于屈服应力 τ_0 时,该塑性流体静止并有一定的刚度。当切应力超过屈服应力 τ_0 时,流体开始流动,但切应力与切应变率仍然呈线性关系,如泥浆、血浆、牙膏等均属宾汉塑性流体。线 C 为拟塑性流体,其黏度随切应变率的增加而减小,如橡胶、油画用的颜料、油漆等。线 D 为膨胀流体,其黏度随切应变率的增加而增加,如生面团、淀粉糊等。所以在应用牛顿内摩擦定律解

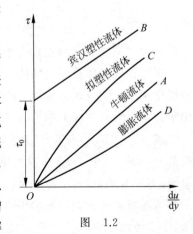

图　1.2

决实际问题时,一定要注意其适用范围,切勿用错。本书仅限于研究牛顿流体。对于非牛顿流体,可参阅有关的专著。

实际的液体,都是有黏性的。由于黏性的存在,给研究液体的运动规律,带来较大的困难。为了简化理论分析,可引入理想液体的概念,所谓理想液体,就是忽略黏性效应的液体(图1.2的横坐标轴即代表理想液体)。由于不考虑黏性,所以流动分析大为简化,从而较容易得出理论分析的结果。当然,所得结果,对某些黏性影响较小的流动,能够较好符合实际;对黏性影响较大的流动,则可通过实验加以修正,这样可解决许多实际流动问题。这也是处理黏性液体运动的一种切实可行的方法。

例 1.1 一涂有厚度为 $\delta=0.5$ mm 润滑油的斜面,其倾角为 $\theta=30°$。一块重量未知,底面积为 $A=0.02$ m^2 的木板沿此斜面以等速度 $U=0.2$ m/s 下滑,如图1.3所示。如果在板上加一个重量 $G_1=5.0$ N 的重物,则下滑速度为 $U_1=0.6$ m/s。试求润滑油的动力黏度 μ。

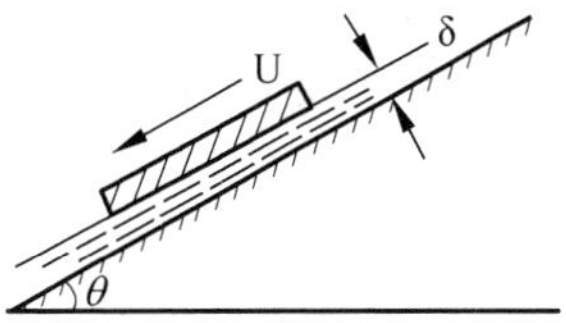

解 当板下滑时,在其底面受到的黏性切力为 $F=\mu AU/\delta$,而板的自重为 G。由于板是匀速下滑,所以沿着板的下滑方向加速度为零,则作用在板上所有外力的和为零。即

$$G\sin\theta=\mu A\frac{U}{\delta}$$

若另外再加上重物 G_1 后,则

$$(G+G_1)\sin\theta=\mu A\frac{U_1}{\delta}$$

将上两式相减后可得

$$G_1\sin\theta=\mu A\frac{U_1-U}{\delta}$$

将 $G_1,\theta,U_1,U,A,\delta$ 的值代入,解得 $\mu=0.1563(\text{N}\cdot\text{s})/\text{m}^2$。

图 1.3

1.3.3 压缩性

液体的体积随所受压力的增大而减小的特性称为液体的压缩性。

液体压缩性的大小可用体积压缩系数 β 来表示。设液体原体积为 V,当所受压强(单位面积上的压力)的增量为 $\mathrm{d}p$ 时,体积增量为 $\mathrm{d}V$,则体积压缩系数

$$\beta=-\frac{\dfrac{\mathrm{d}V}{V}}{\mathrm{d}p} \tag{1.8}$$

β 的物理意义是压强增量为一个单位时单位体积液体的压缩量。β 值越大,表示液体越易压缩。因液体体积总量随压强增大而减小,即 $\mathrm{d}V$ 为负值,为使 β 值为正,故式(1.8)右边取负号。β 的单位为 m^2/N。

β 的倒数称为体积弹性系数,用 K 表示,即

$$K=\frac{1}{\beta}=-\frac{\mathrm{d}p}{\dfrac{\mathrm{d}V}{V}} \tag{1.9}$$

K 值越大,液体越难压缩。K 的单位是 N/m^2。不同温度时水的 K 值也列于表 1.1。

从表 1.1 可以看出,液体的压缩性很小,压强每升高一个大气压,水的密度大约增加 1/20 000;在常温下(10～20℃),温度每增加 1℃,水的密度大约减小 1.5/10 000,所以一般情况下,可以不考虑水的压缩性,将其按不可压缩液体来处理,只有在某些特殊的情况下,如水击或水锤问题(见第 6 章),必须考虑液体的压缩性和弹性。

1.3.4   表面张力

表面张力是液体自由表面在分子作用半径一薄层内由于分子引力大于斥力而在表层沿表面方向产生的拉力。

液体表面张力的大小可以用表面张力系数 σ 来度量,它表示液体表面单位长度上所受的拉力,其单位是 N/m。σ 的数值随液体的种类、温度和表面接触情况而变化。表面张力系数 σ 的数值一般较小,例如在温度为 20℃ 时,与空气相接触的水和水银的 σ 值分别为 0.073 N/m 和 0.51 N/m。由于表面张力很小,在水力学中一般不考虑它的影响。只有在某些特殊的情况下它的影响才必须考虑,如微小液滴(如雨滴)的运动、水深很小的明渠水流和堰流等,以及水力学实验室中的测压管插在液体中所产生的毛细现象,管内液体会高出或低于管外的液体。

在温度为 20℃ 时,水在细玻璃管中的升高值(mm)为(图 1.4(a))

$$h = \frac{30.2}{d} \tag{1.10}$$

水银在细玻璃管中的降低值(mm)为(图 1.4(b))

$$h = \frac{10.8}{d} \tag{1.11}$$

由式(1.10)、式(1.11)可见,管径越细,差值越大。因此量测压强的细管内径 d 不宜过小,否则在量测的过程中会造成较大误差。

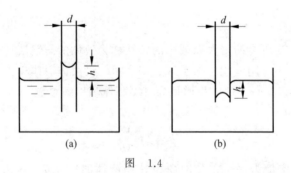

(a)   (b)

图   1.4

1.3.5   汽化压强

液体分子逸出液面向空间扩散的过程称为汽化,液体汽化为蒸汽。汽化的逆过程称为凝结,蒸汽凝结为液体。在液体中,汽化和凝结同时存在,当这两个过程达到动平衡时,宏观的汽化现象停止。此时液体的压强称为饱和蒸汽压强,或汽化压强,液体的汽化压强与温度有关,水的汽化压强见表 3.1。

当水流某处压强低于汽化压强时,在该处水流发生汽化,形成空化现象,对该处水流和相邻固体壁面造成不良影响,甚至可能破坏固体壁面,这一现象也称为空蚀现象(见 3.8 节)。

从以上所介绍的液体物理性质中可知,影响水流运动的因素有很多,但其重要的影响因素是来自水流自身的物理力学性质,所以研究水流运动之前必须掌握这些物理性质。本书主要讨论不可压缩的黏性牛顿液体。

1.4　作用于液体的力

以上介绍了影响水流运动的一个主要因素,即液体的物理性质,下面从力学的观点来分析。影响液体运动的另一个主要因素是作用于液体的力。按力的作用范围来分,作用于液体的力可分为表面力和质量力两类。

1.4.1　表面力

表面力是作用在液体的表面或截面上且与作用面的面积成正比的力。表面力又称为面积力。又由于它产生在液体与液体或液体与固体的接触面上,故又称为接触力。

表面力又可分为垂直于作用面的压力和平行于作用面的切力。至于拉力一般在液体中都是忽略的。设液体的面积为 A,作用的压力为 P,切力为 F,则作用在单位面积上的平均压应力(又称为平均压强)$p = \dfrac{P}{A}$,作用在单位面积上的平均切应力 $\tau = \dfrac{F}{A}$。根据连续介质的假设,可以取其极限值,引入一点应力的概念,则压应力和切应力分别为

$$p = \lim_{\Delta A \to 0} \frac{\Delta P}{\Delta A} \tag{1.12}$$

$$\tau = \lim_{\Delta A \to 0} \frac{\Delta F}{\Delta A} \tag{1.13}$$

在国际单位制中,$\Delta P,\Delta F$ 的单位是牛[顿](N)。p,τ 的单位是 N/m²,即帕[斯卡](Pa)。

1.4.2　质量力

质量力是指作用在脱离体内每个液体质点上的力,其大小与液体的质量成正比。对于均质液体,质量力与体积成正比,故又称为体积力。又由于质量力的产生并不需要施力物体与液体相接触,故该力又称为超距力。

最常见的质量力是重力;此外,对于非惯性坐标系,质量力还包括惯性力。

质量力常用单位质量力来度量。若脱离体中的液体是均质的,其质量为 M,总质量力为 $\boldsymbol{F}$,则单位质量力为

$$\boldsymbol{f} = \frac{\boldsymbol{F}}{M} \tag{1.14}$$

若总质量力在坐标上的投影分别为 F_x,F_y,F_z，单位质量力 f 在相应坐标轴的投影为 f_x,f_y,f_z，则

$$\left.\begin{aligned} f_x &= \frac{F_x}{M} \\ f_y &= \frac{F_y}{M} \\ f_z &= \frac{F_z}{M} \end{aligned}\right\} \tag{1.15}$$

即

$$f = f_x i + f_y j + f_z k$$

单位质量力具有同加速度一样的量纲 L/T^2。

思 考 题

1.1 何谓黏滞性？它与切应力以及剪切变形速率之间符合何种定律？

1.2 试说明为什么可以把液体当作连续介质，这一假说的必要性、合理性及优越性何在？

1.3 液体内摩擦和固体间的摩擦有何不同性质？

1.4 液体和气体产生黏滞性的机制有何不同？

1.5 何谓牛顿液体？试举出几种牛顿液体的例子。

1.6 根据质量 $m=\rho V$，证明体积压缩系数 $\beta = -\dfrac{\dfrac{\mathrm{d}V}{V}}{\mathrm{d}p} = \dfrac{\dfrac{\mathrm{d}\rho}{\rho}}{\mathrm{d}p}$。

1.7 作用于液体上的力有哪几类？它们分别与何种量有关？

习 题

1.1 如图有一薄板在水面上以 $u=2.0$ m/s 的速度作水平运动，设流速沿水深 h 按线性分布。水深 $h=1.0$ cm，水温为 20℃。试求：(1)切应力 τ 沿水深 h 的分布；(2)若薄板的面积为 $A=2.0$ m²，求薄板所受到的阻力 F。

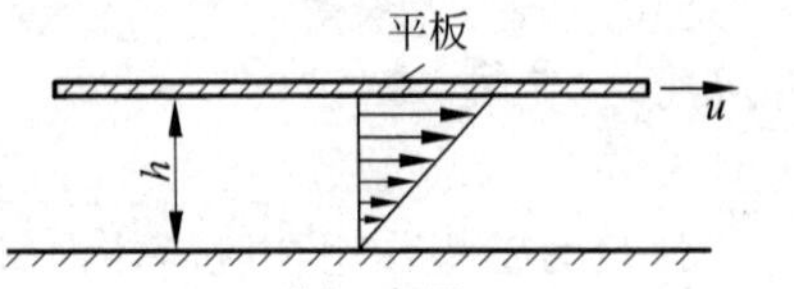

题1.1图

1.2 如图有一宽浅的矩形渠道，其流速分布可由下式表示

$$u = 0.002\frac{g}{\nu}\left(hy - \frac{y^2}{2}\right)$$

式中，g 为重力加速度；ν 为水的运动黏度。当水深 $h=0.5$ m 时，试求：
(1)切应力 τ 的表达式；(2)渠底($y=0$)，水面($y=0.5$)处的切应力 τ；(3)绘制沿铅垂线的切应力分布图。

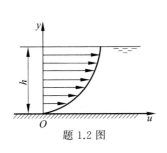

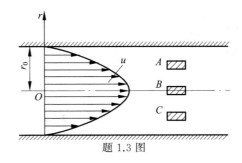

题 1.2 图   题 1.3 图

1.3 如图有一圆管,其水流流速分布为抛物线分布

$$u = 0.001 \frac{g}{\nu}(r_0^2 - r^2)$$

式中,g 为重力加速度;ν 为水的运动黏度。当半径 $r_0 = 0.5$ m 时,试求:

(1)切应力的表达式;(2)计算 $r=0$ 和 $r=r_0$ 处的切应力,并绘制切应力的分布图;

(3)用图分别表示图中矩形液块 A,B,C 经过微小时段 dt 后的形状以及上下两面切应力的方向。

1.4 由内外两个圆筒组成的量测液体黏度的仪器如图所示。两筒之间充满被测液体。内筒半径 r_1,外筒与转轴连接,其半径为 r_2,旋转角速度为 ω。内筒悬挂于一金属丝下,金属丝上所受的力矩 M 可以通过扭转角的值确定。外筒与内筒底面间隙为 δ,内筒高度为 H,试推导所测液体动力黏度 μ 的计算式。

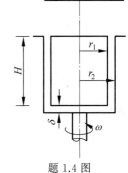

1.5 一极薄平板在动力黏度分别为 μ_1 和 μ_2 两种油层界面上以 $u=0.6$ m/s 的速度运动,如图所示。$\mu_1 = 2\mu_2$,薄平板与两侧壁面之间的流速均按线性分布,距离 δ 均为 3 cm。两油层在平板上产生的总切应力 $\tau = 25$ N/m^2。求油的动力黏度 μ_1 和 μ_2。

题 1.4 图

1.6 如图所示,有一很窄间隙,高为 h,其间被一平板隔开,平板向右拖动速度为 u,平板一边液体的动力黏度为 μ_1,另一边液体的动力黏度为 μ_2,计算平板放置的位置 y。要求:(1)平板两边切应力相同;(2)拖动平板的阻力最小。

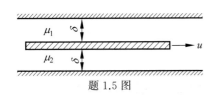

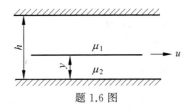

题 1.5 图   题 1.6 图

1.7 (1)一直径为 5 mm 的玻璃管铅直插在 20℃ 的水银槽内,试问管内液面较槽中液面低多少?(2)为使水银测压管的误差控制在 1.2 mm 之内,试问测压管的最大直径为多大?

1.8 温度为 10℃ 的水,若使体积压缩 1/2000,问压强需增加多少?

第2章
Chapter

水 静 力 学

2.1 概　　述

水静力学是研究液体平衡规律及其工程实际应用的学科。

液体的平衡状态有两种：一种是静止状态，即液体质点之间没有相对运动，液体整体相对地球也没有运动，因此静止液体相邻两部分之间以及液体与固体壁面之间的表面力只有静水压力；另一种是相对静止状态，即液体相对地球虽有运动，但液体与容器之间及液体质点之间都不存在相对运动，例如作等加速运动油罐车中的石油，等角速旋转容器中的液体都属于相对静止状态，又称相对平衡状态。处于平衡状态的液体，液体质点之间不存在相对运动，因此也就不产生内摩擦力，所以水静力学问题中液体的黏滞性不显现出来。

在工程实际中，常遇到许多水静力学问题，例如作用于挡水坝和闸门上的静水压力以及量测液体压强的各种仪表的工作原理等，都要用到水静力学的知识。水静力学也是学习水动力学的基础。

水静力学的主要任务是根据液体的平衡规律，计算静水中的点压强，确定受压面上静水压强的分布规律和求解作用于平面和曲面上的静水总压力等。

2.2　静水压强及其特性

2.2.1　静水压强的定义

1. 静水压力

静水压力是指平衡液体内部相邻两部分之间相互作用的力或者指液体对固体壁面的作用力。常以字母 P 表示。在国际单位制中，静水压力的单位为牛[顿](N)或千牛[顿](kN)。

2. 静水压强

为了研究压力在面积上的分布情况，引进静水压强的概念。在静止液体中任取一点

m,围绕 m 点取一微小面积 ΔA,作用在该面积上的静水压力为 ΔP,如图 2.1 所示。面积 ΔA 上的平均静水压强为

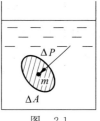

$$\Delta p = \frac{\Delta P}{\Delta A}$$

当 ΔA 无限缩小并趋于点 m 时,比值 $\dfrac{\Delta P}{\Delta A}$ 的极限值定义为 m 点的静水压强,压强用小写字母 p 表示,即

图 2.1

$$p = \lim_{\Delta A \to 0} \frac{\Delta P}{\Delta A}$$

压强 p 的单位是 $N/m^2(Pa)$,$kN/m^2(kPa)$,气象上常用百帕(100 Pa)为气压单位。

必须指出:压力和压强是两个不同概念,在许多情况下,决定事物性质的不是压力而是压强。

2.2.2 静水压强的特性

静水压强具有两个特性。

(1) 静水压强的方向垂直指向作用面。如图 2.1 所示。如果静水压力 ΔP 不垂直于作用面,则可将 ΔP 分解为两个分力,一个力垂直于作用面,另一个力与作用面平行,这个与作用面平行的力为切力。根据液体的易流动性,静止的液体在任何微小切力的作用下将失去平衡而开始流动,所以平行于作用面的切力应等于零,即静水压强必垂直指向作用面。又由于静止液体在拉力作用下也要失去平衡而流动,因而只能是压力。这样就充分地证明了静水压强的方向是垂直压向作用面的。

(2) 静止液体中任一点处各个方向的静水压强的大小都相等,与该作用面的方位无关。

为证明这一特性,在静止液体中任取一微小四面体,其三个棱边分别平行于 x,y,z 轴,长度分别为 dx,dy,dz。三个垂直于 x,y,z 轴的面积分别为 dA_x,dA_y,dA_z,斜面面积为 dA_n,如图 2.2 所示。因为四面体是在静止液体中取出的,它在各种外力作用下应处于平衡状态。

作用于微小四面体上的力有面积力和质量力。

(1) 面积力 可认为微小四面体各作用面上的静水压强是均匀分布的,分别以 p_x,p_y,p_z 和 p_n 表示,则作用在各面上的静水压力分别为

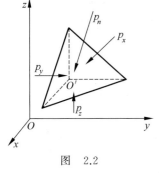

$$dP_x = p_x dA_x = p_x \frac{1}{2} dy dz$$

$$dP_y = p_y dA_y = p_y \frac{1}{2} dx dz$$

$$dP_z = p_z dA_z = p_z \frac{1}{2} dx dy$$

$$dP_n = p_n dA_n$$

图 2.2

(2) 质量力 设单位质量力在 x,y,z 轴上的投影为 f_x,f_y,f_z,四面体的质量为 $\frac{1}{6}\rho dx dy dz$,则质量力在各坐标轴上

的分量为 $\frac{1}{6}f_x\rho\mathrm{d}x\mathrm{d}y\mathrm{d}z$，$\frac{1}{6}f_y\rho\mathrm{d}x\mathrm{d}y\mathrm{d}z$，$\frac{1}{6}f_z\rho\mathrm{d}x\mathrm{d}y\mathrm{d}z$。

因微小四面体取自于平衡液体，也处于平衡状态，故上述各力在各坐标轴方向上的投影之和分别等于零。

以 x 方向为例，写出微小四面体在 x 轴方向上的平衡方程为

$$p_x\mathrm{d}A_x - p_n\mathrm{d}A_n\cos(\boldsymbol{n},x) + \frac{1}{6}f_x\rho\mathrm{d}x\mathrm{d}y\mathrm{d}z = 0$$

式中，$\cos(\boldsymbol{n},x)$ 为斜面的法线方向 $\boldsymbol{n}$ 与 x 轴夹角的余弦；$\mathrm{d}A_n\cos(\boldsymbol{n},x)$ 为斜面 $\mathrm{d}A_n$ 在 yOz 平面上的投影，即

$$\mathrm{d}A_n\cos(\boldsymbol{n},x) = \mathrm{d}A_x = \frac{1}{2}\mathrm{d}y\mathrm{d}z$$

代入上述平衡方程，得

$$p_x\frac{1}{2}\mathrm{d}y\mathrm{d}z - p_n\frac{1}{2}\mathrm{d}y\mathrm{d}z + \frac{1}{6}f_x\rho\mathrm{d}x\mathrm{d}y\mathrm{d}z = 0$$

等式两边同除以 $\mathrm{d}y\mathrm{d}z$，并略去高阶微量，得

$$p_x = p_n$$

同理，对 y，z 方向分别列出平衡方程，可得 $p_y = p_n$；$p_z = p_n$，故

$$p_x = p_y = p_z = p_n \tag{2.1}$$

由于微小四面体斜面的方向是任意选取的，所以当四面体无限缩小至一点时，各个方向的静水压强均相等。

静水压强第二个特性表明，作为连续介质的平衡液体内，任一点的静水压强仅是空间坐标的函数而与受压面方位无关，即

$$p = p(x,y,z)$$

2.3 液体平衡微分方程及其积分

2.3.1 液体平衡微分方程

为了研究静水压强的具体分布规律，首先研究液体处于静止状态下所有的力满足的条件，即推导出其平衡微分方程式。

在静止或相对平衡的液体中取边长分别为 $\mathrm{d}x$，$\mathrm{d}y$，$\mathrm{d}z$ 的微小六面体，其中心点为 $M(x,y,z)$，各边分别与坐标轴平行，如图 2.3 所示。

作用于六面体上的力有表面力和质量力。

（1）表面力。六面体上的表面力是周围液体对它的压力，为此先要确定六面体各面上的压强。设六面体中心点 $M(x,y,z)$ 的压强为 p，当坐标有微小变化时，压强 p 也发生变化。以 x 方向为例，作用于 AB 和 CD 面上形心点 $M'\left(x+\dfrac{\mathrm{d}x}{2},y,z\right)$ 和 $M''\left(x-\dfrac{\mathrm{d}x}{2},y,z\right)$ 上的压强分别为 $\left(p+\dfrac{\partial p}{\partial x}\dfrac{\mathrm{d}x}{2}\right)$ 和 $\left(p-\dfrac{\partial p}{\partial x}\dfrac{\mathrm{d}x}{2}\right)$。因微小六面体的面积很微小，可用其形心点的

压强代表整个面积上的压强,则 AB 和 CD 面上的压力分别为 $\left(p+\dfrac{\partial p}{\partial x}\dfrac{\mathrm{d}x}{2}\right)\mathrm{d}z\mathrm{d}y$ 和 $\left(p-\dfrac{\partial p}{\partial x}\dfrac{\mathrm{d}x}{2}\right)\mathrm{d}z\mathrm{d}y$。同理,也可写出作用在其他四个面上的压力表达式。

（2）质量力。六面体中液体质量为 $\rho\mathrm{d}x\mathrm{d}y\mathrm{d}z$。单位质量力在三个坐标轴上的投影为 f_x,f_y,f_z,则三个方向的质量力分别为 $f_x\rho\mathrm{d}x\mathrm{d}y\mathrm{d}z$,$f_y\rho\mathrm{d}x\mathrm{d}y\mathrm{d}z$,$f_z\rho\mathrm{d}x\mathrm{d}y\mathrm{d}z$。

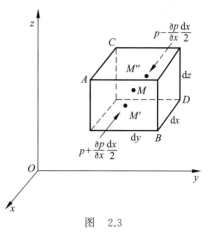

图　2.3

作用在六面体上的所有外力,即作用在六个面上的表面力和质量力构成空间力系。根据液体平衡条件,合力为零。以 x 方向为例,则该方向的平衡微分方程为

$$\left(p-\frac{\partial p}{\partial x}\frac{\mathrm{d}x}{2}\right)\mathrm{d}y\mathrm{d}z-\left(p+\frac{\partial p}{\partial x}\frac{\mathrm{d}x}{2}\right)\mathrm{d}y\mathrm{d}z+f_x\rho\,\mathrm{d}x\mathrm{d}y\mathrm{d}z=0$$

以六面体的质量 $\rho\mathrm{d}x\mathrm{d}y\mathrm{d}z$ 除以上式各项,化简后得 x 方向的液体平衡微分方程为

$$f_x-\frac{1}{\rho}\frac{\partial p}{\partial x}=0$$

同理可得出 y,z 方向的液体平衡微分方程,一并列出为

$$\left.\begin{array}{l}f_x-\dfrac{1}{\rho}\dfrac{\partial p}{\partial x}=0\\[2mm]f_y-\dfrac{1}{\rho}\dfrac{\partial p}{\partial y}=0\\[2mm]f_z-\dfrac{1}{\rho}\dfrac{\partial p}{\partial z}=0\end{array}\right\}\tag{2.2}$$

式(2.2)为液体的平衡微分方程式。它是瑞士数学家和力学家欧拉于 1755 年首先得出的,又称为欧拉液体平衡微分方程。它反映了平衡液体中质量力与压强梯度力的关系。亦即,在静止液体内部,若在某一方向上有质量力存在,那该方向就一定存在压强的变化,反之亦然。

2.3.2　液体平衡微分方程的积分

为了求得平衡液体中任意一点的静水压强 p,须将欧拉平衡微分方程进行积分,为此,将欧拉液体平衡方程中各式分别乘以 $\mathrm{d}x,\mathrm{d}y,\mathrm{d}z$,然后相加可得

$$f_x\mathrm{d}x+f_y\mathrm{d}y+f_z\mathrm{d}z=\frac{1}{\rho}\left(\frac{\partial p}{\partial x}\mathrm{d}x+\frac{\partial p}{\partial y}\mathrm{d}y+\frac{\partial p}{\partial z}\mathrm{d}z\right)$$

上式右端括号内是 $p=p(x,y,z)$ 的全微分 $\mathrm{d}p$,于是

$$\mathrm{d}p=\rho(f_x\mathrm{d}x+f_y\mathrm{d}y+f_z\mathrm{d}z)\tag{2.3}$$

式(2.3)称为液体平衡微分方程的综合式,当液体所受的质量力已知时,可求出液体内的压强 p 的具体表达式。

2.3.3 等压面特性

定义:在互相连通的同一种液体中,由压强相等的各点所组成的面称为等压面。在等压面上,压强 p 为常量, $\mathrm{d}p=0$,则由式(2.3)得到等压面方程为

$$f_x \mathrm{d}x + f_y \mathrm{d}y + f_z \mathrm{d}z = 0 \tag{2.4}$$

设液体质点在单位质量力 f 的作用下,在等压面上移动微小距离 $\mathrm{d}s$ 。 $\mathrm{d}s$ 在相应坐标轴上的投影分别为 $\mathrm{d}x, \mathrm{d}y, \mathrm{d}z$,则 $f \cdot \mathrm{d}s = f_x \mathrm{d}x + f_y \mathrm{d}y + f_z \mathrm{d}z$ 表示液体质点在等压面上移动 $\mathrm{d}s$ 时质量力所做的功。式(2.4)表明,在等压面上,质量力所做的功等于零。因为质量力和 $\mathrm{d}s$ 都不等于零,所以等压面上任意点处的质量力与等压面正交。这是等压面的一个重要特性。

2.4 重力作用下静水压强的分布规律

2.4.1 水静力学基本方程

工程实际中最常见的质量力是重力。因此,研究重力作用下静止液体中压强的分布规

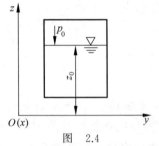

图 2.4

律,更具有实际意义。

设一盛水密闭容器在重力作用下处于静止状态,选直角坐标系 $Oxyz$,自由液面的位置高度为 z_0 ,压强为 p_0 。如图 2.4 所示。

当质量力只有重力时,作用在静止液体上的单位质量力 $f_x = f_y = 0, f_z = -g$,代入式(2.3)得

$$\mathrm{d}p = -\rho g \mathrm{d}z$$

积分上式得

$$p = -\rho g z + C' \tag{2.5}$$

由边界条件:在液体表面上 $z = z_0, p = p_0$,定出积分常数 $C' = p_0 + \rho g z_0$,代回积分式(2.5)得

$$p = p_0 + \rho g(z_0 - z)$$

式中, $z_0 - z$ 为液面到液体中任一点的深度,也就是相应点的水深,用 h 表示,则有

$$p = p_0 + \rho g h \tag{2.6}$$

式(2.6)表明,在重力作用下,液体中任一点的静水压强 p 由表面压强 p_0 和 $\rho g h$ 两部分组成,当 p_0 和 ρ 一定时,压强 p 随水深 h 的增加而增大,呈线性变化。

由式(2.6),液体中任意两点 A, B 的压强 p_A, p_B 的关系也可写为

$$p_B = p_A \pm \rho g \Delta h \tag{2.7}$$

式(2.7)为静止液体内部任意两点的压差公式,式中, Δh 为两点间的高度差,当点 B 低于点 A 时取正号,反之,点 B 高于点 A 时取负号。

水静力学基本方程还有另外一种形式,式(2.5)两边同除以 ρg ,移项得

$$z + \frac{p}{\rho g} = C \tag{2.8}$$

式中, C 仍为积分常数。它表明, 当质量力仅为重力时, 静止液体内部任意点的 z 和 $\frac{p}{\rho g}$ 两项之和为常数。

式(2.6)和式(2.8)以两种不同形式表示重力作用下静止液体中压强的分布规律, 均称为液体静力学基本方程式。

2.4.2　绝对压强、相对压强, 真空

大气压强是地面以上的大气层的重量所产生的。根据物理学中托里拆利实验, 一个标准大气压相当于 76 cm 高的水银柱在其底部所产生的压强。水银的密度 $\rho_m = 13.6 \times 10^3$ kg/m³, 则

一个标准大气压强 $= 13.6 \times 10^3$ kg/m³ $\times 9.81$ N/kg $\times 0.76$ m $\approx 1.014 \times 10^5$ N/m²
相当于 10.33 m 水柱在其底部所产生的压强。

大气压强与当地的纬度、海拔高度及温度有关, 因此有当地大气压强之称。当地大气压强以 p_a 表示。若未加说明, 当地大气压强 p_a 可取用标准大气压强, 并常常称为大气压强。

为便于计算, 工程中有时采用工程大气压强。一个工程大气压强 $= 98\,100$ N/m² $= 98.1$ kN/m², 相当于 10 m 水柱在其底部产生的压强, 又相当于 73.6 cm 水银柱在其底部产生的压强。工程大气压强是大气压强的近似值, 本书不采用。

计算压强大小时, 根据起算基准的不同, 可表示为绝对压强和相对压强。如图 2.5 所示。

以设想没有任何气体存在的绝对真空为计算零点所得到的压强称为绝对压强, 以 p_{abs} 表示。

以当地大气压强 p_a 为计算零点所得到的压强称为相对压强, 又称为计示压强或表压强, 以 p_r 表示。对某一点来说, 它的相对压强与绝对压强之间相差一个当地大气压强。其两者之间的关系为

$$p_r = p_{abs} - p_a \tag{2.9}$$

绝对压强和相对压强只是起量点不同而已。绝对压强大于等于零, 不可能出现负值。但相对压强可

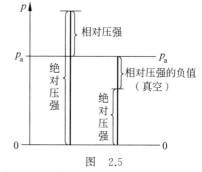

图　2.5

正可负。工程上使用的压强值, 一般不加说明是指它的相对压强值, 并常省略下标"r"。

如果某点的绝对压强小于大气压强, 其相对压强为负值, 则认为该点出现了真空。某点的真空压强以 p_v 表示:

$$p_v = p_a - p \tag{2.10}$$

式(2.10)右端中的 p_a 和 p 均用绝对压强或均用相对压强, 该等式都成立。

真空的大小除了以真空压强 p_v 表示外, 还可以用真空高度 h_v 表示。定义为

$$h_v = \frac{p_v}{\rho g} \tag{2.11}$$

根据真空的定义,某点的真空压强是指该点的压强不足一个大气压强的数值,不足之值以正值表示,真空在理论上的最大值是一个大气压强,但在工程上往往很少出现极限状况。

2.4.3 水头与单位能量

水静力学方程(2.8)具有几何意义和能量意义。

1. 几何意义

式(2.8)中各项都具有长度的量纲,可以用几何高度表示。在图 2.6 所示容器的侧壁上装一测压管,测压管可以装在侧壁和底部上任意一点。取任意水平面 0—0 面为基准面。对于液体中任意点,测压管自由液面到基准面的高度由

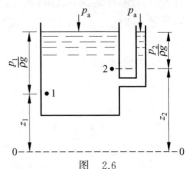

图   2.6

$z + \dfrac{p}{\rho g}$ 组成:z 为该点到基准面的高度;$\dfrac{p}{\rho g}$ 为测压管自由液面到该点的高度,也是该点压强所形成的液柱高度。在水力学中常用"水头"表示高度,故称 z 为位置水头,$\dfrac{p}{\rho g}$ 为压强水头,两者之和 $\left(z + \dfrac{p}{\rho g}\right)$ 即测压管自由液面至基准面的高度,称为测压管水头,以 H 表示。式(2.8)表明,对于静止液体中任意两点 1 和 2,它们的位置水头和压强水头之和为常数。或者说,静止液体中各点的测压管水头 H 为常数。即

$$z_1 + \frac{p_1}{\rho g} = z_2 + \frac{p_2}{\rho g} = H \tag{2.12}$$

2. 能量意义

如图 2.6 所示,在盛有液体的容器中取一小块微小液体,其重量为 G,所处的位置高度为 z。从物理学知道,这块液体具有位置势能 Gz。对单位重量液体来说,有

$$\frac{Gz}{G} = z$$

故 z 的能量意义是单位重量液体在该点相对于基准面所具有的位置势能,称为单位位能。

如果液体中某点的压强为 p,在该处安置测压管后,在压强 p 的作用下,自由液面将沿管上升到高度 $\dfrac{p}{\rho g}$,$\dfrac{p}{\rho g}$ 的能量意义是单位重量液体在该点相对于大气压强所具有的压强势能,简称单位压能。

z 与 $\dfrac{p}{\rho g}$ 之和代表了单位位能与单位压能之和,称单位总势能。式(2.8)说明,在静止液体内部,各点的单位总势能均相等。

值得注意的是,如果容器是密闭的,且液体表面压强 p_0 大于或小于大气压强 p_a,则测压管中液面就高于或低于容器内液面,但静止液体内不同点的测管水头仍为同一常数,都等于测压管自由液面到基准面的距离。z 的大小与所选基准面的位置有关,而压强水头的大

小与基准面的位置无关。

2.4.4 等压面的应用

在重力作用下,静止均质液体中的等压面是水平面。需要强调指出,这一结论只能适用于互相连通的同一种液体,对于互不连通的液体则不适用。如图 2.7(a)所示液体间以阀门隔开,图 2.7(b)穿过两种不同液体的平面都不是等压面。

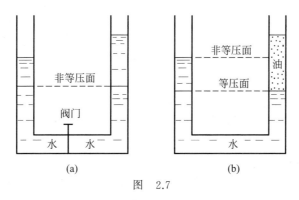

图 2.7

利用等压面原理及水静力学基本方程可以分析工程上或实验室中常用的测压设备的原理。

(1) U 形水银测压计。测压管只适用于量测较小的压强,否则需要的玻璃管过长,应用不方便。量测较大的压强可用水银测压计,水银的密度较大,沉于被量测液体的下部,测压计做成 U 形。在压差的作用下,水银面出现高差。如图 2.8 中 B 点的压强

$$p_B = \rho_m g \Delta h - \rho g a \tag{2.13}$$

式中,ρ_m 为水银的密度。

(2) 压差计。压差计直接量测两点之间的压强差,并不涉及该两点的压强大小。压差计可分为空气压差计、油压差计和水银压差计等。

图 2.9 所示为一种空气压差计,倒 U 形管上部充以空气,下部两端用橡皮管连接到容器

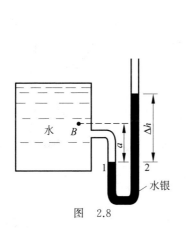

图 2.8

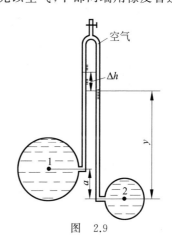

图 2.9

中需要量测的 1,2 两点。当 1,2 两点的压强不等时,倒 U 形管中的液面存在高差 Δh。因空气的密度很小,可以认为两管的液面压强相等。应用压差公式有

$$p_1 = p_2 - \rho g y + \rho g (\Delta h + y - a)$$

即

$$p_1 - p_2 = \rho g (\Delta h - a) \tag{2.14}$$

在测得 Δh 和 a 后,即可求出 1,2 两点的压强差。

当量测的压强较小时,为了提高精度,将压差计倾斜某一角度 θ,如图 2.10 所示。用倾斜压差计量测的两点压差为

$$p_1 - p_2 = \rho g (\Delta h' \sin \theta - a) \tag{2.15}$$

常用的 θ 值为 $10° \sim 30°$,这样可使压差读数放大 $2 \sim 5$ 倍。

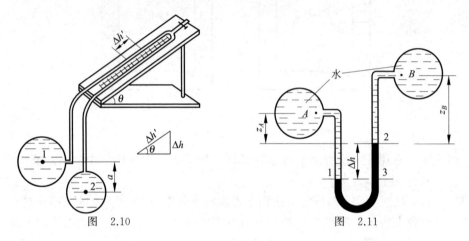

图 2.10   图 2.11

量测大压差时,可用水银压差计,如图 2.11 所示,U 形管中充以水银。根据等压面原理及压差公式有

$$p_A + \rho g z_A + \rho g \Delta h - \rho_m g \Delta h - \rho g z_B = p_B$$

即

$$p_A - p_B = \rho g (z_B - z_A) + (\rho_m - \rho) g \Delta h \tag{2.16}$$

测出 $\Delta h, z_A$ 和 z_B,即可求出 A, B 两点的压强差。

例 2.1 如图 2.12 所示为一盛水容器。为了测出容器内 A 点的压强,在该处装一复式 U 形水银测压计。已知测压计上各液面及 A 点的标高为:$\nabla_1 = 1.8$ m,$\nabla_2 = 0.6$ m,$\nabla_3 = 2.0$ m,$\nabla_4 = 1.0$ m,$\nabla_A = \nabla_5 = 1.5$ m。试确定管中 A 点压强。

解 已知断面 1 上作用着大气压,因此可从点 1 开始,通过等压面,并利用压差公式逐点推算,最后便可求得 A 点压强,图中 2—2,3—3,4—4 是等压面。直接写出 A 点压强为

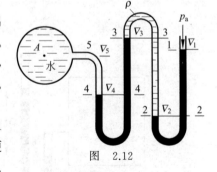

图 2.12

$$p_A = \rho_m g (\nabla_1 - \nabla_2) - \rho g (\nabla_3 - \nabla_2) + \rho_m g (\nabla_3 - \nabla_4) - \rho g (\nabla_5 - \nabla_4)$$

$$= [\rho_m(\nabla_1 - \nabla_2 + \nabla_3 - \nabla_4) - \rho(\nabla_3 - \nabla_2 + \nabla_5 - \nabla_4)]g$$
$$= [13.6 \times 10^3 \text{ kg/m}^3 \times (1.8 - 0.6 + 2.0 - 1.0) \text{ m} - 1000 \text{ kg/m}^3 \times$$
$$(2.0 - 0.6 + 1.5 - 1.0) \text{ m}] \times 9.81 \text{ N/kg} = 275 \times 10^3 \text{ N/m}^2 = 275 \text{ kN/m}^2$$

2.4.5 静水压强分布图

在水利工程中只需计算相对压强。当液体的表面压强是大气压强时,相对压强 $p = \rho g h$。由于 ρg 是常数,故压强 p 与 h 呈线性关系。根据静水压强的特性及水静力学基本方程式算出某些特殊点的静水压强的大小,并用一定比例的线段长度表示,即可定出压强的分布线,再用箭头标出静水压强的方向。下面绘制各种固体壁面上的压强分布图。

图 2.13 所示为一矩形平面闸门,一侧挡水,水面为大气压强,其铅垂剖面为 AB,因压强 p 与 h 呈线性关系,所以只需确定 A,B 两点的压强值,连以直线,即可得到该剖面上的压强分布图。闸门挡水面与水面的交点 A 处,水深为零,压强 $p_A = 0$;闸门挡水面最低点 B 处,水深为 h,压强 $p_B = \rho g h$。因压强与受力面垂直,由 B 点作垂直于 AB 的线段 BB',取 $BB' = \rho g h$,连接 AB',则三角形 $AB'B$ 即为矩形平面闸门上任一铅垂剖面上的静水压强分布图。

图 2.14 所示的挡水面 ABC 为折线。在 B 点有两个不同方向的压强分别垂直于 AB 及 BC。根据压强的特性,这两个压强大小相等,都等于 $\rho g h_1$,其压强分布图如图 2.4 所示。

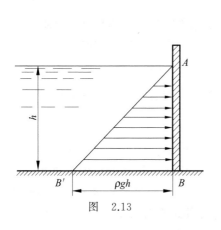

图　2.13

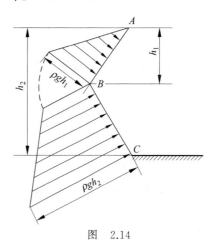

图　2.14

图 2.15 所示为一矩形平面闸门,两侧有水,其水深分别为 h_1 和 h_2。这种情况由于受力方向不同,可先分别绘出受压面的压强分布图,然后将两图叠加,消去大小相同、方向相反的部分,余下的梯形即为静水压强分布图。

例 2.2　图 2.16 所示的水池中盛有两种不同密度的液体 ρ_1 和 ρ_2。绘制 AC 面上的压强布图。

解　A 点压强 $p_A = 0$,B 点的压强 $p_B = \rho_1 g h_1$,C 点的压强 $p_C = \rho_1 g h_1 + \rho_2 g(h_2 - h_1)$,连接 AD 及 DE 即为所求的压强分布图。

例 2.3　图 2.17 所示为一小容器倒置在另一大容器的液体中,容器的表面压强 $p_0 < p_a$。试绘制倒置容器一侧 AB 面上的压强分布图。

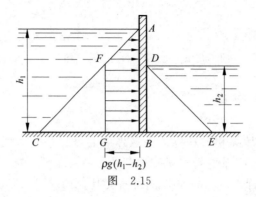

图　2.15

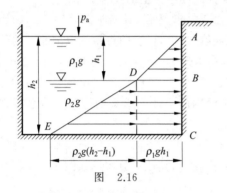

图　2.16

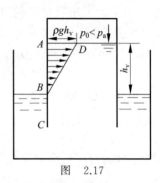

图　2.17

解　A 点压强 $p_A = -\rho g h_v$，B 点压强 $p_B = 0$，连接 DB 即为所求的压强分布图。由于 AB 上的压强为负值（出现真空），故表示压强方向的箭头在图中从左指向右。

2.5　重力和惯性力同时作用下的液体平衡

如果液体与容器作为一个整体相对于地球在运动，但液体质点之间及液体与器皿之间都没有相对运动，此时，只要将坐标系取在运动容器上，则液体相对该坐标系也是处在平衡状态之下，这种平衡状态称为液体的相对平衡。显然相对平衡状态下的液体内部或液体与边壁之间都不存在切力。但其上作用的质量力除重力外还有与容器一道运动时的惯性力。我们可利用达朗贝尔原理，在相对平衡的液体质点上虚加以相应的惯性力，将运动问题从形式上转化为静力学问题。因此相对平衡下液体内的压强分布规律和等压面的形式仍可运用欧拉平衡方程式进行分析。下面以等角速旋转容器内液体的相对平衡为例进行讨论。

如图 2.18 所示，一盛有液体的容器绕其铅垂中心轴 z 以等角速度 ω 旋转。将坐标系取在运动容器上，根据达朗贝尔原理，作用于液体中任意一点 A 的质量力有重力 $G = mg$ 和水平径向的离心惯性力 $F = m\omega^2 r$。式中，m 为液体质点 A 的质量，r 为所考虑的液体质点 A 至 Oz 轴的径向距离，$r = \sqrt{x^2 + y^2}$。单位质量力在三个坐标上的投影为

$$f_x = \omega^2 r \cos\theta = \omega^2 x$$
$$f_y = \omega^2 r \sin\theta = \omega^2 y$$

$$f_z = -g$$

将以上三式代入式(2.3),得

$$dp = \rho(\omega^2 x\, dx + \omega^2 y\, dy - g\, dz)$$

积分得

$$p = \rho\left[\frac{1}{2}\omega^2(x^2+y^2) - gz\right] + C$$

或

$$p = \rho g\left(\frac{\omega^2 r^2}{2g} - z\right) + C$$

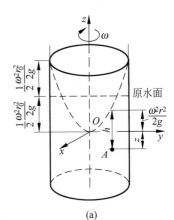

式中,C 为积分常数,由边界条件确定。在图 2.18 中自由液面与 Oz 轴的交点 O 处,$x = y = z = 0$,$p = p_0$,得 $C = p_0$,则上式可写为

$$p = p_0 + \rho g\left(\frac{\omega^2 r^2}{2g} - z\right) \qquad (2.17)$$

令上式中压强 p 为常数,便可得等压面方程

$$\frac{\omega^2 r^2}{2g} - z = C \qquad (2.18)$$

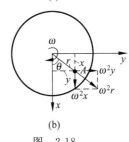

式(2.18)为旋转抛物面方程,表明等压面是围绕 Oz 轴的旋转抛物面。作为特例,自由表面就是 $p = 0$ 的一个等压面,其方程为

图 2.18

$$z = \frac{\omega^2 r^2}{2g} \qquad (2.19)$$

式(2.19)为自由液面方程,式中 $\dfrac{\omega^2 r^2}{2g}$ 是半径 r 处的水面高出 xOy 平面的距离。

容器作稳定旋转时,中心液面下降,四周液面上升,根据旋转抛物体的体积等于同底同高圆柱体体积的一半的道理,容易得知,相对于旋转前原静止液面来讲,中心液面下降值与沿壁面升高值应相等,均为 $\dfrac{1}{2}\dfrac{\omega^2 r_0^2}{2g}$,其中 r_0 为圆筒的内半径。

例 2.4 如图 2.19 所示,一个高 $H = 0.4$ m,底面半径 $R = 0.15$ m 的桶内盛深 $h = 0.3$ m 的水。今使桶以等角速度 ω 绕其轴线旋转,试求为使水不溢出的最大角速度 ω 的值。

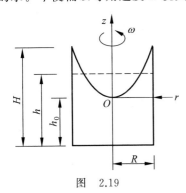

解 旋转抛物面所围的体积等于同高圆柱体体积的一半。旋转后,设液面最低点距离桶底面的高差为 h_0,则

$$\frac{1}{2}(H - h_0) = H - h$$

将动坐标的原点放在液面最低点。当角速度达最大值而水又不溢出时,液面必然经过桶口边缘。

液面方程为

$$z = \frac{\omega^2 r^2}{2g}$$

图 2.19

当 $r = R$ 时,$z = H - h_0$,于是

$$\omega = \frac{\sqrt{2g(H-h_0)}}{R} = \frac{\sqrt{4g(H-h)}}{R}$$

$$\omega = 13.2 \text{ rad/s}$$

例 2.5 有一盛水的矩形小车，其长度 $l=2.0$ m，车厢内静水面比箱顶低 $\Delta h = 0.4$ m。该小车以加速度 a 沿水平方向作直线运动，如图 2.20 所示。试求：(1)车厢内水的静水压强表达式；(2)小车运动的直线加速度 a 为若干时，水将溢出车厢。

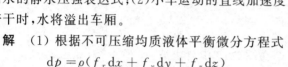

图 2.20

解 (1) 根据不可压缩均质液体平衡微分方程式

$$\mathrm{d}p = \rho(f_x \mathrm{d}x + f_y \mathrm{d}y + f_z \mathrm{d}z)$$

式中，$f_x = -a$，$f_y = 0$，$f_z = -g$，则有

$$\mathrm{d}p = -\rho(a\mathrm{d}x + g\mathrm{d}z)$$

积分得

$$p = -\rho(ax + gz) + C$$

由边界条件

$$x=0, \quad z=0, \quad p=p_0$$

故

$$C = p_0$$

$$p = p_0 - \rho(ax + gz)$$

(2) 由 $p = p_0 - \rho(ax + gz)$ 得，在自由液面上 $p = p_0$，有

$$ax + gz = 0$$

当 $x = -\dfrac{l}{2}$，$z = \Delta h$，代入上式得

$$-a\frac{l}{2} + g\Delta h = 0$$

$$a = \frac{2}{l}g\Delta h = 3.92 \text{ m/s}^2$$

所以当 $a > 3.92$ m/s^2 时，$\Delta h > 0.4$ m，水将溢出车厢。

2.6 作用于平面上的静水总压力

在工程实际中，不仅需要了解液体内部的压强分布规律，往往还需要计算液体作用在平面上静水总压力的大小、方向和作用点。计算方法有解析法和压力图法两种。

2.6.1 解析法

图 2.21 所示为一放置在水中任意位置的任意形状的倾斜平面，与水面倾斜成任意角度 α，并垂直于纸面。中线 AB 为其侧投影线。取图形平面与液面的交线为横坐标轴 Ox（垂直

于纸面);垂直于 Ox 轴沿平面向下取坐标轴 Oy。平面上任一点的位置可由该点坐标 (x,y) 确定。

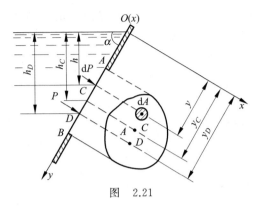

图 2.21

为了便于分析,将 xOy 平面绕 Oy 轴旋转 90° 至纸面。设平面的面积为 A,其形心 C 的坐标为 (x_C,y_C),对应的水深为 h_C。作用于平面 AB 上的静水总压力的大小、方向和作用点推导如下。

1. 静水总压力的大小

在面积 A 上任取一微小面积 dA,设其中心点纵坐标为 y,水深为 h,由图 2.21 可见,$h = y\sin\alpha$。由于 dA 无限小,其上各点的压强认为近似相等,即 $p = \rho g h$。则作用在 dA 上的静水总压力为

$$dP = p\,dA = \rho g h\,dA = \rho g y\sin\alpha\,dA$$

根据静水压强的性质,所有 dA 上的压力 dP 均垂直于平面,彼此平行,故可以积分求作用在平面 A 上的静水总压力

$$P = \int_A dP = \int_A \rho g y\sin\alpha\,dA = \rho g\sin\alpha\int_A y\,dA$$

式(2.21)中被积分式 $y\,dA$ 为微小面积 dA 对 Ox 轴的面积矩,其总和 $\int_A y\,dA$ 等于该面积 A 与形心 C 的坐标 y_C 的乘积,即

$$\int_A y\,dA = y_C A$$

则

$$P = \rho g\sin\alpha y_C A \tag{2.20}$$

其中,$h_C = y_C\sin\alpha$ 为形心点水深。则

$$P = \rho g h_C A = p_C A \tag{2.21}$$

式(2.21)表明,任意形状平面上的静水总压力 P 等于该平面形心点的压强 p_C 与平面面积 A 的乘积。

2. 静水总压力的方向

静水总压力 P 的方向垂直指向受压面。

3. 静水总压力的作用点

静水总压力 P 的作用点称为压力中心,以 D 表示。为了确定 D 的位置,必须求其坐标 x_D 和 y_D。可应用理论力学中的合力矩定理,即合力对任一轴的力矩等于各分力对同一轴力矩之和求解。

分力 $\mathrm{d}P$ 对 Ox 轴的力矩为

$$\mathrm{d}P \cdot y = \rho g \sin \alpha y \mathrm{d}A \cdot y = \rho g \sin \alpha y^2 \mathrm{d}A$$

各分力对同一轴力矩之和即对上式积分得

$$\int \mathrm{d}P \cdot y = \int_A \rho g \sin \alpha y^2 \mathrm{d}A = \rho g \sin \alpha \int_A y^2 \mathrm{d}A = \rho g \sin \alpha I_x \tag{2.22}$$

式中,$I_x = \int_A y^2 \mathrm{d}A$,为面积 A 对 Ox 的惯性矩。

总压力 P 对 Ox 轴的力矩为

$$P \cdot y_D = \rho g \sin \alpha y_C A \cdot y_D \tag{2.23}$$

根据合力矩定理,式(2.22)与式(2.23)的右端相等,则可得

$$y_D = \frac{I_x}{y_C A} \tag{2.24}$$

利用惯性矩平行移轴定理

$$I_x = I_C + y_C^2 A \tag{2.25}$$

将此定理代入式(2.24)可最后得出

$$y_D = \frac{I_C + y_C^2 A}{y_C A} = y_C + \frac{I_C}{y_C A} \tag{2.26}$$

式中,I_C 仅与受压面形状有关,而与受压面在液体中的位置无关。因此,用式(2.26)计算 y_D 更为方便。

这就是压力中心 D 的纵坐标。一般而言,式(2.26)右端第二项 $\dfrac{I_C}{y_C A} > 0$,故 $y_D > y_C$,又因 $h_D = y_D \sin \alpha$,$h_C = y_C \sin \alpha$,所以,$h_D > h_C$,即压力中心 D 在受压面形心点 C 以下。只有在受压面为水平的情况下,平面上的压强分布是均匀的,即压力中心 D 与形心 C 重合。

同样,对 Ox 轴应用力矩定理也可求出。然而,在工程实际中遇到的平面图形大多具有与 Oy 轴平行的对称轴,此时压力中心 D 必位于对称轴上,无需再计算 x_D。

几种常见图形的面积 A、惯性矩 I_C 值见表 2.1。

表 2.1 常见图形的 A、I_C 值

几 何 图 形		面积 A	对形心横轴的惯性矩 I_C
矩形		bh	$\dfrac{1}{12}bh^3$
三角形		$\dfrac{1}{2}bh$	$\dfrac{1}{36}bh^3$

续表

几 何 图 形	面积 A	对形心横轴的惯性矩 I_C
梯形	$\dfrac{1}{2}h(a+b)$	$\dfrac{1}{36}h^3\left(\dfrac{a^2+4ab+b^2}{a+b}\right)$
圆形	πr^2	$\dfrac{1}{4}\pi r^4$
半圆形	$\dfrac{1}{2}\pi r^2$	$\dfrac{9\pi^2-64}{72\pi}r^4$

2.6.2 矩形平面静水压力——压力图法

实际工程中常见的受压面大多是矩形平面,对上、下边与水面平行的矩形平面采用压力图法求解静水总压力及其作用点的位置,较为方便。

1. 静水总压力的大小

如图 2.22 所示,铅直矩形平面 $ABEF$,其顶边与水面齐平,高为 h,宽为 b,用解析法求平面静水总压力为

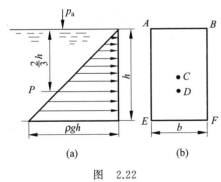

图 2.22

$$P = p_C A = \rho g h_C A = \rho g\,\frac{h}{2}bh = \frac{1}{2}\rho g h^2 b$$

式中,$\dfrac{1}{2}\rho g h^2$ 正好是静水压强分布图的面积(用 Ω 表示),因此,上式可写为

$$P = \Omega b \qquad (2.27)$$

式(2.27)表明,矩形平面上的静水压力等于该矩形平面上压强分布图的面积 Ω 乘以宽度 b 所构成的压强分布体的体积。这一结论适用于矩形平面与水面倾斜成任意角度的情况。

2. 压力 P 的作用线和压力中心

矩形平面上静水总压力 P 的作用线通过压强分布体的重心(也就是矩形半宽处的压强分布图的形心),垂直指向作用面,作用线与矩形平面的交点就是压心 D。

对于压强分布图为三角形的情况:其压力中心位于水面下 $2h/3$ 处,如图 2.22 所示。

对压强分布图为梯形分布的情况,如图 2.23 所示,其压力中心距平面底部的距离为

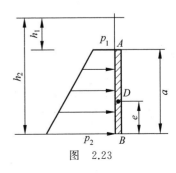

图 2.23

$$e = \frac{a}{3} \frac{2p_1 + p_2}{p_1 + p_2} = \frac{a}{3} \frac{2h_1 + h_2}{h_1 + h_2} \tag{2.28}$$

例 2.6　某渠道进口有一底孔引水洞,如图 2.24 所示,引水洞进口处设矩形平面闸门,其高度 $a = 2.5$ m,宽度 $b = 2.0$ m。闸门前水深 $H = 7.0$ m,闸门倾角为 $60°$,求作用于闸门上的静水总压力的大小和作用点。

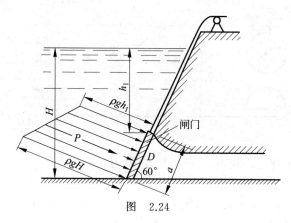

图　2.24

解　(1) 用解析法计算

先求静水总压力:

闸门形心处的水深

$$h_C = H - \frac{a}{2}\sin 60° = 7.0 \text{ m} - \frac{2.5}{2} \text{ m} \times 0.867 = 5.92 \text{ m}$$

闸门面积

$$A = ab = 2.5 \text{ m} \times 2.0 \text{ m} = 5.0 \text{ m}^2$$

闸门上的静水总压力

$$P = \rho g h_C A = 1000 \text{ kg/m}^3 \times 9.81 \text{ N/kg} \times 5.92 \text{ m} \times 5.0 \text{ m}^2 = 290 \text{ kN}$$

设闸门上的静水总压力作用点 D 的坐标为 y_D,由

$$y_C = \frac{h_C}{\sin 60°} = \frac{5.92 \text{ m}}{0.867} = 6.83 \text{ m}$$

$$I_C = \frac{1}{12} ba^3 = \frac{1}{12} \times 2.0 \text{ m} \times (2.5 \text{ m})^3 = 2.6 \text{ m}^4$$

故

$$y_D = y_C + \frac{I_C}{y_C A} = 6.83 \text{ m} + \frac{2.60}{6.83 \times 5.0} \text{ m} = 6.91 \text{ m}$$

则静水总压力作用点 D 在水面下的深度为

$$h_D = y_D \sin 60° = 6.91 \text{ m} \times 0.867 = 5.99 \text{ m}$$

(2) 用压力图法计算

先求闸门上下缘的静水压强 p_1 和 p_2:

$$h_1 = H - a\sin 60° = 7.0 \text{ m} - 2.5 \text{ m} \times 0.867 = 4.83 \text{ m}$$

$$p_1 = \rho g h_1 = 1000 \text{ kg/m}^3 \times 9.81 \text{ N/kg} \times 4.83 \text{ m} = 47.4 \text{ kN/m}^2$$

$$p_2 = \rho g H = 1000 \ \text{kg/m}^3 \times 9.81 \ \text{N/kg} \times 7.0 \ \text{m} = 68.7 \ \text{kN/m}^2$$

由 p_1 和 p_2 值可以绘出压强分布图,其面积为 Ω。则

$$P = \Omega b = \frac{p_1 + p_2}{2} ab = \frac{47.4 + 68.7}{2} \ \text{kN/m}^2 \times 2.5 \ \text{m} \times 2.0 \ \text{m} = 290 \ \text{kN}$$

求压力中心距平面底部的距离

$$e = \frac{a}{3} \frac{2p_1 + p_2}{p_1 + p_2} = \frac{2.5}{3} \ \text{m} \times \frac{2 \times 47.4 + 68.7}{47.4 + 68.7} = 1.17 \ \text{m}$$

则静水总压力作用点 D 在水面下的深度为

$$h_D = H - e \sin 60° = 7.0 \ \text{m} - 1.17 \text{m} \times 0.867 = 5.99 \ \text{m}$$

2.7　作用于曲面上的静水总压力

在实际工程中,有许多承受静水压力的表面是曲面,如拱坝挡水面、弧形闸门、船体浸入水中的部分等。其中,以母线相互平行的二向曲面较为多见,且较简单,因此,首先分析作用于具有水平母线的二向曲面上的静水总压力,所得结论也可推广应用于三向曲面。

2.7.1　静水总压力的大小

如图 2.25 所示,设二向曲面的母线与纸面垂直,与纸面的交线为 AB。取坐标平面 xOy 与水面重合,y 轴平行于曲线的母线,z 轴铅垂向上。

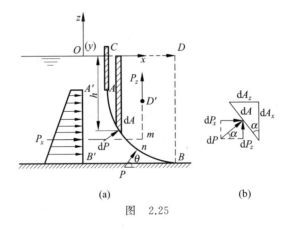

(a)　　　　　　　(b)

图　2.25

在曲面 AB 上任取一微小面积 $\text{d}A$,其形心点对应的水深为 h,压强为 $p = \rho g h$。则作用于 $\text{d}A$ 上的静水压力 $P = p \text{d}A = \rho g h \text{d}A$。其方向垂直于 $\text{d}A$,并与水平方向成 α 角。

由于曲面上各微小面积上的压力 $\text{d}P$ 均垂直于各自的微小面积,即 $\text{d}P$ 的方向是变化的,因此求 $\text{d}P$ 不便直接积分,必须对 $\text{d}P$ 先进行分解,它在 x, z 轴方向上的分力为

$$\text{d}P_x = \rho g h \text{d}A \cos \alpha = \rho g h \text{d}A_x$$

$$\text{d}P_z = \rho g h \text{d}A \sin \alpha = \rho g h \text{d}A_z$$

由图 2.25 可知,$\text{d}A_x$ 和 $\text{d}A_z$ 分别为 $\text{d}A$ 在铅垂平面与水平面上的投影。

则整个曲面所受的水平分力 P_x 等于各微小面积上水平分力 $\mathrm{d}P_x$ 的总和,即

$$P_x = \int \mathrm{d}P_x = \int_{A_x} \rho g h \, \mathrm{d}A_x = \rho g \int_{A_x} h \, \mathrm{d}A_x$$

式中, $\int_{A_x} h \, \mathrm{d}A_x = h_C A_x$,为曲面在铅垂平面上的投影面积 A_x 对 y 轴的面积矩。式中 h_C 为投影面积 A_x 形心 C 对应的水深。这样 x 方向的总压力为

$$P_x = \rho g h_C A_x \tag{2.29}$$

这表明,曲面静水总压力的水平分力等于该曲面的铅垂投影面积 A_x 所受的静水压力。二向曲面的铅垂投影面积是矩形平面,故静水总压力的水平分力的大小、方向和作用点均可用 2.6 节所述的解析法或压力图法求解。

整个曲面所受的铅垂分力 P_z 等于各微小面积上铅垂分力 $\mathrm{d}P_z$ 的总和,即

$$P_z = \int \mathrm{d}P_z = \int_{A_z} \rho g h \, \mathrm{d}A_z = \rho g \int_{A_z} h \, \mathrm{d}A_z = \rho g V \tag{2.30}$$

式中, $\int_{A_z} h \, \mathrm{d}A_z = V$,就是图 2.25 中以 AB 为代表的曲面及自由水面(或水面的延续面,图中以 CD 表示)之间的柱体体积,称为压力体的体积,用 V 表示。对于二向曲面, $V = \Omega b$,其中, Ω 为压力体的剖面面积(图中为面积 $ABDC$), b 为二向曲面的柱面长度(垂直于纸面)。

式(2.30)表明,作用于曲面上的静水总压力 P 的铅垂分力 P_z 等于该曲面上的压力体体积乘以液体的密度和重力加速度,可以理解为压力体体积所含的液体重量。

P_z 的作用线通过压力体的重心(图中 D' 点),其方向铅直指向受压面。

以上分析得出的求 P_z 的结论,同样适用于位于液体中的任意曲面,因此求 P_z 关键在于求压力体。压力体由以下各面组成:①曲面本身;②通过曲面周界的铅垂面;③自由液面或其延续面。

请注意,压力体的体积 V 只是用式(2.30)计算铅直分力 P_z 的一块体积,而不论液体位于曲面的哪一侧,以及压力体内是否有液体。

尽管 P_z 的大小与液体在曲面哪一侧无关,但 P_z 的方向却与之有关。例如图 2.26(a)所示曲面 AB 的左侧有水,总压力 P 有一个铅直向下的分力 P_z ,此时压力体剖面与液体在同一侧(左上侧);图 2.26(b)所示曲面 AB 仍为左侧受压,总压力 P 有一个铅直向上的分力 P_z ,此时压力体剖面与液体分别处于曲面的两侧,并且压力体内没有液体存在。

总结以上分析,可用如下法则判别 P_z 的方向:

(1) 如压力体和对曲面施压的液体在该曲面的两侧,则 P_z 方向向上;

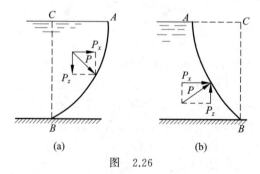

(a)   (b)

图 2.26

（2）如压力体和对曲面施压的液体在该曲面的同侧，则 P_z 方向向下。

求得 P_x 和 P_z 后，按力的合成定理，作用于曲面上的静水总压力为

$$P = \sqrt{P_x^2 + P_z^2}$$

2.7.2 静水总压力的方向

静水总压力 P 与水平面之间的夹角为 θ，

$$\tan\theta = \frac{P_z}{P_x}$$

求得 θ 角后，便可定出 P 的作用线方向，见图 2.25(a)。实际上，在许多情况下并不要求合力作用线，仅画出 P_z 的作用线即可。

2.7.3 静水总压力的作用点

将 P_x 和 P_z 的作用线延长，交于 m 点，过 m 点作与水平面交角为 θ 的直线，它与曲面的交点就是静水总压力的作用点，如图 2.25(a)所示。

顺便指出，对于圆柱面，则不必求出 m 点，可直接通过圆心作与水平面交角为 θ 的直线，它与曲面的交点就是静水总压力的作用点。这是因为圆柱面上的压强分布构成汇交力系，交点就在圆心，而汇交力系的合力（即压力 P）作用线也必通过同一点。

例 2.7 图 2.27 所示为某水闸弧形闸门的示意图。闸门的宽度 $b=1.0$ m，圆弧半径 $R=8.0$ m，闸前水深 $H=22.0$ m，中心角 $\theta=30°$。求作用在弧形闸门上的静水总压力的大小、方向和作用点。

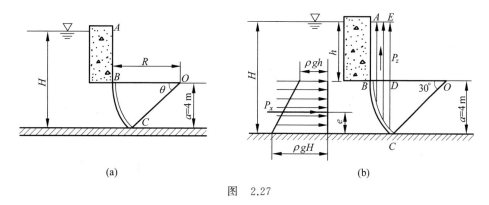

图 2.27

解 （1）先求水平分力 P_x。为此，将曲面向铅垂方向投影，绘出压强分布图。

$$a = R\sin30° = 8.0 \text{ m} \times 0.5 = 4.0 \text{ m}$$

$$h_C = H - \frac{a}{2} = 22.0 \text{ m} - \frac{4.0 \text{ m}}{2} = 20.0 \text{ m}$$

$$P_x = p_C A_x = \rho g h_C ab = 1000 \text{ kg/m}^3 \times 9.81 \text{ N/kg} \times 20.0 \text{ m} \times 4.0 \text{ m} \times 1.0 \text{ m} = 784.8 \text{ kN}$$

（2）再求铅垂分力 P_z。首先画出压力体 $ABCDE$（图中竖线所示面积）

$$\Omega_1 = AB \times BD = AB(R - OD) = AB(R - R\cos30^\circ)$$

$$= 18 \text{ m} \times 8 \text{ m} \times (1 - \cos30^\circ) = 19.3 \text{ m}^2$$

$$\Omega_2 = 扇形\ BOC - \triangle DOC$$

$$= \frac{1}{2}R^2\theta - \frac{1}{2}R\cos\theta \cdot R\sin\theta$$

$$= \frac{1}{2}R^2 \frac{2\pi\theta}{360^\circ} - \frac{1}{2}R^2\cos\theta \cdot \sin\theta$$

$$= \frac{1}{2}R^2\left(\frac{\pi\theta}{180^\circ} - \cos\theta \cdot \sin\theta\right)$$

$$= \frac{1}{2} \times 8^2 \text{ m}^2 \times \left(\frac{3.14 \times 30^\circ}{180^\circ} - \cos30^\circ \cdot \sin30^\circ\right)$$

$$= 2.89 \text{ m}^2$$

$$\Omega = \Omega_1 + \Omega_2 = 19.3 \text{ m}^2 + 2.89 \text{ m}^2 = 22.19 \text{ m}^2$$

$$P_z = \rho g \cdot \Omega \cdot b = 1000 \text{ kg/m}^3 \times 9.81 \text{ N/kg} \times 22.19 \text{ m}^2 \times 1.0 \text{ m} = 217.6 \text{ kN}$$

（3）最后求静水总压力

$$P = \sqrt{P_x^2 + P_z^2} = \sqrt{(784.8)^2 + (217.6)^2} \text{ kN} = 814.4 \text{ kN}$$

（4）方向角

$$\theta = \arctan\frac{P_z}{P_x} = \arctan\frac{217.6}{784.8} = \arctan 0.277 = 15.49^\circ$$

P 的作用线通过圆心，与水平线成 15.49° 角。

思　考　题

2.1　由于点压强垂直于受压面，因此就认为点压强是向量，这种结论是否正确？为什么？

2.2　如图所示两种液体盛在一个容器中，其中 $\rho_1 < \rho_2$，下面两个静力学方程式：(1) $z_1 + \dfrac{p_1}{\rho g} = z_2 + \dfrac{p_2}{\rho g}$，(2) $z_2 + \dfrac{p_2}{\rho g} = z_3 + \dfrac{p_3}{\rho g}$，试分析哪个对，哪个错，说出对错的原因。

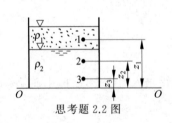

思考题 2.2 图

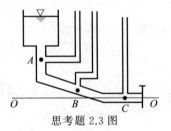

思考题 2.3 图

2.3　如图所示的管路，在 A, B, C 三点装上测压管，试问：

（1）各测压管中的水面高度如何？

（2）标出各点的位置水头、压强水头和测压管水头。

2.4 如图所示为一单宽矩形闸门,只在上游受静水压力作用,如果该闸门绕中心轴旋转一角度 α,试问:

(1) 闸门上任一点的压强有无变化? 为什么?

(2) 板上的静水总压力有无变化? 为什么?

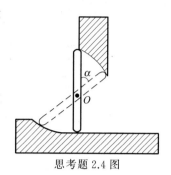

思考题 2.4 图

2.5 如图所示,五个容器的底面积均为 A,水深均为 H,放在桌面 M—M 上,试问:

(1) 各容器底面上所受的静水总压力为多大?

(2) 各桌面上承受的力多大?

(3) 为什么容器底面上的静水总压力与桌面上受的力不相等?

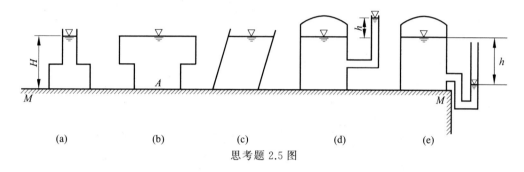

(a)   (b)   (c)   (d)   (e)

思考题 2.5 图

2.6 设有两个单面承受水压力的挡水板,如图所示,一为矩形,一为圆形,二者面积相等,均为 A,试问:

(1) 作用在二者上的静水总压力是否相等? 各等于多少?

(2) 垂直于挡水板的拉力 T_1, T_2 是否相等,为什么?

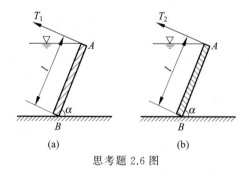

(a)   (b)

思考题 2.6 图

2.7 在一盛满液体的水箱壁上装设一个均质的圆柱,其半径为 r,圆柱的左半部浸没在液体中,如图所示。如不考虑圆柱中心轴 O 及圆柱与箱壁的摩擦力,这个浮力将使圆柱不停地绕其轴转动。这种看法对吗? 为什么?

2.8 两个相同的容器,如图所示。(1) 容器(a) 中仅有一种液体,密度为 ρ_1;(2) 容器(b) 中有密度为 ρ_1 及 ρ_2 的两种液体($\rho_1 < \rho_2$),两容器液面高均为 H,问 AB 曲面上的铅直压力大小是否相同? 水平压力是否相同?

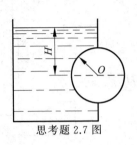

思考题 2.7 图

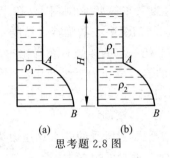

思考题 2.8 图

习　　题

2.1　绘出图中注有字母的各挡水面的静水压强分布图。

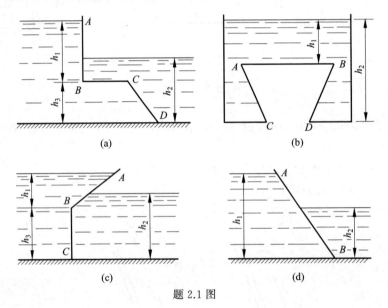

题 2.1 图

2.2　如图所示,已知 $h_1 = 2.0$ cm, $h_2 = 24.0$ cm, $h_3 = 22.0$ cm,求水深 H。

2.3　在管道上装一复式 U 形水银测压计,如图所示。已知测压计上各液面及 A 点的标高为:$\nabla_1 = 1.0$ m, $\nabla_2 = 0.2$ m, $\nabla_3 = 1.3$ m, $\nabla_4 = 0.4$ m, $\nabla_A = \nabla_5 = 1.1$ m。试确定管中 A 点的绝对压强和相对压强。

2.4　有一盛水容器的形状如图所示,已知水面的标高为 $\nabla_1 = 1.15$ m, $\nabla_2 = 0.68$ m, $\nabla_3 = 0.44$ m, $\nabla_4 = 0.83$ m, $\nabla_5 = 0.44$ m,求 1,2,3,4,5 各点的相对压强。

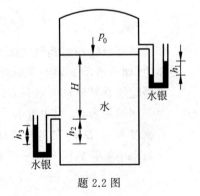

题 2.2 图

2.5 测定运动加速度的 U 形管如图所示，若 $l=0.3$ m，$h=0.2$ m，求加速度 a 的值。

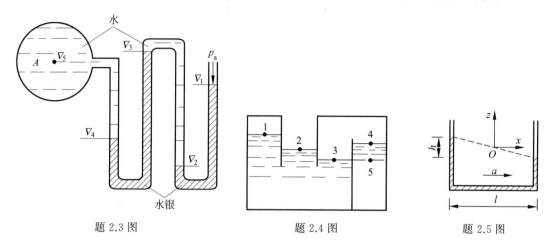

题 2.3 图   题 2.4 图   题 2.5 图

2.6 如图所示为盛水的开口圆柱筒，内径为 R，水深为 h，如果圆筒绕轴 z（亦即铅垂轴）以等角速度 ω（rad/s）旋转，试确定其自由液面的方程式（不考虑水外溢及露底的情况）。

2.7 有一引水涵洞如图所示。涵洞进口处装有圆形平面闸门，其直径 $D=0.5$ m，闸门上缘至水面的斜距 $l=2.0$ m，闸门与水平面的夹角 $\alpha=60°$。求闸门上的静水总压力的大小及其作用点的位置。

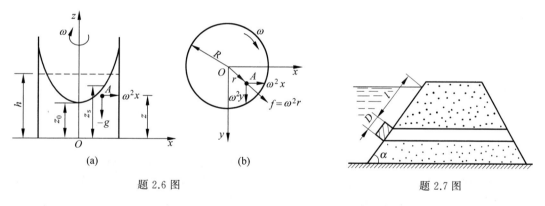

(a)   (b)

题 2.6 图   题 2.7 图

2.8 如图所示为矩形平板旋转闸门，长 $L=3$ m，宽 $b=4$ m，用来关闭一泄水孔口。闸门上游水深 $H_1=5$ m，下游水深 $H_2=2$ m。试确定开启闸门的钢绳所需的拉力 T，并绘出闸门上的压强分布图。

2.9 如图所示为一盛水的球体，直径 $D=2.0$ m，容器上下两个半球在径向断面 AB 的周围

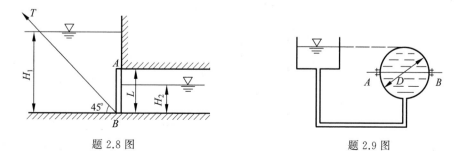

题 2.8 图   题 2.9 图

用螺栓连接,设该球形容器的上半球重量为 $G=10$ kN,求作用于螺栓上的力。

2.10　绘出图中二向曲面上的铅垂水压力的压力体及曲面在铅垂投影面积上的水平压强分布图。

2.11　有一水槽其侧壁与水平面成 $\alpha=30°$ 的角,壁上开一矩形孔口,其宽度 $b=1.5$ m,长度 $l=1.0$ m,孔口中心处的水深 $h=2.0$ m,设用一半圆柱形的盖子封闭该孔口,求作用于盖上的压力 P。

2.12　一圆筒直径 $d=2.0$ m,长度 $b=4.0$ m,斜靠在与水平面成 60° 的斜面上,如图所示。求圆筒所受到的静水总压力的大小及其方向。

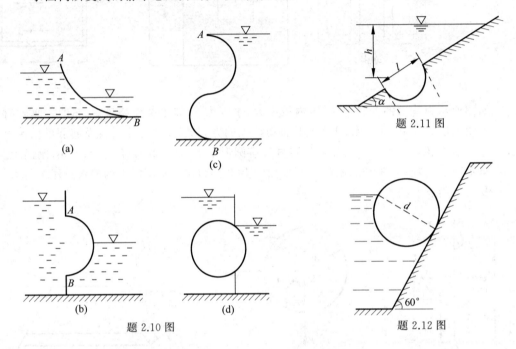

题 2.10 图　　　　题 2.11 图　　　题 2.12 图

2.13　如图所示为盛有水的密闭容器,其底部圆孔用金属圆球封闭,该球重 19.6 N,直径 $D=10$ cm,圆孔直径 $d=8$ cm,水深 $H_1=50$ cm,外部容器水面比内部容器水面低 10 cm,$H_2=40$ cm,水面为大气压,容器内水面压强为 p_0。

(1) 当 p_0 也为大气压时,求球体所受的水压力;

(2) 当 p_0 为多大的真空度时,球体将浮起。

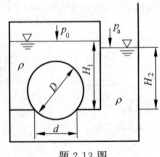

题 2.13 图

第3章
Chapter

液体一元恒定总流基本原理

3.1 概　　述

　　第 2 章讨论了水静力学基本原理及其应用。但是,在自然界和工程实际中,更常见的是运动着的液体,如输水管道中的水流、河道或渠道中的水流等。液体的物理特性是具有流动性,其静止只是相对的,而运动才是绝对的。因此进一步研究液体的运动规律有其重要意义。

　　液体运动是一种很复杂的连续介质流动,质点之间存在着复杂的相对运动。尽管如此,液体运动仍然遵循物体机械运动的普遍规律。液体的运动特性可用流速、加速度、动水压强等物理量来表征,这些表征液体运动的物理量称为运动要素。水动力学的基本任务就是研究各运动要素随时间和空间变化的规律,建立各运动要素之间的关系,即基本方程,并用这些方程来解决工程中的实际问题。

　　本章首先介绍描述液体运动的两种方法和液体运动的基本概念,再从运动学和动力学出发,建立液体运动所遵循的普遍规律。即从质量守恒定律建立水流的连续方程,从能量守恒定律建立水流的能量方程,从动量定理建立动量方程,并讨论它们的实际应用。关于液体三元运动的基本原理将在第 5 章讨论。

3.2　描述液体运动的两种方法

3.2.1　拉格朗日法

　　此法引用固体力学方法,把液体看成是一种质点系,并把流场中的液体运动看成是由无数液体质点的迹线构成。每一质点运动都有其运动迹线,由此可进一步获得液体质点流速及加速度等运动要素的数学表达式。综合每一质点的运动状况,即可获得整个液体的流动状况,即先从单个质点入手,再建立流场中液流流速及加速度的数学表达式。

　　为识别某一液体质点的运动,用起始时刻 $t=t_0$ 占有的空间坐标 (a,b,c) 作为该质点的

标记,它的位移是起始坐标和时间变量的连续函数,如图 3.1 所示。在任一时刻 t,此质点的迹线方程可表达为

$$\left.\begin{array}{l} x = x(a,b,c,t) \\ y = y(a,b,c,t) \\ z = z(a,b,c,t) \end{array}\right\} \tag{3.1}$$

式中,a,b,c,t 统称为拉格朗日变数。若给定方程中的 a,b,c 值,就可以得到某一特定质点的轨迹方程。将式(3.1)对时间求一阶和二阶偏导数,在求导过程中 a,b,c 视为常数,便得到该质点的速度和加速度在 x,y,z 轴方向的分量:

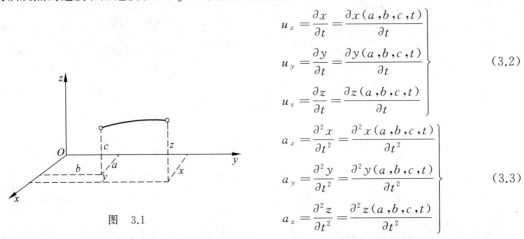

$$\left.\begin{array}{l} u_x = \dfrac{\partial x}{\partial t} = \dfrac{\partial x(a,b,c,t)}{\partial t} \\ u_y = \dfrac{\partial y}{\partial t} = \dfrac{\partial y(a,b,c,t)}{\partial t} \\ u_z = \dfrac{\partial z}{\partial t} = \dfrac{\partial z(a,b,c,t)}{\partial t} \end{array}\right\} \tag{3.2}$$

$$\left.\begin{array}{l} a_x = \dfrac{\partial^2 x}{\partial t^2} = \dfrac{\partial^2 x(a,b,c,t)}{\partial t^2} \\ a_y = \dfrac{\partial^2 y}{\partial t^2} = \dfrac{\partial^2 y(a,b,c,t)}{\partial t^2} \\ a_z = \dfrac{\partial^2 z}{\partial t^2} = \dfrac{\partial^2 z(a,b,c,t)}{\partial t^2} \end{array}\right\} \tag{3.3}$$

图　3.1

由式(3.2)和式(3.3)可知,按拉格朗日法确定水流中液体质点的速度及加速度等运动要素必须要事先确立质点的迹线方程,但是往往在数学处理上非常困难,因此水力学中只是在分析海洋中的波浪问题时用到该法,而一般情况下采用欧拉法。

3.2.2　欧拉法

欧拉法以液体运动所经过的空间点作为观察对象,观察同一时刻各固定空间点上液体质点的运动,综合不同时刻所有空间点的情况,得到整个流体的运动,故欧拉法亦称为流场法。

欧拉法和拉格朗日法的不同点是:它只以空间点的流速、加速度为研究对象,并不涉及液体质点的运动过程,也不考虑各点流速及加速度属于哪一质点。

欧拉法可把运动要素视作空间坐标 (x,y,z) 与时间坐标 t 的连续函数。自变量 x,y,z,t 亦称为欧拉变数。这样,任一空间点上液体质点速度 $\boldsymbol{u}$ 在 x,y,z 方向的分量可表示为

$$\left.\begin{array}{l} u_x = u_x(x,y,z,t) \\ u_y = u_y(x,y,z,t) \\ u_z = u_z(x,y,z,t) \end{array}\right\} \tag{3.4}$$

压强场亦可以表示成

$$p = p(x,y,z,t)$$

式(3.4)中,如果时间 t 为常量,就描述了该时刻流场中各空间点上的流速分布情况;如果 x,y,z 为常量,就表示该空间点上流速随时间的变化情况。

　　用欧拉法描述液体流动,求液体质点的加速度应特别注意。求加速度应跟踪液体质点,此时的 x,y,z 不再是固定的空间点,而是液体质点在运动过程中所经过的一系列空间位置,应为时间 t 的连续函数,根据高等数学复合函数的求导法则,由式(3.4)可得该液体质点的加速度 a 在 x 方向的分量为

$$a_x = \frac{\mathrm{d}u_x}{\mathrm{d}t} = \frac{\partial u_x}{\partial t} + \frac{\partial u_x}{\partial x}\frac{\mathrm{d}x}{\mathrm{d}t} + \frac{\partial u_x}{\partial y}\frac{\mathrm{d}y}{\mathrm{d}t} + \frac{\partial u_x}{\partial z}\frac{\mathrm{d}z}{\mathrm{d}t}$$

式中,$\dfrac{\mathrm{d}x}{\mathrm{d}t},\dfrac{\mathrm{d}y}{\mathrm{d}t},\dfrac{\mathrm{d}z}{\mathrm{d}t}$ 是液体质点位置坐标 (x,y,z) 对时间的变化率,应等于质点的运动速度,即

$$u_x = \frac{\mathrm{d}x}{\mathrm{d}t}, \quad u_y = \frac{\mathrm{d}y}{\mathrm{d}t}, \quad u_z = \frac{\mathrm{d}z}{\mathrm{d}t}$$

故液体质点加速度的表达式为

$$\left.\begin{aligned}
a_x &= \frac{\partial u_x}{\partial t} + u_x\frac{\partial u_x}{\partial x} + u_y\frac{\partial u_x}{\partial y} + u_z\frac{\partial u_x}{\partial z} \\
a_y &= \frac{\partial u_y}{\partial t} + u_x\frac{\partial u_y}{\partial x} + u_y\frac{\partial u_y}{\partial y} + u_z\frac{\partial u_y}{\partial z} \\
a_z &= \frac{\partial u_z}{\partial t} + u_x\frac{\partial u_z}{\partial x} + u_y\frac{\partial u_z}{\partial y} + u_z\frac{\partial u_z}{\partial z}
\end{aligned}\right\} \tag{3.5}$$

式(3.5)右端第一项的意义为固定空间点,由时间变化引起的液体质点速度的变化称为定位加速度或时变加速度,亦称当地加速度。等号右边后三项之和的意义是由流场的空间位置变化引起的速度变化,称为变位加速度或迁移加速度。定位加速度和变位加速度之和等于质点加速度,亦称随体加速度。

　　实际工程中,我们一般只需要弄清楚在某些空间位置上液体的运动情况,而并不去追究液体质点的运动轨迹(即从哪里来,向何处去),也无须知道是什么液体质点通过这些空间位置。因此,欧拉法便成了水力学中用以理论分析的主要方法。

3.3　液体运动的几个基本概念

　　由欧拉法出发,可以建立描述流场的几个基本概念。这些概念对深刻认识和了解液体的运动规律非常重要。

3.3.1　恒定流与非恒定流

　　用欧拉法表达液体运动时,可把液体运动分为恒定流动与非恒定流动两大类。如果液体流动时空间各点处的所有运动要素都不随时间而变化的流动称为恒定流;反之,为非恒定流。换言之,在恒定流的情况之下,任一空间点上,无论哪个液体质点通过,其运动要素都是不变的,此时运动要素仅是空间坐标的函数,而与时间无关。可分别表示为

$$u_x = u_x(x,y,z) \atop \left. u_y = u_y(x,y,z) \atop u_z = u_z(x,y,z) \right\}$$

(3.6)

压强场亦可表示成

$$p = p(x,y,z)$$

此时所有的运动要素对于时间的偏导数应该为零,即

$$\frac{\partial u_x}{\partial t} = 0, \qquad \frac{\partial u_y}{\partial t} = 0, \qquad \frac{\partial u_z}{\partial t} = 0, \qquad \frac{\partial p}{\partial t} = 0$$

如图 3.2 所示为一管嘴出流,当水箱水位不变时,管嘴中的水流为恒定流;水箱水位随时间变化时为非恒定流。

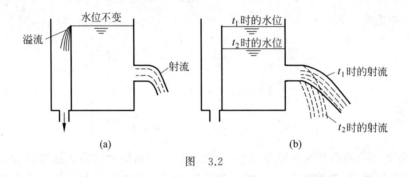

图　3.2

一般来说,自然界和实际工程中的水流运动多属非恒定流,极少是真正的恒定流,但多数情况下,当运动要素随时间变化较小时,仍可按恒定流来处理。如不是在雨季时,河道或渠道中的水流即可按恒定流来处理。

3.3.2　一元流、二元流与三元流

根据流场中各运动要素与空间坐标的关系,可把液体流动分为一元流、二元流和三元流。

液体的运动要素是三个坐标变量的函数,这种运动称为三元流(亦称为空间运动);如果运动要素是两个坐标变量的函数,这种运动称为二元流(亦称为平面运动);运动要素仅是一个坐标(包括曲线坐标)变量的函数,这种运动称为一元流。实际工程中的水流运动多属于三元流。但是,由于三元流的复杂性,在数学处理上存有一定的困难,为了容易解决实际工程问题,往往根据实际问题的性质,采取抓主要矛盾的办法,将实际水流简化为二元流或一元流来处理。在水力学中,经常运用一元分析法解决管道和渠道中的很多流动问题。

3.3.3　流线与迹线

由欧拉法出发,可引出流场中流线的概念。流线是某一瞬时在流场中绘出的曲线,在此曲线上所有液体质点的速度矢量都和该曲线相切(见图 3.3)。有了流线,就可以对流场进行几何描述。在运动液体的整个空间,可绘出一系列流线,称为流线簇,这些流线簇就构成了

该时刻流场中的流谱(见图 3.4)。

根据流线的定义,不难得出关于流线的如下特性:一般情况下,流线不能相交,也不能转折。它只能是光滑的曲线或直线。在恒定流的情况下,流线的形状、位置不随时间变化;而在非恒定流时,速度随时间变化,一般流线也会随时间变化。另外,流线簇的整体形状与约束水流的固体边界形状有关;流线簇的疏密程度直接反映该时刻流场中各点的流速大小。流线密集的地方流速大,而稀疏的地方流速小(见图 3.4 的流谱)。

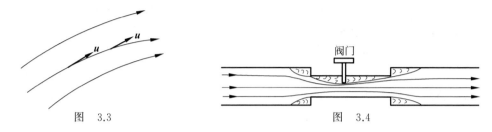

图 3.3   图 3.4

由拉格朗日法出发,可引出迹线的概念。迹线则是同一质点在一个时段的运动轨迹线。它与流线是两个完全不同的概念。流线是同一时刻与许多质点的流速矢量相切的空间曲线。两者只有在恒定流时是重合的。

3.3.4　流管、元流、总流、过水断面

在流场中取一条与流线不重合的微小封闭曲线,在同一时刻,通过这条曲线上的各点作流线,由这些流线所构成的管状封闭曲面称为流管,如图 3.5 所示。由于流管的表面由流线组成,所以流管内的液流不可能穿过管壁而流动。

微小流管中的液流称为元流或微小流束,如图 3.5 所示。当元流的横断面面积趋于零时,则元流趋于它的极限即流线。

由无数元流集合而成的整股水流称为总流。实际工程中所遇到的水流(如管流、明渠水流)都是总流。

与流线垂直的液流横断面称为过水断面。过水断面可以是平面或曲面,其形状与流线的分布情况有关,如图 3.6 所示。

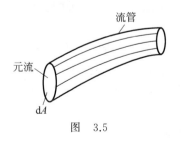

图 3.5

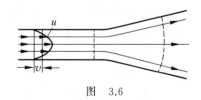

图 3.6

3.3.5　流量与断面平均流速

单位时间内通过过水断面的液体量称为流量。而液体量可用体积或质量来度量,这样流量又可用体积流量 Q_V 和质量流量 Q_m 表示。在水力学中一般采用体积流量,就用 Q 表示。流量是衡量过水断面过水能力大小的物理量,其单位为 $\mathrm{m^3/s}$ 或 $\mathrm{L/s}$。

首先求出液流通过元流的流量。由于元流过水断面为微分面积 $\mathrm{d}A$,可认为其上各点的流速均为 u,方向垂直于过水断面,在 $\mathrm{d}t$ 时段内通过过水断面 $\mathrm{d}A$ 的液体体积为 $u\mathrm{d}A\mathrm{d}t$,根据流量定义,可得出元流的流量为

$$\mathrm{d}Q = u\mathrm{d}A \tag{3.7}$$

总流的流量等于所有元流的流量之和,即

$$Q = \int_A \mathrm{d}Q = \int_A u\mathrm{d}A \tag{3.8}$$

如果已知过水断面上的流速分布,可利用式(3.8)计算总流的流量。但是,通常情况下断面流速分布不易确定。实际应用时,引入所谓断面平均流速,用 v 表示,见图 3.6。断面平均流速是一假想的流速,假想总流同一过水断面上各点的流速均等于断面平均流速 v,而通过的流量与以实际流速分布所通过的流量相等,这样式(3.8)可写为

$$Q = \int_A u\mathrm{d}A = vA \tag{3.9}$$

这样断面平均流速 v 可表示为

$$v = \frac{\displaystyle\int_A u\mathrm{d}A}{A} = \frac{Q}{A} \tag{3.10}$$

引入断面平均流速后,就可将工程实际问题简化为一元问题来处理,这就是总流的所谓一元分析法。本书多数情况下应用总流一元分析法解决工程问题。

3.3.6　均匀流和非均匀流

根据流场中位于同一流线上各质点的流速矢量是否沿流程变化,可将总流分为均匀流和非均匀流。若同一流线上各质点的流速矢量沿程不变称为均匀流,否则称为非均匀流。由此定义可知均匀流有以下特性:

(1) 流线是彼此平行的直线,过水断面是平面,并且其尺寸和形状沿程不变。

(2) 过水断面上的流速分布沿程不变,迁移加速度为零。

(3) 过水断面上的动水压强分布规律按静水压强分布规律分布,即在同一过水断面上各点的测压管水头为一常数。

如何来理解这一特性呢? 现用实验来演示这一规律。如图 3.7(a)所示的管道均匀流中任取两个过水断面 1—1 和 2—2,在 1—1 断面的四周装上 3 根测压管,在 2—2 断面的上、下装两根测压管,通过观察发现,同一过水断面上不同位置的测压管液面上升到同一高程,即 $z + \dfrac{p}{\rho g} = C$,但 1—1 和 2—2 断面测压管液面上升的高程不同。现对这一现象加以证明。

在均匀流过水断面上取出一微小液柱,其轴线 n—n 与流线正交,并与铅垂线成角度 θ, n 轴方向如图 3.7(b)所示,液柱底面积为 $\mathrm{d}A$,高为 $\mathrm{d}n$,取直角坐标 xOz,如图 3.7(b)所示。由于沿 n—n 方向流动没有加速度,这样列这个方向的力学方程时,所取的动力平衡条件就变为静力平衡条件,即 $\sum \mathrm{d}F_n = 0$。现分析微元体在轴线 n—n 方向的受力如下:

表面力:液柱顶面和底面上的动水压力 $p\,\mathrm{d}A$ 和 $(p+\mathrm{d}p)\mathrm{d}A$;液柱侧面上的动水压力以及液柱各面积上的摩擦力均垂直于 n 轴,所以它们在 n 轴上的投影均为零。

质量力:液柱重量在 n 轴上的分力为 $\mathrm{d}G\cos\theta = \rho g\,\mathrm{d}n\,\mathrm{d}A\cos\theta$。

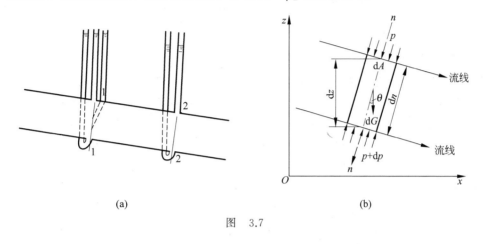

(a)   (b)

图   3.7

将上述表面力和质量力代入静力平衡方程 $\sum \mathrm{d}F_n = 0$ 得

$$p\,\mathrm{d}A - (p+\mathrm{d}p)\mathrm{d}A + \rho g\,\mathrm{d}n\,\mathrm{d}A\cos\theta = 0$$

而 $\mathrm{d}z = -\mathrm{d}n\cos\theta$ 代入上式加以整理,得

$$\mathrm{d}p + \rho g\,\mathrm{d}z = 0$$

积分后得

$$z + \frac{p}{\rho g} = C \tag{3.11}$$

在应用式(3.11)这一均匀流重要特性时注意,$z + \dfrac{p}{\rho g} = C$ 仅适用于同一均匀流断面,不同的断面,常数 C 不同;并且该式只适用于有一定的固体边界约束的均匀流。

3.3.7　渐变流与急变流

按照液体质点迁移加速度的大小,亦即流线不平行和弯曲的程度,可将非均匀流进一步分为渐变流和急变流。渐变流是流速沿流线变化缓慢的流动;此时流线近乎平行,且流线的曲率很小。渐变流的极限就是均匀流。急变流是流速沿流线急剧变化的流动;此时流线的曲率较大或流线间的夹角较大,或两者皆有之。

由于渐变流的流线近乎平行直线,其流动特性与均匀流类似;过水断面的形状、尺寸接近于沿程不变的平面;各过水断面的流速分布基本相同;过水断面上的动水压强分布规律可近似地符合静水压强分布规律。

　　渐变流和急变流是两个没有严格界限的概念,但却有实际工程意义,为水力学计算带来很大方便。但如何界定,要视工程的要求而定。如图 3.8 所示的闸孔出流,可将流动分为 a,b,c 三个区段。在 a,c 区段,流线的曲率和夹角都很小,流线是近乎平行的直线,流动属于渐变流。而 b 区段流线的曲率和流线间的夹角都很大,属于急变流。

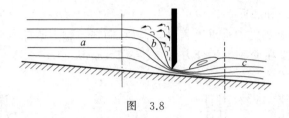

图　3.8

　　由于急变流的流线曲率或流线间的夹角较大,在过水断面上,垂直于流线方向就产生加速度,由此而产生沿 n 向的离心惯性力,该惯性力会影响过水断面上的动水压强分布规律。对于上凸曲面边界上的急变流断面如图 3.9(a)所示,因离心惯性力的方向与重力方向相反,抵消了部分重力的作用,使得断面上各点的动水压强小于按静水压强规律计算的值;对于下凹曲面边界上的急变流断面如图 3.9(b)所示,因离心惯性力的方向与重力方向相同,叠加了部分重力的作用,使得断面上各点的动水压强大于按静水压强规律计算的值。

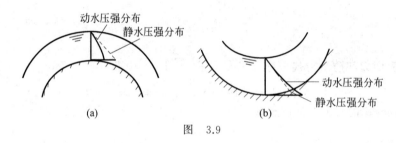

图　3.9

3.3.8　系统和控制体

　　在用理论分析的方法研究液体的运动规律时,除了应用以上介绍的一些基本概念以外,有必要介绍关于系统和控制体的概念。

　　在力学等学科中有关物质运动的普遍规律的描述已广泛采用系统的概念。在水力学中,所谓系统,是指由确定的连续分布的众多液体质点所组成的液体团(即质点系)。系统一经选定,组成它的质点也就固定不变。尽管系统在运动过程中,其体积以及边界的形状、大小和位置都可随时间发生变化,但以系统为边界的内部和外部没有质量交换。很显然,如果使用系统来研究液体运动,就意味着采用拉格朗日方法,即以确定的液体质点所组成的液体团作为研究对象。

　　对于实际工程中的水力学问题来说,人们对各个液体质点的运动规律并不感兴趣,而更关心的是水流流过某些固定空间位置时的情况。因此,在水力学中,除个别情况外,一般采用以控制体为研究对象的欧拉法。

　　所谓控制体是指相对于某个坐标系来说,有液体流过的固定不变的任何体积。控制体的边界称为控制面,它总是封闭面。控制体本身不具有物质内容,它只是几何上的概念,而占据控制体的质点随时间变化。控制体的概念为下面推导水力学的基本方程带来了方便。

3.4 恒定流动的连续方程

液体运动必须遵守质量守恒的普遍规律,连续方程是质量守恒定律的水力学表达式。

对于一元恒定流动,可以采用从元流到总流的分析方法。在恒定总流中任取一微小流管为控制体,它的控制面由过水断面 1,2 以及流管壁面所组成,如图 3.10 所示。

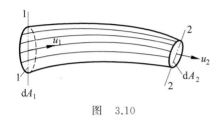

图 3.10

液流通过控制面 1 流入控制体,经控制面 2 流出控制体,而控制体的侧面是由流线组成的流管壁面,所以不能有流体质点的进出。液体为不可压缩液体,密度为 ρ。过水断面 1 和 2 的微分面积及其形心点上的流速分别为 dA_1,u_1 和 dA_2,u_2。经过 dt 时段,通过 dA_1 流入控制体的质量为 $\rho u_1 dA_1 dt$,经 dA_2 流出控制体的质量为 $\rho u_2 dA_2 dt$。由于液流是恒定不可压缩的连续介质,所以控制体中液体质量保持不变。根据质量守恒定律可知,在 dt 时段内从过水断面 1 流入的液体质量与从过水断面 2 流出的液体质量相等,即

$$u_1 dA_1 dt\rho = u_2 dA_2 dt\rho$$

化简得

$$u_1 dA_1 = u_2 dA_2$$

亦可写成

$$dQ_1 = dQ_2 \tag{3.12}$$

式(3.12)就是恒定流条件下不可压缩液体元流的连续方程。若将该式对总流过水断面积分

$$\int_{A_1} u_1 dA_1 = \int_{A_2} u_2 dA_2$$

代入断面平均流速公式后可得

$$\left.\begin{array}{l} A_1 v_1 = A_2 v_2 \\ Q_1 = Q_2 \end{array}\right\} \tag{3.13}$$

式(3.13)为不可压缩液体恒定总流的连续方程。它表明,通过总流的断面平均流速与过水断面面积成反比,并且流量沿程不变。从连续方程的推导过程可以看出,利用质量守恒原理推导出的方程,其中的物理量已丝毫没有质量的痕迹,完全是运动学的量,仅仅涉及两个过水断面的面积和流速之间的关系,是一运动学的方程。这给解决实际工程问题带来较大的局限性,为了更好地解决实际工程问题,必须寻求其他动力学方程。

例 3.1 一三通管如图 3.11 所示,其中两支管直径 $d_1 = 15$ cm,$d_2 = 20$ cm,已知主管流量 $Q = 0.14$ m³/s,两支管的断面平均流速相等,求两支管的流量 Q_1 和 Q_2。

解 两支管的共有断面积 $A_1 + A_2 = (\pi/4) \times$ (0.15² + 0.20²) m² = 0.0491 m²,两支管平均流速相等,$v_1 = v_2 = v$,$Q = (A_1 + A_2)v = 0.14$ m³/s,则

$$v = (0.14 \text{ m}^3/\text{s})/0.0491 \text{ m}^2 = 2.85 \text{ m/s}$$

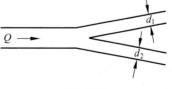

图 3.11

所以支管中流量分别为

$$Q_1 = v_1 A_1 = 2.85 \text{ m/s} \times (\pi/4) \times (0.15 \text{ m}^2) = 0.0504 \text{ m}^3/\text{s}$$

$$Q_2 = v_2 A_2 = 2.85 \text{ m/s} \times (\pi/4) \times (0.20 \text{ m}^2) = 0.0896 \text{ m}^3/\text{s}$$

3.5　恒定元流的能量方程

3.5.1　理想液体恒定元流的能量方程

液体的运动同固体运动一样,都应遵循能量守恒原则,因此各运动要素之间的关系可以根据能量守恒定律推求。

力学中的能量守恒定律(动能定律)指出：运动物体在某一时段内动能的增量等于该时段内作用在该物体上的全部外力对此物体所做之功的代数和。其表达式为

$$\sum W = \frac{1}{2} m u^2 - \frac{1}{2} m u_0^2 \tag{3.14}$$

式中,$\sum W$ 为作用在物体上全部外力所做功的总和;m 为物体的质量;u 和 u_0 分别为物体运动的末速度和初速度。

下面从液体运动的特殊性出发,把动能定律引进水力学,推导出适合应用的形式,得出水力学最重要的基本方程之一——能量方程。

在理想液体恒定总流中,任意截取一段元流来研究,其控制面为过水断面 1、过水断面 2 及两断面之间的流管表面(见图 3.12)。过水断面 1 和 2 的面积分别为 dA_1 和 dA_2,过水断面形心到基准面的高度分别为 z_1 和 z_2。由于元流的过水断面面积很小,可以认为面积 dA_1 和 dA_2 上形心处的流速 u_1 和 u_2 就近似代表整个面上的流速;并且过水断面形心点处的动水压强分别为 p_1 和 p_2。把在初始时刻控制体中的液体作为一个系统,对这一系统应用式(3.14)。经过 dt 时段后,该系统从位置 1—2 运动到新位置 $1'$—$2'$,其动能亦相应发生变化。下面分析该系统到达新位置后动能的增量和外力所做的功之间的关系。

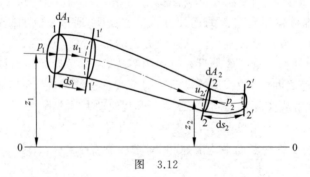

图　3.12

该系统动能的增量为在 dt 时段内的 $1'$—$2'$ 段的末系统的动能减去 1—2 段的初系统的动能。由于是恒定流,控制体内任一点的运动要素不随时间改变,所以经过 dt 时段后,该系统留在控制体中的 $1'$—2 流段的动能保持不变。因此整个系统运移时动能的增量为 2—$2'$

段系统的动能与 1—1′ 段系统的动能之差。

根据质量守恒定律，流段 1—1′ 和 2—2′ 系统的质量应相等，$dm = \rho u_1 dA_1 dt = \rho u_2 dA_2 dt = \rho dQ dt$。由于液体是不可压缩的，其密度 ρ 为常量，这样系统的动能的差值可写为

$$\frac{1}{2} dm u_2^2 - \frac{1}{2} dm u_1^2 = \frac{1}{2} \rho dQ dt (u_2^2 - u_1^2) = \rho g dQ dt \left(\frac{u_2^2}{2g} - \frac{u_1^2}{2g} \right) \tag{3.15}$$

由于是理想液体，可以不考虑阻力。这样，作用在该系统上的外力就只有重力和动水压力。下面计算这两种力所做的功。

（1）压力做的功。作用在过水断面 dA_1 上的动水压力 $p_1 dA_1$ 所做的功为 $p_1 dA_1 ds_1$（见图 3.12）；作用在过水断面 dA_2 上的动水压力 $p_2 dA_2$ 所做的功为 $-p_2 dA_2 ds_2$（由于力和位移方向相反，故做负功）。故动水压力做的功可表示为

$$W_p = p_1 dA_1 ds_1 - p_2 dA_2 ds_2 = p_1 dA_1 u_1 dt - p_2 dA_2 u_2 dt = dQ dt (p_1 - p_2) \tag{3.16}$$

（2）重力做的功。在 dt 时段内系统从位置 1—2 移动到新位置 1′—2′ 的过程中，位置 1′—2 是重合的（尽管不同时刻占据这部分液流空间的液体质点不同，但这部分液体重力没有做功），因此重力所做的功相当于 1—1′ 这部分液体移动到 2—2′ 位置时的势能改变，可表示为

$$W_G = dmg(z_1 - z_2) = \rho g dQ dt (z_1 - z_2) \tag{3.17}$$

式中，z_1 和 z_2 是过水断面 1 和 2 形心的位置高度，分别用来表示 1—1′ 和 2—2′ 段内液体重心的位置高度。

这样根据式（3.14）的动能定理可得

$$\rho g dQ dt (z_1 - z_2) + dQ dt (p_1 - p_2) = \rho g dQ dt \left(\frac{u_2^2}{2g} - \frac{u_1^2}{2g} \right)$$

将该式统除以 $\rho g dQ dt$ 并整理，得

$$z_1 + \frac{p_1}{\rho g} + \frac{u_1^2}{2g} = z_2 + \frac{p_2}{\rho g} + \frac{u_2^2}{2g} \tag{3.18}$$

式（3.18）就是不可压缩理想液体恒定元流的能量方程，是由瑞士科学家伯努利（Bernoulli）于 1738 年首先提出的，所以该方程又称为理想液体恒定元流的伯努利方程。

3.5.2 伯努利方程的能量意义和几何意义

1. 能量意义

下面对伯努利方程中出现的三种形式的物理量所代表的能量意义进行解释。其中 z 和 $\frac{p}{\rho g}$ 的能量意义已在第 2 章中阐述过，即 z 代表单位重量液体相对某个基准面所具有的位置势能，简称为单位位能。$\frac{p}{\rho g}$ 代表单位重量液体所具有的动水压强势能，简称为单位压能。两者之和 $\left(z + \frac{p}{\rho g} \right)$ 代表单位重量液体所具有的总势能。$\frac{u^2}{2g}$ 代表单位重量液体所具有的动能，简称为单位动能，说明如下：若某一质量为 dm 的液体微团，其流速为 u，该微团所具有的动能为 $\frac{1}{2} dm u^2$，该微团内单位重量液体所具有的动能为 $\frac{1}{2} \left(\frac{dm u^2}{dmg} \right) = \frac{u^2}{2g}$。方程中的三项

之和$\left(z+\dfrac{p}{\rho g}+\dfrac{u^2}{2g}\right)$表示单位重量液体的总机械能,简称为单位机械能。

不可压缩理想液体恒定元流的能量方程表明,尽管液体在流动过程中各种单位机械能(单位位能、单位压能和单位动能)是可以相互转换的,但单位重量液体所具有的总机械能沿流不变,即机械能守恒。由此可见,伯努利方程实质上就是物理学中能量守恒定律在水力学中的一种表现形式。

2. 几何意义

从几何角度看,z 和 $\dfrac{p}{\rho g}$ 分别表示元流过水断面上某点相对于某基准面的位置高度和压强高度,也称为位置水头和压强水头,$\dfrac{u^2}{2g}$ 称为流速水头。而 $\left(z+\dfrac{p}{\rho g}\right)$ 称为测压管水头,$\left(z+\dfrac{p}{\rho g}+\dfrac{u^2}{2g}\right)$ 称为总水头。所以式(3.18)的几何意义为:对于不可压缩理想液体恒定流,其总水头线沿流不变。如用几何线段表示,可参考图 3.13。

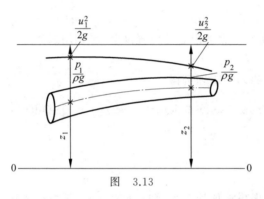

图　3.13

在图中,把元流上各点的总水头连成一线,即总水头线;把各点的测压管水头连成一线,即测压管水头线。对于理想液体,由于没有能量损失,各点的总水头相等,其总水头线是一水平线。而测压管水头线沿程可升可降,这体现了势能的沿程变化,以及与动能之间的相互转化。

3.5.3　实际液体恒定元流的能量方程

由于实际液体具有黏性,在流动过程中其内部会产生摩擦阻力,液体运动时为克服阻力要消耗一定的能量。液体的部分机械能将转换为热能而散失,因此总机械能将沿程减少。对实际液体而言,根据能量守恒的原则,恒定元流的能量方程应写为

$$z_1+\frac{p_1}{\rho g}+\frac{u_1^2}{2g}=z_2+\frac{p_2}{\rho g}+\frac{u_2^2}{2g}+h'_w \tag{3.19}$$

式中,h'_w 为元流单位重量液体从过水断面 1 到断面 2 的机械能损失,也称为水头损失。

例 3.2　作为元流能量方程的一个应用实例介绍毕托(H. Pitot,法国)管测速原理。

毕托管是一根很细的弯管,如图 3.14(a)所示。在其前端开一小孔与测压管相连,称为

动压管;顺流侧面开另一小孔(或环形窄缝)与另一测压管相连,称为静压管,把两管连接到压差计上即可测出该点压差(动压管与静压管的差值)。当需要测量某点流速时,只要测出该点压差,即可求出流速。

下面利用驻点原理,并结合元流能量方程求出流速。

当水流流过一墩形障碍物时,水流将绕过该障碍物分为两股,如图 3.14(b)所示。在墩形障碍物迎水面将存在一顶冲点 S,该点的水流速度为零,称该点为驻点或停滞点。该点的动能将全部转化为压能,并且沿该点取一水平流线,在线上再任取一 A 点,该点流速为 u,压强为 p;而 S 点的流速为零,压强为 p_S。两点的位置高度相同。

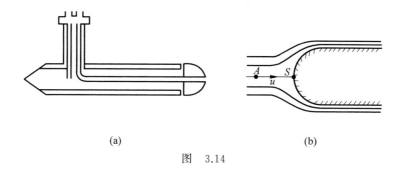

(a)   (b)

图 3.14

若对 A 和 S 两点列出理想液体恒定元流的能量方程则得出

$$\frac{p}{\rho g} + \frac{u^2}{2g} = \frac{p_S}{\rho g}$$

解出 A 点流速

$$u = \sqrt{2g\left(\frac{p_S}{\rho g} - \frac{p}{\rho g}\right)}$$

也可写为 $u = \sqrt{2g\,\Delta h}$,其中 $\Delta h = \frac{p_S}{\rho g} - \frac{p}{\rho g}$。具体测量时,只需测出该点压强差即可得出该点流速。

考虑到毕托管自身的构造及对水流的干扰和水头损失等因素,具体应用时,必须对式 $u = \sqrt{2g\,\Delta h}$ 加以修正。应加一修正系数 φ,它与毕托管的构造、尺寸、表面光滑度等有关,一般由生产厂家给出,其 φ 值取 $0.98 \sim 1.0$。

3.6 实际液体恒定总流能量方程

总流是无数元流的总和,有了恒定元流的能量方程以后,就可以推导实际液体恒定总流能量方程。

设元流的流量为 $\mathrm{d}Q$,单位时间内通过元流任一过水断面的液体重量为 $\rho g\,\mathrm{d}Q$,将式(3.19)中各项均乘以 $\rho g\,\mathrm{d}Q$,则可得出单位时间内通过元流两过水断面间的能量守恒关系:

$$\left(z_1 + \frac{p_1}{\rho g} + \frac{u_1^2}{2g}\right)\rho g\,\mathrm{d}Q = \left(z_2 + \frac{p_2}{\rho g} + \frac{u_2^2}{2g}\right)\rho g\,\mathrm{d}Q + h'_w\rho g\,\mathrm{d}Q$$

由元流的连续方程

$$dQ = u_1 dA_1 = u_2 dA_2$$

将其代入上式,并对总流过水断面积分,可得

$$\int_{A_1} \left(z_1 + \frac{p_1}{\rho g} \right) \rho g u_1 dA_1 + \int_{A_1} \frac{u_1^3}{2g} \rho g \, dA_1$$

$$= \int_{A_2} \left(z_2 + \frac{p_2}{\rho g} \right) \rho g u_2 dA_2 + \int_{A_2} \frac{u_2^3}{2g} \rho g \, dA_2 + \int_Q h'_w \rho g \, dQ \tag{3.20}$$

在式(3.20)的单位时间内通过总流过水断面的能量守恒关系式中出现如下三种类型的积分。

（1）第一种类型的积分

即在式(3.20)两端所出现的第一个积分式 $\int_A \left(z + \frac{p}{\rho g} \right) \rho g u \, dA$ 表示单位时间内通过过水断面 A 的液体总势能。对于均匀流和渐变流的过水断面,因断面上各点的单位势能 $\left(z + \frac{p}{\rho g} \right)$ 等于常数,因而这个积分可写为

$$\int_A \left(z + \frac{p}{\rho g} \right) \rho g u \, dA = \left(z + \frac{p}{\rho g} \right) \rho g \int_A u \, dA = \left(z + \frac{p}{\rho g} \right) \rho g Q$$

（2）第二种类型的积分

在式(3.20)两端出现的第二个积分式 $\int_A \frac{u^3}{2g} \rho g \, dA$ 表示单位时间内通过过水断面 A 的液体的总动能。一般情况下过水断面上各点的流速 u 是不相等的,其变化规律也因各种影响因素的不同而不同,这样直接积分上式有一定的困难。工程实际中为了计算简单方便,常用断面平均流速 v 代替断面上各点的流速 u 来计算总流断面上的平均动能。当然,这种代替必然存在一定的误差,用一动能校正系数 α（实际动能与按断面平均流速计算的动能之比）加以校正。动能校正系数的表达式为

$$\frac{1}{Q} \int_A \frac{u^3}{2g} dA = \frac{\alpha v^2}{2g}$$

亦可写为

$$\alpha = \frac{\int_A u^3 dA}{v^3 A} = \frac{1}{A} \int_A \left(\frac{u}{v} \right)^3 dA \tag{3.21}$$

动能校正系数 α 值取决于过水断面上流速分布的不均匀程度,流速分布越不均匀,α 值越大。对于一般情况下的流动 $\alpha = 1.05 \sim 1.10$,有时近似取 $\alpha = 1.0$。但在流速分布极不均匀时可达到 2.0 或更大。

（3）第三种类型的积分

在式(3.20)右端出现的第三个积分式 $\int_Q h'_w \rho g \, dQ$ 表示单位时间内总流由过水断面 1—1 至过水断面 2—2 之间的机械能损失。根据积分的中值定理,可得

$$\int_Q h'_w \rho g \, dQ = h_w \rho g Q$$

式中,h_w 为单位重量液体在两过水断面间的平均机械能损失,通常亦称为总流的水头损失。

将以上得出的三种类型的积分分别代入式(3.20),并统除以总流单位时间的液体重量 $\rho g Q$ 和冠以两个断面的下标符号,可得出

$$z_1 + \frac{p_1}{\rho g} + \frac{\alpha_1 v_1^2}{2g} = z_2 + \frac{p_2}{\rho g} + \frac{\alpha_2 v_2^2}{2g} + h_w \qquad (3.22)$$

该式即为实际液体恒定总流能量方程,它表达了总流单位能量的转化和守恒规律,是水力学应用最广的基本方程之一。它与连续性方程以及动量方程联用,可解决许多水力学问题。

恒定总流能量方程与恒定元流能量方程相比,有两点不同之处,首先是用断面平均流速 v 代替了点流速 u 计算动能,由此而产生的误差由动能校正系数 α 来校正。其次是用总流的单位重量液体平均能量损失 h_w 来计算水头损失。

总流能量方程中各项也像元流能量方程各项一样同样有其能量意义和几何意义。如总流能量方程中的 z 和 $\frac{p}{\rho g}$ 是断面上"任一点"的单位位能(或)和压强水头(或单位压能),这是因为在均匀流或渐变流断面上 $z + \frac{p}{\rho g} = C$ 的缘故,所以断面上的计算点可以任意选取;而 $\frac{\alpha v^2}{2g}$ 和 h_w 则分别表示断面"平均"单位动能(或流速水头)和液体从过水断面 1 流到过水断面 2 的"平均"单位机械能损失(或水头损失)。

因为恒定总流能量方程中的各项都是对单位重量液体而言的,因此,其各项都具有长度的量纲,为了更形象地展示各种能量之间的转化,可以用几何线段来描绘各种能量之间的变化情况。如沿流将各断面的测压管水头值 $H_p = z + \frac{p}{\rho g}$ 描出的各点连接起来,即为测压管水头线;沿流将各断面的总水头值 $H = z + \frac{p}{\rho g} + \frac{\alpha v^2}{2g}$ 描出的各点连接起来,即为总水头线。图 3.15 所示为通过管道、渠道水流的测压管水头线和总水头线。

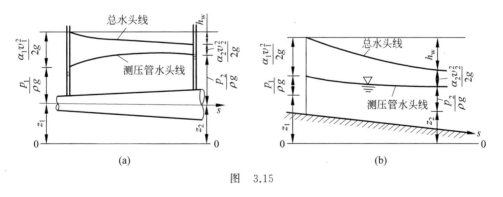

图 3.15

由能量方程的物理意义可以得出,实际液体的总水头线,由于存在水头损失,沿程必定是一条下降的曲线(直线或曲线);而测压管水头线则沿流可以下降也可以上升。能量方程的这种图示,可以清楚地表示各种单位能量沿流程相互转化的情况。

为了反映总水头线和测压管水头线沿程的变化情况,引入所谓水力坡度和测压管坡度的概念。即单位长度流程(用 s 表示沿流动方向的坐标)上总水头的减小值,或者说单位长度流程上的水头损失定义为水力坡度,用 J 表示。其数学表达式为

$$J = -\frac{\mathrm{d}\left(z + \dfrac{p}{\rho g} + \dfrac{\alpha v^2}{2g}\right)}{\mathrm{d}s} = \frac{\mathrm{d}h_w}{\mathrm{d}s} \qquad (3.23)$$

式中的负号,是因为总水头沿程总是减少的,为使 J 值为正,故取负号。

单位长度流程上测压管水头变化值称为测压管坡度,用 J_p 表示。其数学表达式为

$$J_p = -\frac{\mathrm{d}\left(z + \dfrac{p}{\rho g}\right)}{\mathrm{d}s} \qquad (3.24)$$

式中的负号,是因为当测压管水头沿程减小时,为使 J_p 为正值,故取负号。这两个坡度是水力学非常重要的两个概念,在后续章节中仍不断被使用。

由恒定总流能量方程整个推导过程可知,能量方程的应用条件是:

(1) 液体是不可压缩的,流动是恒定的。

(2) 质量力只有重力。

(3) 所取过水断面必须取在均匀流或渐变流断面上,但两断面之间可以是急变流。

(4) 两个过水断面之间没有外界的能量从控制体内加入或支出。如果有外界能量加入(如水泵)或从内部支出能量(如水轮机),则恒定总流能量方程应改写为

$$z_1 + \frac{p_1}{\rho g} + \frac{\alpha_1 v_1^2}{2g} \pm h_p = z_2 + \frac{p_2}{\rho g} + \frac{\alpha_2 v_2^2}{2g} + h_w \qquad (3.25)$$

式中,h_p 为两断面间加入(取正号)或支出(取负号)的单位机械能。

例 3.3　文丘里(Venturi)流量计是最常用的测量有压管道内流量的仪器,它由渐缩段、喉管和渐扩段管段所组成,如图 3.16 所示。在渐缩段前及喉管处各装一测压管。渐缩段前和喉管处的管径分别为 d_1 和 d_2。具体使用时,只需测出两测压管中的水面高差 Δh,即可求出通过管道的流量。试导出流量计的流量公式。

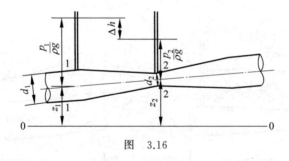

图　3.16

解　取一水平面为基准面,在渐缩段前及喉管处取两个渐变流过水断面 1—1 和 2—2。对这两个断面列出总流能量方程为

$$z_1 + \frac{p_1}{\rho g} + \frac{\alpha_1 v_1^2}{2g} = z_2 + \frac{p_2}{\rho g} + \frac{\alpha_2 v_2^2}{2g} + h_w$$

假设动能校正系数 $\alpha_1 = \alpha_2 = 1.0$,由于整个文丘里管段较短,水头损失暂时忽略不计,则

$$\left(z_1 + \frac{p_1}{\rho g}\right) - \left(z_2 + \frac{p_2}{\rho g}\right) = \Delta h = \frac{v_2^2 - v_1^2}{2g}$$

由连续方程可得出 $v_2 = \left(\dfrac{d_1}{d_2}\right)^2 v_1$,代入上式,并整理得

$$\Delta h = \left(\frac{d_1^4}{d_2^4} - 1 \right) \frac{v_1^2}{2g}$$

解得

$$v_1 = \frac{1}{\sqrt{\left(\dfrac{d_1}{d_2} \right)^4 - 1}} \sqrt{2g\,\Delta h}$$

管道的理论流量为

$$Q = v_1 A_1 = \frac{\pi}{4} \frac{d_1^2 d_2^2}{\sqrt{d_1^4 - d_2^4}} \sqrt{2g\,\Delta h}$$

$$= K\sqrt{\Delta h}$$

其中

$$K = \frac{\pi}{4} \frac{d_1^2 d_2^2}{\sqrt{d_1^4 - d_2^4}} \sqrt{2g}$$

它仅取决于文丘里管的尺寸,对于指定的文丘里管是一个常数。

当管中流过的是实际液体时,应考虑由阻力所造成的水头损失,以及一些其他因素,用上式所求出的流量应修正为

$$Q = \mu K \sqrt{\Delta h}$$

式中,μ 称为文丘里管的流量系数,并且 $\mu < 1$。

例 3.4 在容器壁上开一孔口,孔口高度为 e,孔口面积为 A,孔口作用水头为 H,孔口上游流速为 v_0,如图 3.17 所示。水经孔口流出时,在惯性力作用下,流线向孔口中心线弯曲,水流断面发生收缩,距孔口壁面约 $e/2$ 处的断面 C 处,断面面积收缩到最小。该断面称为收缩断面,其面积为 A_C,其流速为 v_C。此后,水流断面又逐渐扩大,并在重力作用下以近似抛物线的形式下落,求通过孔口的流量。

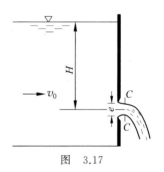

图 3.17

解 以通过孔口中心的水平面为基准面,因断面 C 处水流流线近似平行直线,可选为渐变流断面,则可对孔口上游断面和下游断面列能量方程:$H + \dfrac{\alpha_0 v_0^2}{2g} = 0 + \dfrac{\alpha_C v_C^2}{2g} + h_w$。式中的 v_0 是水池(或水库)中渐变流断面的流速,称为行近流速,相应的流速水头 $\dfrac{\alpha_0 v_0^2}{2g}$ 称为行近流速水头。令 $H_0 = H + \dfrac{\alpha_0 v_0^2}{2g}$,称为总水头。这样,上述能量方程可以写为 $H_0 = \dfrac{\alpha_C v_C^2}{2g} + h_w$。此式表明孔口总水头 H_0 的一部分转换为收缩断面的流速水头,另一部分则在流动过程中形成了水头损失。因孔口只计算局部水头损失,即 $h_w = \zeta \dfrac{v_C^2}{2g}$,其中 ζ 为孔口局部水头损失系数,代入上式并整理得

$$v_C = \frac{1}{\sqrt{\alpha_C + \zeta}} \sqrt{2gH_0}$$

令

$$\varphi = \frac{1}{\sqrt{\alpha_c + \zeta}}$$

为流速系数,则

$$v_c = \varphi \sqrt{2gH_0}$$

令

$$\varepsilon = \frac{A_c}{A}$$

为孔口的收缩系数。

通过孔口的流量为

$$Q = A_c v_c = \varepsilon \varphi A \sqrt{2gH_0} = \mu A \sqrt{2gH_0}$$

式中

$$\mu = \varepsilon \varphi$$

称为孔口的流量系数。如能测出 H_0, A, μ 值,即可求出孔口流量。对于薄壁圆形小孔口,由实验可得出 $\varepsilon = 0.64$, $\varphi = 0.97$,则 $\mu = 0.62$。

3.7　恒定总流动量方程

在前面几节中重点推导出了水力学非常重要的连续性方程和能量方程。它们为解决实际工程中的水力学问题奠定了很好的基础。但是它们没有涉及液体运动与其边界作用力之间的关系,要求分析水流对固体边界的作用力时也无法应用。另外,对于一些流程比较短的急变流,如用能量方程求解,其中的水头损失也难以确定,这样也限制了能量方程的使用。此时用动量方程可以弥补这些不足,使问题迎刃而解。

物体运动的动量定理为:单位时间内物体的动量变化等于作用于该物体上外力之总和。其表达式为

$$\frac{\mathrm{d}\boldsymbol{K}}{\mathrm{d}t} = \sum \boldsymbol{F} \tag{3.26}$$

式中,$\boldsymbol{K}$ 为物体的动量,其表达式为 $\boldsymbol{K} = m\boldsymbol{v}$,$m$ 为物体的质量,$\boldsymbol{v}$ 为物体的速度,由于速度是矢量,因此动量也为矢量;$\sum \boldsymbol{F}$ 是作用于物体上所有外力的矢量和。

根据上述动量定理推导适合水力学应用的动量方程。在不可压缩液体恒定总流中(图 3.18)任取出一元流流段作为控制体,其控制面由元流的过水断面 1—1 和 2—2 以及两断面间的流管壁面所组成。经 $\mathrm{d}t$ 时段后,控制体中的液体由 1—2 位置运动到新位置 $1'$—$2'$,因而发生动量变化,其值等于系统在位置 $1'$—$2'$ 时的动量 $\boldsymbol{K}_{1'-2'}$ 与位置 1—2 时的动量 $\boldsymbol{K}_{1-2}$ 之差,即

$$\mathrm{d}\boldsymbol{K} = \boldsymbol{K}_{1'-2'} - \boldsymbol{K}_{1-2}$$

而 $\boldsymbol{K}_{1'-2'}$ 是 $1'$—2 和 2—$2'$ 两段液体动量之和,即

$$\boldsymbol{K}_{1'-2'} = \boldsymbol{K}_{1'-2} + \boldsymbol{K}_{2-2'}$$

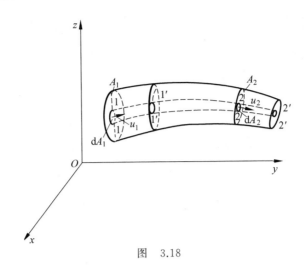

$$图 \quad 3.18$$

同样

$$\boldsymbol{K}_{1-2} = \boldsymbol{K}_{1-1'} + \boldsymbol{K}_{1'-2}$$

因为液流是恒定流,其运动要素不随时间改变,所以经过 $\mathrm{d}t$ 时段后,该系统留在控制体中 $1'$—2 流段的动量保持不变。这样,上式中的动量差应等于动量 $\boldsymbol{K}_{2-2'}$ 和动量 $\boldsymbol{K}_{1-1'}$ 之差,即

$$\mathrm{d}\boldsymbol{K} = \boldsymbol{K}_{2-2'} - \boldsymbol{K}_{1-1'}$$

设元流过水断面 1—1 和 2—2 的面积分别为 $\mathrm{d}A_1$ 和 $\mathrm{d}A_2$,流速分别为 $\boldsymbol{u}_1$ 和 $\boldsymbol{u}_2$,液体的密度为 ρ。于是,$\boldsymbol{K}_{1-1'} = \rho u_1 \mathrm{d}A_1 \mathrm{d}t\boldsymbol{u}_1$;$\boldsymbol{K}_{2-2'} = \rho u_2 \mathrm{d}A_2 \mathrm{d}t\boldsymbol{u}_2$。把 $\boldsymbol{K}_{1-1'}$ 和 $\boldsymbol{K}_{2-2'}$ 的关系代入上述动量差值公式,得

$$\mathrm{d}\boldsymbol{K} = \rho u_2 \mathrm{d}A_2 \mathrm{d}t\boldsymbol{u}_2 - \rho u_1 \mathrm{d}A_1 \mathrm{d}t\boldsymbol{u}_1 = \rho \,\mathrm{d}Q\mathrm{d}t(\boldsymbol{u}_2 - \boldsymbol{u}_1) \tag{3.27}$$

根据动量定理,得到元流的动量方程

$$\sum \mathrm{d}\boldsymbol{F} = \frac{\mathrm{d}\boldsymbol{K}}{\mathrm{d}t} = \rho \,\mathrm{d}Q(\boldsymbol{u}_2 - \boldsymbol{u}_1) \tag{3.28}$$

$\sum \mathrm{d}\boldsymbol{F}$ 是作用在元流控制体中液体的质量力和作用在控制面上所有面积力的矢量和。

有了元流的动量方程以后,若求总流的动量方程,像前面推导总流连续性方程和总流能量方程的过程一样,从元流方程到总流方程的推导过程是一个积分的过程。因为,总流的动量变化为所有元流动量变化的矢量和,而总流动量是把元流的动量对过水断面面积积分而得,这样,$\mathrm{d}t$ 时段内总流动量变化可表达为

$$\sum \mathrm{d}\boldsymbol{K} = \int_{A_2} \rho \,\mathrm{d}Q\mathrm{d}t\boldsymbol{u}_2 - \int_{A_1} \rho \,\mathrm{d}Q\mathrm{d}t\boldsymbol{u}_1 = \int_{A_2} \rho u_2 \mathrm{d}t \,\mathrm{d}A_2 \boldsymbol{u}_2 - \int_{A_1} \rho u_1 \mathrm{d}t \,\mathrm{d}A_1 \boldsymbol{u}_1$$

如果想求出上述积分,必须给出过水断面上的流速分布规律,在工程实际中一般用断面平均流速 v 来代替点流速 u 进行动量计算,但要求在选取总流的两个过水断面时必须是均匀流或渐变流断面,这是因为断面平均流速 v 的方向与均匀流的流速 u 的方向一致,与渐变流的流速 u 的方向基本一致,这样用断面平均流速 v 代替点流速 u 计算动量,可引入动量校正系数 β(实际动量与按 v 计算的动量之比),即

$$\beta = \frac{\int_A u^2 \mathrm{d}A}{v^2 A} = \frac{1}{A}\int_A \left(\frac{u}{v}\right)^2 \mathrm{d}A \tag{3.29}$$

β 值也取决于总流过水断面上的流速分布,流速分布越不均匀,其值越大,对于一般的均匀流或渐变流 $\beta=1.02\sim1.05$,通常取 $\beta=1.0$。

由动量定理,恒定总流的动量方程为

$$\sum \boldsymbol{F} = \rho Q(\beta_2 \boldsymbol{v}_2 - \beta_1 \boldsymbol{v}_1) \tag{3.30}$$

式(3.30)表明,作用于控制体内液体上的外力,等于控制体净流出的动量。

由于动量方程是个矢量方程,具体应用时,一般是利用其在某坐标系上的投影式进行计算。式(3.30)在 x,y,z 轴上的投影方程为

$$\left. \begin{array}{l} \sum F_x = \rho Q(\beta_2 v_{2x} - \beta_1 v_{1x}) \\ \sum F_y = \rho Q(\beta_2 v_{2y} - \beta_1 v_{1y}) \\ \sum F_z = \rho Q(\beta_2 v_{2z} - \beta_1 v_{1z}) \end{array} \right\} \tag{3.31}$$

综合以上在推导方程的过程中所规定的条件,可得出总流动量方程的应用条件为:液流必须是恒定流;液体是不可压缩的;所取的控制体中,有动量流进和流出的控制面,必须是均匀流或渐变流过水断面,但其间可以是急变流。

总流动量方程是动量原理的总流表达式,该方程建立了总流动量变化与作用力之间的关系。根据这一特点,在遇到流程比较短的急变流,求总流与边界面之间的相互作用力问题,以及因水头损失难以确定,用能量方程受到限制时,此时用动量方程特别有效。

用动量方程解题时,应注意以下几点:

(1) 在选取控制体时,应适当选取控制面的位置,以满足是均匀流或渐变流断面的条件。

(2) 分析作用在控制面上和控制体中的所有作用力。

(3) 选取直角坐标系(注意其方向,以简化计算),分别写出分量形式的方程,注意式中力和动量投影的正负号。

例 3.5   铅垂放置在镇墩上的变直径弯管,弯管两端与等直径直管在断面 1—1 与 2—2 处相接,断面 1—1 与 2—2 形心点之间的高差为 $\Delta z=0.4$ m,在断面 2—2 处设置一压力表,其读数 $p_2=15.0$ kN/m²,管中通过流量 $Q=0.12$ m³/s,管径 $d_1=320$ mm,$d_2=210$ mm,转角 $\theta=60°$,弯管内的水体重量 $G=1.5$ kN,如图 3.19 所示,若忽略弯管的水头损失,试计算镇墩所承受的作用力。

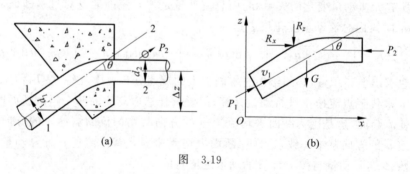

图   3.19

解   (1) 先分别求出两个断面的流速

$$v_1 = \frac{Q}{A_1} = \frac{4Q}{\pi d_1^2} = \frac{4 \times 0.12 \ \mathrm{m^3/s}}{3.14 \times (0.32 \ \mathrm{m})^2} = 1.49 \ \mathrm{m/s}$$

$$v_2 = \frac{Q}{A_2} = \frac{4Q}{\pi d_2^2} = \frac{4 \times 0.12 \ \mathrm{m^3/s}}{3.14 \times (0.21^2 \ \mathrm{m})^2} = 3.47 \ \mathrm{m/s}$$

（2）由能量方程求动水压强 p_1

列出 1—1 与 2—2 断面的能量方程，以 1—1 断面的形心为基准面，取 $\alpha_1 = \alpha_2 = 1.0$，有

$$0 + \frac{p_1}{\rho g} + \frac{\alpha_1 v_1^2}{2g} = \Delta z + \frac{p_2}{\rho g} + \frac{\alpha_2 v_2^2}{2g}$$

则解出

$$\begin{aligned}
p_1 &= \rho g \left(\Delta z + \frac{p_2}{\rho g} + \frac{\alpha_2 v_2^2}{2g} - \frac{\alpha_1 v_1^2}{2g} \right) \\
&= 9.81 \times \left(0.4 + \frac{15}{9.81} + \frac{3.47^2}{19.62} - \frac{1.49^2}{19.62} \right) \ \mathrm{kN/m^2} \\
&= 23.84 \ \mathrm{kN/m^2}
\end{aligned}$$

（3）由动量方程求支座所承受的作用力

取渐变流断面 1—1 和 2—2 之间的区域为控制体，并选取铅垂平面坐标 xOz，如图 3.19 所示。作用在控制体中液体上的力有 1—1 和 2—2 断面上的动水压力 P_1 和 P_2，以及水体重量 G。

列出 x 方向的动量方程

$$P_1 \cos\theta - P_2 + R_x = \rho Q (\beta_2 v_2 - \beta_1 v_1 \cos\theta)$$

取 $\beta_1 = \beta_2 = 1.0$，则有

$$\begin{aligned}
R_x &= \rho Q (v_2 - v_1 \cos\theta) + P_2 - P_1 \cos\theta \\
&= \left(1.0 \times 0.12 \times (3.47 - 1.49 \times 0.5) + 15 \times \frac{3.14 \times 0.21^2}{4} - \right. \\
&\quad \left. 23.84 \times \frac{3.14 \times 0.32^2}{4} \times 0.5 \right) \ \mathrm{kN} \\
&= (0.33 + 0.52 - 0.96) \ \mathrm{kN} = -0.11 \ \mathrm{kN}
\end{aligned}$$

负号表示该分量与图中假设的力的方向相反。

列出 z 方向的动量方程

$$P_1 \sin\theta - G - R_z = \rho Q (-v_1 \sin\theta)$$

$$\begin{aligned}
R_z &= P_1 \sin\theta - G + \rho Q v_1 \sin\theta \\
&= \left(23.84 \times \frac{3.14 \times 0.32^2}{4} \times 0.87 - 1.5 + 1.0 \times 0.12 \times 1.49 \times 0.87 \right) \ \mathrm{kN} \\
&= (1.67 - 1.5 + 0.16) \ \mathrm{kN} = 0.33 \ \mathrm{kN}
\end{aligned}$$

则支座对水流的作用力为

$$R = \sqrt{R_x^2 + R_z^2} = 0.348 \ \mathrm{kN}$$

方向角为

$$\alpha = \arctan \frac{R_z}{R_x} = \arctan \frac{0.33}{0.11} = 71.57°$$

而支座所承受的力 R' 与 R 大小相等，方向相反。

例 3.6　图 3.20 为一管嘴恒定射流,管嘴直径为 d(不计该管嘴的水头损失)。该股射流冲击到一固定的光滑物体表面上(不计流动阻力),射流对物体表面冲击后,沿着物体表面平均分成两股,流量分别为 $\frac{Q}{2}$。如所考虑的流动在同一个水平面上,则重力不起作用。试求射流对物体的作用力。

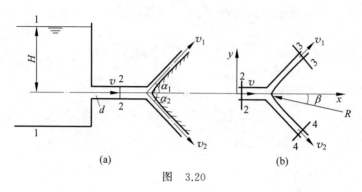

图　3.20

解　选通过管嘴轴线的水平面 0—0 为基准面,取渐变流断面 1 和 2,列能量方程

$$H + \frac{\alpha v_0^2}{2g} = 0 + 0 + \frac{\alpha v^2}{2g}$$

若忽略行近流速水头,并取 $\alpha = 1.0$,则有

$$v = \sqrt{2gH}$$

则管嘴流出的流量为

$$Q = vA = \frac{\pi d^2}{4}\sqrt{2gH}$$

在管嘴出口取一断面 2—2,其流量为 Q。在冲击到固体表面后的两股水流中各取一断面 3—3 和 4—4。其通过的流量分别为 $Q/2$,并以此段水流为控制体,选取 xOy 坐标,列出该控制体的动量方程:

x 方向的动量方程

$$\rho\frac{Q}{2}v_1\cos\alpha_1 + \rho\frac{Q}{2}v_2\cos\alpha_2 - \rho Qv = -R\cos\beta$$

y 方向的动量方程

$$\rho\frac{Q}{2}v_1\sin\alpha_1 - \rho\frac{Q}{2}v_2\sin\alpha_2 = R\sin\beta$$

由于 Q 已求出,射流在同一平面上 z_1 和 z_2 相等,射流在大气中压强为零,不计水头损失 h_w,由能量方程可求出 $v_1 = v_2 = v$。从以上两式可求出 R 和 β。水流作用于物体上的力与 R 的值相等,但方向相反。

如物体表面与 x 轴对称,即 $\alpha_1 = \alpha_2 = \alpha$,则从以上两式可得 $\beta = 0$ 及

$$R = \rho Qv(1 - \cos\alpha)$$

若 $\alpha = 90°$,即直立平板,则 $R = \rho Qv$,代入流量及流速有 $R = \rho\frac{\pi d^2}{4}2gH = \frac{\pi d^2}{2}\rho gH$;若 $\alpha = 180°$,即曲面板,则 $R = 2\rho Qv$,$R = \rho g\pi d^2 H$,此时 R 达到最大值,冲击式水轮机叶片就是

根据此原理设计的,以获取最大的水流冲击力。

3.8 空化与空蚀的概念

在常压下,水在升温到一定量时开始沸腾,即转化成蒸汽(亦称为汽化);而当压强降低到一定程度时,液体也会汽化。液体汽化时的压强称为饱和蒸汽压强,用 p_{vp} 表示(见表 3.1)。

表 3.1　不同温度下水的饱和蒸汽压强 p_{vp} 值(以绝对压强表示)

$t/℃$	0	10	20	30	40	50	60	70	80	90	100
$p_{vp}/(kN/m^2)$	0.588	1.177	2.452	4.315	7.453	12.36	19.91	31.38	47.66	70.41	101.3

从能量方程来看,当断面总能量一定时,液流在流动过程中,其位置势能、压强势能、动能三者之间是可以相互转换的。当局部的位置势能或动能较大时,其相应的压强势能就会降低,当局部压强降低到一定程度时,水质点将汽化形成微小气泡存在于水流中,将此现象称为空化(亦称为空穴或气穴)。由此可知,空化发生的条件为

$$p \leqslant p_{vp}$$

式中,p 为液体中某点的瞬时压强。

空化发生后形成的气泡,被水流带到高压区时,将瞬间溃灭,同时周围的水体迅速充填其空间,从而形成较大的冲击力(其大小可达几十个大气压)。如果气泡的溃灭靠近固体壁面,则此冲击力将直接作用在固体壁面上。由于气泡在低压区不断形成,而在高压区不断溃灭,固体壁面在这样一种交变荷载的作用下,将难以承受这样的强度,最终固壁材料被剥蚀,这种现象称为空蚀(或气蚀)现象。例如水轮机叶片发生空蚀时,会出现蜂窝状的剥蚀坑。水工建筑物的混凝土表面也会出现斑点和麻面,甚至形成蜂窝状及洞穴。由此可知空蚀问题的严重性,应该引起重视。至于对空蚀所发生的具体指标和一些防范措施等请读者参阅有关专著,这里不做具体叙述。

思　考　题

3.1　拉格朗日变数和欧拉变数各指什么? 在此两种方法中,x,y,z 有何不同含义?

3.2　何谓恒定流与非恒定流,均匀流与非均匀流,渐变流与急变流? 它们之间有何联系?

3.3　断面平均流速是如何定义的? 为何要引入这个概念? 过水断面上是否存在实际流速 u 和断面平均流速 v 相等的点?

3.4　何谓总水头线和测压管水头线、水力坡度和测管坡度? 两者在什么情况下相等?

3.5　表述流线的定义及其性质。流线与迹线有何区别?

3.6　能否存在"恒定的急变流""非恒定的均匀流"? 如果存在,试解释其含义,并举实例。

3.7　流量是如何定义的? 如何计算流量? 它的单位是什么? 你在实际工作中用到过何种计算或测量流量的方法?

习　　题

3.1　如图某水平放置的分叉管路,总管流量 $Q=40$ m³/s,通过叉管 1 的流量为 $Q_1=$ 20 m³/s,叉管 2 的直径 $d=1.5$ m,求出叉管 2 的流量及断面平均流速。

3.2　有一底坡非常陡的渠道如图所示。水流为恒定流,A 点流速为 5 m/s,设 A 点距水面的铅直水深 $H=3.5$ m。若以 0—0 为基准面,求 A 点的位置水头。压强水头、流速水头、总水头各为多少?

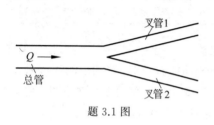

题 3.1 图

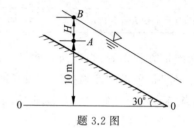

题 3.2 图

3.3　垂直放置的管道,并串联一文丘里流量计如图所示。已知管道的管径 $D=4.0$ cm,喉管处的直径 $d=2.0$ cm,水银压差计读数 $\Delta h=3.0$ cm,两断面间的水头损失 $h_w=0.05\dfrac{v^2}{2g}$(v 对应喉管处的流速),求管中水流的流速和流量。

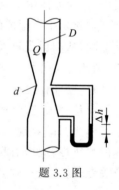

题 3.3 图

3.4　如图有一水泵,抽水流量 $Q=0.02$ m³/s,吸水管直径 $d=20$ cm,泵内允许真空值为 6.5 m 水柱,吸水管(包括底阀、弯头)水头损失 $h_w=0.16$ m,试计算水泵的安装高度 h_s。

3.5　如图为一水轮机直锥形尾水管。已知 A—A 断面的直径 $d=$ 0.6 m,断面 A—A 与下游河道水面高差 $z=5.0$ m。水轮机通过流量 $Q=1.7$ m³/s 时,整个尾水管的水头损失 $h_w=0.14\dfrac{v^2}{2g}$ (v 为对应断面 A—A 的流速),求 A—A 断面的动水压强。

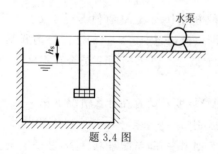

题 3.4 图

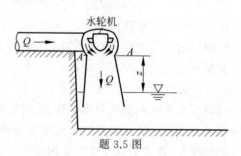

题 3.5 图

3.6　如图为一平板闸门控制的闸孔出流。闸孔宽度 $b=3.5$ m,闸孔上游水深为 $H=3.0$ m,闸孔下游收缩断面水深 $h_{c0}=0.6$ m,通过闸孔的流量 $Q=12$ m³/s,求水流对闸门的水平作用力(渠底与渠壁摩擦阻力忽略不计)。

3.7 固定在支座内的一段渐缩形的输水管道如图所示,其直径由 $d_1=1.5$ m 变化到直径 $d_2=1.0$ m,在渐缩段前的压力表读数 $p=405$ kN/m²,管中流量 $Q=1.8$ m³/s,不计管中的水头损失,求渐变段支座所承受的轴向力 R。

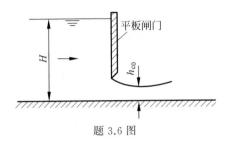

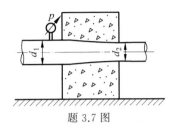

题 3.6 图   题 3.7 图

3.8 如图有一突然收缩的管道,收缩前的直径 $d_1=30$ cm,$d_2=20$ cm,收缩前压力表读数 $p=14\ 715$ N/m²,管中流量 $Q=0.30$ m³/s,若忽略水流阻力,试计算该管道所受的轴向拉力 N。

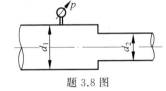

题 3.8 图

3.9 如图为一挑流式消能所设置的挑流鼻坎,已知:挑射角 $\theta=35°$,单宽流量 $q=80$ m²/s,反弧起始断面的流速 $v_1=30$ m/s,射出速度 $v_2=28$ m/s,1—2 断面间的水重 $G=149.7$ kN,不计坝面与水流间的摩擦阻力,试求:水流对鼻坎的水平作用力和铅直作用力。

3.10 如图将一平板放置在自由射流之中,并且垂直于射流轴线,该平板截去射流流量的一部分 Q_1,射流的其余部分偏转一角度 θ,已知 $v=30$ m/s,$Q=36$ L/s,$Q_1=12$ L/s,不计摩擦,试求:(1)射流的偏转角度 θ;(2)射流对平板的作用力。

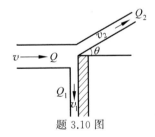

题 3.9 图   题 3.10 图

3.11 如图所示,有一铅直放置的管道,其直径 $d=0.35$ m,在其出口处设置一圆锥形阀门,圆锥顶角 $\theta=60°$,锥体自重 $G=1400$ N。当水流的流量 Q 为多少时,管道出口的射流可将锥体托起?(假设 v 保持不变)

3.12 一水平放置的180°弯管,如图所示。已知管径 $d=0.2$ m,断面1—1及2—2处管中心的相对压强 $p=4.0\times10^4$ N/m²,管道通过的流量 $Q=0.157$ m³/s。试求诸螺钉上所承受的总水平力(不计水流与管壁间的摩擦阻力)。

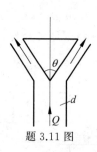

题 3.11 图

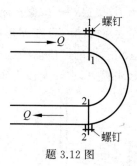

题 3.12 图

3.13　如图一放置在铅直平面内的弯管,直径 $d=100$ mm,1—1,2—2 断面间管长 $L=$ 0.6 m,与水平线的交角 $\theta=30°$,通过的流量 $Q=0.03$ m³/s,1—1 和 2—2 断面形心点的高差 $\Delta z=0.15$ m,1—1 断面形心点的相对压强为 $p_1=49$ kN/m²,忽略摩擦阻力的影响,求出弯管所受的力。

3.14　在水位恒定的水箱侧壁上安装一管嘴,从管嘴射出的水流喷射到水平放置的曲板上,如图所示,已知管嘴直径 $d=5.0$ cm,局部水头损失系数 $\zeta=0.5$,当水流对曲板水平方向上的作用力 $R=980$ N 时,试求水箱中的水头 H。(可忽略水箱的行近流速)

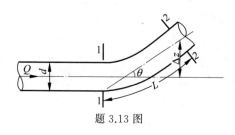

题 3.13 图

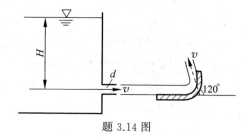

题 3.14 图

第4章
Chapter

层流和紊流、液流阻力和水头损失

4.1 概　　述

　　第 3 章阐述了液体一元流动的基本原理,介绍了计算恒定总流问题的三大方程。其中能量方程体现了液体运动时的能量守恒定律。在应用该方程时,必须面临方程中水头损失 h_w 的确定和计算问题,由于在第 3 章并没有把这一问题展开讨论,因此,本章将重点讨论有关水头损失 h_w 的问题。讨论的内容包括水头损失的成因、分类,液流阻力与水头损失的关系,水头损失的计算等问题。

　　在研究水头损失问题时,人们通过试验发现,流动的液体可分为层流和紊流两种流态。这两种流态的运动规律、流动结构和水头损失规律等各种水力特性存在明显差异,本章将介绍层流和紊流的有关概念和最基本的研究成果。

　　由于水流运动的复杂性,很多问题例如紊流中的许多问题、局部水头损失的计算问题等难以采用纯理论的分析方法,需采用理论分析和试验研究相结合的方式加以探讨。随着试验技术和手段的进步以及计算机模拟技术的飞速发展,人们对水流运动规律的认识不断深入,水力学理论得到不断的发展,以适应社会生产力进步和工程实际的需要。然而,迄今为止,人们对水流运动的机理和内在规律的认识尚存在许多不足,大量的研究工作仍在进行中,未知的规律亟待被认识,水力学理论在进一步的完善之中。

4.2 水头损失的分类

　　液体的黏性是液流能量损失的根本原因。为了便于分析研究和计算,根据边界的形状和尺寸是否沿程变化和主流是否脱离固体边壁或形成旋涡,把水头损失分为沿程水头损失 h_f 和局部水头损失 h_j 两大类。

　　当固体边界的形状和尺寸沿程不变时,液流在长直流段中的水头损失称为沿程水头损失,简称沿程损失,以符号 h_f 表示。在产生沿程损失的流段中,主流不脱离边壁,因此不会产生因主流与边壁分离而出现的较大旋涡。一般在均匀流和渐变流情况下产生的水头损失为沿程损失。试验表明,除了速度极小的情况,均匀流和渐变流时,由于边壁附近液体流速梯度很大,由剪切作用,壁面附近存在一些微小的旋涡,部分能量损失由此产生。

当固体边界的形状、尺寸或两者之一沿流程急剧变化时所产生的水头损失称为局部水头损失,简称局部损失,以符号 h_j 表示。在局部损失发生的局部范围内,主流与边界往往分离并发生旋涡。如图 3.4 中水流在管道突然收缩或流经阀门和突然扩大处均产生旋涡,这些旋涡耗散了水流的能量。一般当出现急变流情况时产生局部损失。

应用恒定总流能量方程时,在选定的两个均匀流或渐变流断面之间的水头损失可写为

$$h_w = \sum h_f + \sum h_j \tag{4.1}$$

式(4.1)表明,两断面之间可以有若干段均匀流或渐变流及若干段急变流,水头损失为各段的沿程损失和局部损失之和。当然,当两断面之间流动情况简单时,式(4.1)则变得简单。例如,两断面之间只有一段均匀流,则水头损失 h_w 就等于这段的沿程损失 h_f。

沿程水头损失和局部水头损失从本质上讲都是液体质点之间相互摩擦和碰撞,或者说都是液流阻力做功所消耗的机械能。产生沿程损失的阻力是内摩擦阻力,称这种阻力为沿程阻力;在产生局部损失的地方,由于主流与边界分离和旋涡的存在,质点间的摩擦和碰撞加剧,因而引起的能量损失比同样长度产生的沿程损失要大得多,称这种阻力为局部阻力。

4.3 液体运动的两种流态——层流和紊流

4.3.1 雷诺试验

在研究液体的沿程损失与断面平均流速的关系时,人们发现流体运动存在层流和紊流两种流态。英国物理学家雷诺(O.Reynolds)根据其在圆管中进行的试验研究,在 1883 年发表的研究报告中指出了流动中存在两种流态,这两种流态的沿程损失与流速的关系存在明显差异。雷诺的研究报告被认为是最早提出了层流与紊流的概念。雷诺在圆管中进行的试验,被称为雷诺试验。

雷诺试验装置的示意图如图 4.1 所示。从水箱 B 引出一根直径为 d 的长玻璃管,进口为喇叭形,以使水流平顺。水箱有溢流设备,以保持水流为恒定流。出口处设有阀门 C 控

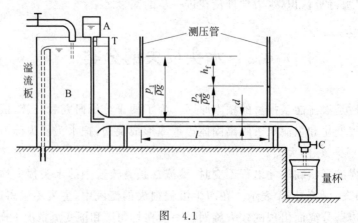

图 4.1

制流速 v。另设盛有有色液体,例如红色液体的容器 A,用细管将红色液体导入喇叭口中心,以观察其轨迹。细管上端设阀门 T 以控制红色液体的注入量。

试验中可以通过观察红色液体运动轨迹的变化,了解由层流变化到紊流的过程。

试验时将阀门 C 微微开启,水流以较小的流速在管中流动,此时打开红色液体的阀门 T,可以看到红色液体成为一条直线,且不与周围的水流相混,如图 4.2(a)所示。液体质点以平行而不相混杂的方式流动,这种流动称为层流。

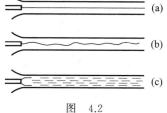

图 4.2

将阀门 C 逐渐开大,流速亦逐渐增大,红色液体形成的直线逐渐变得弯曲、动荡,但仍能保持为线状,如图 4.2(b)所示。

继续增大流速 v,当增大到一定数值后,红色液体不再保持弯曲的线状,而是断裂为一个个小的旋涡,交错散乱地向前运动,并迅速向四周扩散,使全管水流着色,如图 4.2(c)所示。此时液体质点的轨迹极为紊乱,水质点相互混杂和碰撞,这种流动称为紊流,又称为湍流。

4.3.2 沿程损失 h_f 和平均流速 v 的关系

层流和紊流质点运动的方式不同,其阻力规律存在显著差异。下面通过圆管试验分析恒定均匀流情况下层流、紊流沿程水头损失 h_f 和流速 v 的关系。

在等直径管道的断面 1 和 2 上各设一根测压管,如图 4.1 所示。因为管中水流为均匀流,有 $v_1 = v_2$,由能量方程

$$h_w = h_f = \left(z_1 + \frac{p_1}{\rho g} + \frac{\alpha_1 v_1^2}{2g} \right) - \left(z_2 + \frac{p_2}{\rho g} + \frac{\alpha_2 v_2^2}{2g} \right)$$

$$= \left(z_1 + \frac{p_1}{\rho g} \right) - \left(z_2 + \frac{p_2}{\rho g} \right)$$

可见,h_f 就等于两个断面测压管水面的高差,试验中这一高差可以量测。再用体积法量测流量,以计算 v 值。其方法是在一定时段 t 用量杯接一定体积 V 的水,时间 t 可用秒表量测,则流量 $Q = \dfrac{V}{t}$,从而可计算断面平均流速 $v = \dfrac{Q}{A} = \dfrac{Q}{\pi d^2/4}$。以阀门 C 调节各种不同大小的流量,可以测得一组组一一对应的 h_f 和 v 值,由此可以建立 h_f 和 v 的关系。

为更清楚地显示函数关系,分析试验数据时将 h_f 和 v 分别取对数,将数据转化为 $\lg h_f$ 与 $\lg v$ 的对应值。以 $\lg h_f$ 为纵坐标,$\lg v$ 为横坐标绘制曲线,如图 4.3 所示。当流速由小逐渐增大进行试验时,所得试验数据位于 $ACDE$ 上,C 点对应的流速是层流转变为紊流的流速,称为上临界流速,用 v_c' 表示。当流速由大逐渐减小进行试验,则所得的试验数据位于 $EDBA$ 上,B 点对应的流速是紊流转变为层流的流速,称为下临界流速,以 v_c 表示,并简称为临界流速。试验表明,上临界流速大于下临界流速,即 $v_c' > v_c$。因此,当 $v < v_c$ 时为层流(AB 段),当 $v > v_c'$ 时为紊流(DE 段),而 $v_c < v < v_c'$ 时(BD 段)可能是层流也可能是紊流,与试验采用的方式有关。这一段称为层流到紊流的过渡段。过渡段的流态很不稳定,即使处于层流状态,一经外界干扰,就会转变为紊流,因此该段的试验数据比较散乱,没有明确的

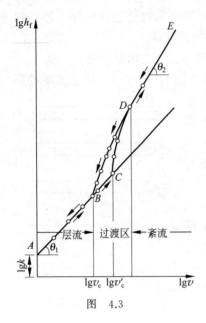

图   4.3

规律。由图 4.3 可知,对于层流的 AB 段和紊流的 DE 段均可用下列方程表示

$$\lg h_f = \lg k + m \lg v \tag{4.2}$$

式中 $\lg k$ 是线段 AB(或 DE)的截距。m 是线段 AB(或 DE)的斜率。其中截距 $\lg k$ 与试验所取的管径、管长、管壁的粗糙度等因素有关,其数值大小并不影响对问题的讨论。而斜率 m 的变化规律有着重要的意义,其规律如下:

线段 AB,层流,$m=1$ $(\theta_1 = 45°)$;

线段 DE,紊流,随着 v 的增大,m 从 1.75 增至 2.0,即 $m = 1.75 \sim 2.0$ $(\theta_2 > 45°)$。

对式(4.2)取反对数得

$$h_f = k v^m \tag{4.3}$$

比较式(4.2)和式(4.3)可见,式(4.2)中的 m 是 $\lg h_f \sim$ 与 $\lg v$ 关系图中线段的斜率,而式(4.3)中 m 是 h_f 与 v 关系中的指数,二者是相等的。因此 h_f 与 v^m 存在下列关系:

层流,$m=1$,即 $h_f \sim v^1$,说明 h_f 与 v 的一次方成比例;

紊流,$m=1.75 \sim 2.0$,即 $h_f \sim v^{1.75 \sim 2.0}$,说明 h_f 与 v 的 1.75～2.0 次方成比例。

4.3.3   流态的判别——雷诺(Reynolds)数

层流与紊流的阻力规律不同,因此判别流态很重要,需要寻找一种科学的判别标准实现对流态的判定。用在水流中加入颜色液体进行观察的办法判别流态显然十分不便;用临界流速作为判别标准又不具有实用性,因为对于不同的水流条件和边界条件,临界流速是不同的,例如管径 d、液体的种类和温度不同(即运动黏度不同),临界流速是不同的。大量试验表明,虽然 $v_c(v_c')$ 与 d,ν 有关,但由 v_c,d 及 ν 组成的量纲为一的数 Re_c 却大致是一个常数,称为下临界雷诺数,可以表示为

$$Re_c = \frac{v_c d}{\nu}$$

经在圆管中的反复试验,下临界雷诺数 Re_c 比较固定,其值约为

$$Re_c = 2300 \tag{4.4}$$

相应的由 v_c',d 及 ν 组成的量纲为一的数称为上临界雷诺数,表示为

$$Re_c' = \frac{v_c' d}{\nu}$$

对于任意流速 v 组成的雷诺数为

$$Re = \frac{v d}{\nu} \tag{4.5}$$

这样,可以用水流的雷诺数 Re 与临界雷诺数 Re_c 或 Re_c' 进行比较判别流态。当水流雷诺数

小于临界雷诺数时,为层流,反之为紊流。

由于上临界雷诺数 Re_c' 的数值受试验条件影响较大,故不作为流态的判别标准。比如试验时如能维持高度安静的条件,Re_c' 可以提高,反之则较低。据报道有的试验得到的 Re_c' 为 12 000。而在工程实践中,一则难以保持高度安静的环境;再则,对处于层紊流过渡区的水流,按紊流计算的水头损失大于按层流计算的损失。故用下临界雷诺数而不用上临界雷诺数作为层流、紊流的判别标准是偏于安全的。因此,通常的做法是把下临界雷诺数作为流态的判别标准,简称为临界雷诺数。当 $Re = \dfrac{vd}{\nu} < 2300$ 时为层流;$Re = \dfrac{vd}{\nu} \geqslant 2300$ 时为紊流。

需要说明的是,以上的判别标准是针对圆管中的液流。对于非圆管中的液流,雷诺数的构成稍有不同,因此临界雷诺数的数值也有变化。

雷诺数的物理意义可理解为水流的惯性力和黏滞力之比。这一点可以通过对各物理量的量纲分析加以说明:

惯性力 $ma = \rho V \dfrac{dv}{dt}$,其量纲为 $\rho L^3 \dfrac{U}{T} = \rho L^2 U^2$

黏滞力 $T = \mu A \dfrac{du}{dy}$,其量纲为 $\mu L^2 \dfrac{U}{L} = \mu LU$

惯性力和黏性力的比可用其量纲之比表示为

$$\frac{\text{惯性力}}{\text{黏滞力}} = \frac{\rho L^2 U^2}{\mu LU} = \frac{UL}{\nu} \tag{4.6}$$

上式为雷诺数的量纲组成。式中,U 为特征流速,L 为特征长度,ν 为运动黏滞系数。对于圆管液流的雷诺数,取断面平均流速为特征流速,圆管直径为特征长度。对于小雷诺数,意味着黏滞力的作用大,黏滞力对液流质点运动起抑制作用,当雷诺数 Re 小到一定程度,呈层流状态;反之,呈紊流状态。

非圆管中流动的液流也有层流和紊流,也有相应的雷诺数和临界雷诺数。如明渠水流的雷诺数,其特征长度可用水力半径来表征。即

$$Re = \frac{vR}{\nu} \tag{4.7}$$

以式(4.7)定义雷诺数的液流,其临界雷诺数约为 500。故明渠水流的临界雷诺数约为500。

介绍水力半径之前先定义湿周。过水断面上,水流与固体边界接触的长度称为湿周,以 χ 表示,如图 4.4 所示。湿周具有长度的量纲。

过水断面面积 A 与湿周 χ 的比值称为水力半径,以 R 表示:

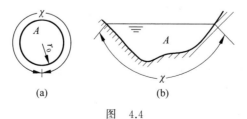

(a)   (b)

图 4.4

$$R = \frac{A}{\chi} \tag{4.8}$$

R 是单位湿周的过水断面面积,亦具有长度量纲。

分析直径为 d 的管流,其水力半径为

$$R = \frac{A}{\chi} = \frac{\pi d^2/4}{\pi d} = \frac{d}{4} = \frac{r_0}{2} \tag{4.9}$$

可见对于管流,水力半径 R 等于 $d/4$ 或等于 $r_0/2$。

前已阐明,当管流雷诺数 Re 中的特征长度取直径 d 时,其相应的雷诺数 $Re = \dfrac{vd}{\nu}$,临界雷诺数 $Re_c \approx 2300$。若取管流的特征长度为 R,则相应的雷诺数和临界雷诺数为

$$(Re)_R = \frac{vR}{\nu}$$

$$(Re_c)_R = \frac{v_c R}{\nu} = \frac{v_c d/4}{\nu} \approx \frac{2300}{4} = 575$$

由此可见,所取的特征长度不同,相应的雷诺数和临界雷诺数也有所不同。习惯上计算管流的雷诺数时,特征长度都用 d 而不用 R 表示。而非圆管中液流雷诺数中的特征长度都用 R 表示。由于明渠水流的临界雷诺数不是明显确定的数值,因此大致取为 500。

4.4　均匀流基本方程

4.4.1　切应力与沿程损失的关系

前已述及,沿程损失是液体内摩擦力(切力)做功所耗散的能量,因此切应力 τ 与沿程损失 h_f 应有一定的关系。在恒定均匀流条件下,可以导出这种关系。

现以圆管内的恒定均匀流为例进行分析。如图 4.5 所示,在管流中,以管轴为中心线,取任意大小的流束(图中阴影线部分)进行分析。以断面 1,2 及流束的侧壁面为控制面,流束的长度为 l,半径为 r,断面面积为 A',周界为 χ',水力半径为 $R' = \dfrac{A'}{\chi'}$,断面 1 和断面 2 的形心到基准面 0—0 的铅直距离为 z_1 和 z_2,形心上的动水压强为 p_1 和 p_2。设流束表面切应力的平均值为 τ。

作用于流束的外力有:

(1) 两端断面上的动水压力 $p_1 A'$ 和 $p_2 A'$;

(2) 侧面上的动水压力垂直于流束;

(3) 侧面上的切力:$T = \tau \chi' l$,式中 $\chi' l$ 为流束侧表面面积;

(4) 重力:$G = \rho g A' l$,式中 ρ 为液体的密度。

由于是均匀流,加速度为零,所有外力在流动方向上的投影之和等于零,即

$$p_1 A' - p_2 A' + \rho g A' l \sin\theta - \tau \chi' l = 0$$

式中,$\rho g A' l \sin\theta$ 是重力在流动方向上的投影,而 $\sin\theta = \dfrac{z_1 - z_2}{l}$。以 $\rho g A' l$ 除上式,整理后得

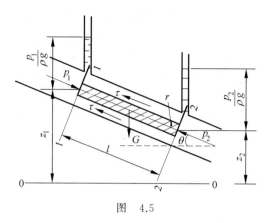

图 4.5

$$\frac{\left(z_1+\dfrac{p_1}{\rho g}\right)-\left(z_2+\dfrac{p_2}{\rho g}\right)}{l}=\frac{\tau \chi'}{\rho g A'}=\frac{\tau}{\rho g R'}$$

对断面 1 和 2 写能量方程

$$z_1+\frac{p_1}{\rho g}+\frac{\alpha_1 v_1^2}{2g}=z_2+\frac{p_2}{\rho g}+\frac{\alpha_2 v_2^2}{2g}+h_w$$

由于是均匀流,$h_w=h_f$,又因为 $\dfrac{\alpha_1 v_1^2}{2g}=\dfrac{\alpha_2 v_2^2}{2g}$,上式化简为

$$\left(z_1+\frac{p_1}{\rho g}\right)-\left(z_2+\frac{p_2}{\rho g}\right)=h_f$$

由以上各关系式,可得到

$$\frac{h_f}{l}=\frac{\tau}{\rho g R'}$$

因 $\dfrac{h_f}{l}=J$,即可得到

$$\tau=\rho g R' J \tag{4.10}$$

式中,ρ 为水的密度;R' 为任意大小流束的水力半径;J 为水力坡度;τ 为作用于流束表面切应力的平均值。因为分析时流束的半径 r 是可以变化的,因此式(4.10)可以表示均匀流时不同半径处的平均切应力,称为均匀流基本方程。

将流束半径扩大到圆管半径 r_0,可得下式

$$\tau_0=\rho g R J \tag{4.11}$$

式中,R 为管流的水力半径;τ_0 为管壁处的平均切应力。

式(4.10)和式(4.11)都称为均匀流基本方程。应用式(4.10)可以计算均匀管流内部一点处的切应力,应用式(4.11)可以计算均匀管流管壁处的切应力,从分析过程应该理解,切应力为流束表面的平均切应力。

以上分析以管流为例。对于明渠,通过分析同样可以得到式(4.10)和式(4.11)。此时式中 τ, R', τ_0, R 为明渠的相应值。因此,均匀流基本方程对管流和明渠水流均适用,对层流和紊流也均适用。

由于均匀流基本方程中 $J=\dfrac{h_f}{l}$,表面上看均匀流基本方程建立了切应力与沿程损失之

间的关系。但是应当指出,沿程水头损失 h_f 的物理意义是单位重量液体在两断面之间的平均能量损失,是一个平均的概念。我们不能说断面上某一点的水头损失大一点或小一点,比如我们不能比较管流中沿径向各点处水头损失的大小。因此确切地说,均匀流基本方程表达的是运动液体内部一点处的切应力与断面平均的沿程水头损失的关系,即公式中的沿程水头损失并不是仅由公式中的切应力的作用而产生的。否则,在应用均匀流基本方程时会出现不同的切应力产生相同的沿程水头损失这样的错觉。

紊流研究中,一个与壁面切应力 τ_0 有关的重要参数称为摩阻流速,其表达式为

$$u_* = \sqrt{\frac{\tau_0}{\rho}} \tag{4.12}$$

式中,u_* 具有流速的量纲,也有将其称为剪切流速或动力流速的。但是它的物理意义反映的是壁面处的切应力。在探讨紊流的流速分布及其他特性时经常需要用到这一参数。

均匀流时,式(4.12)可表示为下面的形式:

$$u_* = \sqrt{\frac{\tau_0}{\rho}} = \sqrt{\frac{\rho g R J}{\rho}} = \sqrt{g R J} \tag{4.12a}$$

4.4.2 切应力的分布

利用式(4.10)及式(4.11)可以推导出切应力沿横断面的分布形式。将式(4.10)、式(4.11)相除得

$$\frac{\tau}{\tau_0} = \frac{R'}{R}$$

对于圆管,将 $R' = \dfrac{r}{2}$ 及 $R = \dfrac{r_0}{2}$ 代入,可得

$$\frac{\tau}{\tau_0} = \frac{r}{r_0} \quad 或 \quad \tau = \frac{\tau_0}{r_0} r \tag{4.13}$$

式(4.13)表明切应力沿径向 r 呈线性分布,在 $r=0$,即管轴处,$\tau=0$;在 $r=r_0$,即管壁处,$\tau=\tau_0$。由于均匀流基本方程对于层流和紊流都适用,因此切应力的这一分布规律对层流和紊流都适用。

以管壁为原点建立坐标 y,则任意点 a 距管壁的距离为 y,如图 4.6 所示,有 $r = r_0 - y$,代入式(4.13)得

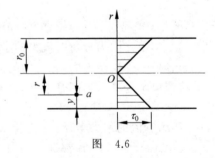

图 4.6

$$\tau = \tau_0 \left(1 - \frac{y}{r_0}\right) \tag{4.13a}$$

对于二元明渠恒定均匀流,设水深为 h,从渠底计算的垂向坐标为 y。同理可得任一点 y 处的切应力

$$\tau = \tau_0 \left(1 - \frac{y}{h}\right) \tag{4.14}$$

式(4.14)表明二元明渠恒定均匀流断面上的切应力亦随 y 呈线性变化:在渠底处最大,$\tau =$

τ_0;在水面处最小,$\tau=0$。

4.5 层流运动

层流的质点以规则的运动轨迹,相互之间不混掺的方式流动。层流的切应力服从牛顿内摩擦定律式(1.5),即 $\tau=\mu\dfrac{\mathrm{d}u}{\mathrm{d}y}$。习惯上,把服从牛顿内摩擦定律的切应力称为黏性切应力(又称黏滞切应力)。为此,层流的切应力可表达为以下关系式:

$$\tau_l = \tau_\nu = \mu\frac{\mathrm{d}u}{\mathrm{d}y} \tag{4.15}$$

式中,τ_l 表示层流切应力;τ_ν 表示黏性切应力。

均匀流基本方程亦可以表示层流的切应力。同时应用式(4.15)和均匀流基本方程,可以推导出层流的流速分布,进而对层流的一系列水力特性进行理论上的分析。下面介绍两种层流(圆管均匀层流和二元明渠均匀层流)经典的理论分析成果。

4.5.1 圆管均匀层流

圆管层流理论是哈根(G.H.L.Hagen)和泊肃叶(J.L.M.Poiseuille)分别于 1839 年和 1841 年提出的。

1. 流速分布

圆管层流在半径为 r 处的黏性切应力为

$$\tau = -\mu\frac{\mathrm{d}u}{\mathrm{d}r}$$

式中,$\dfrac{\mathrm{d}u}{\mathrm{d}r}$ 为流速梯度。如图 4.7(a)所示,当 $r=r_0$ 时,由无滑动条件,壁面处 $u=0$;而管轴处 $r=0$,$u=u_{\max}$。u 随 r 的增大而减小,$\dfrac{\mathrm{d}u}{\mathrm{d}r}<0$。因切应力的大小以正值表示,故上式右端取

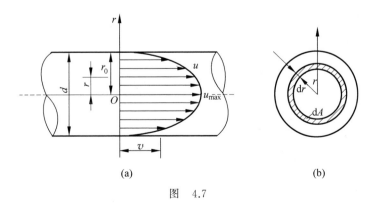

图 4.7

负号。另一方面,由均匀流基本方程

$$\tau = \rho g R' J = \rho g \frac{r}{2} J$$

联解以上两式,得

$$-\mu \frac{\mathrm{d}u}{\mathrm{d}r} = \rho g \frac{r}{2} J$$

分离变量并整理得

$$\mathrm{d}u = -\frac{gJ}{2\nu} r \, \mathrm{d}r$$

上式中 $\nu = \dfrac{\mu}{\rho}$ (式(1.6))。对上式积分得

$$u = -\frac{gJ}{4\nu} r^2 + C$$

式中积分常数 C 可由边界条件确定。当 $r = r_0$ 时,$u = 0$,得 $C = \dfrac{gJ}{4\nu} r_0^2$。将积分常数回代得

$$u = \frac{gJ}{4\nu} (r_0^2 - r^2) \tag{4.16}$$

可见圆管层流的流速分布是以管轴为中心的旋转抛物面,称为抛物线型的流速分布。在管轴($r=0$)处流速最大

$$u_{\max} = \frac{gJ}{4\nu} r_0^2 \tag{4.17}$$

将上式代入式(4.16),可得

$$u = u_{\max} - \frac{gJ}{4\nu} r^2 \tag{4.18}$$

2. 流量 Q

得到圆管层流的速度分布函数后,可根据流量的定义,通过积分求得流量的表达式。

取半径为 r 处的环形面积(图 4.7(b)中阴影线部分)为微分面积,$\mathrm{d}A = 2\pi r \, \mathrm{d}r$,则通过 $\mathrm{d}A$ 的流量为

$$\mathrm{d}Q = u \, \mathrm{d}A = \frac{gJ}{4\nu} (r_0^2 - r^2) 2\pi r \, \mathrm{d}r$$

总流的流量为

$$Q = \int_0^{r_0} \frac{gJ}{4\nu} (r_0^2 - r^2) 2\pi r \, \mathrm{d}r = \frac{\pi gJ}{4\nu} (r_0^4 - \frac{1}{2} r_0^4)$$

$$= \frac{\pi gJ}{8\nu} r_0^4 = \frac{\pi gJ}{128\nu} d^4 \tag{4.19}$$

此式表明圆管均匀层流的流量 Q 与管径 d 的四次方成比例,称为哈根-泊肃叶定律。

3. 断面平均流速 v

根据断面平均流速的定义,可求得其表达式

$$v = \frac{Q}{A} = \frac{\pi g J r_0^4}{8\nu} \cdot \frac{1}{\pi r_0^2} = \frac{gJ}{8\nu} r_0^2 = \frac{1}{2} u_{max} \tag{4.20}$$

可见断面平均流速是最大流速的一半。

4. 沿程损失 h_f 及沿程水头损失系数 λ

由式(4.20)：$v = \frac{gJ}{8\nu} r_0^2$，即 $v = \frac{gJ}{32\nu} d^2$，得水力坡度

$$J = \frac{32\nu}{gd^2} v$$

因 $J = \frac{h_f}{l}$，代入后可得沿程损失

$$h_f = \frac{32\nu l}{gd^2} v \tag{4.21}$$

以上从理论上证明了层流时沿程损失 h_f 与平均流速 v 的一次方成比例，与雷诺试验的结果一致。

将式(4.21)改写为

$$h_f = \frac{64}{\dfrac{vd}{\nu}} \frac{l}{d} \frac{v^2}{2g} = \frac{64}{Re} \frac{l}{d} \frac{v^2}{2g}$$

令

$$\lambda = \frac{64}{Re} \tag{4.22}$$

则可得到沿程水头损失的一般公式

$$h_f = \lambda \frac{l}{d} \frac{v^2}{2g} \tag{4.23}$$

式(4.23)中的 λ 称为沿程水头损失系数(简称沿程损失系数)，又称沿程阻力系数。式(4.23)虽然是从圆管层流情况导出的，但圆管紊流的沿程水头损失也用该式计算，故式(4.23)称为计算沿程损失 h_f 的一般公式。只是在紊流时应用该公式，λ 需另外设法取值，有关内容将在4.9节介绍。特别需要说明的是，用式(4.22)计算的 λ 只适用于圆管层流情况。

5. 动能校正系数和动量校正系数

将流速分布公式(4.16)及断面平均流速公式(4.20)分别代入第3章介绍的动能校正系数 α 及动量校正系数 β 的关系式，可得圆管均匀层流的动能校正系数

$$\alpha = \frac{\int_A u^3 dA}{v^3 A} = \frac{\int_0^{r_0} \left[\frac{gJ}{4\nu}(r_0^2 - r^2)\right]^3 2\pi r \, dr}{\left(\frac{gJ}{8\nu} r_0^2\right)^3 \pi r_0^2} = 2 \tag{4.24}$$

圆管均匀层流的动量校正系数

$$\beta = \frac{\int_A u^2 dA}{v^2 A} = \frac{\int_0^{r_0} \left[\frac{gJ}{4\nu}(r_0^2 - r^2)\right]^2 2\pi r \, dr}{\left(\frac{gJ}{8\nu} r_0^2\right)^2 \pi r_0^2} = \frac{4}{3} \tag{4.25}$$

可见层流的动能校正系数和动量校正系数都比 1 大得多。由 α 及 β 表达式的数学性质可知,这一结果表明层流流速在断面上的分布很不均匀。

4.5.2   二元明渠[①]均匀层流

1. 流速分布

设二元明渠均匀层流的水深为 H,以渠底为坐标原点,建立垂向坐标轴 y,如图 4.8 所示。按牛顿内摩擦定律,任一点 a 处的切应力为

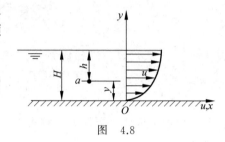

图   4.8

$$\tau = \mu \frac{\mathrm{d}u}{\mathrm{d}y} \tag{4.26}$$

根据均匀流基本方程,该点的切应力可写为

$$\tau = \rho g R' J$$

其对应的水力半径近似为

$$R' = H - y$$

将上式代入均匀流基本方程,得

$$\tau = \rho g (H - y) J \tag{4.27}$$

联解式(4.26)和式(4.27),得

$$\mu \frac{\mathrm{d}u}{\mathrm{d}y} = \rho g (H - y) J$$

分离变量得

$$\mathrm{d}u = \frac{gJ}{\nu} (H - y) \mathrm{d}y$$

积分得

$$u = \frac{gJ}{\nu} \int (H - y) \mathrm{d}y$$

$$= \frac{gJ}{\nu} \left(Hy - \frac{y^2}{2} \right) + C$$

利用渠底处边界条件,$y = 0$ 处 $u = 0$。代入上式得 $C = 0$。将 C 值回代入上式,得

$$u = \frac{gJ}{\nu} \left(Hy - \frac{y^2}{2} \right) \tag{4.28}$$

式(4.28)表明二元明渠均匀层流的断面流速按抛物线规律分布。由此可见,层流的速度分布都为抛物线型。在水面处,$y = H$,

$$u = u_{\max} = \frac{gJ}{2\nu} H^2$$

---

① 在生产实践中,河宽 B 比水深 H 大得多的宽浅断面(即 $B \gg H$),其中泓部分可以近似地看作二元明渠。其总流的水力半径 $R = \dfrac{A}{\chi} = \dfrac{BH}{B + 2H} \approx \dfrac{BH}{B} = H$。即二元明渠的水力半径近似地等于水深。

2. 流量和断面平均流速

设通过微小液层 $\mathrm{d}y$ 的单宽流量 $\mathrm{d}q = u\mathrm{d}y$，则二元明渠均匀层流的单宽流量

$$q = \int \mathrm{d}q = \int_0^H u\mathrm{d}y = \int_0^H \frac{gJ}{\nu}\left(Hy - \frac{y^2}{2}\right)\mathrm{d}y = \frac{gJ}{3\nu}H^3 \tag{4.29}$$

断面平均流速为

$$v = \frac{q}{H} = \frac{gJH^3}{3\nu} \cdot \frac{1}{H} = \frac{gJ}{3\nu}H^2 = \frac{2}{3}u_{max} \tag{4.30}$$

式(4.30)表明二元明渠均匀层流的断面平均流速为最大流速的 $\frac{2}{3}$。

3. 沿程水头损失

以 $J = \dfrac{h_f}{l}$ 代入式(4.30)，可得

$$h_f = \frac{3\nu l}{gH^2}v$$

上式表明二元明渠均匀层流的沿程水头损失与断面平均流速的一次方成正比。

以水力半径 $R = H$ 代入上式，可得

$$h_f = \frac{3\nu l}{gR^2}v = \frac{24}{\underbrace{\frac{vR}{\nu}}} \frac{l}{4R} \frac{v^2}{2g} = \frac{24}{Re} \frac{l}{4R} \frac{v^2}{2g}$$

令

$$\lambda = \frac{24}{Re} \tag{4.31}$$

则沿程水头损失的公式可写为

$$h_f = \lambda \frac{l}{4R} \frac{v^2}{2g} \tag{4.32}$$

式(4.32)同样被称为计算沿程水头损失的一般公式。对层流、紊流均适用，式中的 λ 为沿程水头损失系数。对二元均匀明渠层流，λ 用式(4.31)计算。式(4.32)可以被用于计算非圆管流动的沿程水头损失，但由于非圆管流动沿程水头损失系数 λ 的试验资料较少，使得应用该公式时受到很大限制。

二元明渠均匀流的动能校正系数 $\alpha = 1.54$，推导过程从略。此结果也表明，层流时的动能校正系数比 1 大很多，说明其流速在断面上的分布不均匀。

例 4.1 有一输油管，管长 $l = 50$ m，管径 $d = 0.1$ m。已知油的密度 $\rho = 930$ kg/m^3，动力黏度 $\mu = 0.072$ N·s/m^2。当通过输油管的流量 $Q = 0.003$ m^3/s 时，求输油管的沿程水头损失 h_f、管轴处最大流速 u_{max} 及管壁切应力 τ_0。

解 先判别液流的流态。断面平均流速

$$v = \frac{4Q}{\pi d^2} = \frac{4 \times 0.003 \text{ m}^3/\text{s}}{\pi(0.1 \text{ m})^2} = 0.382 \text{ m/s}$$

油的运动黏滞系数

$$\nu = \frac{\mu}{\rho} = \frac{0.072 \ \text{N} \cdot \text{s/m}^2}{930 \ \text{kg/m}^3} = 0.774 \times 10^{-4} \ \text{m}^2/\text{s}$$

液流的雷诺数

$$Re = \frac{vd}{\nu} = \frac{0.382 \ \text{m/s} \times 0.1 \ \text{m}}{0.774 \times 10^{-4} \ \text{m}^2/\text{s}} = 494$$

$Re < Re_c = 2300$,管中液流为层流。

沿程水头损失系数

$$\lambda = \frac{64}{Re} = \frac{64}{494} = 0.130$$

沿程水头损失

$$h_f = \lambda \frac{l}{d} \frac{v^2}{2g} = 0.130 \times \frac{50 \ \text{m}}{0.1 \ \text{m}} \times \frac{(0.382 \ \text{m/s})^2}{2 \times 9.81 \ \text{m/s}^2} = 0.483 \ \text{m}$$

管轴处最大流速

$$u_{max} = 2v = 2 \times 0.382 \ \text{m/s} = 0.764 \ \text{m/s}$$

水力坡度

$$J = \frac{h_f}{l} = \frac{0.483 \ \text{m}}{50 \ \text{m}} = 0.009 \ 66$$

由式(4.16),$u = \frac{gJ}{4\nu}(r_0^2 - r^2)$,得

$$\frac{\mathrm{d}u}{\mathrm{d}r} = -\frac{gJ}{2\nu} r$$

则切应力

$$\tau = -\mu \frac{\mathrm{d}u}{\mathrm{d}r} = \frac{\rho gJ}{2} r$$

在管壁处,$r = \frac{d}{2}$,$\tau = \tau_0$,代入上式得切应力

$$\tau_0 = \frac{\rho gJ}{2} \frac{d}{2} = \frac{930 \ \text{kg/m}^3 \times 9.81 \ \text{N/kg} \times 0.009 \ 66 \times 0.1 \ \text{m}}{4} = 2.2 \ \text{N/m}^2$$

4.6 沿程水头损失的一般公式

4.5 节从分析层流运动导出计算 h_f 的一般公式(4.23)和(4.32),并给出圆管和明渠均匀层流沿程水头损失系数 λ 的表达式。式(4.23)及式(4.32)为计算沿程水头损失的一般公式,称为达西-魏斯巴赫(Darcy-Weisbach)公式,对层流和紊流均适用。在应用这两个公式时,要根据边界条件和流态,选用合适的沿程水头损失系数 λ 的数值。因此,我们需要了解和认识 λ 的有关特性。

由式(4.22)和式(4.31)可知,层流时 λ 仅与 Re 有关,且呈反比关系,表明 λ 不为常数。对于紊流,难以单纯从理论上导出 λ 的表达式,但通过试验研究和相应的理论分析,λ 与流态、液流雷诺数、壁面状态、断面特性有关。为此,必须探讨紊流的阻力特性。关于紊流的 λ

将在 4.9 节中讨论。

摩阻流速还可以与 λ 建立关系式。对于均匀流,由式(4.12a)和式(4.32)可得摩阻流速 u_* 与沿程水头损失系数 λ、断面平均流速 v 的关系

$$u_* = \sqrt{\frac{\lambda}{8}}\,v \tag{4.33}$$

4.7 紊 流 概 述

自然界中的水流,绝大多数为紊流。例如水利工程范围涉及的水流都属于紊流。因此,讨论和认识紊流的有关性质,是学习水力学的一个重要内容。

4.7.1 紊流的脉动现象和时均概念

从前面的介绍我们知道,在紊流中,液体质点相互混杂着运动,虽然总体来说质点是朝着主流方向运动,但质点的运动轨迹杂乱无章。用欧拉法研究紊流时,固定空间点上不同瞬时测得的运动要素(流速 u、压强 p 等)的大小和方向都不稳定,会出现随机性变化。图 4.9 为用激光流速仪测得的紊流内部测点处的流速沿流向的分量随时间变化的曲线。这一曲线表明,一点处的流速随时间作不规则的变化。我们把运动要素随时间作不规则急剧变化的现象称为脉动或紊动。因此,紊流的运动要素具有脉动的性质。

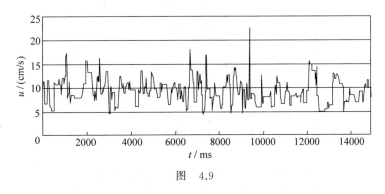

图 4.9

由于紊流的运动要素随时间作不规则的变化,因此描述紊流的运动要素非常困难。随着对紊流性质的研究,人们发现对一部分紊流其运动要素的统计值是稳定的,因此可以用统计的方法描述紊流。

统计的方法是将测点处紊流运动要素的瞬时值解释为时均值与脉动值的叠加。以液流中某一点沿流向的流速 u 为例(图 4.10(a)),

$$u = \bar{u} + u' \tag{4.34}$$

式中,u 为瞬时流速,$\bar{u}$ 为时均流速,u' 为脉动流速。

时均流速由式(4.35)定义

$$\bar{u} = \frac{1}{T}\int_0^T u\,\mathrm{d}t \tag{4.35}$$

式中,T 为计算时均值所取的时段。T 不能取得过短,否则脉动影响不能消除;T 也不能取得过长,否则难以反映 $\bar{u}$ 的变化规律。时段 T 的选取主要考虑消除脉动影响以能较好地反映 $\bar{u}$ 值的变化为度。水文上用流速仪测定河渠中某一点的 $\bar{u}$ 值,在规范中常规定所取时段 T 的范围。

应用统计的方法,紊流中的运动要素可用其时均值表示。

脉动流速 u' 可正可负。当瞬时流速 u 大于时均流速 $\bar{u}$ 时,u' 为正;反之为负。

脉动值的大小可反映紊动程度的强弱。但是脉动值的时均值等于零,为表示紊动程度的强弱,必须考虑使用其他的统计量。

先证明脉动流速的时均值 $\overline{u'}$ 等于零:

$$\overline{u'} = \frac{1}{T}\int_0^T u'\,\mathrm{d}t = \frac{1}{T}\int_0^T (u-\bar{u})\,\mathrm{d}t = \bar{u} - \bar{u} = 0$$

这一结果也可由图 4.10(a)说明,在图中时段 T 内,时均值以上画有水平阴影线的面积和时均值以下画有铅直阴影线的面积相等,即表明 $\overline{u'}=0$。

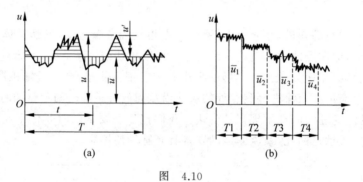

图　4.10

统计理论中的均方根被用以表示紊动程度的强弱。脉动量的均方根称为脉动强度。例如流速 u 的脉动强度为 $\sqrt{\overline{u'^2}}$,即按统计的方法,将 T 时段的脉动流速离散,先逐个取平方,都变为正值,然后求这些正值的时均值,最后将其开方。用脉动强度可以比较不同紊流紊动程度的强弱。应用中通常将脉动强度无量纲化,称为相对脉动强度。相对脉动强度表示为 $\dfrac{\sqrt{\overline{u'^2}}}{\bar{u}}$ 或 $\dfrac{\sqrt{\overline{u'^2}}}{u_*}$ 等。其中 $\bar{u}$ 和 u_* 分别为时均流速和摩阻流速。

同理,紊流的其他运动要素的瞬时值也可以表示为时均值与脉动值之和。即用时均值表示运动要素的大小,用脉动值的均方根或相对脉动强度表示其紊动程度的强弱。例如,瞬时压强可表示为

$$p = \bar{p} + p' \tag{4.36}$$

压强的大小用 $\bar{p}$ 表示,压强的相对脉动强度用 $\dfrac{\sqrt{\overline{p'^2}}}{\bar{p}}$ 表示。

紊流运动要素的瞬时值随时间不断变化,就恒定流的定义而言,紊流总是属于非恒定流。然而,应用统计的方法描述紊流,我们可以讨论和分析运动要素时均值的性质。如果时均值不随时间变化,则称为(时均)恒定流(见图 4.10(a));反之,时均值随时间变化,则称为

(时均)非恒定流(见图 4.10(b))。今后不加说明,就用 u,p 等符号表示紊流的时均值,省略"时均"两字和时均顶标"—"。其他有关流线、流管、均匀流、非均匀流等定义,在时均意义上对紊流同样适用。

4.7.2 紊流切应力

由于紊流的液体质点互相混掺,紊流切应力 τ_t 除了黏性切应力 τ_ν 以外,还有由质点混掺(或者脉动)引起的附加切应力——雷诺应力 τ_{Re}。因此,紊流的切应力应表示为

$$\tau_t = \tau_\nu + \tau_{Re} \tag{4.37}$$

式中,τ_ν 可由牛顿内摩擦定律表达,而紊流附加切应力 τ_{Re} 的表达形式则可通过以下分析得到。

根据普朗特(L.Prandtl)于 1925 年提出的混合长理论进行的分析,其要点如下。

设有一紊流为恒定二元均匀流,取 xOy 坐标,其时均流速分布如图 4.11 所示。由于是二元均匀流,其时均流速只有一个分量 $\bar{u} = \bar{u}_x$,而 $\bar{u}_y = \bar{u}_z = 0$,脉动流速则有沿 x,y 两个方向的分量 u'_x 和 u'_y。

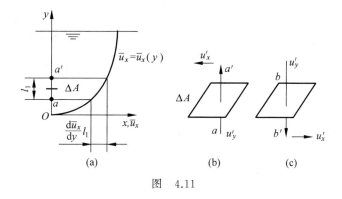

图 4.11

由图 4.11 可知,沿 y 方向不同点的 $\bar{u}_x$ 不同,因此平均来说具有的动量也不同。例如图 4.11 中 a 点的流速比 a' 点的流速小,则 a 点处质点所具有的 x 方向的动量,平均来说比 a' 点处的 x 方向动量为小。当紊流质点从 a 点沿 y 方向(横向)以脉动流速 u'_y 运动到新的位置 a' 点时,与当地质点进行 x 方向的动量交换,并沿主流 x 方向产生相应的力,这一个力被表示为切力。单位面积上产生的力称为紊流附加切应力。现推导紊流附加切应力的表达式如下。

在图 4.11 中,任取一与 x 轴相平行的微小面积 ΔA,若位于 a 点处的质点,以脉动流速 u'_y(为正值)穿过截面到达 a' 点,与当地质点进行动量交换,由于这两点存在动量差,因此在 a' 点产生脉动流速 u'_x(为负值)。Δt 时间内通过 ΔA 沿 y 轴向上运动的液体质量 $\Delta m = \rho u'_y \Delta A \Delta t$,引起的动量变化为

$$\Delta m \cdot u'_x = \rho u'_y \Delta A \Delta t \cdot u'_x$$

根据动量定理,切向作用力 ΔT 的冲量 $\Delta T \Delta t$ 应等于动量的变化,即

$$\Delta T \Delta t = \rho u'_x u'_y \Delta A \Delta t$$

上式除以 ΔA,并消去 Δt,得附加切应力 τ_{Re} 的表达式为

$$\tau_{Re} = \rho u'_x u'_y$$

同理,在图 4.11 中,位于 b 点的液体质点(相对于 b' 点的质点,具有较大的流速),若以脉动流速 u'_y 向下运动(u'_y 为负值)穿过截面 ΔA 到达 b' 点,与当地质点进行动量交换,由于这两点存在动量差,在 b' 点产生脉动流速 u'_x(为正值),由此可得相同的附加切应力表达式。由以上分析可见,u'_x 和 u'_y 总是具有相反的符号,而 τ_{Re} 值通常用正值表示,故在上式右端加上负号,即

$$\tau_{Re} = -\rho u'_x u'_y$$

取上式的时均值,则表达式为

$$\overline{\tau_{Re}} = -\overline{\rho u'_x u'_y} \tag{4.38}$$

式(4.38)表明紊流附加切应力与脉动流速及液体密度有关。

式(4.38)等号右端的 $\overline{u'_x u'_y}$ 为脉动流速 u'_x、u'_y 的二阶相关矩,表示 u'_x 和 u'_y 乘积的时均值。由于紊流瞬时流速变化无规则,瞬时的脉动流速变化亦无规则,因此难以直接应用式(4.38)计算紊流附加切应力。为了解决实际问题,普朗特引用气体分子运动自由程的概念,把液体质点比拟为气体分子,引入"混合长度"的概念。所谓混合长度 l_1,是液体质点(微团)在横向流速(u'_y)作用下,与周围液体混合并交换动量以前所移动的距离。假定液体质点以脉动流速 u'_y,经过距离 l_1 到达新的位置后,其本身所具有的运动特性(如速度、动量等)在该处与当地质点一次性交换完毕,而在距离 l_1 的运动过程中与周围的液体质点没有任何交换。在 l_1 范围内,时均流速 $\bar{u}_x$ 可看作线性变化,则该两点液流的时均流速差为 $\dfrac{\mathrm{d}\bar{u}_x}{\mathrm{d}y}l_1$。

普朗特假设,u'_x 是两点液流的流速差引起的,其绝对值的时均值与该两点液流的时均流速差成比例。即

$$\overline{|u'_x|} \propto \frac{\mathrm{d}\bar{u}_x}{\mathrm{d}y}l_1$$

假定 $\overline{|u'_y|}$ 与 $\overline{|u'_x|}$ 属同一数量级,即

$$\overline{|u'_y|} \propto \overline{|u'_x|}$$

则有

$$\overline{|u'_y|} \propto \frac{\mathrm{d}\bar{u}_x}{\mathrm{d}y}l_1$$

又假定 $\overline{-u'_x \cdot u'_y}$ 与 $\overline{|u'_x|} \cdot \overline{|u'_y|}$ 成比例,即

$$\overline{-u'_x \cdot u'_y} \propto \overline{|u'_x|} \cdot \overline{|u'_y|}$$

据以上假定,则有

$$\overline{-u'_x \cdot u'_y} \propto l_1^2 \left(\frac{\mathrm{d}\bar{u}_x}{\mathrm{d}y}\right)^2$$

引入系数 k_1 后,上式可写为

$$\overline{-u'_x \cdot u'_y} = k_1 l_1^2 \left(\frac{\mathrm{d}\bar{u}_x}{\mathrm{d}y}\right)^2$$

将上式代入式(4.38),得

$$\bar{\tau}_{Re} = \rho k_1 l_1^2 \left(\frac{\mathrm{d}\bar{u}_x}{\mathrm{d}y}\right)^2$$

上式右端均为正值,无需再加负号。把系数 k_1 合并到 l_1 中去,即令 $k_1 l_1^2 = l^2$。则

$$\bar{\tau}_{Re} = \rho l^2 \left(\frac{\mathrm{d}\bar{u}_x}{\mathrm{d}y}\right)^2$$

式中,l 亦称为混合长度。

前面已经提到,若不加说明,紊流的运动要素均是指它的时均值,且可省略时均上标。为此以 u 代表沿 x 方向的流速 $\bar{u}_x$,则上式可写为

$$\tau_{Re} = \rho l^2 \left(\frac{\mathrm{d}u}{\mathrm{d}y}\right)^2 \tag{4.39}$$

式(4.39)为紊流附加切应力 τ_{Re} 与时均流速梯度的关系。式中混合长 l 由试验确定。

混合长的假设虽不尽合理,然而它建立了附加切应力与流速梯度的关系,为进一步研究紊流的流速分布等奠定了基础。

有了紊流附加切应力的表达式,则紊流切应力 τ_t 可表示为

$$\tau_t = \tau_\nu + \tau_{Re} = \mu \frac{\mathrm{d}u}{\mathrm{d}y} + \rho l^2 \left(\frac{\mathrm{d}u}{\mathrm{d}y}\right)^2 \tag{4.40}$$

式(4.39)为计算紊流附加切应力提供了一条途径,但式中的混合长 l 还有待确定。对一些很简单且规则的边界条件下的紊流,研究资料给出了 l 的经验表达式,如 $l = \kappa y$,y 为测点到壁面的距离,κ 为系数。κ 常取为常数,当 κ 被取为 0.4 时,称为卡门常数,适用于圆管均匀流。

随着现代流速量测仪器的不断进步,$\overline{-u'_x \cdot u'_y}$ 可由试验量测。因此,式(4.38)$\bar{\tau}_{Re} = \overline{-\rho u'_x u'_y}$ 表达的紊流附加切应力可通过试验得到。

4.7.3 紊流的黏性底层

紊流的切应力可由式(4.40)表达。研究表明,并不是在紊流的所有区域,黏性切应力和紊流附加切应力都起着作用。实际上,在紊流的某些区域,黏性切应力起主要作用,紊流附加切应力的作用几乎为零;而在另外一些区域,紊流附加切应力起主要作用,黏性切应力的作用几乎为零。因此,我们可以把紊流的区域划分为黏性底层、过渡层和紊流核心区,称为紊流的结构。

当水流为紊流时,即使雷诺数 Re 很大,紧靠着壁面的极薄液层,由于壁面的限制,液体质点沿壁面法线方向的运动受到壁面的约束,紊动受到抑制,且由于壁面无滑动条件,切向流速从零迅速增至有限值,流速梯度很大,此处主要是黏性切应力,附加切应力趋于零。把紊流中,壁面附近黏性切应力起主导作用的流体薄层称为黏性底层(又称黏滞底层),其厚度以 δ_0 表示。在黏性底层里,流速近似地按直线变化。Re 越大,δ_0 越小(其数量级以 mm 计)。但不论 Re 多么大,黏性底层始终存在,而且它的作用不可忽视。

在黏性底层以外,是紊流的过渡层,以 δ_1 表示,其数量级也以 mm 计。紊流的过渡层以后,是紊流的核心区。图 4.12 是圆管中黏性底层、过渡层和紊流核心的示意图。今后,在研究黏性底层的影响时,有时过渡层不单独划分,只分为黏性底层和紊流核心区。

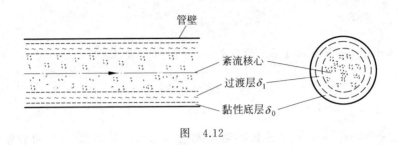

图   4.12

在紊流核心区,黏性切应力极小,可以认为,紊流核心区的紊流切应力等于紊流附加切应力。

关于黏性底层 δ_0 的厚度,待讲述了紊流的流速分布之后才便于推求。

4.7.4   紊流的水力光滑面、水力过渡粗糙面和水力粗糙面

严格地讲,任何固体壁面都有些凹凸不平,将固体壁面平均的凸出高度称为绝对粗糙度,以 Δ 表示。由于同样的 Δ 对于不同的管径 d (或水力半径 R)有着不同的效应,故引入无量纲数 $\dfrac{\Delta}{d}$ 或 $\dfrac{\Delta}{R}$,称为相对粗糙度。

当液流为紊流时,根据黏性底层厚度 δ_0 与绝对粗糙度 Δ 的相对关系,可将壁面分为以下三类。

1. 水力光滑面

当 $\Delta < \delta_0$,如图 4.13(a)所示,此时壁面的绝对粗糙度完全被黏性底层掩盖,没有伸入到紊流核心区,紊流就好像在完全光滑的壁面上流动一样。绝对粗糙度对紊流的阻力系数(水头损失系数)不产生影响,这种壁面称为紊流水力光滑壁面,简称为水力光滑面,相应的圆管简称为光滑管。

2. 水力过渡粗糙面

当 $\delta_0 < \Delta < (\delta_0 + \delta_1)$,如图 4.13(b)所示,此时壁面的绝对粗糙度 Δ 已超过黏性底层厚度并稍许伸入到过渡层中。壁面的绝对粗糙度和黏性底层的厚度对紊流的阻力系数均产生影响,这种壁面称为紊流水力过渡粗糙壁面,简称为水力过渡粗糙面。

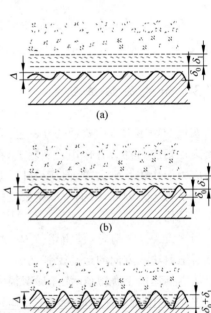

图   4.13

3. 水力粗糙面

当 $\Delta > (\delta_0 + \delta_1)$，如图 4.13(c)所示，壁面的绝对粗糙度 Δ 远大于黏性底层厚度，此时壁面的绝对粗糙度已完全伸入到紊流核心区，壁面粗糙程度对紊流的阻力系数产生很大的影响，这种壁面称为紊流水力粗糙壁面，简称为水力粗糙面，相应的圆管简称为粗糙管。

上述对壁面的分类，既与壁面的绝对粗糙度有关，又与黏性底层厚度有关。对于固定的壁面，绝对粗糙度 Δ 是一定的，但当水流的 Re 变化时，δ_0 和 δ_1 却随之变化。因此从理论上讲，对一个选定的绝对粗糙度，当液流处于不同的 Re 范围，可以是光滑面、过渡粗糙面或者是粗糙面。可见壁面的这种分类是就水力学的观点而言的，故其全称为水力光滑壁面、水力过渡粗糙壁面和水力粗糙壁面。

4.8　紊流的流速分布

前面已介绍，层流为抛物线型的流速分布。而紊流由于液体质点间的相互碰撞和混掺，流速分布较层流均匀得多。本节介绍紊流的对数流速分布和指数流速分布。

4.8.1　对数流速分布

紊流的流速分布规律在黏性底层和紊流核心区截然不同。在黏性底层，黏性切应力 τ_v 起主导作用，这一层的流速梯度很大，前已述及，在黏性底层的薄层里，其流速从零迅速增至有限值，流速近似地按直线变化。而在紊流核心区，紊流附加切应力起主要作用，因此可通过紊流切应力公式(4.39)：

$$\tau_{Re} = \rho l^2 \left(\frac{\mathrm{d}u}{\mathrm{d}y}\right)^2$$

推导紊流核心区的流速分布公式。由于认为 $\tau = \tau_{Re}$，上式可写为

$$\tau = \rho l^2 \left(\frac{\mathrm{d}u}{\mathrm{d}y}\right)^2 \tag{4.41}$$

对式(4.41)分离变量，得

$$\mathrm{d}u = \frac{1}{l}\sqrt{\frac{\tau}{\rho}}\,\mathrm{d}y$$

式中，τ 在断面上为变量。

普朗特假设近壁面处 $\tau = \tau_0 = $ 常数（τ_0 为壁面阻力）；$l = \kappa y$，其中 κ 为常数。再注意到摩阻流速 $u_* = \sqrt{\dfrac{\tau_0}{\rho}}$（式(4.12)），则有

$$\mathrm{d}u = \frac{1}{\kappa}\sqrt{\frac{\tau_0}{\rho}}\,\frac{\mathrm{d}y}{y} = \frac{u_*}{\kappa}\frac{\mathrm{d}y}{y} \tag{4.42}$$

对上式积分得

$$u = \frac{u_*}{\kappa}\ln y + C \tag{4.43}$$

式(4.43)为紊流流速的对数分布公式。式中的系数 κ 和积分常数 C 需由试验确定。

以上分析中尽管一些假设不尽合理,但公式中的系数经试验确定后,公式可以很好地描述紊流流速分布。

对式(4.43)进行整理,将积分常数 C 用以下条件确定:令 $y = y_0$ 时,$u = u_{max}$。对于圆管,y_0 代表半径 r_0;对于二元明渠均匀流,y_0 代表水深 H,在无风和没有冰凌的情况下,其表面流速为最大流速 u_{max}。代入式(4.43)得

$$C = u_{max} - \frac{u_*}{\kappa} \ln y_0$$

将 C 代回式(4.43)得

$$u = u_{max} + \frac{u_*}{\kappa} \ln y - \frac{u_*}{\kappa} \ln y_0 = u_{max} + \frac{u_*}{\kappa} \ln \frac{y}{y_0} \tag{4.44}$$

整理后得

$$\frac{u_{max} - u}{u_*} = \frac{1}{\kappa} \ln \frac{y_0}{y} \tag{4.45}$$

式(4.45)是以流速差(或速缺)表示的流速分布公式,又称为流速分布的速缺形式。

从式(4.43),还可得到对数流速分布的其他形式。改写式(4.43)为

$$u = u_* \left(\frac{1}{\kappa} \ln y + \frac{C}{u_*} \right)$$

进一步改写为

$$u = u_* \left(\frac{1}{\kappa} \ln y + \frac{1}{u_*} \cdot \left(\frac{u_*}{\kappa} \ln \frac{u_*}{\nu} + u_* C_1 \right) \right)$$
$$= u_* \left(\frac{1}{\kappa} \ln \frac{u_* y}{\nu} + C_1 \right)$$

则无量纲的对数流速分布公式为

$$\frac{u}{u_*} = \frac{1}{\kappa} \ln \frac{u_* y}{\nu} + C_1$$

或

$$\frac{u}{u_*} = \frac{2.3}{\kappa} \lg \frac{u_* y}{\nu} + C_1 \tag{4.46}$$

式中无量纲流速 $\frac{u}{u_*}$ 可记为 u^+,$\frac{u_* y}{\nu}$ 可记为 y^+,具有雷诺数的组成形式。上式中的系数 κ 和 C_1 需由试验确定。

尼古拉兹在光滑管试验中得到 $\kappa = 0.4$,$C_1 = 5.5$,代入式(4.46)得

$$\frac{u}{u_*} = 5.75 \lg \frac{u_* y}{\nu} + 5.5 \tag{4.47}$$

式(4.47)为得到公认的光滑壁面无量纲的对数流速公式。

对于紊流粗糙管,对式(4.43)进行整理后可得

$$\frac{u}{u_*} = \frac{2.3}{\kappa} \lg \frac{y}{\Delta} + C_2 \tag{4.48}$$

式中,Δ 为壁面绝对粗糙度。

尼古拉兹通过试验得到相应的流速公式为

$$\frac{u}{u_*} = 5.75 \lg \frac{y}{\Delta} + 8.5 \tag{4.49}$$

式(4.49)为得到公认的粗糙壁面无量纲的对数流速公式。

紊流流速在断面上的分布比层流均匀得多,如图 4.14 所示。这是紊流质点互相混掺的结果。根据动能校正系数的定义(第 3 章),流速分布越不均匀,动能校正系数越大。由层流的流速分布公式,已导出圆管层流均匀流的动能校正系数 $\alpha = 2$。而圆管紊流均匀流的动能校正系数一般只有 $\alpha = 1.05 \sim 1.1$。这也表明紊流的流速分布均匀得多。

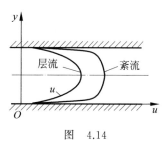

图 4.14

4.8.2 指数流速分布

除了对数形式的流速分布公式以外,还有直接由实验数据拟合的指数形式的流速分布公式,较为简单和常用。

根据尼古拉兹对光滑壁面圆管试验资料($4 \times 10^3 \leqslant Re \leqslant 3.2 \times 10^6$)的分析,圆管紊流的流速分布可用以下指数形式表示,即

$$\frac{u}{u_{\max}} = \left(\frac{y}{r_0}\right)^{\frac{1}{n}} \tag{4.50}$$

式中,n 与雷诺数有关,见表 4.1。

表 4.1 n 与 Re 的关系

Re	4.0×10^3	2.3×10^4	1.1×10^5	1.1×10^6	2.0×10^6	3.2×10^6
n	6.0	6.6	7.0	8.8	10	10

虽然对对数流速分布研究的较多,成果较丰富,但公式中的摩阻流速 u_* 在非均匀流时不易确定,给应用带来很大不便。而指数流速分布公式与对数流速分布公式相比,具有应用方面的优点。指数流速分布公式中没有出现摩阻流速 u_*,公式中出现的量都不难确定,应用时较为方便。

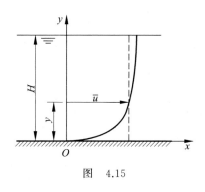

图 4.15

有了流速分布公式,可以据此推求流量和断面平均流速 v,对于二元明渠则可以推求其垂线平均流速 $\bar{u}$。下面通过例题予以说明。

例 4.2 设图 4.15 二元明渠的流速呈对数型流速分布,

$$u = u_{\max} + \frac{u_*}{\kappa} \ln \frac{y}{H}$$

式中,$u_{\max}$ 为表面最大流速;H 为水深。试推求:(1)垂线平均流速 $\bar{u}$;(2)当流速 u 等于垂线平均流速 $\bar{u}$ 时的 y 值。

解　(1) $\bar{u} = \dfrac{1}{H}\displaystyle\int_{\delta_0}^{H} u\,\mathrm{d}y = \dfrac{1}{H}\int_{\delta_0}^{H}\left(u_{\max} + \dfrac{u_*}{\kappa}\ln\dfrac{y}{H}\right)\mathrm{d}y$

式中积分上限为水深 H，积分下限为黏性底层厚度 δ_0。将被积式展开，分项积分得

$$\bar{u} = \dfrac{u_{\max}}{H}(H-\delta_0) + \dfrac{u_*}{\kappa}\left(\dfrac{y}{H}\ln\dfrac{y}{H} - \dfrac{y}{H}\right)\Big|_{\delta_0}^{H}$$

$$= \dfrac{u_{\max}}{H}(H-\delta_0) + \dfrac{u_*}{H\kappa}\left[\left(H\ln\dfrac{H}{H} - \delta_0\ln\dfrac{\delta_0}{H}\right) - (H-\delta_0)\right]$$

上式中黏性底层 δ_0 很小，$H-\delta_0 \approx H$，故可将上式进一步化简为

$$\bar{u} = u_{\max} - \dfrac{u_*}{H\kappa}\left(\delta_0\ln\dfrac{\delta_0}{H} + H\right)$$

上式中 $\delta_0\ln\dfrac{\delta_0}{H}$ 当 $\delta_0 \to 0$ 时为不定式 $0\cdot(-\infty)$，用洛必达法则

$$\lim_{\delta_0\to 0}\delta_0\ln\dfrac{\delta_0}{H} = \lim_{\delta_0\to 0}\dfrac{\ln\dfrac{\delta_0}{H}}{\dfrac{1}{\delta_0}} = \lim_{\delta_0\to 0}\dfrac{\dfrac{H}{\delta_0}\dfrac{1}{H}}{-\dfrac{1}{\delta_0^2}} = -\lim_{\delta_0\to 0}\delta_0 \to 0$$

于是得

$$\bar{u} = u_{\max} - \dfrac{u_*}{\kappa}$$

以上在求解 $\bar{u}$ 时，积分下限用黏性底层 δ_0，而不用零，是为了便于运用洛必达法则。对于其他类型的流速分布，如下例中指数型流速分布，其积分下限可取零。

(2) 按题意，求 $u = \bar{u}$ 时的 y，则以下关系式成立：

$$u_{\max} + \dfrac{u_*}{\kappa}\ln\dfrac{y}{H} = u_{\max} - \dfrac{u_*}{\kappa}$$

即 $\ln\dfrac{y}{H} = -1$，或 $\ln\dfrac{H}{y} = 1$。

因为 $\ln e = 1$，上式可写为 $\ln\dfrac{H}{y} = \ln e$，或 $y = \dfrac{H}{e} = \dfrac{H}{2.718} = 0.37H$，即 $y = 0.37H$（离水面为 $0.63H$）处的流速 u 等于垂线平均流速 $\bar{u}$。

例 4.3　图 4.15 二元明渠的流速呈指数型分布，公式为

$$u = u_{\max}\eta^{m}$$

式中指数 $m = \dfrac{1}{8}$，$\eta = \dfrac{y}{H}$。试求：(1) 垂线平均流速 $\bar{u}$；(2) 流速 u 等于垂线平均流速 $\bar{u}$ 时的 y 值。

解　(1) $\bar{u} = \dfrac{1}{H}\displaystyle\int_0^H u\,\mathrm{d}y = \dfrac{1}{H}\int_0^H u_{\max}\left(\dfrac{y}{H}\right)^m\mathrm{d}y = \dfrac{u_{\max}}{1+m}\left(\dfrac{y}{H}\right)^{m+1}\Big|_0^H$

$$= \dfrac{u_{\max}}{m+1} = \dfrac{u_{\max}}{1/8+1} = 0.89u_{\max}$$

(2) 按题意，求 $u = \bar{u}$ 时的 y，则以下关系式成立：

$$u_{\max}\left(\dfrac{y}{H}\right)^m = \dfrac{u_{\max}}{1+m}，\qquad 即\qquad y^m = \dfrac{H^m}{m+1}$$

解得

$$y = \sqrt[m]{\frac{1}{m+1}} H = \sqrt[\frac{1}{8}]{\frac{1}{1/8+1}} H = 0.39H$$

即 $y = 0.39H$（离水面为 $0.61H$）处的流速 u 等于垂线平均流速 $\bar{u}$。

例 4.2 及例 4.3 表明：垂线平均流速 $\bar{u}$ 大致等于水深 $h = 0.6H$ 处的点流速。在水文测验规范中规定用一点法测垂线平均流速时，测点位置应在相对水深为 0.6 处，显然，这一规定是有理论依据的。

4.8.3　黏性底层的厚度

黏性底层厚度的物理意义是指壁面附近流速为线性分布的液体薄层的厚度。通常，黏性底层厚度可由黏性底层流速分布图与紊流核心区流速分布图的交汇点确定。现分析如下。

在黏性底层中，黏性切应力起主导作用，$\tau = \mu \dfrac{\mathrm{d}u}{\mathrm{d}y}$。由于在层内流速近似按直线分布，则 $\dfrac{\mathrm{d}u}{\mathrm{d}y}$ 为常数，得 τ 为常数，且 $\tau = \tau_0$（τ_0 为边界处的切应力），称为等切应力层。于是

$$\tau = \tau_0 = \mu \frac{\mathrm{d}u}{\mathrm{d}y} = \mu \frac{u}{y}$$

式中，y 为从壁面开始计算的横向坐标，u 为相应点的流速。上式除以 ρ，并注意到式（4.12）$u_* = \sqrt{\dfrac{\tau_0}{\rho}}$，得

$$\frac{u}{u_*} = \frac{u_* y}{\nu} \tag{4.51}$$

或记为

$$u^+ = y^+$$

式（4.51）为黏性底层的相对流速公式。

在紊流核心区，选用光滑管的流速分布公式（4.47）。这是因为光滑管较粗糙管和过渡粗糙管明显地具有黏性底层。

式（4.51）和式（4.47）左端均为相对流速 $\dfrac{u}{u_*}$，右端均为 $\dfrac{u_* y}{\nu}$ 的函数（$\dfrac{u_* y}{\nu}$ 具有雷诺数的组成形式）。如图 4.16 所示，以 $\dfrac{u}{u_*}$ 为纵坐标，以 $\lg \dfrac{u_* y}{\nu}$ 为横坐标，把式（4.51）点绘在图上是曲线①，把式（4.47）点绘在图上是直线③（直线③的 Re 范围为 $4.0 \times 10^3 \sim 3.2 \times 10^6$）。

黏性底层的厚度有如下两种确定方法。

1. 黏性底层的理论厚度（名义厚度）

黏性底层的理论厚度不考虑过渡层 δ_1，认为曲线①和直线③的交点 C 的横坐标 $\lg \dfrac{u_* y}{\nu} = 1.064$，即 $\dfrac{u_* y}{\nu} = 11.6$ 就是黏性底层和紊流核心的交汇点，故黏性底层和紊流核心

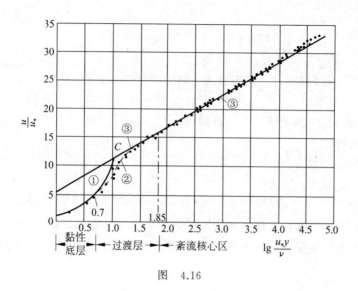

图　4.16

区的范围分别为

黏性底层　　　　　　　　　　　$\dfrac{u_* y}{\nu} \leqslant 11.6$　　　　　　　　　　（4.52）

紊流核心区　　　　　　　　　　　$\dfrac{u_* y}{\nu} > 11.6$

则黏性底层的理论厚度为

$$\delta_0 = \frac{11.6\nu}{u_*}$$

将式（4.33）$u_* = \sqrt{\dfrac{\lambda}{8}}\,v$ 代入上式可得

$$\delta_0 = \frac{32.8}{\sqrt{\lambda}}\frac{d}{Re} \tag{4.53}$$

δ_0 的厚度往往很小，例如 $Re = 10^5$ 时，取 $\lambda = 0.025$，$d = 1$ m，按上式计算的 δ_0 仅为 2 mm。

2. 黏性底层和过渡层的实际厚度

考虑过渡层 δ_1 的存在，根据实测资料点绘紊流的实际流速分布曲线，如图 4.16 所示。图中虚线②不能由曲线①和直线③的方程描述，这一段属于过渡层的流速分布。于是把线①与线②的交点 $\lg \dfrac{u_* y}{\nu} = 0.7$，即 $\dfrac{u_* y}{\nu} = 5$，视为黏性底层与过渡层的交界点；线②与线③的交点 $\lg \dfrac{u_* y}{\nu} = 1.85$，即 $\dfrac{u_* y}{\nu} = 70$ 视为过渡层与紊流核心的交界点。据此可确定各区的范围。需要说明的是，不同的试验资料得到的交点位置略有不同。通常认为各区范围为

黏性底层　　　　　　　　　　　$\dfrac{u_* y}{\nu} \leqslant 5$　　　　　　　　　　　（4.54）

过渡层　　　　　　　　　　　　$5 < \dfrac{u_* y}{\nu} \leqslant 70$　　　　　　　（4.54a）

紊流核心区
$$\frac{u_* y}{\nu} > 70 \tag{4.54b}$$

黏性底层 δ_0 和过渡层 δ_1 的厚度则为

$$\delta_0 = \frac{5\nu}{u_*}$$

$$\delta_0 + \delta_1 = \frac{70\nu}{u_*}$$

用与推求式(4.53)同样的方法可得

$$\delta_0 = \frac{14.1d}{\sqrt{\lambda} Re} \tag{4.55}$$

$$\delta_1 = \frac{183.9d}{\sqrt{\lambda} Re} \tag{4.55a}$$

由式(4.53)或式(4.55)可见,黏性底层厚度与沿程损失系数 λ 有关,并且与雷诺数成反比,雷诺数越大,黏性底层的厚度越薄。

比较式(4.53)和式(4.55),用两式分别算得的黏性底层厚度有较大差异。但是,在紊流流速分布及沿程损失系数 λ 的分析中,更值得关心的是黏性底层的存在以及它的物理意义,而不在于它们的具体数值。

根据以上对黏性底层厚度的分析结果,我们还可以对紊流的壁面分类给出定量的判别依据:

光滑面
$$\Delta < \delta_0 \quad \text{则} \quad \frac{u_* \Delta}{\nu} < 5 \tag{4.56}$$

过渡粗糙面
$$\delta_0 \leqslant \Delta \leqslant (\delta_0 + \delta_1) \quad \text{则} \quad 5 \leqslant \frac{u_* \Delta}{\nu} \leqslant 70 \tag{4.56a}$$

粗糙面
$$\Delta > (\delta_0 + \delta_1) \quad \text{则} \quad \frac{u_* \Delta}{\nu} > 70 \tag{4.56b}$$

式(4.56)中 Δ 为壁面的绝对粗糙度,$\frac{u_* \Delta}{\nu}$ 称为粗糙雷诺数。说明壁面分类也可以用"雷诺数"来判别。

4.9 沿程水头损失系数 λ 的试验研究 ——尼古拉兹试验

用达西-魏斯巴赫公式(4.23)、(4.32)计算沿程损失,必须先确定式中的沿程水头损失系数 λ。对于圆管层流,可应用式(4.22)计算,$\lambda = \frac{64}{Re}$;对于二元明渠均匀层流,可应用式(4.31)计算,$\lambda = \frac{24}{Re}$。但是对于紊流,λ 无法由理论分析得到,其规律主要由试验确定,但可在理论上给以某些阐述。对 λ 的试验研究,主要是在圆管中进行的,其成果可供应用。而对非圆管的试验研究较少,且不系统,故无多少成果可供应用。

4.9.1　人工粗糙管道沿程水头损失系数 λ 的试验研究——尼古拉兹试验

1933 年尼古拉兹通过系统试验,揭示了人工粗糙管道中沿程水头损失系数的规律。所谓人工粗糙管道是用粒径 Δ 相等的砂粒均匀地粘贴在管径为 d 的管壁上制成的管道。试验采用相对粗糙度 $\dfrac{\Delta}{d}$ 作为壁面粗糙程度的参数,选取了六组相对粗糙度,其值分别为 $\dfrac{1}{30}$,$\dfrac{1}{61.2}$,$\dfrac{1}{120}$,$\dfrac{1}{252}$,$\dfrac{1}{507}$ 及 $\dfrac{1}{1014}$。

试验时对每一种 $\dfrac{\Delta}{d}$ 值的管道均进行大量的各种不同流量的量测,得到一系列的一一对应的 h_f 和 Q 值,从 Q 得到 v 和 Re。应用式(4.23)计算沿程损失系数 λ,即 $\lambda = \dfrac{2gdh_f}{lv^2}$。取 λ 与 Re 的对数值为纵、横坐标,$\dfrac{\Delta}{d}$ 为参变量,将试验成果点绘于图 4.17 中。图中用不同的符号分别表示六种不同相对粗糙度的试验数据点。该图反映了不同的参数 $\dfrac{\Delta}{d}$ 时沿程损失系数 λ 与雷诺数的关系,或者说是 λ 与 $\dfrac{\Delta}{d}$,Re 的关系,称为尼古拉兹图。分析图 4.17 中的试验结果,可以将圆管中的液流从层流到紊流进行如下分区。

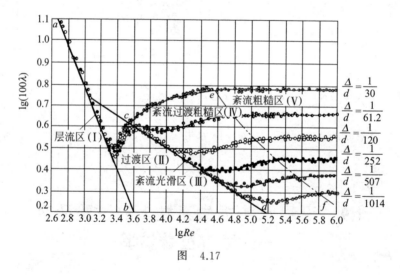

图　4.17

1. 层流区(图中第 I 区)

在 $Re < 2300$(即 $\lg Re < 3.36$)区域内,液流属于层流,不同相对粗糙度的试验点都落在同一条直线 ab 上,表明层流时 λ 与相对粗糙度 $\dfrac{\Delta}{d}$ 无关,而仅与 Re 有关,λ 是 Re 的函数,可表示为 $\lambda = \lambda(Re)$。

直线 ab 向右下方倾斜,经整理,可得如下关系式:

$$\lambda = \frac{64}{Re}$$

它与 4.5 节中理论分析的结果完全一致。

2. 层流转变为紊流的过渡区(图中第 Ⅱ 区)

在 $2300 < Re < 4000$(即 $3.36 < \lg Re < 3.6$)区域内,试验点散乱,无明显规律,相当于雷诺试验中层流到紊流的过渡区,故对该区域不作详细分析。

3. 紊流区

在 $Re > 4000$(即 $\lg Re > 3.6$)区域内,液流属于紊流。考察每一种相对粗糙度的试验点,当 Re 较小时,都落在同一根直线 cd 上。随着雷诺数的增大,按相对粗糙度由大到小,试验点先后与直线 cd 在不同的雷诺数 Re 处分离成单独的曲线,曲线表明 λ 随雷诺数的增大而变化,而每一条曲线(对应于一个参数 $\frac{\Delta}{d}$)在雷诺数 Re 达到一定数值后又近似变为水平线。将每条曲线开始变为水平线的点连成分界线 ef。在线 cd 和线 ef 之间,每一种相对粗糙度 $\frac{\Delta}{d}$ 的试验点都可连成一条曲线。而在线 ef 的右方,各种相对粗糙度的试验点连成的线均近似为水平线。根据试验数据表现出的规律,则可以把紊流分为三个区域:

(1)紊流光滑区(图中第 Ⅲ 区)

不同相对粗糙度 $\frac{\Delta}{d}$ 的试验点都落在直线 cd 上,说明 λ 与 $\frac{\Delta}{d}$ 无关。和层流情况相类似,λ 值也仅仅与 Re 有关,可表示为 $\lambda = \lambda(Re)$,但与层流区所遵循的函数关系不同。

对这一现象可以解释为,对一定的 $\frac{\Delta}{d}$,当 Re 相对较小时,黏性底层的厚度 δ_0 大到足以掩盖绝对粗糙度 Δ,因此 Δ 对沿程损失系数 λ 不起作用。这时的紊流是光滑面上的紊流,发生这种流态的区域称为紊流光滑区。这一解释与我们对紊流水力光滑壁面的解释是一致的。

由图 4.17 可见,对于 $\frac{\Delta}{d}$ 值不同的管道,其光滑区的范围不同。$\frac{\Delta}{d}$ 值越小,光滑区范围就越大。例如 $\frac{\Delta}{d}$ 为 $\frac{1}{1014}$ 时,试验点与 cd 线的重合段最长,而 $\frac{\Delta}{d} = \frac{1}{30}$ 的管道,从一开始就偏离 cd 线,几乎无光滑区存在。

(2)紊流过渡粗糙区(图中第 Ⅳ 区)

在直线 cd 与分界线 ef 之间的一系列曲线,每一根曲线对应一种相对粗糙度 $\frac{\Delta}{d}$。而一根曲线又反映出 λ 随 Re 而变。这表明 λ 既与 $\frac{\Delta}{d}$ 有关,又与 Re 有关,可表示为 $\lambda = \lambda\left(\frac{\Delta}{d}, Re\right)$。

关于 λ 与 $\frac{\Delta}{d}$ 及 Re 均有关的原因是 Δ 和黏性底层 δ_0 的大小相当,因而 $\frac{\Delta}{d}$ 和 Re 对沿程损

失系数 λ 都有着不可忽视的影响。发生这种流态的区域称为紊流过渡粗糙区。显然,这与紊流水力过渡粗糙壁面的解释是一致的。

（3）紊流粗糙区（图中第Ⅴ区）

分界线 ef 的右方,对应于每一个相对粗糙度 $\dfrac{\Delta}{d}$ 均有一条相应的水平线。表明 Re 变化时,λ 不变,即 λ 与 Re 无关;而不同的相对粗糙度有不同的水平线,即 λ 仅与 $\dfrac{\Delta}{d}$ 有关,是 $\dfrac{\Delta}{d}$ 的函数,可表示为 $\lambda = \lambda\left(\dfrac{\Delta}{d}\right)$。

关于 λ 仅与 $\dfrac{\Delta}{d}$ 有关的解释仍可利用黏性底层的概念。当 Re 足够大时,δ_0 远小于 Δ,以致 Δ 伸入到紊流的核心内,Δ 对沿程损失系数 λ 起决定性的作用。发生这种流态的区域称为紊流粗糙区。这一解释也与我们对紊流水力粗糙壁面的解释是一致的。

尼古拉兹在人工粗糙管中的系列试验揭示了沿程阻力系数的变化规律。特别是在紊流时根据 λ 的变化规律将紊流划分为光滑区、过渡粗糙区和粗糙区,使人们对紊流沿程阻力规律的认识提高了一大步。将紊流分区的概念与人们对紊流壁面分类的概念进行比较可以发现,这两个概念有着密切的联系。紊流分区的概念是根据 λ 的变化规律提出的,其物理意义十分明确,对解决紊流的沿程阻力计算意义重大。而紊流壁面分类实际上是将紊流分区的概念用另一种形式进行表述,从而使通过紊流分区体现的紊流沿程阻力变化规律可以在另外一种分类形式下得到应用。

4.9.2　实用管道沿程水头损失系数 λ 的试验研究

1. 沿程水头损失系数 λ 的求解

尼古拉兹在人工粗糙管的试验揭示了沿程水头损失系数 λ 与雷诺数和相对粗糙度的关系,并据此提出紊流分区的概念。许多学者包括尼古拉兹在实用管道（钢管、铁管、混凝土管、木管、玻璃管等）也分别进行了大量的试验研究,得到了实用管道沿程水头损失系数 λ 的有关规律,证明了紊流分区理论的科学性,建立了一些 λ 与雷诺数和相对粗糙度的关系式。

（1）紊流光滑区

普朗特根据光滑管流速分布公式导出光滑区 λ 公式的形式,并由尼古拉兹等人的试验资料校正其系数,得

$$\frac{1}{\sqrt{\lambda}} = 2\lg(Re\sqrt{\lambda}) - 0.8 \tag{4.57}$$

布拉休斯（H.Blasius）根据自己和前人的试验资料拟合出如下的 λ 公式:

$$\lambda = \frac{0.3164}{Re^{\frac{1}{4}}} \tag{4.58}$$

式（4.58）适用于 $Re < 10^5$。当 $Re > 10^5$ 时,式（4.58）的误差较大,用式（4.57）较为适宜。

式（4.58）表明 λ 与 $Re^{-\frac{1}{4}}$ 成比例,表示为 $\lambda \sim Re^{-\frac{1}{4}}$。

（2）紊流粗糙区

卡门提出粗糙区 λ 的公式为

$$\frac{1}{\sqrt{\lambda}} = -2\lg \frac{\Delta}{3.7d} \tag{4.59}$$

（3）紊流过渡粗糙区

柯列布鲁克（Colebrook）-怀特（White）提出的公式

$$\frac{1}{\sqrt{\lambda}} = -2\lg \left(\frac{2.51}{Re\sqrt{\lambda}} + \frac{\Delta}{3.7d} \right) \tag{4.60}$$

适用于紊流过渡粗糙区 λ 的计算。实际上，式（4.60）也可理解为紊流光滑区、粗糙区和过渡粗糙区的通用公式。因为当 $\frac{\Delta}{d} \approx 0$ 时，式（4.60）就是光滑区公式（4.57）；当 Re 很大时，$\frac{2.51}{Re\sqrt{\lambda}} \approx 0$，式（4.60）就是粗糙区公式（4.59）。需要指出的是，式（4.60）用于人工粗糙管时，与试验资料有一定偏差。因为该公式是用实用管道的试验资料拟合而成，因此适用于实用管道的计算。

1944 年穆迪（L.P.Moody）根据实用管道研究成果和得到公认的经验公式，经过计算和整理，提出了类似人工粗糙管试验成果的研究成果，称为穆迪图（图 4.18）。这一成果反映出实用管道与人工粗糙管道具有相似的规律。因实用管道的绝对粗糙度无法直接量测，解决办法是将实用管道与人工粗糙管道的试验成果相比较，把具有同一 λ 值的人工粗糙管的 Δ 值作为实用管道的绝对粗糙度 k_s 值，称 k_s 为实用管道的当量粗糙度。常用管道的当量

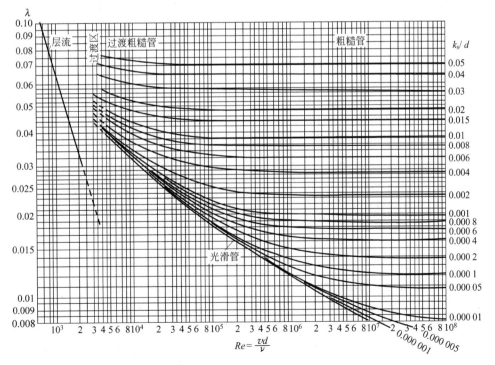

图 4.18

粗糙度见表 4.2。图 4.18 中的相对粗糙度表示为 $\dfrac{k_s}{d}$。比较图 4.17 和图 4.18 可见，其不同点仅在于过渡粗糙区的曲线形式不同。图 4.17 中的人工粗糙管道在过渡区 λ 先随 Re 的增大而稍有减小 $\left(\dfrac{\Delta}{d}=\dfrac{1}{30}\text{的管道除外}\right)$，然后又随 Re 的增大而增大。而图 4.18 中的实用管道在过渡粗糙区 λ 随着 Re 的增大而减小。引起以上差异的原因，可能是实用管道与人工粗糙管道在粗糙物的突起形状和分布等方面不同所致，但至今尚无比较满意的解释。

表 4.2　管道当量粗糙度 k_s 值

管道种类	加工及使用状况	k_s/mm	
		变化范围	平均值
玻璃、铜、铅管	新的、光滑的、整体拉制的	0.001～0.01	0.005
铝管	新的、光滑的、整体拉制的	0.0015～0.06	0.03
无缝钢管	1. 新的、清洁的、敷设良好的	0.02～0.05	0.03
	2. 用过几年后加以清洗的、涂沥青的、轻微锈蚀的、污垢不多的	0.15～0.3	0.2
焊接钢管和铆接钢管	1. 小口径焊接钢管(只有纵向焊缝的钢管)		
	（1）新的、清洁的	0.03～0.1	0.05
	（2）经清洗后锈蚀不显著的旧管	0.1～0.2	0.15
	（3）轻度锈蚀的旧管	0.2～0.7	0.5
	（4）中等锈蚀的旧管	0.8～1.5	1
	2. 大口径钢管		
	（1）纵缝和横缝都是焊接的	0.3～1.0	0.7
	（2）纵缝焊接，横缝铆接，一排铆钉	≤1.8	1.2
	（3）纵缝焊接，横缝铆接，两排或两排以上铆钉	1.2～2.8	1.8
镀锌钢管	1. 镀锌面光滑洁净的新管	0.07～0.1	
	2. 镀锌面一般的新管	0.1～0.2	0.15
	3. 用过几年后的旧管	0.4～0.7	0.5
铸铁管	1. 新管	0.2～0.5	0.3
	2. 涂沥青的新管	0.1～0.15	
	3. 涂沥青的旧管	0.12～0.3	0.18
混凝土管及钢筋混凝土管	1. 无抹灰面层		
	（1）钢模板，施工质量良好，接缝平滑	0.3～0.9	0.7
	（2）木模板，施工质量一般	1.0～1.8	1.2
	2. 有抹灰面层并经抹光	0.25～1.8	0.7
	3. 有喷浆面层		
	（1）表面用钢丝刷刷过并经仔细抹光	0.7～2.8	1.2
	（2）表面用钢丝刷刷过，但未经抹光	≥4.0	8
橡胶软管			0.03

2. 沿程水头损失系数 λ 的变化规律及应用

在介绍了人工粗糙管和实用管道的试验成果后,将圆管中层流和紊流沿程水头损失系数 λ 的变化规律小结如下。

1) 层流:

λ 仅仅是 Re 的函数,即 $λ=λ(Re)$。试验与理论均表明 $λ=\dfrac{64}{Re}$,即 $λ\sim Re^{-1}$。

2) 紊流:

(1) 紊流光滑区:λ 仅仅是 Re 的函数,即 $λ=λ(Re)$,且 $λ\sim Re^{-\frac{1}{4}}$(当 $Re<10^{5}$);

(2) 紊流过渡粗糙区:λ 是 Re 和 $\dfrac{\Delta}{d}$ 的函数,即 $λ=λ\left(Re,\dfrac{\Delta}{d}\right)$;

(3) 紊流粗糙区:λ 仅仅是 $\dfrac{\Delta}{d}$ 的函数,即 $λ=λ\left(\dfrac{\Delta}{d}\right)$,λ 与 Re 无关。

通过对 λ 变化规律的小结,可以根据达西-魏斯巴赫公式 $h_{\mathrm{f}}=λ\dfrac{l}{d}\dfrac{v^{2}}{2g}$,分析沿程水头损失 h_{f} 与断面平均流速 v 的关系。由于 λ 在一些区与 Re 有关,而 $Re=vd/\nu$,与 v 有关,因此不难理解 h_{f} 并不总是与 v 的平方成比例。根据试验资料,h_{f} 与 v 有以下关系。

1) 层流:$h_{\mathrm{f}}\sim v^{1}$。

2) 紊流:

(1) 光滑区:$h_{\mathrm{f}}\sim v^{1.75}$;

(2) 过渡粗糙区:$h_{\mathrm{f}}\sim v^{1.75\sim2.0}$;

(3) 粗糙区:$h_{\mathrm{f}}\sim v^{2.0}$,故紊流粗糙区又称为紊流阻力平方区。

在穆迪图发表以后,各国的学者继续对实用管道的沿程水头损失系数进行了大量系统试验,得到丰富的试验成果,特别是苏联的学者为此做出了杰出的贡献,如 1953 年谢维列夫发表了新旧钢管和铸铁管沿程损失系数 λ 的试验成果等。因此,在计算圆管沿程水头损失时可借鉴有关 λ 的资料。

先求出 λ 值,然后应用达西-魏斯巴赫公式求 h_{f},是比较方便的计算沿程水头损失的方法。λ 一般可用穆迪图求,只要知道水流雷诺数和管道的相对粗糙度,查图即可求之,并且同时可知水流属于什么区。而要应用经验公式计算 λ,则需先确定水流属于什么区,才能选用相应的公式,在应用上很不方便。因此掌握穆迪图的用法非常重要。

例 4.4 某水电站引水管采用新铸铁管,管长 $l=100$ m,管径 $d=250$ mm。(1)试计算当管道引水流量 $Q=50$ L/s,水温为 20℃时的沿程损失 h_{f} 与水力坡度 J;(2)分析水流处于层、紊流中的哪一区。

解 (1)平均流速

$$v=\frac{4Q}{\pi d^{2}}=\frac{4\times0.050\ \mathrm{m^{3}/s}}{3.14\times(0.25\ \mathrm{m})^{2}}=1.019\ \mathrm{m/s}$$

水温 20℃时运动黏度 $\nu=0.0101\ \mathrm{cm^{2}/s}$,则

$$Re=\frac{vd}{\nu}=\frac{1.019\ \mathrm{m/s}\times0.25\ \mathrm{m}}{1.01\times10^{-6}\ \mathrm{m^{2}/s}}=2.52\times10^{5}$$

因 $Re>2300$，故管中水流为紊流。

查表 4.2，新铸铁管的当量粗糙度 $k_s=0.3$ mm，于是相对粗糙度为

$$\frac{k_s}{d}=\frac{0.30 \text{ mm}}{250 \text{ mm}}=0.0012$$

由 $\dfrac{k_s}{d}=0.0012$ 及 $Re=2.52\times10^5$，查图 4.18 得 $\lambda=0.0215$，沿程损失为

$$h_f=\lambda\frac{l}{d}\frac{v^2}{2g}=0.0215\times\frac{100 \text{ m}}{0.25 \text{ m}}\times\frac{(1.02 \text{ m/s})^2}{2\times9.81 \text{ m/s}^2}=0.456 \text{ m}$$

水力坡度

$$J=\frac{h_f}{l}=\frac{0.456 \text{ m}}{100 \text{ m}}=0.004\ 56$$

(2) 根据 $\dfrac{k_s}{d}=0.0012$ 及 $Re=2.5\times10^5$ 在图 4.18 中交点的位置，可见此时水流处于紊流过渡粗糙区。

4.10　谢才公式

为解决工程设计中明渠水流的计算问题，早在 1768 年法国土木工程师谢才(A. de Chezy)在工程设计报告中提出明渠水流摩擦阻力应与湿周 χ 和断面平均流速 v 的平方成比例；与摩擦阻力相平衡的力应与过水断面面积 A 和底坡 i 成比例；且比值 $\dfrac{v^2\chi}{Ai}$ 应为常数。从而建立了最初的谢才公式

$$v=C\sqrt{Ri}$$

经大量的研究和多年应用后，现在得到广泛应用的谢才公式形式为

$$v=C\sqrt{RJ} \tag{4.61}$$

或

$$Q=vA=CA\sqrt{RJ} \tag{4.62}$$

式中，水力半径 R 的单位以 m 计；J 为水力坡度；C 为谢才系数。比较谢才公式两端的量纲可知，C 的量纲与 $\sqrt{g}$ 相同，单位是 $\text{m}^{0.5}/\text{s}$。对谢才公式的进一步研究实际上就落实到对 C 的研究上。

谢才公式虽然是一个经验公式，但沿用至今，应用范围仍非常广泛。该公式不仅是明渠水流计算的主要公式之一，在管流计算中也得到大量应用。

对均匀流，将式(4.61)改写后得沿程损失的计算式为

$$h_f=\frac{v^2}{C^2R}l \tag{4.63}$$

相应地将式(4.62)改写后得沿程损失的计算式为

$$h_f=\frac{Q^2}{C^2A^2R}l \tag{4.63a}$$

式(4.63)与达西-魏斯巴赫公式 $h_f = \lambda \dfrac{l}{4R} \dfrac{v^2}{2g}$ 相对照,可得谢才系数 C 与沿程水头损失系数 λ 的关系为

$$C = \sqrt{\frac{8g}{\lambda}} \qquad (4.64)$$

式(4.64)虽然建立了谢才系数 C 与沿程损失系数 λ 的关系,但是 C 值一般并不由该关系式推求。因为人们对 C 应如何选定进行了大量的试验研究,根据这些研究资料,建立了计算 C 的经验公式。

当初谢才曾认为系数 C 是常数,并取为 $50\ \mathrm{m}^{1/2}/\mathrm{s}$。但后人的大量试验和实测资料表明 C 值并非常数,而与过水断面形状、壁面粗糙程度以及雷诺数等因素有关。

常用的谢才系数 C 的经验公式为曼宁(R.Manning)公式

$$C = \frac{1}{n} R^{\frac{1}{6}} \qquad (4.65)$$

式中,R 为水力半径,以 m 为单位,n 称为曼宁糙率或曼宁糙率系数。大量的研究表明,曼宁糙率不仅与壁面粗糙程度有关,还与水力要素密切相关。比如对一个壁面粗糙程度变化不大的明渠,当通过的流量有较大变化时,n 值常会发生明显变化。因此,曼宁糙率实际上是一个综合阻力系数。实际应用时,曼宁糙率被认为是无量纲的系数。

水力计算中,n 值选择的正确与否,对计算成果影响较大,如 n 值选取错误,则可能造成工程设计失误和工程量的巨大差别,故必须慎重选取。

表 4.3 为各种管道的糙率 n 值,以供参考。明渠的 n 值将在第 8 章介绍。

表 4.3 管道糙率 n 值

管道种类	壁 面 状 况	n		
		最小值	正常值	最大值
有机玻璃管		0.008	0.009	0.01
玻璃管		0.009	0.01	0.013
黑铁皮管		0.012	0.014	0.015
白铁皮管		0.013	0.016	0.017
铸铁管	1. 有护面层 2. 无护面层	0.01 0.011	0.013 0.014	0.014 0.016
球墨铸铁管	1. 水泥砂浆内衬 2. 涂料内衬	0.01 0.01	0.011 0.0105	0.012 0.011
钢、管	1. 纵缝和横缝都是焊接的,但都不缩窄过水断面 2. 纵缝焊接,横缝铆接(搭接),一排铆钉 3. 纵缝焊接,横缝铆接(搭接),两排或两排以上铆钉	0.011 0.0115 0.013	0.012 0.013 0.014	0.0125 0.014 0.015
水泥管	表面洁净	0.01	0.011	0.013

管道种类	壁面状况	n		
		最小值	正常值	最大值
混凝土管及钢筋混凝土管	1. 无抹灰面层			
	(1) 钢模板,施工质量良好,接缝平滑	0.012	0.013	0.014
	(2) 光滑木模板,施工质量良好,接缝平滑		0.013	
	(3) 光滑木模板,施工质量一般	0.012	0.014	0.016
	2. 有抹灰面层,且经过抹光	0.01	0.012	0.015
	3. 有喷浆面层			
	(1) 用钢丝刷仔细刷过,并经仔细抹光	0.012	0.013	0.015
	(2) 用钢丝刷过,且无喷浆脱落体凝结于衬砌面上		0.016	0.018
	(3) 仔细喷浆,但未用钢丝刷刷过,也未经抹光		0.019	0.023
陶土管	1. 不涂釉	0.01	0.013	0.017
	2. 涂釉	0.011	0.012	0.014
岩石泄水管道	1. 未衬砌的岩石			
	(1) 条件中等的,即壁面有所整修	0.025	0.03	0.033
	(2) 条件差的,即壁面很不平整,断面稍有超挖		0.04	0.045
	2. 部分衬砌的岩石(部分有喷浆面层、抹灰面层或衬砌面层)	0.022	0.03	

  谢才公式的基本形式是式(4.61)和式(4.62),在应用中我们也常见到将式(4.62)变形以后的其他形式。下面仅介绍两种形式,其他的形式将根据应用上的需要逐步介绍。

  在式(4.62)中,令 $K = CA\sqrt{R}$,则有

$$Q = K\sqrt{J} \tag{4.66}$$

整理后可得

$$h_{\mathrm{f}} = \frac{Q^2}{K^2}l \tag{4.67}$$

上两式中 K 称为流量模数,或特性流量。其物理意义是水力坡度 $J=1$ 时的流量,单位与 Q 相同。K 值综合反映了断面形状、尺寸和粗糙程度等对输水能力的影响。

  另一种形式是将式 (4.65)代入式 (4.62),可得

$$Q = \frac{1}{n}AR^{\frac{2}{3}}J^{\frac{1}{2}} \tag{4.68}$$

相应地将式 (4.65)代入式 (4.61),可得

$$v = \frac{1}{n}R^{\frac{2}{3}}J^{\frac{1}{2}} \tag{4.68a}$$

式(4.68)和式(4.68a)亦称为曼宁公式。

4.11 局部水头损失

前面在介绍水头损失分类时已分析了在局部损失发生的局部范围内,主流与边界往往分离并产生旋涡。在旋涡区内部,紊动加剧,同时主流与旋涡区之间不断有质量与能量的交换,并通过质点与质点间的摩擦和剧烈碰撞消耗大量机械能。因此,局部损失比流段长度相同的沿程损失要大得多,由主流与边界分离而产生的旋涡越大,则能量损失越大,比如管道渐扩段的水头损失比渐缩段要大得多。

由于流体问题的复杂性,人们目前还不能通过理论分析对局部水头损失进行定量的计算,因此局部水头损失的计算都是通过经验公式进行的,且经验公式中的系数均需通过试验来确定。

下面我们在设立一个假定的前提下,对水流突然扩大的局部损失进行理论分析,所得结果尚能与试验结果十分吻合。因此,对水流突然扩大的局部损失进行的理论分析被认为是唯一成功进行的分析局部水头损失的例子。

图 4.19 所示为圆管突然扩大处的水流情况。

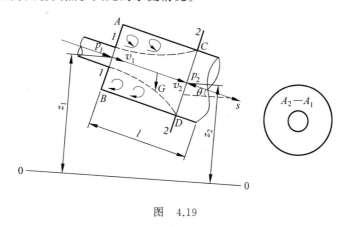

图　4.19

设水流由面积为 $A_1 = \dfrac{\pi d_1^2}{4}$ 的细管流入面积为 $A_2 = \dfrac{\pi d_2^2}{4}$ 的粗管。取过水断面 1 在两管交界处,断面 2 在旋涡区末端,则断面 1 和断面 2 均可认为是渐变流断面。

列断面 1,2 的能量方程,解出局部损失为

$$h_j = \left(z_1 + \frac{p_1}{\rho g} + \frac{\alpha_1 v_1^2}{2g} \right) - \left(z_2 + \frac{p_2}{\rho g} + \frac{\alpha_2 v_2^2}{2g} \right) \tag{4.69}$$

式中,p_1,z_1 及 p_2,z_2 分别为断面 1,2 形心处的压强和位置高度。

再取断面 AB,CD 及断面之间的管壁为控制面,注意断面 AB 包括过水断面 1 和环形面积 $A_2 - A_1$。控制体积中的液体列动量方程(设 $\beta_1 = \beta_2 = \beta$)为

$$\sum F_s = \beta \rho Q (v_2 - v_1)$$

式中,$\sum F_s$ 为控制体中液体所受的力在 s 方向的投影,包括:

（1）过水断面 A_1 上的动水压力 p_1A_1；

（2）过水断面 A_2 上的动水压力 p_2A_2；

（3）环形面积 A_2-A_1 上所受的作用力。如图 4.19 所示，环形面积 A_2-A_1 与漩涡区接触。现假设环形面积上的压强按静水压强分布，则其压力等于环形面积形心处的压强 p_3 与环形面积的乘积，且假定 $p_3=p_1$，即环形面积上的水压力为 $p_1(A_2-A_1)$。这一假设通过试验验证是合理的。

（4）重力 G 在 s 方向的投影为 $\rho gA_2l\sin\theta$。θ 为管轴与水平坐标之间的夹角，而 $\sin\theta=\dfrac{z_1-z_2}{l}$，故重力 G 在 s 方向的投影为 $\rho gA_2(z_1-z_2)$。

（5）壁面对水流的摩擦阻力忽略不计。

作用在面积 AB 上的力是过水断面 1 上的动水压力 p_1A_1 和环形面积上的压力 $p_1(A_2-A_1)$ 之和。

将以上关系代入动量方程，得

$$p_1A_1+p_1(A_2-A_1)-p_2A_2+\rho gA_2(z_1-z_2)=\beta\rho Q(v_2-v_1)$$

上式除以 ρgA_2，得

$$\left(z_1+\frac{p_1}{\rho g}\right)-\left(z_2+\frac{p_2}{\rho g}\right)=\beta\frac{v_2}{g}(v_2-v_1) \tag{4.70}$$

将式（4.70）代入式（4.69），得

$$h_{\mathrm{j}}=\frac{\beta v_2(v_2-v_1)}{g}+\frac{\alpha_1v_1^2}{2g}-\frac{\alpha_2v_2^2}{2g}$$

令 $\beta=\alpha_1=\alpha_2=1$，则

$$h_{\mathrm{j}}=\frac{(v_1-v_2)^2}{2g} \tag{4.71}$$

此式亦称为波达（Borda）公式，它表明圆管在突然扩大处的局部水头损失等于流速差的速度水头。

应用连续方程，式（4.71）可改写为

$$h_{\mathrm{j}}=\left(1-\frac{A_1}{A_2}\right)^2\frac{v_1^2}{2g}=\zeta_1\frac{v_1^2}{2g} \tag{4.72}$$

式中，$\zeta_1=\left(1-\dfrac{A_1}{A_2}\right)^2$ 为用扩大前的流速水头 $\dfrac{v_1^2}{2g}$ 表示的突然扩大的局部水头损失系数。

或应用连续方程将式（4.71）改写为

$$h_{\mathrm{j}}=\left(\frac{A_2}{A_1}-1\right)^2\frac{v_2^2}{2g}=\zeta_2\frac{v_2^2}{2g} \tag{4.73}$$

式中，$\zeta_2=\left(\dfrac{A_2}{A_1}-1\right)^2$ 为用扩大后的流速水头 $\dfrac{v_2^2}{2g}$ 表示的突然扩大的局部水头损失系数。

由于 $\zeta_1=\left(1-\dfrac{A_1}{A_2}\right)^2$ 和 $\zeta_2=\left(\dfrac{A_2}{A_1}-1\right)^2$ 仅与突扩前和突扩后的管径有关，在管径确定后即为常数。因此，对于圆管突然扩大处，可以通过理论分析的方法得到局部水头损失系数的表达式。

式（4.72）和式（4.73）中局部水头损失是用局部水头损失系数乘以流速水头表示的，这

种表达形式也是所有局部水头损失的通用表达式,即

$$h_j = \zeta \frac{v^2}{2g} \tag{4.74}$$

只是对于不同的局部水头损失情况,局部水头损失系数有各自不同的表达形式。对圆管突然扩大的情况,我们已得到局部水头损失系数的表达式,对其他的各种各样的局部水头损失情况,局部水头损失系数都是通过试验确定的。在进行局部水头损失计算时,可查阅有关水力计算手册和资料。

表 4.4 列出了一些常用管道的 ζ 值,供参考。应用表 4.4 时必须看清楚表中的 ζ 值是对应于哪一段管道的流速水头而言的,是对应于 $\frac{v^2}{2g}$ 还是对应于 $\frac{v_1^2}{2g}$ 或 $\frac{v_2^2}{2g}$。例式(4.72)和式(4.73)都是计算突然扩大的局部水头损失的公式,但式(4.72)中的 ζ_1 值和式(4.73)中的 ζ_2 值是不同的。

表 4.4 部分常见局部水头损失系数 ζ

名称	简　图	ζ	公式
管道突然扩大		$\zeta = \left(1 - \dfrac{A_1}{A_2}\right)^2$	$h_j = \zeta \dfrac{v_1^2}{2g}$
管道突然收缩		$\zeta = 0.5\left(1 - \dfrac{A_2}{A_1}\right)$	$h_j = \zeta \dfrac{v_2^2}{2g}$
管道进口	直角进口	0.5	$h_j = \zeta \dfrac{v_2^2}{2g}$
	圆角进口	<table><tr><td>r/d</td><td>0</td><td>0.02</td><td>0.06</td><td>0.10</td><td>0.16</td><td>0.22</td></tr><tr><td>ζ</td><td>0.50</td><td>0.35</td><td>0.20</td><td>0.11</td><td>0.05</td><td>0.03</td></tr></table>	$h_j = \zeta \dfrac{v_2^2}{2g}$
管道出口	出口淹没在水面下	1.0	$h_j = \zeta \dfrac{v_1^2}{2g}$
圆角弯管		$\zeta = \left[0.131 + 0.163\left(\dfrac{d}{R}\right)^{3.5}\right]\left(\dfrac{\theta}{90°}\right)^{\frac{1}{2}}$	$h_j = \zeta \dfrac{v^2}{2g}$

续表

名称	简图	ζ	公式
折角弯管		$\zeta=0.946\sin^2\left(\dfrac{\theta}{2}\right)+2.05\sin^4\left(\dfrac{\theta}{2}\right)$	$h_{\mathrm j}=\zeta\dfrac{v^2}{2g}$

闸阀 — 在各种关闭度时：

a/d	0	1/8	2/8	3/8	4/8	5/8	6/8	7/8
ζ	0.00	0.15	0.26	0.81	2.06	5.52	17.0	97.8

滤水网

没有底阀：$2\sim3$

$h_{\mathrm j}=\zeta\dfrac{v^2}{2g}$（$v$ 为管中流速）

有底阀：

d/mm	40	50	75	100	150	200	250	300	350~450	500~600
ζ	12	10	8.5	7.0	6.0	5.2	4.4	3.7	3.6	3.5

应用表 4.4 时，ζ 值似乎与水力条件无关。但是需要说明实际上局部水头损失系数一般都不为常数，ζ 值随雷诺数的变化而变化，因此 ζ 值与 Re 数有关。只有当 Re 数较大时，如一般认为 $Re>2\times10^5$ 以后，ζ 值才近似为常数。

分析式 (4.70)，可以知道水流突然扩大前后圆管水头的变化情况。式 (4.70)中，等号左端$\left(z_1+\dfrac{p_1}{\rho g}\right)-\left(z_2+\dfrac{p_2}{\rho g}\right)$表示断面 1 与断面 2 测压管水头的差值，而等号右端 v_2 为正值，对于圆管突然扩大处有 $v_2<v_1$，即$\beta\dfrac{v_2}{g}(v_2-v_1)<0$，则等号左端必然小于零，说明水流在突然扩大之后测压管水头增大，或称测压管水头线上升，如图 4.20 所示。该例证明了测压管水头线沿程可以上升。

例 4.5　某一水箱，下接一长 $l=100$ m，管径 $d=0.5$ m 的管道，如图 4.21 所示。入口边

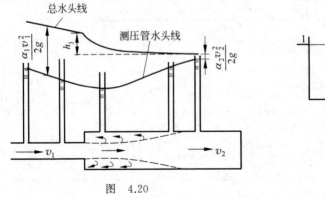

图　4.20

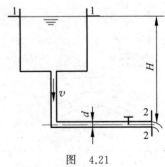

图　4.21

缘是尖锐的,$\zeta_1=0.5$;沿程有 90°的急弯一只,$\zeta_2=1.0$;出口处有平板闸门,$\zeta_3=5.52$;管道的沿程水头损失系数 $\lambda=0.02\left(\text{以上各系数均对应于管中流速水头}\dfrac{v^2}{2g}\right)$。水流为恒定流,流量 $Q=0.2\ \text{m}^3/\text{s}$,忽略水箱中断面的流速水头$\dfrac{\alpha_1 v_1^2}{2g}$,问水头 H 应为多少?

解 过出口断面 2 中心点取基准面。列断面 1,2 的能量方程

$$z_1+\frac{p_1}{\rho g}+\frac{\alpha_1 v_1^2}{2g}=z_2+\frac{p_2}{\rho g}+\frac{\alpha_2 v_2^2}{2g}+h_{\text{w}}$$

代入题目所给条件后,$\alpha_2=\alpha$,$v_2=v$

$$H+0+0=0+0+\frac{\alpha v^2}{2g}+\lambda\frac{l}{d}\frac{v^2}{2g}+\sum\zeta\frac{v^2}{2g}$$

即

$$H=\frac{\alpha v^2}{2g}+\lambda\frac{l}{d}\frac{v^2}{2g}+\sum\zeta\frac{v^2}{2g}$$

$$=\left(\alpha+\lambda\frac{l}{d}+\sum\zeta\right)\frac{v^2}{2g}$$

设 $\alpha=1.0$,而式中 $\sum\zeta=\zeta_1+\zeta_2+\zeta_3=0.5+1.0+5.52=7.02$,$\lambda\dfrac{l}{d}=0.02\times\dfrac{100\ \text{m}}{0.5\ \text{m}}=4.0$,$v=\dfrac{Q}{A}=\dfrac{4Q}{\pi d^2}=\dfrac{4\times0.2\ \text{m}^3/\text{s}}{\pi\times(0.5\ \text{m})^2}=1.02\ \text{m/s}$,于是

$$H=\left(\alpha+\lambda\frac{l}{d}+\sum\zeta\right)\frac{v^2}{2g}$$

$$=(1.0+4.0+7.02)\times\frac{(1.02\ \text{m/s})^2}{2\times9.81\ \text{m/s}^2}=0.64\ \text{m}$$

思 考 题

4.1 水头损失的物理意义是什么? 水头损失是怎样产生及怎么分类的?

4.2 层流和紊流有什么不同? 管道试验中,它们的水头损失特性有什么规律性的结果?

4.3 雷诺数的物理意义是什么? 下临界雷诺数是如何确定的? 其意义是什么?

4.4 均匀流基本方程是怎样导出的? 根据该方程,是否可以认为均匀流的水头损失仅与壁面上的摩擦阻力有关?

4.5 什么是紊流的脉动现象? 紊流有脉动现象,但又有恒定流,二者有无矛盾? 为什么?

4.6 试指出层流和紊流的切应力有何不同。

习 题

4.1 圆管直径 $d=15\ \text{mm}$,其中流速为 $15\ \text{cm/s}$,水温为 $12\ ℃$。试判别水流是层流还是

紊流?

4.2　习题 4.1 中的流速增大为 0.5 m/s,其他条件不变,试判别水流是层流还是紊流?

4.3　做雷诺试验时,为了提高 h_f 的量测精度,改用如图所示的油水压差计量测断面 1,2 之间的 h_f。油水交界面的高差为 $\Delta h'$。设水的密度为 ρ,油的密度为 ρ_o。

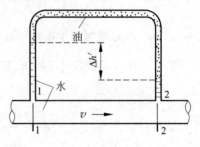
题 4.3 图

(1) 试证: $h_f = \dfrac{p_1}{\rho g} - \dfrac{p_2}{\rho g} = \left(\dfrac{\rho - \rho_o}{\rho}\right)\Delta h'$。

(2) 若 $\rho_o = 0.86\rho$,问 $\Delta h'$ 是用普通测压管量测的 Δh 的多少倍?

4.4　有一水平管道,取直径 $d = 8$ cm,管段长度 $l = 10$ m,在管段两端接一水银压差计,如图所示。当水流通过管道时,测得压差计中水银面高差 $\Delta h = 10.5$ cm。求水流作用于管壁的切应力 τ_0。

4.5　有一矩形断面渠道,宽度 $b = 2$ m,渠中均匀流水深 $h_0 = 1.5$ m。测得 100 m 渠段长度的沿程水头损失 $h_f = 25$ cm。求水流作用于渠道壁面的平均切应力 τ_0。

4.6　某管道的长度 $l = 20$ m,直径 $d = 1.5$ cm,通过流量 $Q = 0.02$ L/s,水温 $T = 20℃$。求管道的沿程水头损失系数 λ 和沿程水头损失 h_f。

4.7　动力黏度为 μ 的液体,在宽为 b 的矩形断面明渠中作层流运动,水深为 h,速度分布为

$$u = u_0 \left[1 - \left(\frac{y}{h}\right)^2\right]$$

式中 u_0 为表面流速。(u_0, μ, b, h 均为常数)

求:(1)断面平均流速 v;(2)渠底切应力 τ_0。

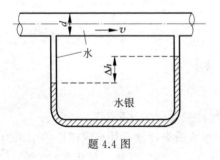

题 4.4 图

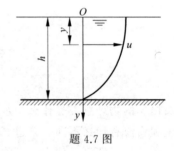

题 4.7 图

4.8　试根据穆迪图(图 4.18),求下述各给定 $\dfrac{k_s}{d}$ 和 Re 值的管道的沿程损失系数 λ,指出其属于哪一区的紊流,并用图 4.18 分析该区的 λ 与相对粗糙度 $\dfrac{k_s}{d}$ 及雷诺数 Re 是否有关。

(1) $\dfrac{k_s}{d} = 0.01, Re = 1.5 \times 10^6$;(2) $\dfrac{k_s}{d} = 0.0001, Re = 1.5 \times 10^6$;(3) $\dfrac{k_s}{d} = 0.000\,01$,$Re = 10^5$;(4) $\dfrac{k_s}{d} = 0.000\,005, Re = 10^5$。

4.9　温度 6℃的水(运动黏度 $\nu = 0.014\,73$ cm²/s),在长 $l = 2$ m 的圆管中流过,$Q = 24$ L/s,

$d = 20$ cm，$k_s = 0.2$ mm。试用穆迪图求沿程损失系数 λ 及沿程水头损失。

4.10 有一断面形状为梯形的渠道，如图所示。已知底宽
$b = 3.0$ m，水深 $h_0 = 2.0$ m，边坡系数 $m = 2.0$，$n =$
0.015，水流为均匀流，处于紊流的阻力平方区，水力
坡度 $J = 0.001$。试计算流量。

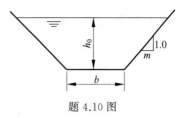

题 4.10 图

4.11 断面形状和尺寸不变的顺直渠道，其中水流为均匀
流，处于紊流的阻力平方区。当过水断面面积 $A =$
24 m^2，湿周 $\chi = 12$ m，流速 $v = 2.84$ m/s 时，测得水
力坡度 $J = 0.002$。求此土渠的糙率 n。

4.12 有一混凝土护面的圆形断面隧洞（无抹灰面层，用钢模板，施工质量良好），长度 $l =$
300 m，直径 $d = 5$ m。水温 $t = 20℃$。当通过流量 $Q = 200$ m^3/s 时，分别用沿程水头
损失系数 λ 及谢才系数 C 计算隧洞的沿程水头损失 h_f。

4.13 某管道由直径为 $d_1 = 45$ cm 及 $d_2 = 15$ cm 的两根管段组成，如图所示。若已知大直
径管中的流速 $v_1 = 0.6$ m/s，求突然收缩处的局部水头损失 h_j。

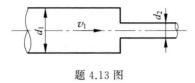

题 4.13 图

4.14 水从一水箱经过水管流入另一水箱，管道为尖锐边缘入口，该水管包括两段：$d_1 = 10$
cm，$l_1 = 150$ m，$\lambda_1 = 0.030$；$d_2 = 20$ cm，$l_2 = 250$ m，$\lambda_2 = 0.025$，进口局部水头损失系数
$\zeta_1 = 0.5$，出口局部水头损失系数 $\zeta_2 = 1.0$。上、下游水面高差 $H = 5$ m。水箱尺寸很
大，可设箱内水面不变。试求流量 Q。

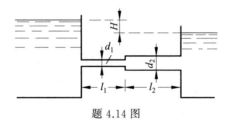

题 4.14 图

第5章
Chapter

液体三元流动基本原理

5.1 概　　述

第 3 章采用一元总流分析法分析了液体各运动要素断面平均值之间的基本关系,解决了一些工程实际问题,但对实际的液体三元运动而言,其结果在应用上有一定的局限性。因此分析三元流动的基本原理,建立反映液体三元流动普遍规律的微分方程,掌握三元流动的基本规律是十分必要的。

5.2 流线与迹线微分方程

5.2.1 流线微分方程

在流场中任一条流线上,如图 5.1 所示,任一点 A 处的速度矢量为 u,沿流线的微小线段为 dr,根据流线的定义,当点 B 趋近于点 A 时,该微小线段与 A 点速度方向一致,即

$$u \times dr = \begin{vmatrix} i & j & k \\ u_x & u_y & u_z \\ dx & dy & dz \end{vmatrix} = 0 \qquad (5.1)$$

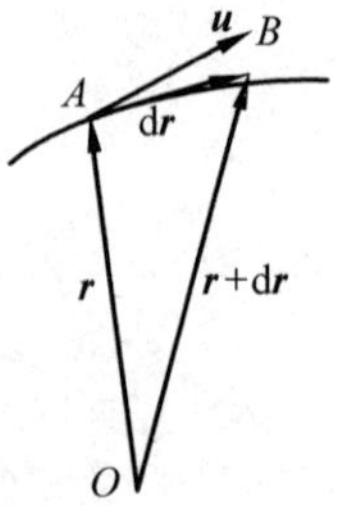

式中,dx,dy,dz 为 dr 在三个坐标轴上的分量,u_x,u_y,u_z 为速度分量。

将式(5.1)展开后即可得流线微分方程

$$\frac{dx}{u_x(x,y,z,t)} = \frac{dy}{u_y(x,y,z,t)} = \frac{dz}{u_z(x,y,z,t)} \qquad (5.2)$$

由于流线是针对于某一瞬时而言的,因此式中时间 t 为流线方程的参数,积分时可将 t 看作常量。

图 5.1

5.2.2 迹线微分方程

迹线是一个液体质点在一段时间内的运动轨迹,是对于某一特定的液体质点而言的。跟踪该质点可得到一条确定的迹线。因此,根据速度、时间、位移之间的关系

$$\left.\begin{array}{l} \mathrm{d}x = u_x \mathrm{d}t \\ \mathrm{d}y = u_y \mathrm{d}t \\ \mathrm{d}z = u_z \mathrm{d}t \end{array}\right\}$$

迹线微分方程可表示为

$$\frac{\mathrm{d}x}{u_x(x,y,z,t)} = \frac{\mathrm{d}y}{u_y(x,y,z,t)} = \frac{\mathrm{d}z}{u_z(x,y,z,t)} = \mathrm{d}t \tag{5.3}$$

由于迹线是某特定质点运动路线,因此在迹线方程中,时间 t 为自变量。对于恒定流动,迹线与流线是重合的。

例 5.1 已知某流动的速度场为 $u_x = kx$, $u_y = -ky$,$u_z = 0$(k 为大于零的常数),试求流线方程。

解 将速度场代入流线微分方程可得

$$\frac{\mathrm{d}x}{kx} = -\frac{\mathrm{d}y}{ky}$$

积分上式,得

$$\ln x = -\ln y + C_1$$

则流线方程为 $xy = C$,如图 5.2 所示。流线是以 x 轴和 y 轴为渐近线的双曲线。

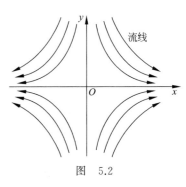

图 5.2

5.3 液体三元流动的连续性方程

在流场中以任一点 M 为中心取微小正六面体为控制体,控制体各面分别垂直于对应的坐标轴,边长分别为 $\mathrm{d}x$,$\mathrm{d}y$,$\mathrm{d}z$。如图 5.3 所示,设在某一瞬时 t,控制体中心点 M 的坐标为 x,y,z,密度和速度分别为 ρ,$\boldsymbol{u}$。

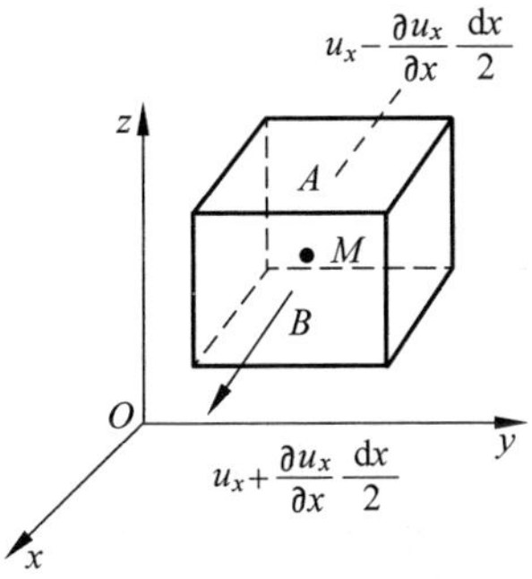

以 x 方向为例,根据泰勒级数展开并略去级数中二阶以上各项,则 A,B 两点处的速度和密度分别为 $u_x - \dfrac{\partial u_x}{\partial x}\dfrac{\mathrm{d}x}{2}$ 和 $u_x + \dfrac{\partial u_x}{\partial x}\dfrac{\mathrm{d}x}{2}$,$\rho - \dfrac{\partial \rho}{\partial x}\dfrac{\mathrm{d}x}{2}$ 和 $\rho + \dfrac{\partial \rho}{\partial x}\dfrac{\mathrm{d}x}{2}$。由于微小六面体的各边界面积很小,可认为同一面上各点的速度、密度相同,因此,在 $\mathrm{d}t$ 时段内,沿 x 方向流出与流入微小控制体的液体质量之差可表示为

图 5.3

$$\left(\rho + \frac{\partial \rho}{\partial x}\frac{\mathrm{d}x}{2}\right)\left(u_x + \frac{\partial u_x}{\partial x}\frac{\mathrm{d}x}{2}\right)\mathrm{d}y\,\mathrm{d}z\,\mathrm{d}t - \left(\rho - \frac{\partial \rho}{\partial x}\frac{\mathrm{d}x}{2}\right)\left(u_x - \frac{\partial u_x}{\partial x}\frac{\mathrm{d}x}{2}\right)\mathrm{d}y\,\mathrm{d}z\,\mathrm{d}t$$

$$= \frac{\partial(\rho u_x)}{\partial x}\mathrm{d}x\,\mathrm{d}y\,\mathrm{d}z\,\mathrm{d}t$$

同理可得,沿 y, z 方向流出与流入微小控制体的液体质量之差分别为 $\dfrac{\partial(\rho u_y)}{\partial y}\mathrm{d}x\,\mathrm{d}y\,\mathrm{d}z\,\mathrm{d}t$ 和

$\dfrac{\partial(\rho u_z)}{\partial z}\mathrm{d}x\,\mathrm{d}y\,\mathrm{d}z\,\mathrm{d}t$。

　　根据质量守恒定律,在 $\mathrm{d}t$ 时段内,流出与流入微小控制体的液体质量之差等于控制体内质量的变化。即

$$\left[\frac{\partial(\rho u_x)}{\partial x} + \frac{\partial(\rho u_y)}{\partial y} + \frac{\partial(\rho u_z)}{\partial z}\right]\mathrm{d}x\,\mathrm{d}y\,\mathrm{d}z\,\mathrm{d}t = -\frac{\partial}{\partial t}(\rho\,\mathrm{d}x\,\mathrm{d}y\,\mathrm{d}z)\mathrm{d}t$$

化简后得直角坐标系下微分形式的连续性方程

$$\frac{\partial \rho}{\partial t} + \frac{\partial(\rho u_x)}{\partial x} + \frac{\partial(\rho u_y)}{\partial y} + \frac{\partial(\rho u_z)}{\partial z} = 0 \tag{5.4}$$

对于恒定流,$\dfrac{\partial \rho}{\partial t}=0$,则连续性方程为

$$\frac{\partial(\rho u_x)}{\partial x} + \frac{\partial(\rho u_y)}{\partial y} + \frac{\partial(\rho u_z)}{\partial z} = 0$$

若液体为不可压缩液体,则

$$\frac{\partial u_x}{\partial x} + \frac{\partial u_y}{\partial y} + \frac{\partial u_z}{\partial z} = 0 \tag{5.5}$$

在柱坐标系中,不可压缩液体连续性微分方程为

$$\frac{1}{r}\frac{\partial(r u_r)}{\partial r} + \frac{1}{r}\frac{\partial u_\theta}{\partial \theta} + \frac{\partial u_z}{\partial z} = 0 \tag{5.6}$$

　　例 5.2　已知二维恒定不可压缩流动速度场为 $u_x = 3x^2 + y$,$u_y = -6xy - x$,判别流动是否能发生?

　　解　将已知速度分量代入二维不可压缩连续性微分方程中得

$$\frac{\partial u_x}{\partial x} + \frac{\partial u_y}{\partial y} = 6x - 6x = 0$$

故流动可以发生。

5.4　液体微团运动的基本形式

　　刚体运动的基本形式有平移和转动两种形式,液体由于具有流动性,容易发生变形,因此液体微团运动较刚体复杂,不仅与刚体一样具有平移和转动,还有变形运动。

5.4.1　液体微团运动形式分析

　　为了便于说明,现以二维流动为例分析液体微团运动的基本形式。

设微团平行于 xOy 平面的投影面为 $ABCD$，在 t 瞬时，各角点沿 x,y 方向的速度分量如图 5.4 所示。

现分析微团运动的基本形式与速度变化之间的关系。

1. 平移

平移是指液体微团在运动过程中任一线段的长度和方位均不变的运动。

分析平面微团 $ABCD$ 各点的速度分量，由于均含相同的 u_x,u_y 项，因此经过 dt 时段后微团在 x,y 方向的位移为 $x=u_x dt$，$y=u_y dt$，发生平移运动，平移速度为 u_x,u_y，如图 5.5 所示。

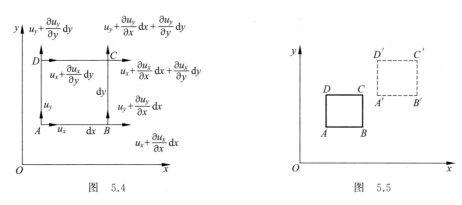

图 5.4

图 5.5

推广到三维空间，则 u_x,u_y,u_z 即为微团做平移运动的速度，即平移速度。

2. 线变形率

线变形是指微团在运动过程中，仅存在各线段的伸长或缩短。

微团在 x 方向的线变形可由 A,D 与 B,C 点的速度变化来描述。从图 5.6 中可以看出，A,D 点有共同项 u_x，B,C 点有共同项 $u_x+\dfrac{\partial u_x}{\partial x}dx$。因此 BC 边相对于 AD 边的速度为 $\dfrac{\partial u_x}{\partial x}dx$。经过 dt 时段后，微团运动到 $A'B'C'D'$ 位置，在 x 方向拉伸或缩短 $\dfrac{\partial u_x}{\partial x}dx dt$。

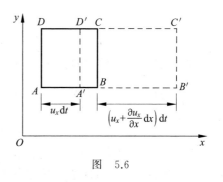

图 5.6

线变形率为微团单位长度随时间的变化率，据此定义，x 方向的线变形率为 $\dfrac{\dfrac{\partial u_x}{\partial x}dx dt}{dx dt}=\dfrac{\partial u_x}{\partial x}$。同理，$y$ 方向和 z 方向的线变形率分别为 $\dfrac{\partial u_y}{\partial y}$ 和 $\dfrac{\partial u_z}{\partial z}$。

3. 角变形率和旋转角速度

角变形是指微团在运动过程中,相邻两边的夹角发生变化。这里的角变形特指单纯角变形,即相邻两条边发生相向转动,且转动角度的大小相同。旋转则是指微团沿同一方向转动相同角度,相邻两边夹角保持不变。

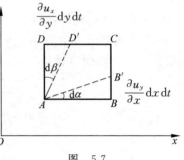

以图 5.7 为例,AB 边沿 y 方向运动,经过 dt 时段后,B 点运动至 B' 处,相对于 A 点运动距离 $BB' = \dfrac{\partial u_y}{\partial x} dx\, dt$,则 AB 边绕 A 点转动的微小角度 $d\alpha \approx \tan(d\alpha) = \dfrac{\partial u_y}{\partial x} dx\, dt / dx = \dfrac{\partial u_y}{\partial x} dt$;再考察 AD 边沿 x 方向运动,同理可得 AD 边绕 A 点转动的微小角度 $d\beta \approx \tan(d\beta) = \dfrac{\partial u_x}{\partial y} dy\, dt / dy = \dfrac{\partial u_x}{\partial y} dt$。

图 5.7

AB 及 AD 两条边转动角度可能出现如图 5.8 中所示的三种情况,下面分别进行讨论:

(1) 若 AB 边与 AD 边转动方向相反,且转动角度相同,即 $d\alpha = -d\beta$,如图 5.8(a)所示,称微团发生角变形运动,形状变为平行四边形。角变形的角度为

$$d\varphi = \frac{1}{2}(d\alpha + d\beta) = \frac{1}{2}\left(\frac{\partial u_y}{\partial x} + \frac{\partial u_x}{\partial y}\right) dt$$

单位时间的角变形定义为角变形率,即

$$\varepsilon_{xy} = \frac{d\varphi}{dt} = \frac{1}{2}\left(\frac{\partial u_y}{\partial x} + \frac{\partial u_x}{\partial y}\right)$$

(2) 若 AB 边与 AD 边转动方向相同,且转动角度相同,即 $d\alpha = d\beta$,如图 5.8(b)所示,称微团发生旋转,形状不变。旋转的角度为

$$d\psi = \frac{1}{2}(d\alpha + d\beta) = \frac{1}{2}\left(\frac{\partial u_y}{\partial x} - \frac{\partial u_x}{\partial y}\right) dt$$

因为这种情况下 u_x 的方向指向 x 轴的负方向,为使 $d\beta$ 为正值而在 $\dfrac{\partial u_x}{\partial y}$ 前面加上负号。

单位时间的旋转角度定义为旋转角速度,即

$$\omega_z = \frac{d\psi}{dt} = \frac{1}{2}\left(\frac{\partial u_y}{\partial x} - \frac{\partial u_x}{\partial y}\right)$$

式中下标 z 表示微团转动轴的方向符合右手螺旋法则。

(3) 若 AB 边与 AD 边转动方向相反,但转动角度不同,即 $|d\alpha| \neq |d\beta|$,如图 5.8(c)所示,则微团同时发生旋转与角变形运动。

对于第三种情况,可以先假设微团 $ABCD$ 首先整体转动至 $AB'C'D'$ 位置,转动的角度为 $d\psi$,然后发生相向的变形至 $AB''C''D''$ 处,变形角度为 $d\varphi$,如图 5.8(c)所示。

则有

$$\begin{cases} d\alpha = d\varphi + d\psi \\ d\beta = d\varphi - d\psi \end{cases} \tag{5.7}$$

解方程组求出旋转角度

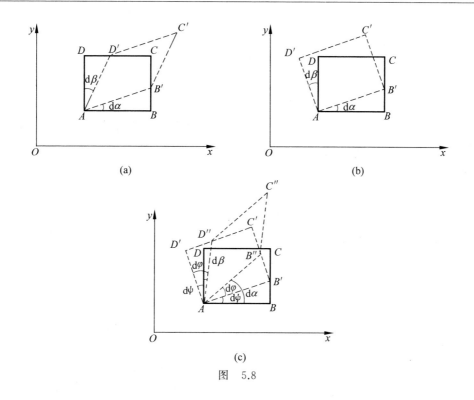

图 5.8

$$\mathrm{d}\psi = \frac{1}{2}(\mathrm{d}\alpha - \mathrm{d}\beta) = \frac{1}{2}\left(\frac{\partial u_y}{\partial x} - \frac{\partial u_x}{\partial y}\right)\mathrm{d}t$$

注意到此种情况下 u_x 的方向指向 x 轴的正方向,$\dfrac{\partial u_x}{\partial y}$ 前面无需再另加负号。

旋转角速度为

$$\omega_z = \frac{\mathrm{d}\psi}{\mathrm{d}t} = \frac{1}{2}\left(\frac{\partial u_y}{\partial x} - \frac{\partial u_x}{\partial y}\right)$$

由式(5.7)亦可解出变形角度

$$\mathrm{d}\varphi = \frac{1}{2}(\mathrm{d}\alpha + \mathrm{d}\beta) = \frac{1}{2}\left(\frac{\partial u_y}{\partial x} + \frac{\partial u_x}{\partial y}\right)\mathrm{d}t$$

角变形率为

$$\varepsilon_{xy} = \frac{\mathrm{d}\varphi}{\mathrm{d}t} = \frac{1}{2}\left(\frac{\partial u_y}{\partial x} + \frac{\partial u_x}{\partial y}\right)$$

以上分析表明,第三种情况的液体微团运动可视为角变形与旋转的叠加。

以上是在分析二维流动的情况下得到了角变形率和旋转角速度的表达式。推广到三维流动,同理可得角变形率的另外两个表达式

$$\varepsilon_{yz} = \frac{1}{2}\left(\frac{\partial u_z}{\partial y} + \frac{\partial u_y}{\partial z}\right), \qquad \varepsilon_{zx} = \frac{1}{2}\left(\frac{\partial u_x}{\partial z} + \frac{\partial u_z}{\partial x}\right)$$

以及旋转角速度的另外两个表达式

$$\omega_x = \frac{1}{2}\left(\frac{\partial u_z}{\partial y} - \frac{\partial u_y}{\partial z}\right), \qquad \omega_y = \frac{1}{2}\left(\frac{\partial u_x}{\partial z} - \frac{\partial u_z}{\partial x}\right)$$

5.4.2 液体微团速度分解定理

液体运动的形态、规律与流场中质点的运动变化情况有关,这种变化可以用微团中任意两点的速度关系来描述。

设某瞬时 t,在液体内任取一液体微团,在其中选取基点 $M(x,y,z)$。在 t 瞬时 M 点的速度为 u,它在三个坐标轴上的分量分别为 u_x,u_y,u_z,距 M 点 ds 处 P 点的流速 u_P 在三个坐标轴的分量分别为 u_{Px},u_{Py},u_{Pz},则 $u_{Px}=u_x+du_x$,$u_{Py}=u_y+du_y$,$u_{Pz}=u_z+du_z$。按泰勒级数将 du_x,du_y,du_z 展开,略去高阶无穷小量,可得

$$
\left.
\begin{aligned}
u_{Px} &= u_x + \frac{\partial u_x}{\partial x}dx + \frac{\partial u_x}{\partial y}dy + \frac{\partial u_x}{\partial z}dz \\
u_{Py} &= u_y + \frac{\partial u_y}{\partial x}dx + \frac{\partial u_y}{\partial y}dy + \frac{\partial u_y}{\partial z}dz \\
u_{Pz} &= u_z + \frac{\partial u_z}{\partial x}dx + \frac{\partial u_z}{\partial y}dy + \frac{\partial u_z}{\partial z}dz
\end{aligned}
\right\}
\tag{5.8}
$$

对上式进行配项整理。例如将第一式右端加减 $\dfrac{1}{2}\dfrac{\partial u_y}{\partial x}dy$ 及 $\dfrac{1}{2}\dfrac{\partial u_z}{\partial x}dz$;第二式右端加减 $\dfrac{1}{2}\dfrac{\partial u_x}{\partial y}dx$ 及 $\dfrac{1}{2}\dfrac{\partial u_z}{\partial y}dz$;第三式右端加减 $\dfrac{1}{2}\dfrac{\partial u_x}{\partial z}dx$ 及 $\dfrac{1}{2}\dfrac{\partial u_y}{\partial z}dy$,将各式右端整理后可得

$$
\left.
\begin{aligned}
u_{Px} &= u_x + \frac{\partial u_x}{\partial x}dx + \frac{1}{2}\left(\frac{\partial u_x}{\partial y}+\frac{\partial u_y}{\partial x}\right)dy + \frac{1}{2}\left(\frac{\partial u_x}{\partial z}+\frac{\partial u_z}{\partial x}\right)dz - \\
&\quad \frac{1}{2}\left(\frac{\partial u_y}{\partial x}-\frac{\partial u_x}{\partial y}\right)dy + \frac{1}{2}\left(\frac{\partial u_x}{\partial z}-\frac{\partial u_z}{\partial x}\right)dz \\
u_{Py} &= u_y + \frac{\partial u_y}{\partial y}dy + \frac{1}{2}\left(\frac{\partial u_y}{\partial x}+\frac{\partial u_x}{\partial y}\right)dx + \frac{1}{2}\left(\frac{\partial u_z}{\partial y}+\frac{\partial u_y}{\partial z}\right)dz - \\
&\quad \frac{1}{2}\left(\frac{\partial u_z}{\partial y}-\frac{\partial u_y}{\partial z}\right)dz + \frac{1}{2}\left(\frac{\partial u_y}{\partial x}-\frac{\partial u_x}{\partial y}\right)dx \\
u_{Pz} &= u_z + \frac{\partial u_z}{\partial z}dz + \frac{1}{2}\left(\frac{\partial u_z}{\partial y}+\frac{\partial u_y}{\partial z}\right)dy + \frac{1}{2}\left(\frac{\partial u_x}{\partial z}+\frac{\partial u_z}{\partial x}\right)dx - \\
&\quad \frac{1}{2}\left(\frac{\partial u_x}{\partial z}-\frac{\partial u_z}{\partial x}\right)dx + \frac{1}{2}\left(\frac{\partial u_z}{\partial y}-\frac{\partial u_y}{\partial z}\right)dy
\end{aligned}
\right\}
\tag{5.9}
$$

将微团运动的基本关系式代入式(5.9),则式(5.9)可简写成

$$
\left.
\begin{aligned}
u_{Px} &= u_x + \varepsilon_{xx}dx + \varepsilon_{xy}dy + \varepsilon_{xz}dz + \omega_y dz - \omega_z dy \\
u_{Py} &= u_y + \varepsilon_{yy}dy + \varepsilon_{yz}dz + \varepsilon_{yx}dx + \omega_z dx - \omega_x dz \\
u_{Pz} &= u_z + \varepsilon_{zz}dz + \varepsilon_{zx}dx + \varepsilon_{zy}dy + \omega_x dy - \omega_y dx
\end{aligned}
\right\}
\tag{5.10}
$$

式(5.9)及式(5.10)称为柯西(Cauchy)-亥姆霍兹(Helmholtz)方程(速度分解定理),它给出了液体微团上任意两点速度关系的一般形式。

式(5.10)三个分式右边第一项为平移速度,第二、三、四项分别为线变形和角变形引起的速度增量,第四、五项表示转动引起的速度增量。

速度分解定理把旋转从一般运动中分解出来,可把液体运动分为有旋与无旋运动,$\boldsymbol{\omega} =$

0 代表无旋运动(有势运动)，**ω** ≠**0** 代表有旋运动(有涡运动)。

值得注意的是，液体是否为有旋运动，决定于液体微团自身是否旋转，而与微团的运动轨迹无关。

例 5.3 已知速度场 $\begin{cases} u_x = -ky \\ u_y = kx \\ u_z = 0 \end{cases}$ ，式中 k 为非零常数，试判别流动是否变形，是否有旋。

解 (1) 判别流动是否变形。

线变形率为

$$\varepsilon_{xx} = \frac{\partial u_x}{\partial x} = 0, \quad \varepsilon_{yy} = \frac{\partial u_y}{\partial y} = 0, \quad \varepsilon_{zz} = \frac{\partial u_z}{\partial z} = 0$$

角变形率为

$$\varepsilon_{yz} = \frac{1}{2}\left(\frac{\partial u_z}{\partial y} + \frac{\partial u_y}{\partial z}\right) = 0$$

$$\varepsilon_{zx} = \frac{1}{2}\left(\frac{\partial u_x}{\partial z} + \frac{\partial u_z}{\partial x}\right) = 0$$

$$\varepsilon_{xy} = \frac{1}{2}\left(\frac{\partial u_y}{\partial x} + \frac{\partial u_x}{\partial y}\right) = 0$$

因此，该流动无变形。

(2) 分析液流是否作有旋运动。

根据已知条件可求得液体质点的旋转角速度为

$$\omega_x = \frac{1}{2}\left(\frac{\partial u_z}{\partial y} - \frac{\partial u_y}{\partial z}\right) = 0$$

$$\omega_y = \frac{1}{2}\left(\frac{\partial u_x}{\partial z} - \frac{\partial u_z}{\partial x}\right) = 0$$

$$\omega_z = \frac{1}{2}\left(\frac{\partial u_y}{\partial x} - \frac{\partial u_x}{\partial y}\right) = k \neq 0$$

因此，流动为有旋运动。

5.5 有旋运动简介

流场中各点的旋转角速度 **ω** ≠**0** 的液流运动称为有旋运动或有涡流动。

值得注意的是，液体是否为有旋运动，决定于液体微团自身是否旋转，而与微团的运动轨迹无关。如图 5.9 所示，图(a)中微团运动轨迹是圆，但微团自身不旋转，因此是无旋运动；图(b)中微团的运动轨迹虽然是直线，但微团旋转，因此是有旋运动。

1. 涡线、涡管、涡束

某瞬时，在涡场中假想一条空间几何曲线，在此曲线上，各质点的旋转角速度矢量 **ω** 都与该点的曲线相切(如图 5.10 所示)，则定义这条曲线为涡线。

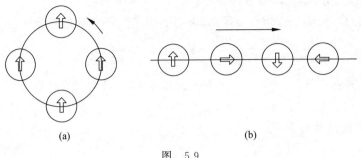

图 5.9

涡线的微分方程为

$$\frac{\mathrm{d}x}{\omega_x} = \frac{\mathrm{d}y}{\omega_y} = \frac{\mathrm{d}z}{\omega_z} \tag{5.11}$$

在同一瞬时,涡线不能相交,也不能突然转折。一般情况下,涡线与流线不重合。

若在指定瞬时,在涡场中任取一条不是涡线的封闭曲线,并通过此曲线上的每一点作涡线,则这些涡线形成的管状曲面就称为涡管,如图 5.11 所示。在涡管横断面上任取一微小面积,通过该微小面积各点作出一束涡线,被称作微小涡管或元涡。同一元涡横断面上各点的旋转角速度可以认为是相等的。通过涡管横断面的所有元涡,组成了涡管的涡束。

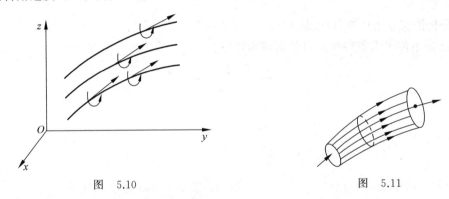

图   5.10   图   5.11

2. 涡量、涡通量

涡量就是速度的旋度,用符号 $\boldsymbol{\Omega}$ 表示,则

$$\boldsymbol{\Omega} = \nabla \times \boldsymbol{u} = 2\boldsymbol{\omega} \tag{5.12}$$

式中,$\nabla \times \boldsymbol{u}$ 表示 ∇ 与 $\boldsymbol{u}$ 的叉乘积,亦称为速度 $\boldsymbol{u}$ 的旋度。

与流量类似,涡通量亦称涡旋强度(简称涡强),用符号 I 表示。

设涡管内元涡横断面积为 $\mathrm{d}A$,断面法线方向为 $\boldsymbol{n}$,面积矢量 $\mathrm{d}\boldsymbol{A} = \boldsymbol{n}\,\mathrm{d}A$,相应的涡量为 $\boldsymbol{\Omega}$,则元涡的涡通量

$$\mathrm{d}I = \boldsymbol{\Omega} \cdot \mathrm{d}\boldsymbol{A}$$

所以涡管的涡通量

$$I = \int \mathrm{d}I = \iint_A \boldsymbol{\Omega} \cdot \mathrm{d}\boldsymbol{A} \tag{5.13}$$

如果总涡管的截面积为 A ,平均涡量为 $\boldsymbol{\Omega}$ 。当 $\boldsymbol{\Omega}$ 与 $\boldsymbol{A}$ 的方向一致时, $I = \int \boldsymbol{\Omega} \cdot \mathrm{d}\boldsymbol{A} = \Omega A$ 。由于涡线不能相交,没有涡通量穿越涡管侧面,所以沿涡管各截面上的涡通量相等,即 $\Omega_1 A_1 = \Omega_2 A_2$ 。这一沿涡管不变的涡通量也称作涡管强度。

根据涡通量沿涡管保持不变的这一性质可以得出结论:涡管不能起始于液体中,也不能在液体中终止。它可以自成涡环或终止在边界上,如图 5.12 所示。

3. 速度环量

在流场中任取一封闭曲线 L (见图 5.13),则速度沿着该闭合曲线 L 的线积分称为沿曲线 L 的速度环量,并用符号 Γ 表示,可写为

$$\Gamma = \oint_L \boldsymbol{u} \cdot \mathrm{d}\boldsymbol{L} = \oint u_x \mathrm{d}x + u_y \mathrm{d}y + u_z \mathrm{d}z$$

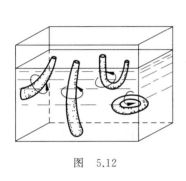

图　5.12

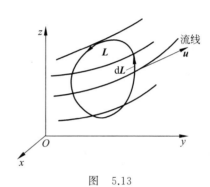

图　5.13

速度环量 Γ 的正负号与流场的速度方向和沿曲线积分的绕行方向有关。按照惯例,规定线积分的绕行方向为逆时针方向,如果在周界 L 上切向速度与绕行方向一致,则速度环量 Γ 为正,否则为负。

4. 速度环量与涡通量的关系(斯托克斯定理)

速度环量可通过斯托克斯(Stokes)定理与涡通量联系起来。

设曲面 A 以封闭曲线 L 为周界,则可以证明(证明从略)

$$\Gamma = \oint \boldsymbol{u} \cdot \mathrm{d}\boldsymbol{L} = \iint_A \boldsymbol{\Omega} \cdot \mathrm{d}\boldsymbol{A} = I \tag{5.14}$$

上述定理指出,沿某一封闭曲线的速度环量,等于通过以该曲线为周界的任意曲面的涡通量。因此对有旋运动的研究可以归结为对涡量和速度环量的研究。

应当指出,速度环量 Γ 与涡量 $\boldsymbol{\Omega}$ 在判别液流是否为有旋时,描述的范围是不同的。涡量 $\boldsymbol{\Omega}$ 逐点描述是否有旋,给出了涡量场。而速度环量是描述封闭曲面线所包围的区域内是否有旋,当 $\Gamma = 0$ 时,仅表示区域内总涡通量 $I = 0$,可能区域内处处无旋,有可能存在大小相等、方向相反的涡量,使涡量正负抵消。当 $\Gamma \neq 0$ 时,该区域必有有旋运动,但也不排斥在该区域内的局部出现无旋运动。

5.6　液体恒定平面势流

流场中各点旋转角速度 $\omega=0$ 的液流运动称为无旋运动或有势运动,简称势流。有势运动是理想液体的一种运动,具有黏性的实际液体运动都不是势流,但在某些情况下,当液体的黏性作用可以忽略时,可以把实际液体运动按势流处理,如从静止开始的波浪运动、溢洪道下泄的水流等。因此,研究势流理论具有一定的实际意义。

5.6.1　流函数

1. 流函数的定义

对于不可压缩液体的二维流动,其连续性方程为 $\dfrac{\partial u_x}{\partial x}+\dfrac{\partial u_y}{\partial y}=0$

即

$$\frac{\partial(-u_y)}{\partial y}=\frac{\partial u_x}{\partial x}$$

由高等数学知,$P(x,y)\mathrm{d}x+Q(x,y)\mathrm{d}y$ 是某一函数全微分的充分必要条件为 $\dfrac{\partial P}{\partial y}=\dfrac{\partial Q}{\partial x}$。则 $-u_y\mathrm{d}x+u_x\mathrm{d}y$ 必为某一函数的全微分,令此函数为 ψ,即

$$\mathrm{d}\psi=-u_y\mathrm{d}x+u_x\mathrm{d}y \tag{5.15}$$

由于

$$\mathrm{d}\psi=\frac{\partial\psi}{\partial x}\mathrm{d}x+\frac{\partial\psi}{\partial y}\mathrm{d}y$$

则可得该函数与流速分量 u_x,u_y 之间的关系为

$$u_x=\frac{\partial\psi}{\partial y},\quad u_y=-\frac{\partial\psi}{\partial x} \tag{5.16}$$

ψ 即为流函数。

2. 流函数 ψ 的主要性质

（1）流函数等值线就是流线

平面流动的流线方程为

$$\frac{\mathrm{d}x}{u_x}=\frac{\mathrm{d}y}{u_y}$$

即

$$-u_y\mathrm{d}x+u_x\mathrm{d}y=0$$

将式（5.16）代入上式后,可知

$$\frac{\partial\psi}{\partial x}\mathrm{d}x+\frac{\partial\psi}{\partial y}\mathrm{d}y=0$$

即

$$\mathrm{d}\psi = 0 \quad 或 \quad \psi = C$$

式中,C 为常数。

（2）两条流线间所通过的单宽流量（$z=1$）等于两个流函数值之差

流场中两条相邻的流线分别为 ψ_1 与 ψ_2,通过单宽曲面（这里指单位高度 $z=1$ 的曲面）的流量称为单宽流量,以 $\mathrm{d}q$ 表示,如图 5.14 所示。则通过单宽曲面 AB 的流量为

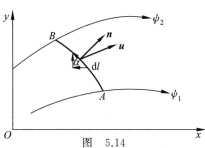

图 5.14

$$q = \int \mathrm{d}q = \int (\boldsymbol{u} \cdot \boldsymbol{n}) \mathrm{d}l$$

$$= \int (u_x n_x + u_y n_y) \mathrm{d}l = \int u_x \mathrm{d}y - u_y \mathrm{d}x$$

$$= \int \frac{\partial \psi}{\partial y} \mathrm{d}y + \frac{\partial \psi}{\partial x} \mathrm{d}x = \int_1^2 \mathrm{d}\psi = \psi_2 - \psi_1$$

式中,n 为面元法向的单位矢量。

（3）对于平面不可压的无旋流动,流函数是调和函数

由 xOy 平面运动可知

$$\omega_z = \frac{1}{2}\left(\frac{\partial u_y}{\partial x} - \frac{\partial u_x}{\partial y}\right) = 0$$

即

$$\frac{\partial u_y}{\partial x} - \frac{\partial u_x}{\partial y} = 0$$

将 $u_x = \dfrac{\partial \psi}{\partial y}, u_y = -\dfrac{\partial \psi}{\partial x}$ 代入上式,整理得

$$\frac{\partial^2 \psi}{\partial x^2} + \frac{\partial^2 \psi}{\partial y^2} = 0$$

因此,流函数满足拉普拉斯方程,也称为调和函数。

例 5.4 某不可压缩液体平面势流的流场为

$$u_x = x - 4y, \quad u_y = -y - 4x$$

试求速度势函数与流函数。

解 速度势函数

$$\varphi = \int \mathrm{d}\varphi = \int \frac{\partial \varphi}{\partial x}\mathrm{d}x + \frac{\partial \varphi}{\partial y}\mathrm{d}y = \int u_x \mathrm{d}x + u_y \mathrm{d}y$$

$$= \int (x - 4y)\mathrm{d}x + (-y - 4x)\mathrm{d}y$$

$$= \int x\mathrm{d}x - 4\mathrm{d}(xy) - y\mathrm{d}y$$

$$= \frac{1}{2}x^2 - 4xy - \frac{1}{2}y^2 + C_1 \quad （C_1 \text{ 为任意常数}）$$

流函数

$$\psi=\int \mathrm{d}\psi=\int \frac{\partial \psi}{\partial x}\mathrm{d}x+\frac{\partial \psi}{\partial y}\mathrm{d}y=\int -u_y\mathrm{d}x+u_x\mathrm{d}y$$

$$=\int -(-y-4x)\mathrm{d}x+(x-4y)\mathrm{d}y$$

$$=\int 4x\mathrm{d}x+\mathrm{d}(xy)-4y\mathrm{d}y$$

$$=2x^2+xy-2y^2+C_2 \quad (C_2\text{ 为任意常数})$$

5.6.2　流速势函数

1. 流速势函数的定义

无旋运动是指旋转角速度为零的运动,即

$$\left.\begin{array}{l} \omega_x=\dfrac{1}{2}\left(\dfrac{\partial u_z}{\partial y}-\dfrac{\partial u_y}{\partial z}\right)=0 \\[2mm] \omega_y=\dfrac{1}{2}\left(\dfrac{\partial u_x}{\partial z}-\dfrac{\partial u_z}{\partial x}\right)=0 \\[2mm] \omega_z=\dfrac{1}{2}\left(\dfrac{\partial u_y}{\partial x}-\dfrac{\partial u_x}{\partial y}\right)=0 \end{array}\right\} \tag{5.17}$$

整理得

$$\left.\begin{array}{l} \dfrac{\partial u_z}{\partial y}=\dfrac{\partial u_y}{\partial z} \\[2mm] \dfrac{\partial u_x}{\partial z}=\dfrac{\partial u_z}{\partial x} \\[2mm] \dfrac{\partial u_y}{\partial x}=\dfrac{\partial u_x}{\partial y} \end{array}\right\} \tag{5.18}$$

由高等数学知,式(5.18)是 $u_x\mathrm{d}x+u_y\mathrm{d}y+u_z\mathrm{d}z$ 存在全微分的必要和充分条件,于是一定存在某一标量函数 $\varphi(x,y,z)$,并有

$$\mathrm{d}\varphi=u_x\mathrm{d}x+u_y\mathrm{d}y+u_z\mathrm{d}z \tag{5.19}$$

而 $\varphi(x,y,z)$ 的全微分又可写为

$$\mathrm{d}\varphi=\frac{\partial \varphi}{\partial x}\mathrm{d}x+\frac{\partial \varphi}{\partial y}\mathrm{d}y+\frac{\partial \varphi}{\partial z}\mathrm{d}z$$

比较上式与式(5.19)可知,标量函数 φ 与流速分量间有下列关系

$$u_x=\frac{\partial \varphi}{\partial x},\quad u_y=\frac{\partial \varphi}{\partial y},\quad u_z=\frac{\partial \varphi}{\partial z} \tag{5.20}$$

或写为

$$\boldsymbol{u}=\nabla\varphi \quad (\varphi \text{ 即为流速势函数}) \tag{5.21}$$

由此可见,无旋运动必然存在流速势函数。因此,无旋运动又称有势流动,简称势流。

2. 流速势函数 φ 的主要性质

(1) 等势线与流线正交。

平面流动中,流速势函数相等的点连成的线,称作等势线,其方程为

$$\mathrm{d}\varphi = \frac{\partial \varphi}{\partial x}\mathrm{d}x + \frac{\partial \varphi}{\partial y}\mathrm{d}y = u_x\,\mathrm{d}x + u_y\,\mathrm{d}y = 0$$

则等势线斜率为

$$K_1 = \frac{\mathrm{d}y}{\mathrm{d}x} = -\frac{u_x}{u_y}$$

流线微分方程

$$\mathrm{d}\psi = \frac{\partial \psi}{\partial x}\mathrm{d}x + \frac{\partial \psi}{\partial y}\mathrm{d}y = -u_y\,\mathrm{d}x + u_x\,\mathrm{d}y = 0$$

同理可得流线斜率为

$$K_2 = \frac{\mathrm{d}y}{\mathrm{d}x} = \frac{u_y}{u_x}$$

由于

$$K_1 \cdot K_2 = -\frac{u_x}{u_y} \cdot \frac{u_y}{u_x} = -1 \tag{5.22}$$

说明流线与等势线正交。由于等势面亦与流线正交,因此,等势面即为过水断面。

(2) 流速势函数满足拉普拉斯方程,是调和函数。

将式(5.20)代入不可压缩液体三元流动连续性方程 $\dfrac{\partial u_x}{\partial x} + \dfrac{\partial u_y}{\partial y} + \dfrac{\partial u_z}{\partial z} = 0$,可得

$$\frac{\partial^2 \varphi}{\partial x^2} + \frac{\partial^2 \varphi}{\partial y^2} + \frac{\partial^2 \varphi}{\partial z^2} = \nabla^2 \varphi = 0 \tag{5.23}$$

即势函数 φ 也满足拉普拉斯方程,为调和函数。

5.6.3 流网及其性质

1. 流函数与速度势函数为共轭调和函数

对于不可压缩平面势流,同时存在势函数与流函数且满足

$$\left.\begin{aligned} u_x &= \frac{\partial \varphi}{\partial x} = \frac{\partial \psi}{\partial y} \\ u_y &= \frac{\partial \varphi}{\partial y} = -\frac{\partial \psi}{\partial x} \end{aligned}\right\} \tag{5.24}$$

φ 和 ψ 的这一关系,在数学上称为柯西(Cauchy)-黎曼(Riemann)条件,满足这一条件的函数称为共轭函数。所以在不可压缩平面势流中流函数与势函数为共轭调和函数。根据式(5.24),如果知道其中的一个共轭函数,就可以推求另一个共轭函数。

当势流的流速分布未知时,可以根据液流的边界条件和初始条件,解 φ 和 ψ 的拉普拉斯方程,从而求得流速场,再设法求其压强场。本节介绍的流网法是解拉普拉斯方程的常用方法。

极坐标下的柯西-黎曼条件为

$$u_r = \frac{\partial \varphi}{\partial r} = \frac{1}{r}\frac{\partial \psi}{\partial \theta} \left.\begin{array}{c} \\ \\ \end{array}\right\}$$
$$u_\theta = \frac{1}{r}\frac{\partial \varphi}{\partial \theta} = -\frac{\partial \psi}{\partial r} \qquad (5.25)$$

2. 流网及其性质

当 C_1 取不同的数值时，$\varphi(x,y)=C_1$ 代表一簇等势线。同理，当 C_2 取不同数值时，$\psi(x,y)=C_2$ 亦表示一簇流线，等势线簇与流线簇交织成的网格称为流网。流网具有如下性质：

（1）流网是正交网格。由于流线与等势线互相垂直，具有相互正交的性质，所以，流网为正交网格。

（2）流网中每一网格的边长之比，等于流速势函数 φ 和流函数 ψ 增值之比。现证明如下。

在流网中任取一网格，网格由等势线 φ 及 $\varphi+\mathrm{d}\varphi$（间距 $\mathrm{d}s$，其投影为 $\mathrm{d}x,\mathrm{d}y$）、流线 ψ 及 $\psi+\mathrm{d}\psi$（间距为 $\mathrm{d}n$）组成，如图 5.15 所示。

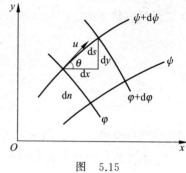

图   5.15

由于

$$\begin{array}{c} \mathrm{d}x = \mathrm{d}s\cos\theta, \quad \mathrm{d}y = \mathrm{d}s\sin\theta \\ u_x = u\cos\theta, \quad u_y = u\sin\theta \end{array}\Bigg\}$$

则

$$\mathrm{d}\varphi = \frac{\partial \varphi}{\partial x}\mathrm{d}x + \frac{\partial \varphi}{\partial y}\mathrm{d}y = u_x\,\mathrm{d}x + u_y\,\mathrm{d}y$$
$$= u\,\mathrm{d}s(\cos^2\theta + \sin^2\theta) = u\,\mathrm{d}s$$

即

$$u = \frac{\mathrm{d}\varphi}{\mathrm{d}s} \qquad (5.26)$$

由此可知流速势函数沿流向增加。

又由流函数的性质可知

$$\mathrm{d}\psi = \mathrm{d}q = u\,\mathrm{d}n$$

即

$$u = \frac{\mathrm{d}\psi}{\mathrm{d}n} \qquad (5.27)$$

由式（5.26）和式（5.27）可得

$$u = \frac{\mathrm{d}\varphi}{\mathrm{d}s} = \frac{\mathrm{d}\psi}{\mathrm{d}n}$$

即

$$\frac{\mathrm{d}\varphi}{\mathrm{d}\psi} = \frac{\mathrm{d}s}{\mathrm{d}n} \qquad (5.28)$$

（3）对于曲边正方形网格，任意两条流线间的单宽流量为常量。

在实际绘制流网时，不可能绘出无数条流线和等势线。为求解方便，将流网绘成曲边正

方形。将式(5.28)写为有限差分的形式

$$\frac{\Delta\varphi}{\Delta\psi} = \frac{\Delta s}{\Delta n} \tag{5.29}$$

取 $\Delta\varphi = \Delta\psi$，则 $\Delta s = \Delta n$，流网即为曲边正方形图形。此时，不同的曲边正方形网格之间的 Δs(或 Δn)可以不同，但每一个网格的 $\Delta\varphi$ 和 $\Delta\psi$ 均相等，即 $\Delta\varphi = \Delta\psi = C$。曲边正方形网格的两条对角线应该相互垂直平分。

根据流函数性质，不可压缩液体恒定平面流动中，任何两条流线间的单宽流量等于该两条流线间的流函数值之差，即 $q = \psi_2 - \psi_1$，写为有限差的形式，即得

$$\Delta q = \Delta\psi = 常量 \tag{5.30}$$

由此可知，在流网中可直接量出各处的 Δn，根据式(5.30)就可求出速度的相对变化关系。在两流线间任选两个过水断面，流速分别为 u_1 及 u_2，流线间距为 Δn_1 及 Δn_2，由于任意两条流线间通过的单宽流量均为常量，则根据连续方程

$$\Delta q = u_1 \Delta n_1 = u_2 \Delta n_2 = 常量$$

或

$$\frac{u_1}{u_2} = \frac{\Delta n_2}{\Delta n_1}$$

可知，网格越密，流速越大；网格越疏，流速越小。速度求出后可进一步根据能量方程求得相应点的压强。

3. 求流网的方法

（1）解析法

由于流函数和势函数都满足拉普拉斯方程，因此可根据边界条件，直接求解拉普拉斯方程在一定边界条件下的解，得到势函数 φ 和流函数 ψ 的解析表达式，据此绘出相应的流网。

（2）实验法（水电比拟法）

1922 年苏联的巴甫洛夫斯基提出了水流和电流在数学上和物理学上具有相似性。例如：水流和电流都满足拉普拉斯方程，并具有相似性质的边界条件——不透水边界对应于绝缘边界，透水边界对应于导电边界；水流与电流具有对应的物理量——水流中的水头、流速、流量对应于电流的电位、电流密度、电流强度等。这样，在相似的几何边界的电场中测得的等电位线，就相当于流场中的等水头线（等势线）。然后根据流网的性质补绘流线，从而得到流网。此法称为水电比拟法。

（3）手描法

手描法是一种根据流网性质徒手画流网的方法。其步骤如下：

① 按一定比例绘出流动边界。边界条件一般有固体边界、自由表面、入流断面和出流断面等，如图 5.16 所示。

② 按液流的流动趋势试绘流线，再根据流网的正交性画等势线，初步绘出流网。一般绘成曲边正方形网格。

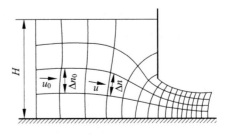

图　5.16

③ 检验流网的网格是否为曲边正方形,即在流网网格上绘出对角平分线,如对角平分线正交平分,则原来的流网为曲边正方形,否则,应对网格再行修改。在某些地方的网格不能组成正方形,但实践证明,它对流网整体的准确度影响不大。

④ 对于具有自由面边界的液流(如图 5.16 所示),还需利用能量方程检验已知点的压强是否吻合。例如图 5.16 为闸孔出流,闸上游水面边界流线已知,下游水面边界流线待定,下游水面上各点应满足 $z+\dfrac{p}{\rho g}+\dfrac{u^2}{2g}=H+\dfrac{u_0^2}{2g}$,式右端为上游总水头。如不满足,应重新修改自由水面和流网。

流网经反复修改,直到基本满足流网性质为止。流网的网格绘得越密,流网的精度越高,但绘制工作量越大。因此,可视工程的重要性来确定网格的大小。

流网的具体画法及利用流网求解水力学问题的方法,将在第 11 章渗流中详细介绍。

5.6.4 基本平面势流

由于目前尚无法求得拉普拉斯方程的一般解,但某些比较简单边界条件下的流函数和势函数是不难求出的。因此可根据势流叠加原理,将一些简单势流叠加来解决一些比较复杂的势流问题。

1. 不可压缩液体的基本平面势流

(1) 均匀等速流

均匀等速流的速度场为 $u_x=U$(常数),$u_y=0$,根据柯西-黎曼条件即可确定速度势函数 $\varphi=Ux$ 与流函数 $\psi=Uy$。

由此可见,流线为平行于 x 轴的一簇直线,等势线为平行于 y 轴的一簇直线,如图 5.17 所示。

(2) 源与汇

在无限平面上,液体从一点沿径向直线向各方向流动,称作源(或点源),流出点称作源点,如图 5.18(a)所示。

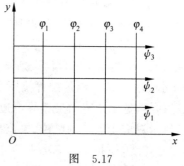

图 5.17

在无限平面上,液体沿径向直线从各方向流向一点,称作汇(或点汇),汇入点称作汇点,如图 5.18(b)所示。

设液体通过以源点(或汇点)为圆心的任一圆柱面的单宽流量为 Q(垂直于 xOy 的流动平面取单位宽度),Q 为源(或汇)的强度($Q>0$ 代表源,$Q<0$ 代表汇)。用极坐标表示的速度场为

$$u_r=\frac{Q}{2\pi r}$$

$$u_\theta=0$$

根据极坐标的柯西-黎曼条件可以求出势函数与流函数分别为

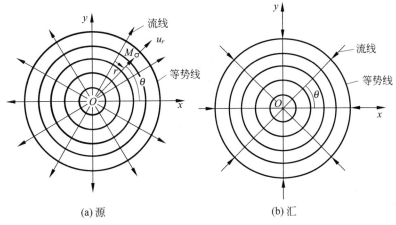

(a)源　　　　　　　　(b)汇

图　5.18

$$\varphi = \frac{Q}{2\pi}\ln r + C_1$$

$$\psi = \frac{Q}{2\pi}\theta + C_2$$

等势线：$\varphi = C$ 即 $r = C$，是一簇半径不同的同心圆。

流线：$\psi = C$ 即 $\theta = C$，是一簇从圆心出发的半射线，见图 5.18(a)和图 5.18(b)。

（3）环流（势涡）

如图 5.19 所示，在流场中的液体作圆周运动，液体质点的运动速度与半径成反比，其速度场为（极坐标）

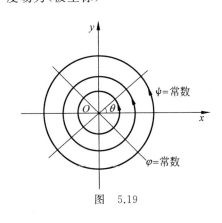

图　5.19

$$u_r = 0$$

$$u_\theta = \frac{k}{r} \quad （k \text{ 为非零常数}）$$

可以求出势函数与流函数分别为

$$\varphi = \frac{I}{2\pi}\theta + C_1$$

$$\psi = -\frac{I}{2\pi}\ln r + C_2$$

式中，I 为涡通量。等势线 $\varphi = C$，即 $\theta =$ 常数，为一簇从原点引出的径向射线。流线 $\psi_1 = C_2$，即 $r =$ 常数，为一簇以原点为中心的同心圆。

2. 势流叠加

因为拉普拉斯方程的解具有可叠加性，而速度势函数 φ 与流函数 ψ 均满足该方程，因此它们的解可以叠加而成新解，该新解亦满足拉普拉斯方程。根据这一特性，可得势流叠加原理如下。

设有几个简单势流，其势函数分别为 $\varphi_1, \varphi_2, \cdots, \varphi_k$，流函数分别为 $\psi_1, \psi_2, \cdots, \psi_k$，流速分别为 $\boldsymbol{u}_1, \boldsymbol{u}_2, \cdots, \boldsymbol{u}_k$。这几个简单势流叠加后的势函数、流函数和速度分别为

$$\varphi = \varphi_1 + \varphi_2 + \cdots + \varphi_k$$
$$\psi = \psi_1 + \psi_2 + \cdots + \psi_k \tag{5.31}$$
$$\boldsymbol{u} = \boldsymbol{u}_1 + \boldsymbol{u}_2 + \cdots + \boldsymbol{u}_k$$

叠加后的解仍然满足拉普拉斯方程。因此工程中常利用势流叠加原理来解决一些较为复杂的势流问题。如由源和环流可叠加成旋源流动,等强度的源和汇可叠加成偶极流动等。

5.7　液体运动微分方程

动量守恒是液体运动时所应遵循的一个普遍定律,在研究液流内部应力特征的基础上,建立符合液体运动特性的动量方程即为运动微分方程。

5.7.1　液体中一点处的应力状态

由于黏性的作用,运动的液体中不但存在压应力,而且切应力亦同时存在,故其表面力的方向不与作用面相垂直,可以分解成互相正交的一个法向应力(正应力)和两个切向应力。因此,一点处的应力状态须由 9 个分量来描述,其中 σ_{xx}, σ_{yy}, σ_{zz} 和 τ_{yz}, τ_{zy}, τ_{xz}, τ_{zx}, τ_{yx}, τ_{xy} 分别代表法向应力和切向应力,并用第一个下标表示作用面的法线方向,第二个下标表示应力的作用方向,如图 5.20 所示。

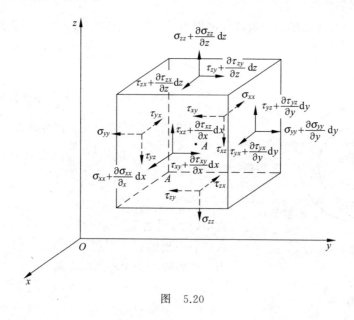

图　5.20

5.7.2　本构方程——应力与变形率的关系

牛顿内摩擦定律给出了最简单液体运动所满足的应力与变形率之间的关系。对于一般形式的本构方程,斯托克斯在三个线性假设的基础上推导出了不可压缩液体的应力张量和应变率张量之间的关系。

法向应力与变形率之间的关系为

$$
\left.\begin{aligned}
\sigma_{xx} &= -p + 2\mu\,\frac{\partial u_x}{\partial x}\\[2mm]
\sigma_{yy} &= -p + 2\mu\,\frac{\partial u_y}{\partial y}\\[2mm]
\sigma_{zz} &= -p + 2\mu\,\frac{\partial u_z}{\partial z}
\end{aligned}\right\}
\tag{5.32}
$$

切应力与变形率之间的关系为

$$
\left.\begin{aligned}
\tau_{xy} = \tau_{yx} &= \mu\left(\frac{\partial u_y}{\partial x} + \frac{\partial u_x}{\partial y}\right)\\[2mm]
\tau_{yz} = \tau_{zy} &= \mu\left(\frac{\partial u_z}{\partial y} + \frac{\partial u_y}{\partial z}\right)\\[2mm]
\tau_{zx} = \tau_{xz} &= \mu\left(\frac{\partial u_x}{\partial z} + \frac{\partial u_z}{\partial x}\right)
\end{aligned}\right\}
\tag{5.33}
$$

由此可见,黏性液体中,一点处的 9 个应力分量中,只有 6 个是彼此独立的。式(5.32)给出了正应力与线变形率之间的关系,式(5.33)则描述了切应力与角变形率之间的关系。

运动液体一点处的动水压强可表示为

$$
p = -\frac{\sigma_{xx} + \sigma_{yy} + \sigma_{zz}}{3}
\tag{5.34}
$$

它的大小是 3 个坐标方向上法向应力的平均值,因此是一个具有平均意义的压应力。

5.7.3　应力形式的运动微分方程

在黏性液体中取一微小正六面体为控制体,其边长分别为 $\mathrm{d}x, \mathrm{d}y, \mathrm{d}z$,如图 5.20 所示,六面体中心点处密度为 ρ。现以 x 方向为例推导方程。质量力在 x 方向的分力可以表示为 $\rho f_x \mathrm{d}x\mathrm{d}y\mathrm{d}z$。

表面力在 x 方向的分力为

$$
\begin{aligned}
&\left(\sigma_{xx} + \frac{\partial \sigma_{xx}}{\partial x}\,\frac{\mathrm{d}x}{2}\right)\mathrm{d}y\mathrm{d}z - \left(\sigma_{xx} - \frac{\partial \sigma_{xx}}{\partial x}\,\frac{\mathrm{d}x}{2}\right)\mathrm{d}y\mathrm{d}z +\\[2mm]
&\left(\tau_{yx} + \frac{\partial \tau_{yx}}{\partial y}\,\frac{\mathrm{d}y}{2}\right)\mathrm{d}x\mathrm{d}z - \left(\tau_{yx} - \frac{\partial \tau_{yx}}{\partial y}\,\frac{\mathrm{d}y}{2}\right)\mathrm{d}x\mathrm{d}z +\\[2mm]
&\left(\tau_{zx} + \frac{\partial \tau_{zx}}{\partial z}\,\frac{\mathrm{d}z}{2}\right)\mathrm{d}x\mathrm{d}y - \left(\tau_{zx} - \frac{\partial \tau_{zx}}{\partial z}\,\frac{\mathrm{d}z}{2}\right)\mathrm{d}x\mathrm{d}y
\end{aligned}
$$

整理后为

$$
\left(\frac{\partial \sigma_{xx}}{\partial x} + \frac{\partial \tau_{yx}}{\partial y} + \frac{\partial \tau_{zx}}{\partial z}\right)\mathrm{d}x\mathrm{d}y\mathrm{d}z
$$

根据牛顿第二运动定律 $\sum \boldsymbol{F} = m\boldsymbol{a}$。其 x 方向的分量式为

$$
\rho f_x \mathrm{d}x\mathrm{d}y\mathrm{d}z + \left(\frac{\partial \sigma_{xx}}{\partial x} + \frac{\partial \tau_{yx}}{\partial y} + \frac{\partial \tau_{zx}}{\partial z}\right)\mathrm{d}x\mathrm{d}y\mathrm{d}z = \rho\,\frac{\mathrm{d}u_x}{\mathrm{d}t}\mathrm{d}x\mathrm{d}y\mathrm{d}z
$$

整理得

$$f_x + \frac{1}{\rho}\left(\frac{\partial \sigma_{xx}}{\partial x} + \frac{\partial \tau_{yx}}{\partial y} + \frac{\partial \tau_{zx}}{\partial z}\right) = \frac{\mathrm{d}u_x}{\mathrm{d}t}$$

同理可得 y 和 z 方向的方程，一并写为

$$\left.\begin{aligned}
f_x + \frac{1}{\rho}\left(\frac{\partial \sigma_{xx}}{\partial x} + \frac{\partial \tau_{yx}}{\partial y} + \frac{\partial \tau_{zx}}{\partial z}\right) &= \frac{\mathrm{d}u_x}{\mathrm{d}t} \\
f_y + \frac{1}{\rho}\left(\frac{\partial \tau_{xy}}{\partial x} + \frac{\partial \sigma_{yy}}{\partial y} + \frac{\partial \tau_{zy}}{\partial z}\right) &= \frac{\mathrm{d}u_y}{\mathrm{d}t} \\
f_z + \frac{1}{\rho}\left(\frac{\partial \tau_{xz}}{\partial x} + \frac{\partial \tau_{yz}}{\partial y} + \frac{\partial \sigma_{zz}}{\partial z}\right) &= \frac{\mathrm{d}u_z}{\mathrm{d}t}
\end{aligned}\right\} \tag{5.35}$$

式(5.35)即以应力形式表示的运动微分方程，简称应力微分方程。

应力形式的运动微分方程组建立之后，随之而来的问题是方程组不闭合，因此需要引入黏性液体的本构方程即应力与变形率的关系来减少未知数，使得方程组闭合。

5.7.4　运动微分方程——纳维-斯托克斯方程

以 x 方向为例，对于符合牛顿内摩擦定律的黏性不可压缩液体，可将

$$\sigma_{xx} = -p + 2\mu \frac{\partial u_x}{\partial x}$$

$$\tau_{yx} = \mu\left(\frac{\partial u_y}{\partial x} + \frac{\partial u_x}{\partial y}\right)$$

$$\tau_{zx} = \mu\left(\frac{\partial u_z}{\partial x} + \frac{\partial u_x}{\partial z}\right)$$

代入应力微分方程(5.35)，整理可得

$$f_x - \frac{1}{\rho}\frac{\partial p}{\partial x} + \nu\left(\frac{\partial^2 u_x}{\partial x^2} + \frac{\partial^2 u_x}{\partial y^2} + \frac{\partial^2 u_x}{\partial z^2}\right) = \frac{\mathrm{d}u_x}{\mathrm{d}t}$$

同理可得 y, z 方向的方程，一并写为

$$\left.\begin{aligned}
f_x - \frac{1}{\rho}\frac{\partial p}{\partial x} + \nu\left(\frac{\partial^2 u_x}{\partial x^2} + \frac{\partial^2 u_x}{\partial y^2} + \frac{\partial^2 u_x}{\partial z^2}\right) &= \frac{\mathrm{d}u_x}{\mathrm{d}t} \\
f_y - \frac{1}{\rho}\frac{\partial p}{\partial y} + \nu\left(\frac{\partial^2 u_y}{\partial x^2} + \frac{\partial^2 u_y}{\partial y^2} + \frac{\partial^2 u_y}{\partial z^2}\right) &= \frac{\mathrm{d}u_y}{\mathrm{d}t} \\
f_z - \frac{1}{\rho}\frac{\partial p}{\partial z} + \nu\left(\frac{\partial^2 u_z}{\partial x^2} + \frac{\partial^2 u_z}{\partial y^2} + \frac{\partial^2 u_z}{\partial z^2}\right) &= \frac{\mathrm{d}u_z}{\mathrm{d}t}
\end{aligned}\right\} \tag{5.36}$$

式(5.36)为不可压缩黏性液体的运动微分方程。它首先由纳维于 1827 年提出，后由斯托克斯于 1845 年完善而成，故被称为纳维-斯托克斯方程，简称 N-S 方程。其矢量表达式可写为

$$\boldsymbol{f} - \frac{1}{\rho}\nabla p + \nu \nabla^2 \boldsymbol{u} = \frac{\mathrm{d}\boldsymbol{u}}{\mathrm{d}t} \tag{5.37}$$

式中，左边分别为质量力、压力和黏性力；右边为加速度项。各项均对单位质量液体而言。

对于理想液体，若忽略黏性效应，式(5.36)可简化为

$$
\left.
\begin{array}{l}
f_x - \dfrac{1}{\rho}\dfrac{\partial p}{\partial x} = \dfrac{\mathrm{d}u_x}{\mathrm{d}t} \\[2mm]
f_y - \dfrac{1}{\rho}\dfrac{\partial p}{\partial y} = \dfrac{\mathrm{d}u_y}{\mathrm{d}t} \\[2mm]
f_z - \dfrac{1}{\rho}\dfrac{\partial p}{\partial z} = \dfrac{\mathrm{d}u_z}{\mathrm{d}t}
\end{array}
\right\}
\tag{5.38}
$$

该方程由欧拉于 1775 年首先导出,故称为欧拉运动微分方程。

对于相对平衡或静止液体,由式(5.38)可导出欧拉平衡微分方程

$$
\left.
\begin{array}{l}
f_x - \dfrac{1}{\rho}\dfrac{\partial p}{\partial x} = 0 \\[2mm]
f_y - \dfrac{1}{\rho}\dfrac{\partial p}{\partial y} = 0 \\[2mm]
f_z - \dfrac{1}{\rho}\dfrac{\partial p}{\partial z} = 0
\end{array}
\right\}
\tag{5.39}
$$

N-S 方程是研究液体运动的最基本方程之一。方程组中的密度 ρ、运动黏度 ν 及单位质量力 f_x, f_y, f_z 一般都是已知量。未知量有 p, u_x, u_y, u_z 4 个,N-S 方程组有 3 个方程,再加连续性方程共 4 个方程,在理论上是可以求解的。但实际上,N-S 方程是二阶非线性非齐次的偏微分方程,求普遍解在数学上存在一定困难,只是对于某些简单问题才能求得解析解,例如平板间和圆管中的层流问题。但随着计算流体力学的发展,解决工程实际问题的能力得到大大的提高。

5.7.5 紊流时均运动微分方程——雷诺方程

N-S 方程是反映液流普遍运动规律的基本方程,同样适用于紊流的瞬时运动。但是,由于紊流的瞬时运动要素是脉动的,随时间有很不规则的变化,所以,用 N-S 方程直接研究实际液体紊流运动困难很大。因此,需要建立用运动要素时均值反映的时均连续性和时均运动方程(雷诺方程)。

时均运算法则:设两瞬时值为 $A = \bar{A} + A'$,$B = \bar{B} + B'\Big($ 其中 $\bar{A} = \dfrac{1}{T}\displaystyle\int_0^T A\,\mathrm{d}t$,

$\bar{B} = \dfrac{1}{T}\displaystyle\int_0^T B\,\mathrm{d}t$ 为时均值;A', B' 为脉动值$\Big)$,则

$$
\overline{A+B} = \bar{A} + \bar{B}, \quad \overline{\bar{A}\,B} = \bar{A}\,\bar{B}, \quad \overline{\bar{B}A'} = 0,
$$

$$
\overline{AB} = \overline{\bar{A}\,\bar{B}} + \overline{A'B'}, \quad \overline{\dfrac{\partial A}{\partial S}} = \dfrac{\partial \bar{A}}{\partial S}
$$

采用该运算法则,对不可压缩液体三元连续性方程式(5.5)时均化得

$$
\dfrac{\partial \bar{u}_x}{\partial x} + \dfrac{\partial \bar{u}_y}{\partial y} + \dfrac{\partial \bar{u}_z}{\partial z} = 0
$$

上式即为时均连续性方程。

对 N-S 方程式以 x 方向为例进行时间平均整理得

$$\overline{f_x} - \frac{1}{\rho}\frac{\partial \bar{p}}{\partial x} + \nu\nabla^2\bar{u}_x = \frac{\mathrm{d}\bar{u}_x}{\mathrm{d}t} + \frac{\partial}{\partial x}(\overline{u'_x u'_x}) + \frac{\partial}{\partial y}(\overline{u'_x u'_y}) + \frac{\partial}{\partial z}(\overline{u'_x u'_z})$$

或

$$\overline{f_x} - \frac{1}{\rho}\frac{\partial \bar{p}}{\partial x} + \nu\nabla^2\bar{u}_x + \frac{1}{\rho}\Big[\frac{\partial}{\partial x}(-\rho\,\overline{u'_x u'_x}) +$$

$$\frac{\partial}{\partial y}(-\rho\,\overline{u'_x u'_y}) + \frac{\partial}{\partial z}(-\rho\,\overline{u'_x u'_z})\Big] = \frac{\mathrm{d}\bar{u}_x}{\mathrm{d}t}$$

同理可得 y,z 方向的时均方程,一并写为

$$\begin{aligned}
&\overline{f_x} - \frac{1}{\rho}\frac{\partial \bar{p}}{\partial x} + \nu\nabla^2\bar{u}_x + \frac{1}{\rho}\Big[\frac{\partial}{\partial x}(-\rho\,\overline{u'_x u'_x}) + \\
&\frac{\partial}{\partial y}(-\rho\,\overline{u'_x u'_y}) + \frac{\partial}{\partial z}(-\rho\,\overline{u'_x u'_z})\Big] = \frac{\mathrm{d}\bar{u}_x}{\mathrm{d}t} \\
&\overline{f_y} - \frac{1}{\rho}\frac{\partial \bar{p}}{\partial y} + \nu\nabla^2\bar{u}_y + \frac{1}{\rho}\Big[\frac{\partial}{\partial x}(-\rho\,\overline{u'_y u'_x}) + \\
&\frac{\partial}{\partial y}(-\rho\,\overline{u'_y u'_y}) + \frac{\partial}{\partial z}(-\rho\,\overline{u'_y u'_z})\Big] = \frac{\mathrm{d}\bar{u}_y}{\mathrm{d}t} \\
&\overline{f_z} - \frac{1}{\rho}\frac{\partial \bar{p}}{\partial z} + \nu\nabla^2\bar{u}_z + \frac{1}{\rho}\Big[\frac{\partial}{\partial x}(-\rho\,\overline{u'_z u'_x}) + \\
&\frac{\partial}{\partial y}(-\rho\,\overline{u'_z u'_y}) + \frac{\partial}{\partial z}(-\rho\,\overline{u'_z u'_z})\Big] = \frac{\mathrm{d}\bar{u}_z}{\mathrm{d}t}
\end{aligned} \tag{5.40}$$

式(5.40)为不可压缩液体紊流时均运动微分方程。该方程由雷诺于 1894 年首先提出,又称雷诺方程。

将雷诺方程组和 N-S 方程组比较,可以看出雷诺方程多出以下项:

$$\frac{1}{\rho}\frac{\partial(-\rho\,\overline{u'_x u'_x})}{\partial x}, \quad \frac{1}{\rho}\frac{\partial(-\rho\,\overline{u'_x u'_y})}{\partial y}, \quad \frac{1}{\rho}\frac{\partial(-\rho\,\overline{u'_x u'_z})}{\partial z}$$

$$\frac{1}{\rho}\frac{\partial(-\rho\,\overline{u'_y u'_x})}{\partial x}, \quad \frac{1}{\rho}\frac{\partial(-\rho\,\overline{u'_y u'_y})}{\partial y}, \quad \frac{1}{\rho}\frac{\partial(-\rho\,\overline{u'_y u'_z})}{\partial z}$$

$$\frac{1}{\rho}\frac{\partial(-\rho\,\overline{u'_z u'_x})}{\partial x}, \quad \frac{1}{\rho}\frac{\partial(-\rho\,\overline{u'_z u'_y})}{\partial y}, \quad \frac{1}{\rho}\frac{\partial(-\rho\,\overline{u'_z u'_z})}{\partial z}$$

式中,$-\rho\,\overline{u'_x u'_x}$, $-\rho\,\overline{u'_y u'_y}$, $-\rho\,\overline{u'_z u'_z}$ 是由脉动产生的附加法向应力,$-\rho\,\overline{u'_x u'_y}$, $-\rho\,\overline{u'_x u'_z}$, $-\rho\,\overline{u'_y u'_x}$, $-\rho\,\overline{u'_y u'_z}$, $-\rho\,\overline{u'_z u'_x}$, $-\rho\,\overline{u'_z u'_y}$ 是由脉动而产生的附加切向应力,称为紊流附加应力,也称雷诺应力。在第 4 章对紊流进行概述性讨论时也曾提及紊流附加切应力即雷诺应力的关系式,此处是就一般的三元流动的情况下导出的与之实质上相一致的更为一般的结果。

雷诺方程组中由于具有附加的雷诺应力项,因此,当它仅与时均连续方程联解时,方程组不闭合,无法求解紊流问题,必须补充其他关系式。但是它对进一步探讨紊流运动打下了理论基础。

5.7.6 边界层简介

边界层理论是普朗特在 1904 年针对黏性流体首先提出的。

对于黏性流体,采用 N-S 方程求解的过程中遇到的阻力和能量损失问题一直是一个复杂的问题。因此,在两种极端(小和大)雷诺数 Re 情况下,通过略去一些项,可使问题得以简化。例如在小雷诺数 Re 情况下,只考虑黏性力,略去惯性力,从而在某些简单的边界条件下求其精确解;而当 Re 非常大时,"黏性项"与其他项相比显得很小,若将其略去,则意味着在整个流场中把实际液体当作理想液体来处理,其结果显然与实际不符。1904 年,普朗特针对大雷诺数流动提出了创新性的边界层理论,不仅使实际流体运动中的许多表面上似是而非的问题得以澄清,而且为解决边界复杂的实际流体运动的问题开辟了途径,是流体力学发展过程中的里程碑,具有极其重要的意义。

普朗特认为,运动流体的全部摩擦损失都发生在紧靠固体边界的薄层内,这个薄层称为边界层。层外的流体可以看作理想流体来求解。边界层内的流动特征可以用一个典型的例子来说明。设在二维恒定匀速流场中,各点速度均为 u_0,放置一块与流动平行的薄板,如图 5.21 所示。

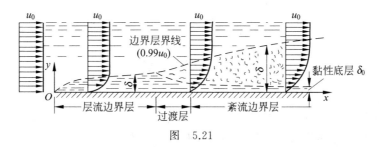

图　5.21

在薄板表面,根据无滑移条件和流体的黏性作用,与薄板接触的流体质点的流速为零。在薄板附近的流体质点由于受到平板的阻滞作用,流速均有不同程度的降低,可见边界层为一减速薄层。离薄板越远,阻滞作用越小,且随着板长距离的增加,阻滞作用亦向外传递、扩展,边界层沿程也越来越厚。边界层内的流动也有层流和紊流。在边界层前部,由于厚度较小,流速梯度很大,因此黏滞切应力占主导地位,此时边界层内流态为层流,称为层流边界层,随着边界层的沿程发展,层内流态也经过过渡段后转变为紊流,成为紊流边界层,层内紧靠壁面处,黏性底层总是存在的。

层内雷诺数可表示为

$$Re = \frac{u_0 x}{\nu}$$

边界层概念同样适用于管流或明渠流动,图5.22(a)、(b)分别给出了管流和明渠流动入口段边界层的发展过程。

以圆管为例,当水流进入圆管时,由于管壁的阻滞作用,靠近管壁的流体形成极薄的边界层,厚度将随着流动方向逐渐增加。如果管道足够长,边壁对流动的影响不断向管轴和流动方向传递、扩展,当边界层发展到管轴后,流体的运动都处于边界层内,流动将保持均匀流状态不变。

管流过渡段的长度在层流流态时为 $l = 0.065 d Re$,紊流流态时为 $l = (40 \sim 50) d$。

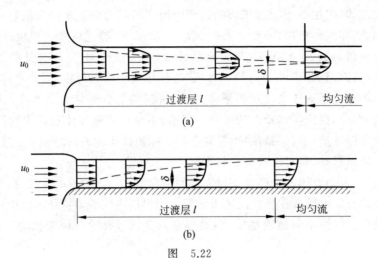

图　5.22

思　考　题

5.1　流线和迹线的微分方程式有何区别？在什么条件下流线与迹线重合？

5.2　作圆周运动的液体质点一定是有旋运动吗？

5.3　势函数和流函数存在的充分必要条件是什么？

习　题

5.1　已知用欧拉法表示的流速场为 $u_x=2x+t$，$u_y=-2y+t$，试绘出 $t=0$ 时的流动图形。

5.2　求速度场为 $u_x=x+t$，$u_y=-y+t$ 的流线方程，并绘出 $t=0$ 时通过 $x=-1$，$y=1$ 点的流线。

5.3　对于二维不可压缩流体，判别流动是否能发生：

(1) $\begin{cases} u_x=A\sin(xy) \\ u_y=-A\sin(xy) \end{cases}$ 　　　（A 为常数）

(2) $\begin{cases} u_x=-A\dfrac{x}{y} \\ u_y=A\ln(xy) \end{cases}$ 　　（A 为常数）

5.4　已知下列速度场 $u_x=-\dfrac{ky}{x^2+y^2}$，$u_y=\dfrac{kx}{x^2+y^2}$，$u_z=0$，式中 k 为非零常数，试求流线方程并判别流动是否有旋，是否变形？

5.5　已知流速为 $u_x=yz+t$，$u_y=xz+t$，$u_z=xy$，式中 t 为时间。

　　求：(1)流场中任一点的线变形率及角变形率；(2)判定该流动是否为有旋运动。

5.6　当圆管中断面上流速分布为 $u_x=u_m\left(1-\dfrac{r^2}{r_0^2}\right)$ 时，求旋转角速度和角变形率，并问该流动是否为有旋流动?

5.7 已知平面不可压流动速度场为 $u_x=x^2-y^2+x$，$u_y=-(2xy+y)$，试判别该流场是否满足流速势函数 φ 和流函数 ψ 的存在条件，并求出 φ 和 ψ 的表达式。

5.8 已知流函数 $\psi=2x^2-2y^2$，求流速势函数。

5.9 已知势函数 $\varphi=-\dfrac{k}{r}\cos\theta$，$k$ 为常数，试求流函数。

5.10 试应用 N-S 方程证明实际液体渐变流在同一过水断面上的动水压强是按静水压强的规律分布的。

5.11 平板闸门宽为 $b=1.0$ m，闸孔高度 $a=0.3$ m，上游水深 $H=1.0$ m，闸孔出流流线完全平行处水深 $h=0.187$ m，流动为有势流动，流网如图示，比例尺为 $1:20$，求过闸流量和闸门上的压强分布图形，并据此求闸门上的水平总压力。

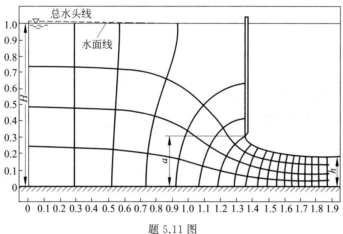

题 5.11 图

第6章
Chapter

有 压 管 流

6.1 概　　述

前面各章阐述了水流的基本规律,从本章起将应用这些基本规律解决工程中的各类水力学问题。本章研究有压管道中的水力学问题。

整个管道断面均被液体充满,没有自由液面,管壁处处受到水压力作用,管中水流称为有压管流。在水利工程和日常生活中,为了输水和排水,常需修建各种管道,如泄洪隧洞、引水管道、虹吸管、涵洞、倒虹吸管以及供热、供气、通风等管道都是工程中常见的有压管流问题。有压管流又可分为恒定流和非恒定流。本章主要讨论有压管道恒定流,对于有压管道非恒定流,只作一般性介绍。

根据液体流动时沿程水头损失与局部水头损失在总水头损失中所占比重的不同,有压管道恒定流又分为短管和长管两种。局部水头损失和流速水头与沿程水头损失相比不能忽略,必须同时考虑的管道,称为短管。沿程水头损失起主要作用,局部水头损失和流速水头可以忽略不计的管道,称为长管。

习惯上将局部水头损失和流速水头占沿程水头损失 5% 以下的管道按长管计算,否则按短管计算。比如自来水管、喷灌引水管等常属于长管;堤坝中的泄洪管与放水管、虹吸管、倒虹吸管等常属于短管。

本章先叙述短管和长管的水力计算,然后讨论有压管道非恒定流的水击现象及简单的水力计算。

6.2　短管的水力计算

根据短管出流的形式不同,短管的水力计算可分为自由出流和淹没出流两种。

6.2.1　自由出流

图 6.1 为管道自由出流的情况。设管道由三段管径不变的管段组成。以出口断面中心

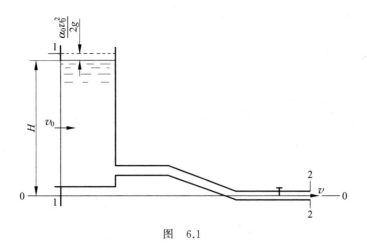

图　6.1

的水平面 0—0 为基准面,对渐变流断面 1 和 2 列能量方程有

$$H + 0 + \frac{\alpha_0 v_0^2}{2g} = 0 + 0 + \frac{\alpha v^2}{2g} + h_w$$

式中,H 为有效水头,$\dfrac{\alpha_0 v_0^2}{2g}$ 为行近流速水头,两者之和为总水头。

将总水头 $H_0 = H + \dfrac{\alpha_0 v_0^2}{2g}$ 代入上式,得

$$H_0 = \frac{\alpha v^2}{2g} + h_w \tag{6.1}$$

式(6.1)表明,管道的总水头 H_0 的一部分转换为出口的流速水头,另一部分在流动的过程中转化为水头损失。式中

$$h_w = \sum h_f + \sum h_j = \sum \lambda \frac{l}{d} \frac{v^2}{2g} + \sum \zeta \frac{v^2}{2g}$$

上式中的 h_f 是以达西-魏斯巴赫公式表示的,若用谢才公式计算,其形式可作相应改变。将上式代入式(6.1)得

$$H_0 = \left(\alpha + \sum \lambda \frac{l}{d} + \sum \zeta \right) \frac{v^2}{2g}$$

于是管内流速及流量为

$$\left. \begin{aligned} v &= \frac{1}{\sqrt{\alpha + \sum \lambda \dfrac{l}{d} + \sum \zeta}} \sqrt{2gH_0} \\ Q &= vA = \frac{1}{\sqrt{\alpha + \sum \lambda \dfrac{l}{d} + \sum \zeta}} \sqrt{2gH_0} A = \mu_c A \sqrt{2gH_0} \end{aligned} \right\} \tag{6.2}$$

式中

$$\mu_c = \frac{1}{\sqrt{\alpha + \sum \lambda \dfrac{l}{d} + \sum \zeta}} \tag{6.3}$$

为管道的流量系数。

6.2.2　淹没出流

图 6.2 为管道淹没出流的情况。它与图 6.1 所示的自由出流除出口形式不一样,其余条件相同。以管道出口中心的水平面 0—0 为基准面,对渐变流断面 1 和 2 列能量方程有

$$H_1 + 0 + \frac{\alpha_{01} v_{01}^2}{2g} = H_2 + 0 + \frac{\alpha_{02} v_{02}^2}{2g} + h_w$$

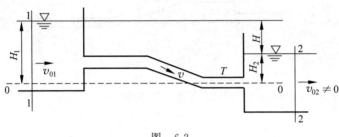

图　6.2

相对于管道断面面积来说,上、下游水池过水断面面积一般都很大,$\frac{\alpha_{01} v_{01}^2}{2g} \approx \frac{\alpha_{02} v_{02}^2}{2g}$,于是令上、下游的水头差为总水头 H,则有

$$H = H_1 - H_2 = h_w \tag{6.4}$$

式(6.4)说明淹没出流时,它的总水头完全消耗在克服沿程水头损失和局部水头损失上,即

$$H = h_w = \sum h_f + \sum h_j = \sum \lambda \frac{l}{d} \frac{v^2}{2g} + \sum \zeta \frac{v^2}{2g}$$

淹没出流管内的流速和流量为

$$\left.\begin{aligned} v &= \frac{1}{\sqrt{\sum \lambda \dfrac{l}{d} + \sum \zeta}} \sqrt{2gH} \\[2mm] Q &= vA = \frac{1}{\sqrt{\sum \lambda \dfrac{l}{d} + \sum \zeta}} \sqrt{2gH} A = \mu_c A \sqrt{2gH} \end{aligned}\right\} \tag{6.5}$$

式中

$$\mu_c = \frac{1}{\sqrt{\sum \lambda \dfrac{l}{d} + \sum \zeta}} \tag{6.6}$$

为管道的流量系数。

将式(6.5)和式(6.2)比较可看出,自由出流公式中 H_0 是指上游水面与管道出口的高差 H 与行近流速水头 $\frac{\alpha_0 v_0^2}{2g}$ 之和,而淹没出流公式中 H 是指上、下游水面高差;此外,两种情况下的管道流量系数 μ_c 也不同,自由出流时比淹没出流多一项 α(在紊流时可取 $\alpha = 1.0$),而淹没出流时比自由出流时多一项淹没出口处的局部水头损失系数 $\zeta_{\text{出口}}$(在直角出口

时，$\zeta_{出口}=1.0$），所以认为自由出流与淹没出流的流量系数值近似相等。

6.2.3　总水头线和测压管水头线的绘制

　　绘制总水头线和测压管水头线可以定性地图示能量方程中的各项沿流程的变化情况。总体而言，总水头线总是沿程下降的，而测压管水头线沿程可升可降。在绘制总水头线时，局部水头损失可作为集中损失图示在边界突然变化的断面上，因此总水头线在有局部水头损失的地方是突然下降的，而在有沿程水头损失的管段中，总水头线可假设为线性下降的。在管径不变的管段，流速水头相等，测压管水头线平行于总水头线，从总水头线向下减去相应断面的流速水头值，便可绘制出测压管水头线。当然也可以直接算出各断面的测压管水头值。

　　以图 6.3 为例，在绘制总水头线和测压管水头线时，有以下几种情况可以作为控制条件。

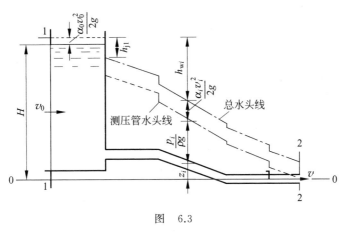

图　6.3

　　（1）上游水面线是测压管水头线的起始线。若上游水池（或水库）中渐变流断面 1 的行近流速水头 $\frac{\alpha_0 v_0^2}{2g}\neq0$，则总水头线绘于水面之上，其间距为 $\frac{\alpha_0 v_0^2}{2g}$；若 $\frac{\alpha_0 v_0^2}{2g}\approx0$，则总水头线与水面线重合。

　　（2）进口处有局部损失，集中绘在进口处，即总水头线在此降落 h_{j1}。

　　（3）出口为自由出流时，管道出口断面的压强近似为零，测压管水头线终止于出口断面中心。

　　（4）出口若为淹没出流（见图 6.4(a)、(b)），下游水面是测压管水头线的终止线。至于总水头线，根据 v_{02} 的大小分为两种情况。若下游水池断面面积很大，渐变流断面 2 的 $v_{02}\approx0$，出口处的 $h_{j2}=\zeta\frac{v^2}{2g}\approx1.0\frac{v^2}{2g}$，正好等于管道的流速水头，总水头线在出口处突然下降 h_{j2}，然后连接于下游水面线，测压管水头线直接接到水面上，如图 6.4(a)所示；若下游水池中渐变流断面 2 的 $v_{02}\neq0$，出口前后为突然扩大的水流，总水头线下降，测压管水头线上升。作图时，出口断面的局部水头损失集中绘在出口处，即总水头线在此下降 h_{j2}，测压管水头线在此上升后与水面相接，如图 6.4(b)所示。

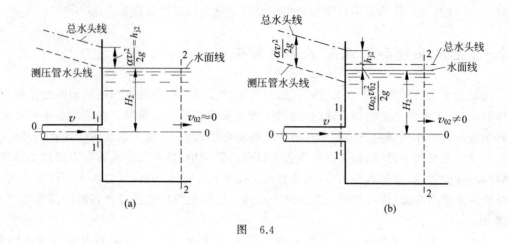

图 6.4

6.2.4 短管水力计算举例

1. 虹吸管的水力计算

虹吸管引水广泛应用于各种水利工程中,如黄河下游用虹吸管引黄灌溉,给水处理厂的虹吸滤池,水工中的虹吸溢洪道等都是利用虹吸管原理进行工作的,如图 6.5 所示。

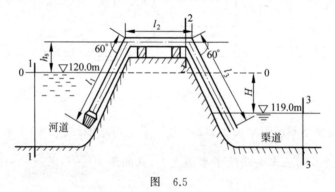

图 6.5

欲使虹吸管输水,必须利用真空泵抽真空或用灌水的方式先使管内形成一定真空,水才能进入管内。水流从虹吸管进口上升到管道最高点,然后流向下游。只要虹吸管内的真空不会破坏,并保持进出口有一定的高度差,水就会不断地由上游流向下游。

为确保虹吸管正常工作,工程上常限制管中的最大真空高度不超过 7.0 m 水柱。

若绘制虹吸管的总水头线和测压管水头线,其测压管水头线位于管轴线以下的区域,为真空发生区。

虹吸管的水力计算主要是确定虹吸管的流量以及虹吸管顶部的允许安装高度。

例 6.1 某渠道用直径 $d = 0.5$ m 的钢筋混凝土虹吸管从河道引水灌溉,如图 6.5 所示。河道水位为 120.0 m,渠道水位为 119.0 m。虹吸管各段长度 $l_1 = 10.0$ m,$l_2 = 6.0$ m,$l_3 = 12.0$ m,其沿程水头损失系数均为 $\lambda = 0.027$。进口装滤水网,无底阀,其局部水头损失系数

$\zeta_{进口}=2.5$,管的顶部有 $60°$ 的折角转弯两个,每个弯头 $\zeta_{弯头}=0.55$,管道出口取 $\zeta_{出口}=1.0$。求:(1)虹吸管的流量;(2)当虹吸管内最大允许真空值为 7.0 m 时,虹吸管的最大安装高度 h_s。

解 (1)计算虹吸管的流量。

按短管计算,忽略行近流速水头列断面 1,3 的能量方程或采用淹没出流公式(6.5)均可得

$$Q = \mu_c A \sqrt{2gH}$$

式中,$\mu_c = \dfrac{1}{\sqrt{\sum \lambda \dfrac{l}{d} + \sum \zeta}}$,为虹吸管的流量系数。

将系数代入可得流量

$$Q = \frac{1}{\sqrt{\lambda\left(\dfrac{l_1 + l_2 + l_3}{d}\right) + \zeta_{进口} + 2\zeta_{弯头} + \zeta_{出口}}} \frac{\pi d^2}{4}\sqrt{2gH}$$

$$= \frac{1}{\sqrt{0.027 \times \left(\dfrac{10.0\ \text{m} + 6.0\ \text{m} + 12.0\ \text{m}}{0.5}\right) + 2.5 + 2 \times 0.55 + 1.0}} \times$$

$$\frac{3.14 \times (0.5\ \text{m})^2}{4}\sqrt{2 \times 9.81\ \text{m/s} \times (120.0\ \text{m} - 119.0\ \text{m})}$$

$$= 0.352\ \text{m}^3/\text{s}$$

(2)计算虹吸管的最大安装高度 h_s。

以河道水面为基准面,忽略行近流速水头,列断面 1,2 的能量方程得

$$0 + 0 + 0 = h_s + \frac{p_2}{\rho g} + \frac{\alpha v^2}{2g} + h_w$$

$$h_s = -\frac{p_2}{\rho g} - \left(\alpha + \lambda \frac{l_1 + l_2}{d} + \zeta_{进口} + \zeta_{弯头}\right)\frac{v^2}{2g}$$

$$= 7.0\ \text{m} - \left(1.0 + 0.027 \times \frac{10.0\ \text{m} + 6.0\ \text{m}}{0.5} + 2.5 + 0.55\right)\frac{(1.80\ \text{m/s})^2}{2 \times 9.81\ \text{m/s}^2}$$

$$= 6.19\ \text{m}$$

为了保证虹吸管正常工作,上游水面离虹吸管顶部的高度不得超过 6.19 m。

2. 离心式水泵管道系统的水力计算

图 6.6 所示为离心式水泵管道系统,水泵的抽水过程是通过水泵叶轮旋转,在水泵入口端形成真空,使得水池的水在大气压的作用下沿吸水管上升,水流流经水泵时获得能量,再经压水管而进入水塔或用水地区。

水泵水力计算主要是确定水泵扬程、水泵安装高度。

(1)计算水泵扬程 h_p

单位重量的水体从水泵中获得的外加机械能,称为水泵的扬程,用 h_p 表示。

取水池水面 0—0 为基准面,列断面 1 和 4 的能量方程,忽略两个断面的行近流速水头得

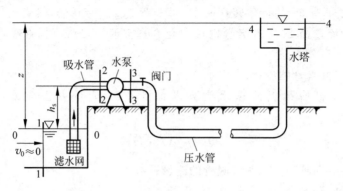

图　6.6

$$h_{\mathrm{p}} = z + h_{\mathrm{w}}$$

式中，h_{p} 为扬程；z 为提水高度；$h_{\mathrm{w}} = h_{\mathrm{w}1-2} + h_{\mathrm{w}3-4}$。其中 $h_{\mathrm{w}1-2}$ 为吸水管中的水头损失，$h_{\mathrm{w}3-4}$ 为压水管中的水头损失。

由上式可得

$$h_{\mathrm{p}} = z + h_{\mathrm{w}1-2} + h_{\mathrm{w}3-4} \tag{6.7}$$

式(6.7)说明，水泵的扬程等于提水高度加上吸水管和压水管的水头损失之和。

（2）计算水泵的安装高度 h_{s}

水泵工作时，必须在它的进口处形成一定的真空，才能把水池的水经吸水管吸入。为确保水泵正常工作，必须按水泵最大允许真空度（一般不超过 7.0 m 水柱）计算水泵的安装高度，即限制 h_{s} 值不能过大。

以图 6.6 所示水池的水面为基准面，列断面 1 及 2 的能量方程

$$0 + 0 + 0 = h_{\mathrm{s}} + \frac{p_2}{\rho g} + \frac{\alpha v^2}{2g} + h_{\mathrm{w}1-2}$$

因为 $-\dfrac{p_2}{\rho g} = \dfrac{p_{\mathrm{v}}}{\rho g} = h_{\mathrm{v}}$，可得水泵安装高度为

$$h_{\mathrm{s}} = h_{\mathrm{v}} - \left(\alpha + \sum \lambda \frac{l}{d} + \sum \zeta \right) \frac{v^2}{2g} \tag{6.8}$$

例 6.2　有一水泵将水抽至水塔，如图 6.6 所示。吸水管长 $l_1 = 12$ m，管径 $d_1 = 15$ cm，进口有滤水网并附有底阀（$\zeta_{\text{进口}} = 6.0$），其中有一个 90°弯头（$\zeta_{\text{弯头}} = 0.8$）；压水管长 $l_2 = 100$ m，管径 $d_2 = 15$ cm，其中有三个 90°弯头，并设一闸阀（$\zeta_{\text{闸阀}} = 0.1$）。管的沿程水头损失系数 $\lambda = 0.024$，出口为淹没出流（$\zeta_{\text{出口}} = 1.0$）。水塔水面与水池水面的高差 $z = 20$ m，水泵的设计流量 $Q = 0.03$ m³/s，水泵进口处允许真空值 $h_{\mathrm{v}} = 6.0$ m。试计算：（1）水泵扬程 h_{p}；（2）水泵的安装高度 h_{s}。

解　（1）计算水泵扬程 h_{p}

$$v = \frac{4Q}{\pi d^2} = \frac{4 \times 0.03 \text{ m}^3/\text{s}}{3.14 \times (0.15 \text{ m})^2} = 1.69 \text{ m/s}$$

吸水管水头损失

$$h_{\mathrm{w}1-2} = \left(\lambda \frac{l_1}{d_1} + \zeta_{\text{进口}} + \zeta_{\text{弯头}} \right) \frac{v^2}{2g}$$

$$= \left(0.024 \times \frac{12 \text{ m}}{0.15 \text{ m}} + 6.0 + 0.8\right) \times \frac{(1.69 \text{ m/s})^2}{2 \times 9.81 \text{ m/s}^2}$$

$$= 1.27 \text{ m}$$

压水管水头损失

$$h_{w3-4} = \left(\lambda \frac{l_2}{d_2} + \zeta_{闸阀} + 3\zeta_{弯头} + \zeta_{出口}\right) \frac{v^2}{2g}$$

$$= \left(0.024 \times \frac{100 \text{ m}}{0.15 \text{ m}} + 0.1 + 3 \times 0.8 + 1.0\right) \times \frac{(1.69 \text{ m/s})^2}{2 \times 9.81 \text{ m/s}^2}$$

$$= 2.84 \text{ m}$$

将以上数值代入式(6.7)得水泵扬程

$$h_p = z + h_{w1-2} + h_{w3-4} = 20 \text{ m} + 1.27 \text{ m} + 2.84 \text{ m} = 24.11 \text{ m}$$

(2) 计算水泵的安装高度 h_s

$$h_s = h_v - \left(\alpha + \lambda \frac{l}{d} + \zeta_{进口} + \zeta_{弯头}\right) \frac{v^2}{2g}$$

$$= 6.0 \text{ m} - \left(1.0 + 0.024 \times \frac{12 \text{ m}}{0.15 \text{ m}} + 6.0 + 0.8\right) \times \frac{(1.69 \text{ m/s})^2}{2 \times 9.81 \text{ m/s}^2}$$

$$= 4.58 \text{ m}$$

即水泵的安装高度不得超过 4.58 m。

6.3　长管的水力计算

6.3.1　简单管道的水力计算

直径和糙率沿整个管长不变、没有分支的管道称为简单管道,这是长管中最基本的形式。其他各种复杂的管道可以认为是简单管道的组合。

图 6.7 所示为简单管道自由出流的情况。以通过管道出口断面 2 中心的水平面 0—0 为基准面,并对渐变流断面 1 和 2 列能量方程,得

$$H + \frac{\alpha_0 v_0^2}{2g} = \frac{\alpha v^2}{2g} + h_w$$

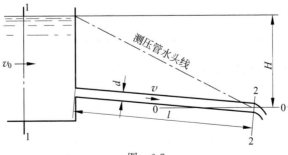

图　6.7

对于长管,流速水头和局部水头损失相对沿程水头损失较小,均可忽略,则上式简化为

$$H = h_f \tag{6.9}$$

对于简单管道淹没出流,同理可得式(6.9),只是水头为上下游水池的水面高差。式(6.9)表明,长管的水头 H 全部消耗于沿程水头损失 h_f 上。

若用谢才公式计算 h_f,则

$$H = \frac{Q^2}{C^2 A^2 R} l = \frac{Q^2}{K^2} l \tag{6.10}$$

式中,K 为流量模数或特征流量。对于糙率 n 为定值的圆管,K 只是管径 d 的函数。表 6.1 给出了铸铁管的流量模数 K 值表,以供参考。其他不同材料的 K 值可查有关手册。

表 6.1   铸铁管道流量模数 K 值表 $\left(按 C = \frac{1}{n} R^{1/6} 计算\right)$

$K/(\text{L/s})$ n 管径 d/mm	清洁管 $\frac{1}{n}=90$ ($n=0.011$)	正常管 $\frac{1}{n}=80$ ($n=0.0125$)	污秽管 $\frac{1}{n}=70$ ($n=0.0143$)
50	9.624	8.460	7.403
75	28.37	24.94	21.83
100	61.11	53.72	47.01
125	110.80	97.40	85.23
150	180.20	158.40	138.60
175	271.80	238.9	209.0
200	388.00	341.0	298.6
225	531.20	467.0	408.6
250	703.50	618.5	541.2
300	1144	1006	880
350	1726	1517	1327
400	2464	2166	1895
450	3373	2965	2594
500	4467	3927	3436
600	7264	6386	5587
700	10 960	9632	8428
750	13 170	11 580	10 130
800	15 640	13 570	12 030
900	21 420	18 830	16 470
1000	28 360	24 930	21 820

计算圆管 h_f 的另一公式是达西-魏斯巴赫公式

$$H = h_f = \lambda \frac{l}{d} \frac{v^2}{2g} \tag{6.11}$$

将 $v = \frac{4Q}{\pi d^2}$ 代入式(6.11),得

$$H = \frac{8\lambda}{\pi^2 g d^5} Q^2 l = a Q^2 l \tag{6.12}$$

其中

$$a = \frac{8\lambda}{\pi^2 g d^5} \tag{6.13}$$

定义为比阻。比阻的物理意义是:单位流量($Q=1$),通过单位管长($l=1$)所需要的水头。由式(6.13)不难看出,比阻 a 与沿程水头损失系数 λ 在分区和性质上应该是一样的。在给水工程中,常对不同材料的管道,按流速 v 的范围和管径 d,给出比阻 a 的经验公式或相应的图表,此处不再详述。

6.3.2 串联管道的水力计算

由两条或两条以上不同管径或不同粗糙度的管道依次首尾相接组成的管道称为串联管道。串联管道的每一段都是简单管道,都可以应用简单管道的水力计算公式。

设串联管道任一管段的长度为 l_i、直径为 d_i、流量为 Q_i,管段末端分出的流量为 q_i,如图 6.8 所示,则

$$H = \sum_{i=1}^{n} h_{fi} = \sum_{i=1}^{n} \frac{Q_i^2}{K_i^2} l_i \tag{6.14}$$

或

$$H = \sum_{i=1}^{n} a_i Q_i^2 l_i \tag{6.15}$$

式中,n 为管段的总数目。

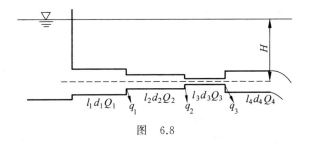

图 6.8

串联管道中各管段的连接点称为节点。由连续性原理,流入节点的流量应等于流出节点的流量,满足节点流量平衡,即

$$Q_{i+1} = Q_i - q_i \tag{6.16}$$

式中,q_i 流出为正,流入为负。

若串联管道中所有节点均无流量分出,则各管段的流量应相等,即 $Q_i = Q$。

由式(6.14)或式(6.15)可进行串联管道的水力计算。

6.3.3 并联管道的水力计算

由两条或两条以上的管段在同一节点处分出,又在另一节点处汇合的管道系统称为并联管道,如图 6.9 就是由三条管段组成的并联管道。并联管道的主要优点是能够提高供水的可靠性。并联管道一般按长管计算。

因为并联管道的起点和终点对于各并联支管是共有的,两并联节点间只有一个总水头差,所以两并联节点间各并联支管的水头损失均相等。于是有

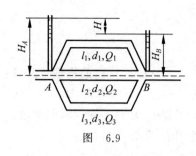

图 6.9

$$
\left.\begin{array}{l}
H = \dfrac{Q_1^2}{K_1^2} l_1 \\[2mm]
H = \dfrac{Q_2^2}{K_2^2} l_2 \\[1mm]
\vdots \\[1mm]
H = \dfrac{Q_n^2}{K_n^2} l_n
\end{array}\right\} \qquad (6.17)
$$

或

$$
\left.\begin{array}{l}
H = a_1 Q_1^2 l_1 \\
H = a_2 Q_2^2 l_2 \\
\vdots \\
H = a_n Q_n^2 l_n
\end{array}\right\} \qquad (6.18)
$$

此外,由恒定流连续方程得

$$
Q = Q_1 + Q_2 + \cdots + Q_n \qquad (6.19)
$$

式(6.17)或式(6.18)与式(6.19)共有 $(n+1)$ 个方程,联立求解可确定 $(n+1)$ 个未知数:水头 H 及每一管道的流量 Q_i。

6.3.4 沿程均匀泄流管道的水力计算

工程实际中,有时会遇到除沿管道向下游有流量通过外,同时沿管长从侧面还连续有流量泄出的管道出流情况,如给水工程及灌溉工程中的配水管和滤池的冲洗管等,这种管道称沿程泄流管道,其中最简单的情况是沿程均匀泄流管道,即单位长度管道泄出的流量相等。沿程均匀泄流管道可看作沿管长连续均匀进行的,以简化分析。

图 6.10 所示的管段 CD 是一段沿程泄流管道。C 点的流量为 Q,D 点的流量为 Q_T,在 CD 管段中连续流出的流量 Q_P。由连续方程得

$$
Q = Q_\mathrm{T} + Q_\mathrm{P}
$$

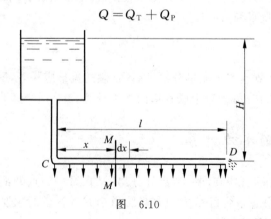

图 6.10

为简单起见,只研究沿程均匀泄流的情形,设管道长度为 l,则单位长度泄流量为 $\dfrac{Q_P}{l}$。在管中取断面 M—M,它与起点 C 相距为 x。因为 C 点的流量 $Q = Q_T + Q_P$,经过距离 x 的泄流量为 $\dfrac{Q_P}{l}x$,所以 M 点的流量

$$Q_M = Q - \frac{Q_P}{l}x = Q_T + Q_P - \frac{Q_P}{l}x \tag{6.20}$$

在 M 点处取一微小距离 $\mathrm{d}x$,微小管段 $\mathrm{d}x$ 可视为简单管道。在 $\mathrm{d}x$ 距离内的水头降落为

$$\mathrm{d}H = \frac{Q_M^2}{K^2}\mathrm{d}x \tag{6.21}$$

积分式(6.21)得

$$H = \frac{l}{K^2}\left(Q_T^2 + Q_T Q_P + \frac{1}{3}Q_P^2\right)$$

如果 $Q_T = 0$,即全部流量 Q 均为连续泄流量,由上式可得

$$H = \frac{1}{3}\frac{1}{K^2}Q_P^2 \tag{6.22}$$

式(6.22)表明,当流量全部沿程均匀泄出时,其水头损失只等于全部流量集中在管末端泄出时水头损失的 1/3。

例 6.3 图 6.11 所示为由三段简单管道组成的串联管道。管道为铸铁管,糙率 $n = 0.0125$,$d_1 = 25$ cm,$l_1 = 400$ m,$d_2 = 20$ cm,$l_2 = 300$ m,$d_3 = 15$ cm,$l_3 = 500$ m,总水头 $H = 30$ m。求通过管道的流量 Q 及各管段的水头损失。

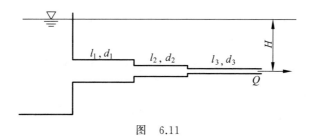

图 6.11

解 由 $d_1 = 25$ cm,$d_2 = 20$ cm,$d_3 = 15$ cm 分别从表 6.1 查得 $K_1 = 618.5$ L/s,$K_2 = 341.0$ L/s,$K_3 = 158.4$ L/s。

$$H = \frac{Q^2}{K_1^2}l_1 + \frac{Q^2}{K_2^2}l_2 + \frac{Q^2}{K_3^2}l_3$$

$$= \frac{Q^2}{(618.5 \times 10^{-3}\ \mathrm{m^3/s})^2} \times 400\ \mathrm{m} + \frac{Q^2}{(341.0 \times 10^{-3}\ \mathrm{m^3/s})^2} \times 300\ \mathrm{m} +$$

$$\frac{Q^2}{(158.4 \times 10^{-3}\ \mathrm{m^3/s})^2} \times 500\ \mathrm{m}$$

$$= 23\,553\ (\mathrm{s/m^3})^2 Q^2\ (\mathrm{m})$$

故通过管道的流量

$$Q = \sqrt{\frac{H}{23\ 553\ (\text{s}/\text{m}^3)^2\ \text{m}}} = \sqrt{\frac{30\ \text{m}}{23\ 553\ (\text{s}/\text{m}^3)^2\ \text{m}}} = 0.035\ 69\ \text{m}^3/\text{s}$$

各管道的水头损失分别为

$$h_{f1} = \frac{Q^2}{K_1^2} l_1 = \frac{(0.035\ 69\ \text{m}^3/\text{s})^2 \times 400\ \text{m}}{(618.5 \times 10^{-3}\ \text{m}^3/\text{s})^2} = 1.33\ \text{m}$$

$$h_{f2} = \frac{Q^2}{K_2^2} l_2 = \frac{(0.035\ 69\ \text{m}^3/\text{s})^2 \times 300\ \text{m}}{(341.0 \times 10^{-3}\ \text{m}^3/\text{s})^2} = 3.28\ \text{m}$$

$$h_{f3} = \frac{Q^2}{K_3^2} l_3 = \frac{(0.035\ 69\ \text{m}^3/\text{s})^2 \times 500\ \text{m}}{(158.4 \times 10^{-3}\ \text{m}^3/\text{s})^2} = 25.38\ \text{m}$$

例 6.4　有一并联管道如图 6.9 所示，$l_1 = 500$ m，$l_2 = 400$ m，$l_3 = 1000$ m，$d_1 = 15$ cm，$d_2 = 15$ cm，$d_3 = 20$ cm。总流量 $Q = 100$ L/s，$n = 0.0125$。求每一管段通过的流量 Q_1，Q_2，Q_3 及 A，B 两点间的水头损失。

解　由式(6.17)有

$$\frac{Q_1^2}{K_1^2} l_1 = \frac{Q_2^2}{K_2^2} l_2 = \frac{Q_3^2}{K_3^2} l_3$$

故

$$Q_2 = \frac{K_2}{K_1} \sqrt{\frac{l_1}{l_2}} Q_1$$

$$Q_3 = \frac{K_3}{K_1} \sqrt{\frac{l_1}{l_3}} Q_1$$

由 $d_1 = 15$ cm，$d_2 = 15$ cm，$d_3 = 20$ cm 分别由表 6.1 查得 $K_2 = K_1 = 158.4$ L/s，$K_3 = 341.0$ L/s，代入以上两式得

$$Q_2 = \frac{158.4 \times 10^{-3}\ \text{m}^3/\text{s}}{158.4 \times 10^{-3}\ \text{m}^3/\text{s}} \sqrt{\frac{500\ \text{m}}{400\ \text{m}}} Q_1 = 1.12 Q_1$$

$$Q_3 = \frac{341.0 \times 10^{-3}\ \text{m}^3/\text{s}}{158.4 \times 10^{-3}\ \text{m}^3/\text{s}} \sqrt{\frac{500\ \text{m}}{1000\ \text{m}}} Q_1 = 1.52 Q_1$$

根据连续性的条件，有
$$Q = Q_1 + Q_2 + Q_3 = Q_1 + 1.12 Q_1 + 1.52 Q_1 = 3.64 Q_1$$

故

$$Q_1 = \frac{Q}{3.64} = \frac{100 \times 10^{-3}\ \text{m}^3/\text{s}}{3.64} = 0.0275\ \text{m}^3/\text{s}$$

$$Q_2 = 1.12 Q_1 = 1.12 \times 0.0275\ \text{m}^3/\text{s} = 0.0308\ \text{m}^3/\text{s}$$

$$Q_3 = 1.52 Q_1 = 1.52 \times 0.0275\ \text{m}^3/\text{s} = 0.0418\ \text{m}^3/\text{s}$$

A，B 两点间的水头损失

$$H = \frac{Q_i^2}{K_i^2} l_i = \frac{Q_1^2}{K_1^2} l_1 = \frac{(0.0275\ \text{m}^3/\text{s})^2}{(158.4^2 \times 10^{-3}\ \text{m}^3/\text{s})^2} \times 500\ \text{m} = 15.07\ \text{m}$$

6.3.5　管网水力计算基础

在给水供热等管路系统中，常将许多简单管道经串联、并联组合成管网，管网按其布置

形式可分为枝状管网和环状管网两种,下面分别讨论这两种管网的水力计算。

1. 枝状管网的水力计算

枝状管网如图 6.12(a)所示,由主干线和分出的支线组成,由单独管道通向用户,不形成闭合回路。其特点是管道总长度较短,建筑费用较低,但供水的可靠性相对不如环状管网高。

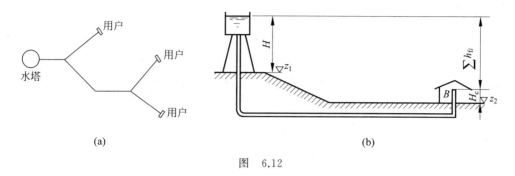

图　6.12

新建管网时,一般应根据供水区域的地形及建筑物的要求等条件,合理布置管线,确定出各管段长度和各管段需要通过的流量,同时考虑消防、高层建筑、扩建等需要确定各供水端点的自由水头、选择各段的直径 d 及确定水塔高度 H,如图 6.12(b)所示。

计算时应首先根据流量和允许流速选择各管段的管径,然后用公式 $h_{fi}=\dfrac{Q^2}{K_i^2}l_i$ 分别计算出各管段的水头损失,则水塔高度 H 可由下式求出:

$$H = \sum h_{fi} + H_c - (z_1 - z_2) \tag{6.23}$$

式中,z_1 为控制点的地形高程;z_2 为水塔处的地形高程;H_c 为控制点的自由水头;$\sum h_{fi}$ 为从水塔到管网控制点的总水头损失。

2. 环状管网的水力计算

环状管网是由彼此邻接的环状管道组成的封闭管道系统。如图 6.13 所示。其主要特点是供水的可靠性较枝状管网高,在任何一管段处于检修状态时,该管段下游用水点的供水可由其他管段来保证。当然,环状管网的造价也相对较高。

环状管网的设计是先根据供水要求及地形条件布置管线,确定各管段长度及各节点向外引出的流量,然后通过水力计算确定各管段通过的流量 Q、管径 d 和各段的水头损失。

环状管网中的流动必须满足下面两个条件:

(1)根据连续性原理,任何节点流进和流

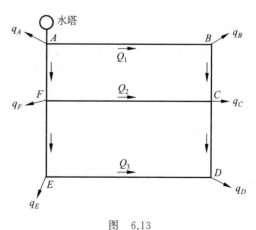

图　6.13

出的流量必须相等,若流入节点的流量为正,流出节点的流量为负,则流经任一节点流量的代数和等于零,即

$$\sum Q_i = 0 \tag{6.24}$$

（2）由并联管道水力计算规律可知,对于管网中任一闭合环路,若以顺时针方向水流的水头损失为正值,逆时针方向水流的水头损失为负值,则沿任一闭合环路一周计算的水头损失应等于零,即

$$\sum h_{fi} = 0 \tag{6.25}$$

根据上述两个基本关系式,即可进行环状管网的水力计算。环状管网的水力计算比较麻烦,近年来这种工作已能借助于计算机完成。由于环状管网的水力计算问题还将在专业课程中详细介绍,这里就不具体讨论了。

6.4　有压管路中的水击

在有压管路中,由于某种外界原因(如阀门突然关闭、水泵机组突然停机等),使得流速发生突然变化,从而引起压强急剧升高和降低的交替变化,这种水力现象称为水击或水锤。水击引起的压强升高,可达管道正常工作压强的几十倍甚至几百倍,这种大幅度的压强波动往往引起管道强烈振动,阀门破坏,管道接头断开,甚至管道爆裂或严重变形等重大事故。因此,水击是有压管道,特别是大型中心泵站和水力发电机组的有压管道设计中不容忽视的重要问题之一。

在有压管路的水击现象中,由于流速和压强的急剧变化,不仅应当计及水的压缩性,还要考虑管壁的弹性。

6.4.1　水击波的传播过程

水击波的传播过程如图 6.14 所示。设有压管道上游水池为恒定水位,下游末端有阀门 T,简单管道长度为 l,直径为 d,阀门全部开启时管内流速为 v_0,压强为 p_0。先假设水流为无黏性的理想液体,且阀门是瞬时完全关闭的,压力管道中的水头损失及流速水头远远小于水击压强水头的变化,在分析水击问题时可忽略不计。

假设阀门突然完全关闭,下面分析发生水击时的压强变化及水击波的传播过程。

第一阶段,$0 < t < \dfrac{l}{c}$,当阀门突然关闭时,紧靠阀门的一层液体立即停止流动,其流速由 v_0 突然变为零。同时液体的动能全部都转换为压能,压强由原来的 p_0 变为 $(p_0 + \Delta p)$,水体受到压缩,密度增加,管壁膨胀。此后紧接相邻一段水体相继停止流动,出现了同样的情况,并且逐段以波速 c 向上游传播,这个波使压强增加而传播方向与恒定流方向相反,称为增压逆波。在 $t = \dfrac{l}{c}$ 瞬时,全管流动停止,压强和密度增加,管壁膨胀。如图 6.14(a)所示。

第二阶段,$\dfrac{l}{c} < t < \dfrac{2l}{c}$,在 $t = \dfrac{l}{c}$ 的瞬时,管内水体全部停止流动,但管内压强比管道进

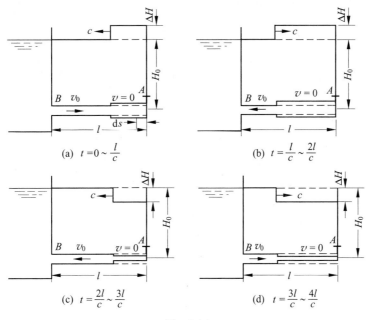

图 6.14

口外侧水池的静水压强增高 Δp。在这一压强差的作用下,管中水体立刻以 v_0 的流速向水池倒流。这时水击波以减压顺波的形式,使管中的高压状态自进口处开始以波速 c 向阀门方向迅速解除。这一减压顺波所到之处,管内流速为 $-v_0$,压强恢复至 p_0,被压缩的水体和膨胀的管壁均恢复到水击发生前的状态。当 $t = \dfrac{2l}{c}$ 时,全管道中水体的压强和管壁均恢复到水击发生前的正常状态。如图 6.14(b)所示。

第三阶段,$\dfrac{2l}{c} < t < \dfrac{3l}{c}$,当阀门处压强恢复到正常值后,由于惯性作用,管中水体仍以 v_0 的流速向水池倒流。但因阀门紧闭,没有水源补充,致使紧靠阀门处的微小流段立刻被迫停止流动,同时压强降低(即产生负的水击压强),水体膨胀,管壁收缩。这时,水击波又从阀门处反射回来,并以减压逆波的形式,自阀门开始以波速 c 向管道进口方向迅速发展。这一减压逆波所到之处,管内流速为零,压强降至 $p_0 - \Delta p$,水体膨胀,管壁收缩。当 $t = \dfrac{3l}{c}$ 时,减压逆波传到上游水池,这时全管道中的水体均处于静止和膨胀状态。如图 6.14(c)所示。

第四阶段,$\dfrac{3l}{c} < t < \dfrac{4l}{c}$,在 $t = \dfrac{3l}{c}$ 的瞬时,水体全部停止流动,但管内压强比管道进口处水池的静水压强低,在这一压强差的作用下,池中水体又立刻以流速 v_0 向管内流动。这时,水击波又将从水池立刻反射回来,并以增压顺波的形式,使管中的低压状态自管道进口开始以波速 c 向阀门方向迅速解除。这一增压顺波所到之处,管内流速为 v_0,压强恢复至 p_0,膨胀的水体和收缩的管壁均恢复到水击发生前的状态。当 $t = \dfrac{4l}{c}$ 时,全管道的水体和管壁均恢复到水击发生前的正常状态。如图 6.14(d)所示。

可见,经过上述四个阶段,全管中水流状态又完全恢复到水击发生前的状态,水击波完成了一个周期的传播。在一个周期中,水击波由阀门至进口,再由进口至阀门共往返两次:水击波在管中往返一次所需的时间称为水击波的相或相长,以 T_r 表示,即 $T_r = \dfrac{2l}{c}$,显然,水击波的周期 T 为 2 倍水击的相长,即 $T = \dfrac{4l}{c}$。由于水击波的波速很快,上述水击的四个阶段是在极短的时间内完成的。

通过对水击波传播的过程来看,每经过一个周期,便重复一次水击的全过程。若不计阻力引起的能量损失,水击波将会以上述四个阶段为周期,周而复始地持续下去,如图 6.15 所示。但实际上,由于水流存在能量损失,在水击波的传播过程中,水击压强会迅速衰减而消失,如图 6.16 所示。所以,突然关阀时,危害性最大的就是水击初期在阀门处产生的最大水击压强。

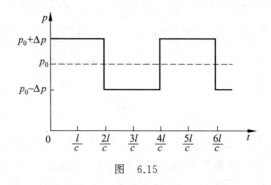

图   6.15

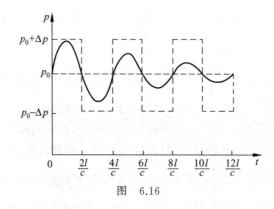

图   6.16

6.4.2   直接水击与间接水击

在前面的讨论中,认为关阀过程是瞬时完成的,但实际上关阀过程总是需要一定的时间。如果把关阀过程视为一系列微小突然关闭的综合,那么每一个微小关闭都会产生一个相应的弹性波,并按上述过程进行传播。

若关阀时间 T_s 小于水击波的一个相长,即 $T_s < \dfrac{2l}{c}$,则在最早由阀门发出的水击波又从管道进口反射回来的减压顺波传到阀门处之前,关阀过程已完成。于是在阀门处可能产生

的最大水击压强值将不会受到反射波的影响,它将与瞬时关阀所产生的水击压强值相同。这种水击称为直接水击。

若关阀时间 $T_s > \dfrac{2l}{c}$,则开始关闭时产生的水击波的反射波(减压顺波),在阀门尚未完全关闭前已从 B 断面到达断面 A。减压波和阀门继续关闭产生的增压波相叠加,将使阀门处的最大水击压强值小于直接水击的最大水击压强,这种水击叫间接水击。

直接水击产生的水击压强数值很大,在工程中应力求避免。

6.4.3 水击压强的计算

1. 水击波的传播速度

水击波的传播速度对水击问题的分析与计算是一个很重要的参数。考虑到水的压缩性和管壁的弹性变形,根据连续性原理可推出水击波的传播速度为(推导过程从略)

$$c = \frac{c_0}{\sqrt{1 + \dfrac{D}{\delta}\dfrac{K}{E}}} \tag{6.26}$$

式中,c_0 为声波在水中的传播速度,$c_0 = 1435 \text{ m/s}$;D 为管道的直径,m;δ 为管壁的厚度,m;K 为水的弹性系数,$K = 1.96 \times 10^6 \text{ kPa}$;$E$ 为管壁材料的弹性模量(见表 6.2)。

表 6.2　常用管壁材料弹性模量 E

管材	钢管	铸铁管	混凝土管	木管
E/kPa	1.96×10^7	9.8×10^7	20.58×10^6	9.8×10^6

2. 直接水击压强的计算

设管流在断面 2—2 上突然关闭造成直接水击,水击压强为 Δp。若水击波的传播速度为 c,经过 Δt 时间水击波传至 1—1 断面,如图 6.17 所示。1—2 段水的流速由 v_0 变为 v,其密度 ρ 变为 $\rho + \Delta\rho$,因管壁膨胀,过水断面由 A 增至 $A + \Delta A$,1—2 段的长度为 $c\Delta t$,于是在 Δt 时段内,该段在水流方向的动量增量为

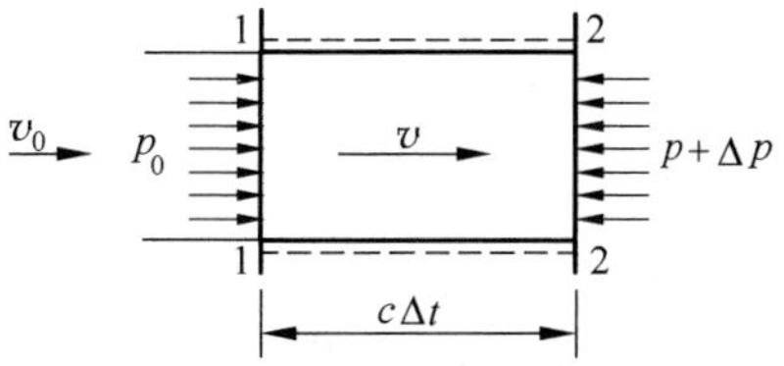

图　6.17

$$\Delta E = (\rho + \Delta\rho)(A + \Delta A)c\Delta t(v - v_0)$$

在 Δt 时段内外力在管轴方向的冲量为

$$\sum F\Delta t = [p_0(A + \Delta A) - (p_0 + \Delta p)(A + \Delta A)]\Delta t$$
$$= -\Delta p(A + \Delta A)\Delta t$$

依据动量定律,得

$$-\Delta p(A + \Delta A)\Delta t = (\rho + \Delta\rho)(A + \Delta A)c\Delta t(v - v_0)$$
$$-\Delta p = (\rho + \Delta\rho)c(v - v_0)$$

忽略高阶微量,并考虑到水的密度和管道断面面积变化很小,$\Delta\rho\ll\rho$,$\Delta A\ll A$,简化上式,得直接水击压强的计算公式:

$$\Delta p = \rho c (v_0 - v) \tag{6.27}$$

这就是儒柯夫斯基早在 1898 年得出的水击计算公式。当阀门突然完全关闭时,水击压强

$$\Delta p = \rho c v_0 \tag{6.28}$$

3. 间接水击压强的计算

间接水击由于存在初生水击波与反射波的相互作用,计算比较复杂。当阀门完全关闭的情况下,一般可近似由下式确定:

$$\Delta p = \rho v_0 \frac{2l}{T_s} \tag{6.29}$$

式中,v_0 为水击发生前管中平均流速;T_s 为阀门关闭时间。

例 6.5 已知一管道,管长 $l=3000$ m,管径 $d=1.2$ m,波速 $c=1000$ m/s,管中液流速度 $v_0=1.83$ m/s,若阀门在 $t=2.5$ s 内全部关闭,求管道所受的最大水击压强。若阀门关闭时间 $t=8$ s,其余条件均不变,问水击压强如何变化?

解 先判断是何种水击

$$T_r = \frac{2l}{c} = \frac{2 \times 3000 \text{ m}}{1000 \text{ m/s}} = 6 \text{ s} > t = 2.5 \text{ s},$$

发生直接水击,由

$$\Delta p = \rho c v_0 = 1000 \text{ kg/m}^3 \times 1000 \text{ m/s} \times 1.83 \text{ m/s} = 1830 \text{ kPa}$$

若阀门关闭时间 $t=8$ s,则

$$t = 8 \text{ s} > T_r = \frac{2l}{c} = 6 \text{ s}$$

发生间接水击。

$$\Delta p = \rho v_0 \frac{2l}{T_s} = 1000 \text{ kg/m}^3 \times 1.83 \text{ m/s} \times \frac{2 \times 3000 \text{ m}}{8 \text{ s}} = 1372.5 \text{ kPa}$$

思 考 题

6.1 短管和长管有何区别?

6.2 测压管水头线上各点的压强等于多少?

6.3 分析相同作用水头下,短管自由出流和淹没出流时管中流量关系和相应点的压强关系。

6.4 如图所示的两根相同短管 1,2,若下游水位分别为 A,B,C,问在这三种情况下两管中的流量关系如何?

6.5 试分析两根并联管道水力坡度相等的条件及流量相等的条件。

6.6 如图所示,水箱水位恒定,正常工作时流量分别为 Q_1,Q_2,Q_3,若关小阀门 K,试问

Q_1, Q_2, Q_3 将如何变化?

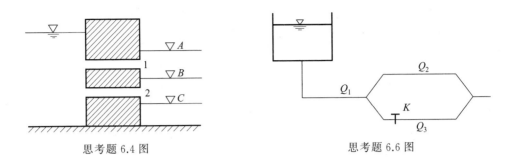

思考题 6.4 图　　　　　　　　　　思考题 6.6 图

6.7　串联各管(或并联各管)的总水头线及测压管水头线是否相同? 为什么?

6.8　在上游为水库、下游为阀门的具体边界条件下,阀门突然完全关闭引起的水击波是怎么传播的? 四个阶段的压强、速度、密度、管壁的变化特征各是怎样的?

6.9　什么是直接水击和间接水击? 它们产生的最大水击压强有无区别? 各如何计算?

习　　题

6.1　有一水泵将水抽至水塔,如图所示。已知水泵的扬程 $h_p = 76.45$ m,抽水机的流量为 $Q = 100$ L/s,吸水管长 $l_1 = 30$ m,压水管长 $l_2 = 500$ m,管径 $d = 30$ cm,管的沿程水头损失系数 $\lambda = 0.03$,水泵允许真空值为 6.0 m 水柱高,局部水头损失系数分别为:$\zeta_{进口} = 6.0, \zeta_{弯头} = 0.8$。求:(1)水泵的提水高度 z;(2)水泵的最大安装高度 h_s。

6.2　某渠道与河道相交,用钢筋混凝土的倒虹吸管穿过河道与下游渠道相连接,如图所示。管长 $l = 50$ m,沿程水头损失系数 $\lambda = 0.025$,管道折角 $\alpha = 30°$,$\zeta_{弯} = 0.02$,当上游水位为 110.0 m,下游水位为 107.0 m,通过流量 $Q = 3.0$ m³/s 时,求管径 d。

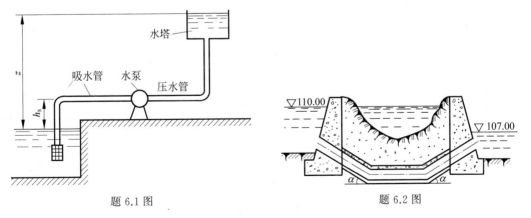

题 6.1 图　　　　　　　　　　题 6.2 图

6.3　一长 $l = 50$ m,直径为 $d = 0.1$ m 的水平直管从水箱引水,如图所示,$H = 4$ m,进口局部水头损失系数 $\zeta_{进口} = 0.5$,阀门局部水头系数 $\zeta_{阀门} = 2.5$,在相距为 10 m 的 1—1 断面及 2—2 断面间有一水银压差计,液面差 $\Delta h = 4$ cm,试求通过水管的流量 Q。

6.4 如图所示为用水塔供应 C 处用水。管道为正常管道，$n=0.0125$，管径 $d=20$ cm，管长 $l=1000$ m。水塔水面标高 $\nabla_T=17$ m，地面标高 $\nabla_C=12$ m，B 处地面标高 $\nabla_B=10$ m。问：(1)C 处流量 Q 为若干？(2)当 $Q=50$ L/s，d 不变，水塔离地面的高度 H 为若干？(3)当 $Q=50$ L/s，水塔高度不变，则管径 d 为若干？

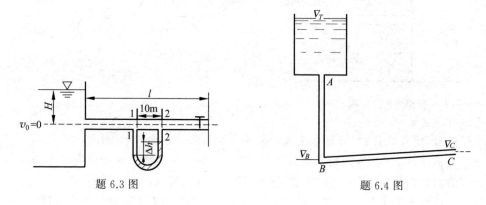

题 6.3 图   题 6.4 图

6.5 定性绘出图中各管道的总水头线和测压管水头线。

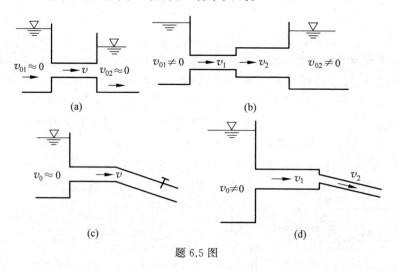

题 6.5 图

6.6 有一串联管道如图所示，$H_1=20$ m，$H_2=10$ m，$l_1=l_2=l_3=150$ m，$d_1=0.2$ m，$d_2=0.3$ m，$d_3=0.1$ m。沿程水头损失系数分别为 $\lambda_1=0.016$，$\lambda_2=0.014$，$\lambda_3=0.02$，求总流量 Q。

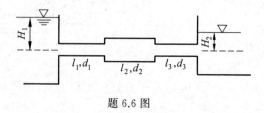

题 6.6 图

6.7 用长度为 l 的三根平行管路由 A 水池向 B 水池引水,管径 $d_2=2d_1$,$d_3=3d_1$,管路的糙率 n 均相等,局部水头损失不计,试分析三条管路的流量比。

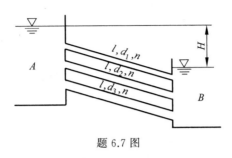

题 6.7 图

6.8 有一并联管道,如图所示,其中 $d_1=30\ \text{cm}$,$l_1=1200\ \text{m}$,$d_2=40\ \text{cm}$,$l_2=1600\ \text{m}$,$d_3=25\ \text{cm}$,$l_3=1200\ \text{m}$,各管的糙率 $n=0.0125$。如管道的总流量 $Q=0.2\ \text{m}^3/\text{s}$,试求各管道所通过的流量 Q_i 和 AB 间的水头损失 h_f。

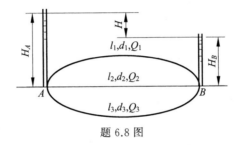

题 6.8 图

6.9 已知一均匀泄流管道,管长 $l=100\ \text{m}$,管径 $d=10\ \text{cm}$,$n=0.0125$,单位长度泄流量为 $q=0.02\ \text{L}/(\text{s}\cdot\text{m})$,管末端保证出流量 $Q_t=5\ \text{L}/\text{s}$。求管起始处所需水头。

6.10 有一沿程均匀出流管路 AB,如图所示,长 1000 m,AB 段单位长度上泄出的总流量 Q_2 均等于 0.1 L/s,当通过流量 Q_1 等于零时,AB 段水头损失为 0.8 m,求当通过流量 $Q_1=100\ \text{L}/\text{s}$ 时的 AB 段水头损失。

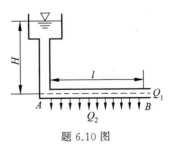

题 6.10 图

6.11 一压力管道自水库引水,长度为 $l=300\ \text{m}$,阀门全开时,管中初始流速 $v_0=1.4\ \text{m/s}$。水击波波速 $c=1000\ \text{m/s}$,试分别计算阀门完全关闭时间 $T_{s1}=0.4\ \text{s}$ 和 $T_{s2}=4.0\ \text{s}$ 时,在阀门处产生的最大水击压强值。

第7章
Chapter

明渠均匀流

7.1 概　　述

　　人工修建或自然形成的渠槽称为明渠。液体通过明渠流动时,形成与大气相接触的自由表面。这种水流称为明渠水流,也称为无压流。运河、人工输水渠道、渡槽、无压隧洞、涵洞以及天然河道中的水流都属于明渠水流。

　　明渠水流的运动要素不随时间变化称为恒定流,否则称为非恒定流。还可根据明渠恒定流的流线是否为平行的直线分为均匀流和非均匀流。

　　在实际水利工程中经常遇到明渠水流问题。例如,为了引水、灌溉或通航的需要,要设计渠道或运河的断面尺寸及底坡;为了开发利用水资源,要在河道上筑坝或建闸,上游形成水库,需要估算水库的淹没范围,并计算由此引起的上、下游渠道中水位和流量的变化,以及汛期中洪水涨落的水流计算问题等。要解决以上实际问题,必须掌握明渠水流运动规律。

　　由于明渠的几何特征对水流的流动状态有重要影响。因此为了研究了解明渠水流运动的规律,我们必须要先了解明渠的几何特征及其对水流运动的影响。

7.1.1　明渠的底坡

　　底坡是指明渠渠底高差与相应渠道长度的比值。以符号 i 表示底坡,如图 7.1 所示。即

$$i = \sin\theta = -\frac{\mathrm{d}z_0}{\mathrm{d}s} \tag{7.1}$$

$i>0$ 表示明渠渠底高程沿程降低,称为正坡明渠;当渠底为水平,渠底高程沿程不变时,$i=0$,称为平坡明渠;当渠底高程沿程增加时,$i<0$,称为负坡明渠,如图 7.2 所示。

　　对于天然河道,由于河底凹凸不平,因此其底坡取一定长度河段的平均底坡来表示。

7.1.2　明渠的横断面

　　明渠的横断面有各种形状,常见的为对称几何形状:例如梯形、矩形或圆形等。天然河

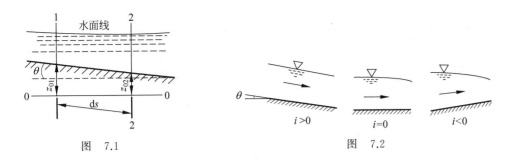

图　7.1　　　　　　　　　　　　　　图　7.2

道的横断面常为不规则的形状,如图 7.3 所示。

由于梯形断面适于土质渠道,所以是工程中经常采用的断面形状。对称的梯形断面渠道如图 7.4(b)所示。

以下以梯形断面为例,分析说明计算中涉及的过水断面几何要素。

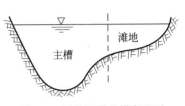

水深 h:指过水断面上渠底最低点到水面的距离,如图 7.4(b)所示,通常由于底坡 $i \neq 0$,所以过水断面一般并不是铅直面,因此对应的水深 h 不便测量,所以在

图 7.3　天然河道的横断面图

底坡较小时($i<0.1$),可近似取 $\cos\theta \approx 1$,$h'\cos\theta \approx h$,即可用铅垂水深代替实际过水断面(垂直于渠底)的水深,由此引起的误差不大。

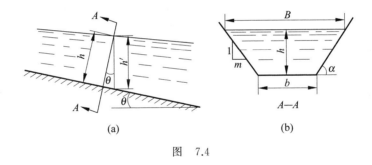

(a)　　　　　　　　　　　(b)

图　7.4

底宽 b:梯形断面的渠底宽度,如图 7.4(b)所示。

边坡系数 m:梯形两侧的倾斜程度用边坡系数 m 表示:

$$m = \cot\alpha \tag{7.2}$$

式中,m 的大小应根据土壤性质或护面情况而定,见表 7.1。

表 7.1　梯形渠道的边坡系数

土 壤 种 类	边坡系数 m
细砂	3.0~3.5
细砂、中砂和粗砂	
1. 疏松的和中等密实的	2.0~2.5
2. 密实的	1.5~2.0
沙壤土	1.5~2.0
黏壤土、黄土或黏土	1.25~1.5

土 壤 种 类	边坡系数 m
卵石和砌石	$1.25\sim1.5$
半岩性的抗水的土壤	$0.5\sim1.0$
风化的岩石	$0.25\sim0.5$
未风化的岩石	$0\sim0.25$

过水面积 A

$$A=(b+mh)h \tag{7.3}$$

湿周 χ

$$\chi=b+2h\sqrt{1+m^2} \tag{7.4}$$

水力半径 R

$$R=A/\chi=(b+mh)h/(b+2h\sqrt{1+m^2}) \tag{7.5}$$

对于矩形和圆形断面,可由相关的几何关系,求出过水断面的各水力要素,如表 7.2 所示。

表 7.2 矩形,梯形,圆形过水断面的水力要素

断 面 形 状	水面宽度 B	过水断面积 A	湿周 χ	水力半径 R
矩形 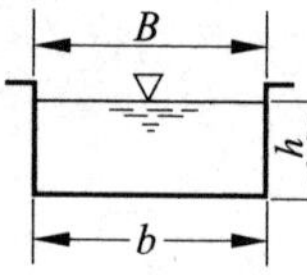	b	bh	$b+2h$	$\dfrac{bh}{b+2h}$
梯形 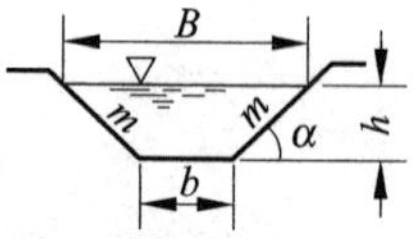	$b+2mh$	$(b+mh)h$	$b+2h\sqrt{1+m^2}$	$\dfrac{(b+mh)h}{b+2h\sqrt{1+m^2}}$
圆形 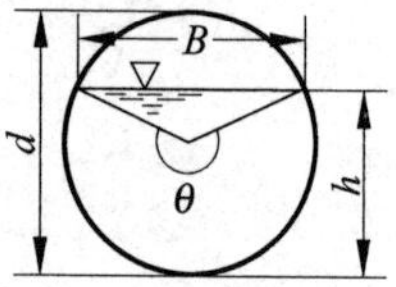	$2\sqrt{h(d-h)}$	$\dfrac{d^2}{8}(\theta-\sin\theta)^*$	$\dfrac{1}{2}\theta d^*$	$\dfrac{d}{4}\left(1-\dfrac{\sin\theta}{\theta}\right)^*$

* 式中 θ 以 rad 计。

工程实践中,由于地质、地形条件的改变,或是水流运动条件的需要,在不同的渠段,明渠的横断面形状、尺寸或底坡不完全相同。根据断面形状、尺寸及底坡是否沿程变化,将明渠分为棱柱形渠道和非棱柱形渠道。棱柱形渠道是指断面形状、尺寸及底坡沿程不变的长直渠道,否则称为非棱柱形渠道,见图 7.5。

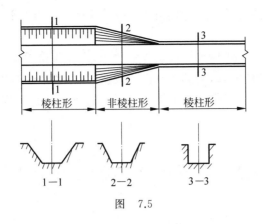

图 7.5

7.2 明渠均匀流的特性和形成条件

由于明渠均匀流是一种典型的明渠水流,而且明渠均匀流理论是渠道水力设计的基本依据,也是分析明渠渐变流的基础,因此本章针对明渠均匀流进行讨论。

7.2.1 明渠均匀流的特性

明渠均匀流是指运动要素沿程不变的流动,该流动是明渠中最简单的流动形式。具有如下水力特性:

(1)过水断面的流速分布、断面平均流速、流量、水深以及过水断面的形状、尺寸沿程不变。

(2)由于水深沿程不变,水面线与底坡线平行;同时由于流速水头沿程不变,总水头线与水面线平行,如图 7.6 所示。由此得出下式:

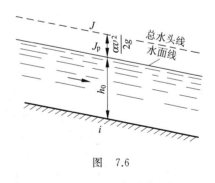

图 7.6

$$J = J_p = i \qquad (7.6)$$

由于明渠均匀流是一种匀速直线运动,所以作用在水体上各种力沿流动方向平衡。写出平衡方程

$$P_1 - P_2 + G\sin\theta - T = 0 \qquad (7.7)$$

由于均匀流的过水断面形状、尺寸大小以及压强分布沿程不变,所以两个过水断面上的总压力 $P_1 = P_2$,因此沿流动方向上的重力分量 $G\sin\theta$ 与阻力 T 平衡。从能量观点看,重力所做的功与阻力消耗的能量相等。

7.2.2 明渠均匀流产生的条件

由于明渠均匀流有上述特性,所以形成明渠均匀流必须具备以下条件:

(1)水流为恒定流,流量沿程不变,并且无支流的汇入或分出;

（2）明渠为长直的棱柱形渠道,糙率沿程不变,并且渠道中无水工建筑物的局部干扰;

（3）底坡为正坡。

由于实际工程中的渠道难以严格满足以上要求,所以大部分明渠中的水流都是非均匀流。对于比较顺直、整齐的河段,当其余条件比较接近时,通常近似按均匀流公式进行计算。而对于天然河道,由于其断面形状、几何尺寸、底坡、糙率一般都沿程改变,所以不易形成均匀流。

7.3 明渠均匀流的水力计算

7.3.1 明渠均匀流的计算公式

明渠均匀流水力计算的基本公式是谢才公式。在明渠均匀流中,$J=i$,所以谢才公式可写为

$$v=C\sqrt{Ri} \tag{7.8}$$

可得流量公式为

$$Q=vA=CA\sqrt{Ri}=K\sqrt{i} \tag{7.9}$$

式中,$K=CA\sqrt{R}$,其量纲与流量相同,称为流量模数或特征流量。根据 K 的表达式可知当渠道断面形状和糙率一定时 ,K 仅为水深 h 的函数。

明渠中发生均匀流时的水深称为正常水深,以 h_0 表示。与其相应的水力要素均加下标"0"。有

$$v=C_0\sqrt{R_0 i} \tag{7.10}$$

$$Q=C_0 A_0\sqrt{R_0 i}=K_0\sqrt{i} \tag{7.11}$$

由于明渠水流多属于阻力平方区,因此可采用曼宁公式 $C=\dfrac{1}{n}R^{1/6}$ 计算谢才系数 C_0。

$$v=\frac{1}{n}R_0^{2/3} i^{1/2}=\frac{A_0^{2/3} i^{1/2}}{n\chi_0^{2/3}} \tag{7.12}$$

$$Q=\frac{A_0}{n}R_0^{2/3} i^{1/2}=\frac{A_0^{5/3} i^{1/2}}{n\chi_0^{2/3}} \tag{7.13}$$

在以上各式中,糙率 n 是反映渠道壁面粗糙情况的综合性系数。糙率 n 值越大,对应的阻力越大,在其他条件相同的情况下,通过的流量就越小。在设计明渠时,若选择的 n 值比实际值偏大,会导致设计断面尺寸偏大,增加工程土方开挖量,造成浪费;反之,则达不到原设计的过水能力。因此选择正确的糙率 n 值是明渠均匀流计算的一个关键问题。各种材料明渠的糙率 n 值,见表 7.3。

由于天然河道多为非棱体渠道,因此水流多为非均匀流,难以正确地估计糙率 n 值,通常由实测而定。一般选择比较顺直的河道,且断面形状变化不大的河段,测量其流量 Q 和河段长度,并由实测水文资料求平均断面面积、平均底坡或水面坡度,利用均匀流公式推求 n 值。在没有实测资料时,可根据河道具体情况适当选取糙率 n 值,见表 7.4。

表 7.3 各种材料明渠的糙率 n 值

明渠壁面材料情况及描述	表面粗糙情况		
	较好	中等	较差
1. 土渠			
清洁、形状正常	0.020	0.0225	0.025
不通畅，并有杂草	0.027	0.030	0.035
渠线略有弯曲、有杂草	0.025	0.030	0.033
挖泥机挖成的土渠	0.0275	0.030	0.033
沙砾渠道	0.025	0.027	0.030
细砾石渠道	0.027	0.030	0.033
土底、石砌坡岸渠	0.030	0.033	0.035
不光滑的石底、有杂草的土坡渠	0.030	0.035	0.040
2. 石渠			
清洁的、形状正常的凿石渠	0.030	0.033	0.035
粗糙的断面不规则的凿石渠	0.040	0.045	
光滑而均匀的石渠	0.025	0.035	0.040
精细开凿的石渠		0.020～0.025	
3. 各种材料护面的渠道			
三合土(石灰、沙、煤灰)护面	0.014	0.016	
浆砌砖护面	0.012	0.015	0.017
条石砌面	0.013	0.015	0.017
浆砌块石护面	0.017	0.0225	0.030
干砌块石护面	0.023	0.032	0.035
4. 混凝土渠道			
抹灰的混凝土或钢筋混凝土护面	0.011	0.012	0.013
无抹灰的混凝土或钢筋混凝土护坡	0.013	0.014～0.015	0.017
喷浆护面	0.016	0.018	0.021
5. 木质渠道			
刨光木板	0.012	0.013	0.014
未刨光的板	0.013	0.014	0.015

表 7.4 天然河道糙率 n 值

河槽类型及情况	最小值	正常值	最大值
一、小河(洪水位的水面宽度小于 30 m)			
1. 平原河流			
(1) 清洁、顺直、无浅滩深潭	0.025	0.030	0.033
(2) 同(1)，但石块多、杂草多	0.030	0.035	0.040
(3) 清洁、弯曲、有浅滩深潭	0.033	0.040	0.045
(4) 同(3)，但有石块杂草	0.035	0.045	0.050
(5) 同(3)，水深较浅、河底坡度多变，平面上回流区较多	0.040	0.048	0.055

续表

河槽类型及情况	最小值	正常值	最大值
(6) 同(4),但石块多	0.045	0.050	0.060
(7) 多杂草、有深潭、流动缓慢的河段	0.050	0.070	0.080
(8) 多杂草的河段、深潭多或林木滩地上的过洪	0.075	0.100	0.150
2. 山区河流(河槽无草树、河岸较陡,岸坡树丛过洪时淹没)			
(1) 河底为砾石、卵石、间有孤石	0.030	0.040	0.050
(2) 河底为卵石和大孤石	0.040	0.050	0.070
二、大河(洪水位的水面宽度大于 30 m)相应于上述小河的各种情况,由于河岸阻力相对较小,n 值略小			
1. 断面比较规则整齐、无孤石或丛木	0.025		0.060
2. 断面不规则整齐、床面粗糙	0.035		0.100
三、洪水时期滩地漫流			
1. 草地、无树丛			
(1) 短草	0.025	0.030	0.035
(2) 长草	0.030	0.035	0.050
2. 耕地			
(1) 未熟庄稼	0.020	0.030	0.040
(2) 已熟成行庄稼	0.025	0.035	0.045
(3) 已熟密植庄稼	0.030	0.040	0.050
3. 矮树丛			
(1) 稀疏、多杂草	0.035	0.050	0.070
(2) 不密、夏季情况	0.040	0.060	0.080
(3) 茂密、夏季情况	0.070	0.100	0.160
4. 树木			
(1) 平整田地、干树无枝	0.030	0.040	0.050
(2) 同(1),干树多新枝	0.050	0.060	0.080
(3) 密林、树下植物少、洪水位在枝下	0.080	0.100	0.120
(4) 同(3)、洪水位淹没树枝	0.100	0.120	0.160

7.3.2 明渠均匀流水力计算三类基本问题

明渠均匀流水力计算主要有三类基本问题,以下以常用的梯形断面为例分析。

(1) 验证渠道的输水能力

由明渠均匀流的基本公式可以看出,各水力要素间存在着以下的函数关系:

$$Q = C_0 A_0 \sqrt{R_0 i} = f(m, b, h_0, n, i)$$

对已建成的渠道,已知渠道断面的形状、尺寸、渠道土壤性质和护面情况以及渠道底坡,即已知 m, b, h_0, n 和 i,求输水能力 Q。

在这类问题中,可由已知值求出 A, R 和 C 后,可直接按式(7.11)求出流量 Q。

例 7.1 有一梯形断面棱柱形渠道,底坡 $i = 0.0002$,底宽 $b = 1.5$ m,边坡系数 $m = 1.0$,糙率 $n = 0.0275$。明渠中正常水深 $h_0 = 1.1$ m,求通过渠道的流量 Q 和流速 v。

解 面积

$$A = (b + mh_0)h_0 = (1.5 \text{ m} + 1.0 \times 1.1 \text{ m}) \times 1.1 \text{ m} = 2.86 \text{ m}^2$$

湿周

$$\chi = b + 2h_0\sqrt{1 + m^2} = 1.5 \text{ m} + 2 \times 1.1 \text{ m} \times \sqrt{1 + 1.0^2} = 4.61 \text{ m}$$

水力半径

$$R = A/\chi = \frac{2.86 \text{ m}^2}{4.61 \text{ m}} = 0.62 \text{ m}$$

谢才系数

$$C = \frac{1}{n}R^{1/6} = \frac{1}{0.0275} \times 0.62^{1/6} \text{ m}^{0.5}/\text{s} = 33.579 \text{ m}^{0.5}/\text{s}$$

流量

$$Q = CA\sqrt{Ri} = 33.579 \text{ m}^{0.5}/\text{s} \times 2.86 \text{ m}^2 \times \sqrt{0.62 \text{ m} \times 0.0002} = 1.069 \text{ m}^3/\text{s}$$

流速

$$v = \frac{Q}{A} = \frac{1.069 \text{ m}^3/\text{s}}{2.86 \text{ m}^2} = 0.37 \text{ m/s}$$

(2) 确定渠道底坡

实际水利工程中常遇到类似问题,已知渠道断面的形状、尺寸、糙率及设计流量或流速,要确定渠道底坡。例如有通航任务的渠道可根据要求的流速来进行底坡的设计,又如为避免下水道淤塞,需要有一定的"自清"流速,即有一定的底坡。

由已知的 n, m, b, h_0 可首先算出流量模数 K,再按下式求解渠道底坡 i:

$$i = \frac{Q^2}{C^2 A^2 R} = \frac{Q^2}{K^2}$$

例 7.2 一矩形断面的钢筋混凝土引水渡槽,底宽 $b = 1.5$ m,渠道长 $L = 120.0$ m,出口处渠底高程为 51.0 m。当通过设计流量 $Q = 7.65 \text{ m}^3/\text{s}$ 时,渠中正常水深 $h_0 = 1.7$ m,求渡槽进口处渠底高程。

解 面积

$$A = bh_0 = 1.5 \text{ m} \times 1.7 \text{ m} = 2.55 \text{ m}^2$$

湿周

$$\chi = b + 2h_0 = 1.5 \text{ m} + 2 \times 1.7 \text{ m} = 4.9 \text{ m}$$

水力半径

$$R = A/\chi = \frac{2.55 \text{ m}^2}{4.9 \text{ m}} = 0.52 \text{ m}$$

钢筋混凝土引水渡槽糙率取为 $n = 0.014$。

谢才系数

$$C = \frac{1}{n} R^{1/6} = \frac{1}{0.014} \times 0.52^{1/6} \text{ m}^{0.5}/\text{s} = 64.0 \text{ m}^{0.5}/\text{s}$$

底坡

$$i = \frac{Q^2}{C^2 A^2 R} = \frac{(7.65 \text{ m}^3/\text{s})^2}{(64.0 \text{ m}^{0.5}/\text{s})^2 \times (2.55 \text{ m}^2)^2 \times 0.52 \text{ m}} = 0.0042$$

进口处渠底高程＝出口处渠底高程＋$iL = 51.0 \text{ m} + 0.0042 \times 120.0 \text{ m} = 51.504 \text{ m}$。

（3）设计渠道断面尺寸

在设计渠道时，一般已知设计流量，由地形条件确定渠道底坡 i，由土壤性质或渠道表面材料的性质确定边坡系数 m 和糙率 n，根据已知 Q, m, n 和 i，求解渠道的断面尺寸 b 或 h_0。这类问题有两个未知量，利用式（7.11）求解，求解时需要结合工程和技术经济要求，再附加一个条件。有以下两种情况：

① 根据需要选定正常水深 h_0，求相应的渠道底宽 b；

② 由工程要求选定渠道底宽 b，求相应的正常水深 h_0。

由式（7.11）求解 b 和 h_0 时，要求解高阶隐函数，一般用试算法或用计算机求数值解。

例 7.3　有一灌溉用土渠，断面为梯形，糙率 $n = 0.02$，底宽 $b = 10$ m，边坡系数 $m = 1.5$，底坡 $i = 0.0005$。当流量 $Q = 16 \text{ m}^3/\text{s}$ 时，在超高 $d = 0.5$ m 的情况下，试确定堤顶高度。

解　先求得正常水深 h_0，再加上超高即得堤顶高度。

设不同的 h_0，按公式 $Q = C_0 A_0 \sqrt{R_0 i}$ 计算流量 Q，为了计算方便可以列表试算，见表 7.5。

表 7.5　例 7.3 计算表

设定值	计 算 值						
h_0/m	A_0/m^2	χ_0/m	R_0/m	$C_0/(\text{m}^{0.5}/\text{s})$	$K/(\text{m}^3/\text{s})$	$\sqrt{i}$	$Q/(\text{m}^3/\text{s})$
1.0	11.5	13.6	0.845	48.69	514	0.0223	11.53
1.3	15.54	14.65	1.06	50.44	807	0.0223	18.08
1.2	14.16	14.23	0.988	49.9	704	0.0223	15.76

由计算值绘出 $Q = f(h)$ 曲线，如图 7.7 所示。从曲线查得：当 $Q = 16 \text{ m}^3/\text{s}$ 时，$h_0 = 1.21$ m，即为所求的 h_0 值。

h_0 加上超高 d 即得堤顶高度为 $1.21 \text{ m} + 0.5 \text{ m} = 1.71 \text{ m}$。

若已知 Q, i, m, n 及水深 h_0，求渠道底宽 b，则同样可采用试算法求解。

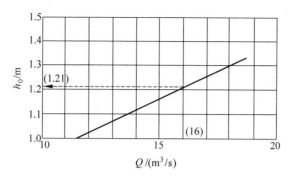

图 7.7 正常水深与流量关系图

7.3.3 明渠均匀流水力计算的其他问题

1. 明渠水力最佳断面

从均匀流的公式可以看出,过水断面的形状、尺寸、底坡和糙率的大小决定明渠的输水能力。在进行渠道设计时,一般由地形条件或其他技术上的要求确定底坡;而糙率则主要取决于渠道选用的建筑材料,在底坡及糙率已定的前提下,渠道的过水能力由渠道的横断面形状及尺寸决定。当渠道的底坡 i、糙率 n 一定时,在通过已知的设计流量时所选定的横断面形状过水面积最小,或者是过水面积一定时通过的流量最大,符合以上任意一种条件的断面称为水力最佳断面或水力最经济断面。

由公式 $Q=\dfrac{A_0}{n}R_0^{2/3}i^{1/2}=\dfrac{A_0^{5/3}i^{1/2}}{n\chi_0^{2/3}}$ 可知,当渠道的底坡 i、糙率 n 及过水断面积 A 一定时,湿周越小(或水力半径越大),通过流量 Q 越大;或者当渠道的底坡 i、糙率 n 及 Q 一定时,湿周越小(或水力半径越大),所需的过水断面积 A 也越小。

由几何学可知,对于面积相等的情况,圆形是湿周最小或水力半径最大的几何图形,而半圆形的过水断面与圆形断面的水力半径相同,所以,明渠水力最佳断面形状为圆形和半圆形。但由于半圆形断面施工不易,对于无衬护的土渠,两侧边坡很难达到稳定要求,因此,难于广泛采用半圆形断面,只有在钢丝网水泥或钢筋混凝土做成的渡槽等建筑物中才采用类似半圆形断面,而土渠一般设计为梯形。

下面对土质渠道常采用的梯形断面讨论其水力最佳断面的条件。

梯形断面的边坡系数 m 按边坡稳定要求确定,在 m 确定的条件下,同样的过水面积,因底宽与水深的比值 b/h 不同而导致湿周的大小不同。设渠道底宽与水深之比为渠道宽深比 β_g,即 $\beta_g=b/h$。由水力最佳断面的定义,在过水断面 A 一定,湿周 χ 最小时,过水能力 Q 最大。将湿周 χ 对水深 h 求导数,并令其为零,求极值,可得梯形水力最佳断面的条件,即

$$\frac{\mathrm{d}\chi}{\mathrm{d}h}=0, \qquad \frac{\mathrm{d}^2\chi}{\mathrm{d}h^2}>0$$

因

$$\chi = b + 2h\sqrt{1+m^2} = \frac{A}{h_0} - mh_0 + 2h_0\sqrt{1+m^2} = f(h_0)$$

$$\frac{\mathrm{d}\chi}{\mathrm{d}h_0} = -\frac{A}{h_0^2} - m + 2\sqrt{1+m^2}$$

$$= -\frac{(b+mh_0)h_0}{h_0^2} - m + 2\sqrt{1+m^2}$$

$$= -\frac{b}{h_0} - 2m + 2\sqrt{1+m^2}$$

故

$$\frac{\mathrm{d}^2\chi}{\mathrm{d}h_0^2} = \frac{b}{h_0^2} > 0$$

由于 χ 对水深 h_0 的二阶导数大于 0，所以存在 $\chi_{\min}$，因此梯形水力最佳断面的宽深比条件为

$$\frac{\mathrm{d}\chi}{\mathrm{d}h_0} = 0$$

即

$$\beta_g = 2(\sqrt{1+m^2} - m) \tag{7.14}$$

式(7.14)表明 β_g 仅与渠道的边坡系数 m 有关，不同的 m 值就有不同的 β_g 值。参见表 7.6。

表 7.6　梯形渠道的最佳宽深比 β_g 值

m	0	0.25	0.50	0.75	1.00	1.25	1.50	1.75	2.00	2.50	3.00
β_g	2.00	1.56	1.24	1.00	0.83	0.70	0.61	0.53	0.47	0.39	0.32

将式(7.14)代入面积和湿周表达式，得梯形最佳断面的面积 A_g 和湿周 χ_g 满足下列关系：

$$A_g = (2\sqrt{1+m^2} - m)h_0^2$$

$$\chi_g = 2(2\sqrt{1+m^2} - m)h_0$$

将以上二式相除，即得水力最佳断面的水力半径为

$$R_g = \frac{A_g}{\chi_g} = \frac{h_0}{2} \tag{7.15}$$

此式表明梯形最佳断面时的水力半径是正常水深的一半。水力最佳断面的优点是，通过流量一定时，过水断面面积最小，可以减少工程挖方量。而其缺点是断面大多窄而深，造成施工不便，养护困难，流量改变时引起水深变化较大，给通航和灌溉带来不便，经济上反而不利，因此限制了水力最佳断面的实际应用。但一些山区的石渠、渡槽和涵洞是按水力最佳断面设计的。

2. 明渠的允许流速

为了保证渠道的正常运行，需要规定渠道通过的断面平均流速上限值和下限值，称为允许流速，用 v 表示。例如：在设计渠道时，为保证渠道不致发生渠床的冲刷和泥沙的淤积，要求 $v_{不淤} < v < v_{不冲}$。$v_{不冲}$ 为保证渠道不遭受水流冲刷的允许流速上限，称为允许不冲流

速。渠道的最大允许不冲流速值与渠床土壤性质（即土壤种类、颗粒大小和密实性能）、水力半径（或水深）大小等因素有关，不同土壤和砌护条件下渠道的最大允许不冲流速 $v_{不冲}$ 列于表 7.7～表 7.9。也可采用经验公式计算。例如黄土地区浑水渠道的不冲流速可用陕西省水利科学研究所的公式

$$v_{不冲} = CR^{0.4} \tag{7.16}$$

式中，C 为系数，粉质壤土的 $C=0.96$，砂壤土的 $C=0.70$。

表 7.7 均质黏性土壤渠道（水力半径 $R=1$ m）最大允许不冲流速 $v_{不冲}$ 值

土壤种类	干容重/(N/m³)	$v_{不冲}$/(m/s)
轻壤土	12 740～16 660	0.60～0.80
中壤土	12 740～16 660	0.65～0.85
重壤土	12 740～16 660	0.70～1.0
黏土	12 740～16 660	0.75～0.95

表 7.8 无均质黏性土壤渠道（水力半径 $R=1$ m）最大允许不冲流速 $v_{不冲}$ 值

土壤种类	粒径/mm	$v_{不冲}$/(m/s)
极细砂	0.05～0.10	0.35～0.45
细砂和中砂	0.25～0.50	0.45～0.60
粗砂	0.50～2.00	0.60～0.75
细砾石	2.00～5.00	0.75～0.90
中砾石	5.0～10.0	0.90～1.10
粗砾石	10～20	1.10～1.30
小卵石	20～40	1.30～1.80
中卵石	40～60	1.80～2.20

表 7.9 岩石和人工护面渠道最大允许不冲流速 $v_{不冲}$

岩石或护面种类	流量/(m³/s)		
	<1	1～10	>10
	$v_{不冲}$/(m/s)	$v_{不冲}$/(m/s)	$v_{不冲}$/(m/s)
软质水成岩（泥灰岩、页岩、软砾岩）	2.5	3.0	3.5
中等硬质水成岩（多孔石灰岩、层状石灰岩、白云石灰岩等）	3.5	4.25	5.0
硬质水成岩（白云砂岩、砂质石灰岩）	5.0	6.0	7.0
结晶岩、火成岩	8.0	9.0	10.0
单层块石铺砌	2.5	3.5	4.0
双层块石铺砌	3.5	4.5	5.0
混凝土护面（水流中不含砂和卵石）	6.0	8.0	10.0

$v_{不淤}$ 为保证含沙水流中挟带的泥沙不致在渠道中淤积的允许流速下限，称为允许不淤流速，水流的挟沙能力决定 $v_{不淤}$ 的值。可根据经验公式确定允许不淤流速。水流的挟沙能力与平均流速有关，$v_{不淤}$ 可根据经验公式确定，例如：

$$v_{不淤} = c' \sqrt{R} \tag{7.17}$$

式中，R 为水力半径，以 m 计；c' 为系数，与悬浮泥沙直径和水力粗度（泥沙颗粒在静水中沉降的速度）有关，还与渠道壁面糙率有关，其值可由表 7.10 查得。

表 7.10　系数 c' 值

泥沙性质	c'	泥沙性质	c'
粗颗粒泥沙	0.65～0.77	细颗粒泥沙	0.41～0.45
中颗粒泥沙	0.58～0.64	很细颗粒泥沙	0.37～0.41

例 7.4　有一梯形细沙土排水渠，通过流量 $Q = 3.5 \text{ m}^3/\text{s}$，已知底坡 $i = 0.005$，边坡系数 $m = 1.5$。分别从允许流速和水力最佳断面两个方案分析此排水渠断面尺寸并考虑是否需要加固，已知渠道的糙率 $n = 0.025$，最大允许不冲流速 $v_{max} = 0.32 \text{ m/s}$。

解　分别就允许流速和水力最佳断面两种方案进行设计和比较。

第一方案　按允许流速 v_{max} 进行设计。

对梯形过水断面的面积 A、湿周 χ 以及水力半径 R 计算公式见式（7.3）～式（7.5）。

现以 v_{max} 作为设计流速，有

$$A = \frac{Q}{v_{max}} = \frac{3.5 \text{ m}^3/\text{s}}{0.32 \text{ m/s}} = 10.9 \text{ m}^2$$

又由谢才公式和曼宁公式得 $v = \frac{1}{n} R^{2/3} i^{1/2}$，应用 $v = v_{max}$ 代入便有

$$R = \left(\frac{n v_{max}}{i^{1/2}} \right)^{3/2} = \left(\frac{0.025 \times 0.32}{0.005^{1/2}} \right)^{3/2} \text{ m} = 0.038 \text{ m}$$

然后把以上计算得到的 A，R 和 m 代入式（7.3）和式（7.4），解得 $h = 0.04 \text{ m}$，$b = 287 \text{ m}$ 以及 $h = 137 \text{ m}$，$b = -206 \text{ m}$。显然这两组答案都是完全没有意义的，说明此渠道水流不可能以 v_{max} 通过。

第二方案　按水力最佳断面进行设计。

按式（7.14）算出水力最佳断面的宽深比

$$\beta_g = \frac{b}{h} = 2(\sqrt{1 + m^2} - m) = 2(\sqrt{1 + 1.5^2} - 1.5) = 0.61$$

即 $b = 0.61h$。又

$$A = (b + mh)h = (0.61h + 1.5h)h = 2.11h^2$$

此外，按水力最佳断面进行设计时，由式（7.15）

$$R = 0.5h$$

代入谢才公式

$$Q = CA\sqrt{Ri} = \left(\frac{1}{n} R^{1/6} \right) A \sqrt{Ri} = 3.77 h^{8/3}$$

将 $Q = 3.5 \text{ m}^3/\text{s}$ 代入上式，得

$$h = \left(\frac{Q}{3.77} \right)^{3/8} = \left(\frac{3.5}{3.77} \right)^{3/8} \text{ m} = 0.97 \text{ m}$$

$$b = 0.61h = 0.61 \times 0.98 \text{ m} = 0.6 \text{ m}$$

下面检验 v 是否在允许范围内。

$$v = C\sqrt{Ri} = \frac{1}{n}R^{1/6}\sqrt{Ri} = \frac{1}{n}R^{2/3}i^{1/2} = \frac{1}{n}(0.5h)^{2/3}i^{1/2}$$

$$= \frac{1}{0.025} \times (0.5 \times 0.97)^{2/3} \times 0.005^{1/2} \text{ m/s} = 1.75 \text{ m/s}$$

该流速比允许流速 $v_{max} = 0.32$ m/s 大得多,说明河床需要加固。

在实际设计时,可将此结果作为参考方案,再根据地形地质及施工条件等需要,对方案进行修改,得到最合理的设计方案。

3. 明渠的组合糙率断面

明渠水力计算中常常遇到各部分湿周糙率不相同的情况(见图7.8),如两边衬护糙率不同;河道主槽与河滩糙率不同;边坡衬护与底部糙率不同等。这种情况下可用综合糙率 n_c 代替断面糙率进行水力计算,用 n_c 来计算整个流动的阻力和水头损失。

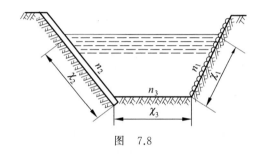

图 7.8

综合糙率 n_c 可有不同的计算方法。例如,当周界的最大、最小糙率比值 $\frac{n_{max}}{n_{min}} < 1.5 \sim 2.0$ 时,可由各糙率所占的周长按加权平均求得,即

$$n_c = \frac{\chi_1 n_1 + \chi_2 n_2 + \cdots + \chi_k n_k}{\chi_1 + \chi_2 + \cdots + \chi_k} = \frac{\sum \chi_i n_i}{\sum \chi_i} \tag{7.18}$$

当 $\frac{n_{max}}{n_{min}} > 2.0$ 时,可采用以下公式:

$$n_c = \sqrt{\frac{\chi_1 n_1^2 + \chi_2 n_2^2 + \cdots + \chi_k n_k^2}{\chi_1 + \chi_2 + \cdots + \chi_k}} = \sqrt{\frac{\sum \chi_i n_i^2}{\sum \chi_i}} \tag{7.19}$$

式(7.18)、式(7.19)中 $\chi_1, \chi_2, \cdots, \chi_k$ 分别为对应于糙率 $n_1, n_2, \cdots, n_k$ 的湿周长度。

例7.5 有一环山渠道,如图7.9所示,底宽 $b = 2$ m,水深 $h_0 = 1.5$ m,靠山一侧边坡系数 $m_1 = 0.5$,糙率 $n_1 = 0.030$;另一侧为直立的混凝土边墙,糙率 $n_2 = 0.014$;底坡 $i = 0.005$,求渠中流量 Q。

解 (1)综合糙率 n_c 的计算

因为 $\frac{n_{max}}{n_{min}} = \frac{0.030}{0.014} = 2.14 > 2.0$,所以综合糙率 n_c 为

$$n_c = \sqrt{\frac{\chi_1 n_1^2 + \chi_2 n_2^2}{\chi_1 + \chi_2}}$$

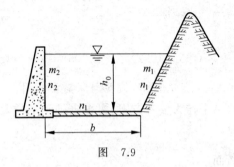

图　7.9

式中，

$$\chi_1 = b + h_0\sqrt{1 + m^2} = 2 \text{ m} + 1.5 \text{ m} \times \sqrt{1 + 0.5^2} = 3.68 \text{ m}$$

$$\chi_2 = h_0 = 1.5 \text{ m}$$

$$n_1 = 0.03, \quad n_2 = 0.014$$

将以上各项代入综合糙率 n_c 表达式得

$$n_c = \sqrt{\frac{\chi_1 n_1^2 + \chi_2 n_2^2}{\chi_1 + \chi_2}} = \sqrt{\frac{3.68 \text{ m} \times 0.03^2 + 1.5 \text{ m} \times 0.014^2}{3.68 \text{ m} + 1.5 \text{ m}}} = 0.026$$

（2）流量计算

$$A = bh_0 + \frac{1}{2}m_1 h_0^2 = 2 \text{ m} \times 1.5 \text{ m} + \frac{1}{2} \times 0.5 \times (1.5 \text{ m})^2 = 3.56 \text{ m}^2$$

$$\chi = \chi_1 + \chi_2 = 3.68 \text{ m} + 1.5 \text{ m} = 5.18 \text{ m}$$

$$R = \frac{A}{\chi} = \frac{3.56 \text{ m}}{5.18 \text{ m}} = 0.69 \text{ m}$$

$$C = \frac{1}{n}R^{1/6} = \frac{1}{0.026} \times 0.69^{1/6} \text{ m}^{0.5}/\text{s} = 36.2 \text{ m}^{0.5}/\text{s}$$

$$Q = CA\sqrt{Ri} = 36.2 \text{ m}^{0.5}/\text{s} \times 3.56 \text{ m}^2 \times \sqrt{0.69 \text{ m} \times 0.005 \text{ m}} = 7.57 \text{ m}^3/\text{s}$$

4. 明渠的复式断面

平原地区的一些河道，断面形状是由较深的主槽和较浅的河滩组成的复式断面，枯水季节只有主槽过水，到汛期水位才漫过河滩。有些人工渠道的断面形式也采用复式断面，在小流量时只有深槽过水，因而过水断面不至于过于宽浅，如图 7.10 所示。

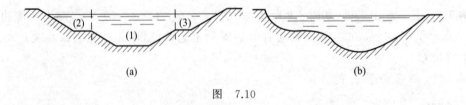

图　7.10

对于复式断面明渠，不能像对单一断面渠道那样采用综合糙率来进行水流阻力的计算。由于滩地的阻力大于主槽的阻力，因而滩地的流速小于主槽的流速，所以不能将全断面作为一个整体进行计算，否则会导致结果不符合实际规律（因为曼宁公式是从单一断面明渠的资料归纳而来的)。因此,可以按水深把整个断面划为几部分,使每一部分在水深的变化范围内湿周和面积没有突变。例如图 7.10(a),用垂线把断面划分成三部分。每一部分可单独按谢才公式计算,但由于整个断面的各部分有一共同的水面,且假定各部分断面的底坡 i 是相同的。因此各部分的流量分别为

$$Q_1 = C_1 A_1 \sqrt{R_1 i} = K_1 \sqrt{i}$$

$$Q_2 = C_2 A_2 \sqrt{R_2 i} = K_2 \sqrt{i}$$

$$Q_3 = C_3 A_3 \sqrt{R_3 i} = K_3 \sqrt{i}$$

整个断面的流量等于各部分流量之和

$$Q = Q_1 + Q_2 + Q_3 = (K_1 + K_2 + K_3) \sqrt{i} \tag{7.20}$$

需要注意,在计算各部分湿周时,不可计入两个相邻部分的垂直分界线。

例 7.6 有一如图 7.11 所示的复式断面渠道,已知:主槽的底部及边坡用干砌块石护面,$m_1 = 1$,$n_1 = 0.030$,$b_1 = 10.0$ m,$h_1 = 2.0$ m;滩地渠道的底部及边坡用重土壤,$m_2 = 1.5$,$n_2 = 0.0225$,$b_2 = 510.0$ m,$h_2 = 1.5$ m;底坡 $i = 0.0003$,求渠中流量 Q 以及断面平均流速 v。

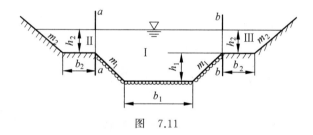

图 7.11

解 用铅直线 a—a 及 b—b 将复式断面分成 Ⅰ、Ⅱ、Ⅲ 三部分,各部分水力要素分别为

$$A_1 = b_1 h_1 + m_1 h_1^2 + (b_1 + 2 m_1 h_1) h_2$$
$$= 10 \text{ m} \times 2 \text{ m} + 1 \times (2 \text{ m})^2 + (10 \text{ m} + 2 \times 1 \times 2 \text{ m}) \times 1.5 \text{ m} = 45 \text{ m}^2$$

$$A_2 = A_3 = b_2 h_2 + \frac{m_2}{2} h_2^2 = 5 \text{ m} \times 1.5 \text{ m} + \frac{1.5}{2} \times (1.5 \text{ m})^2 = 9.19 \text{ m}^2$$

$$A = A_1 + 2 A_2 = 45 \text{ m}^2 + 2 \times 9.19 \text{ m}^2 = 63.38 \text{ m}^2$$

$$\chi_1 = b_1 + 2 h_1 \sqrt{1 + m_1^2} = 10 \text{ m} + 2 \times 2 \text{ m} \times \sqrt{1 + 1^2} = 15.64 \text{ m}$$

$$\chi_2 = \chi_3 = b_2 + h_2 \sqrt{1 + m_2^2} = 5 \text{ m} + 1.5 \text{ m} \times \sqrt{1 + 1.5^2} = 7.7 \text{ m}$$

$$R_1 = A_1 / \chi_1 = \frac{45 \text{ m}^2}{15.64 \text{ m}} = 2.88 \text{ m}$$

$$R_2 = R_3 = A_2 / \chi_2 = \frac{9.19 \text{ m}^2}{7.7 \text{ m}} = 1.19 \text{ m}$$

$$C_1 = \frac{1}{n_1} R_1^{1/6} = \frac{1}{0.03} \times 2.88^{1/6} \text{ m}^{0.5}/\text{s} = 39.76 \text{ m}^{0.5}/\text{s}$$

$$C_2 = C_3 = \frac{1}{n_2} R_2^{1/6} = \frac{1}{0.0225} \times 1.19^{1/6} \text{ m}^{0.5}/\text{s} = 45.8 \text{ m}^{0.5}/\text{s}$$

$$K_1 = C_1 A_1 \sqrt{R_1} = 39.76 \text{ m}^{0.5}/\text{s} \times 45 \text{ m}^2 \times \sqrt{2.88 \text{ m}} = 3036 \text{ m}^3/\text{s}$$

$$K_2 = K_3 = C_2 A_2 \sqrt{R_2} = 45.8 \ \text{m}^{0.5}/\text{s} \times 9.19 \ \text{m}^2 \times \sqrt{1.19 \ \text{m}} = 459 \ \text{m}^3/\text{s}$$

$$Q = (K_1 + K_2 + K_3) \sqrt{i} = 68.49 \ \text{m}^3/\text{s}$$

$$v = Q/A = (68.49 \ \text{m}^3/\text{s})/63.38 \ \text{m}^2 = 1.08 \ \text{m/s}$$

思　考　题

7.1　有两条正坡棱柱体渠道,其中一条渠道的糙率沿流程变化,另一条渠道中建一座水闸,试分析在这两条渠道(指整个渠道)中是否能发生均匀流。

7.2　两条明渠的底坡、底宽和糙率均相同,通过的流量亦相等,断面形状不同,当两条明渠的水流为均匀流时,问这两条明渠中的正常水深是否相等?

7.3　两条渠道的断面形状及尺寸完全相同,通过的流量也相等。试问在下列情况下,两条渠道的正常水深是否相等? 如不等,哪条渠道水深大?

(1) 若糙率 n 相等,但底坡 i 不等($i_1 > i_2$);

(2) 若底坡 i 相等,但糙率 n 不等($n_1 > n_2$)。

习　　题

7.1　已知梯形断面棱柱体渠道,底坡 $i = 0.000\,25$,底宽 $b = 1.5 \ \text{m}$,边坡系数 $m = 1.5$,正常水深 $h_0 = 1.1 \ \text{m}$,糙率 $n = 0.025$,求流量 Q。

7.2　已知梯形断面棱柱体渠道,底宽 $b = 2.0 \ \text{m}$,边坡系数 $m = 1.5$,糙率 $n = 0.025$,当通过流量 $Q = 2.5 \ \text{m}^3/\text{s}$ 时,正常水深 $h_0 = 1.2 \ \text{m}$,试设计渠道底坡 i。

7.3　有一梯形断面棱柱体渠道。已知:底宽 $b = 8 \ \text{m}$,边坡系数 $m = 1.5$,糙率 $n = 0.025$,底坡 $i = 0.0009$,当以均匀流通过流量 $Q = 15 \ \text{m}^3/\text{s}$ 时,求均匀流正常水深 h_0。

7.4　有一复式断面渠道,如图所示,渠道底坡 $i = 0.003$,主槽底宽 $b_1 = 20 \ \text{m}$,边坡系数 $m_1 = 2.5$;两侧滩地宽度相等,$b_2 = b_3 = 30 \ \text{m}$,边坡系数 $m_2 = m_3 = 3.0$。当 $h_1 = 4.0 \ \text{m}$,$h_2 = h_3 = 2.0 \ \text{m}$ 时,主槽的糙率 $n_1 = 0.025$,滩地的糙率 $n_2 = n_3 = 0.03$。求通过运河的流量 Q。

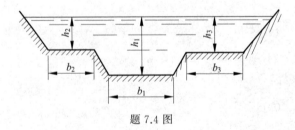

题 7.4 图

7.5　有一非对称的梯形断面渠道,左边墙为直立挡土墙。已知底宽 $b = 5.0 \ \text{m}$,正常水深 $h_0 = 2.0 \ \text{m}$,边坡系数 $m_1 = 1$,$m_2 = 0$,糙率 $n_1 = 0.02$,$n_2 = 0.014$,底坡 $i = 0.0004$。试确定

断面平均流速 v 及流量 Q。

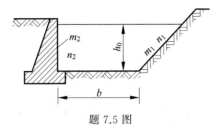

题 7.5 图

第8章
Chapter

明渠非均匀流

8.1 概　　述

　　人工渠道和天然河道中的水流多为明渠非均匀流。明渠非均匀流是指通过明渠的流速和水深沿程变化的流动。其特点是流线不再是相互平行的直线，同一条流线上的流速大小和方向不同，总水头线、水面线（测管水头线）和底坡线三者不平行，因此，它们在单位距离内的降落值，即水力坡度 J、水面线坡度（测压管坡度）J_p 和底坡 i 三者也不相等，即 $J \neq J_p \neq i$。如图 8.1 所示。

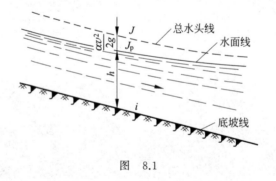

图　8.1

　　产生明渠非均匀流的原因很多：明渠横断面的几何形状或尺寸沿流程改变，底坡或糙率沿流程改变，或在明渠中修建水工建筑物（桥梁、闸、涵洞），都能使明渠水流发生非均匀流动。

　　在明渠非均匀流中，流线是接近于相互平行的直线，或流线间夹角很小、流线的曲率半径很大的水流称为明渠非均匀渐变流。反之为明渠非均匀急变流。

　　本章重点研究明渠非均匀渐变流的基本特性及其水力要素（主要是水深）沿程变化的规律，即是要分析水面曲线的变化及其计算，以便确定明渠边墙高度，以及回水淹没的范围等。确定明渠水面线的形式及其位置，在工程实践中具有很重要的意义。

8.2 明渠水流的流态

8.2.1 缓流、临界流和急流

明渠水流具有自由表面,它与有压流不同,具有独特的水流流态。明渠水流的流态有缓流、临界流和急流。

为了了解明渠水流的流态,可以观察一个简单的水流现象实验。若在静水中沿铅垂方向丢下一块石子,将在水面产生一个微小波动,这个波动以石子落点为中心,以一定的速度 c 向四周传播,平面上形成一连串同心圆的波形,将这种在静水中传播的微波速度称为相对波速。如果水流没有阻力存在,则该扰动引起的波动将会传播到无限远处。由于实际水流存在摩擦阻力,因此在传播过程中,波将逐渐衰减直至消失。若在流动着的明渠水流中投入石子,当水流断面平均流速 v 小于微波相对波速 c 时,波将会以绝对速度 $c'=v-c$ 向上游传播,同时又以绝对速度 $c'=v+c$ 向下游传播,具有这种特征的水流称为缓流。当水流断面平均流速 v 大于或等于微波相对波速 c 时,波将会以绝对速度 $c'=v+c$ 向下游传播,但对上游水流不产生任何影响。把明渠水流速度 v 和微波相对波速 c 相等的水流称为临界流,而把明渠水流速度 v 大于微波相对波速 c 的水流称为急流。通常绝对速度 c' 具有两个值,一个为 $c'_d=v+c$,是指向下游传播的速度,另一个为 $c'_u=v-c$,表示向上游传播的速度。图 8.2(a)、(b)、(c)、(d)分别表示微波在静水、缓流、临界流、急流中传播的情况。

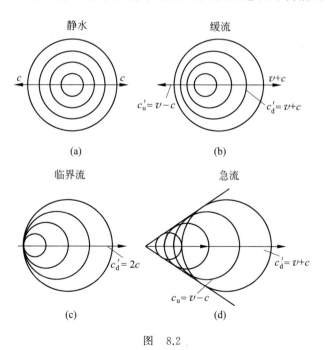

图 8.2

因此可以通过比较水流的断面平均流速 v 和微波相对速度的大小,判断干扰微波是否会往上、下游传播,即可判别水流是属于哪一种流态。

当 $v < c$ 时,干扰波能向上游传播,水流为缓流;

当 $v = c$ 时,干扰波恰不能向上游传播,水流为临界流;

当 $v > c$ 时,干扰波不能向上游传播,水流为急流。

可以通过比较干扰波的波速与水流断面平均流速来判别缓流、临界流和急流,因此先讨论明渠中干扰微波的波速。

8.2.2　明渠中干扰微波的波速

为简单起见,先求平底矩形断面棱柱体渠道静水中的波速。如图 8.3 所示,在平底矩形棱柱体明渠中,渠中水深为 h,宽度为 B,用一竖直平板以一定的速度向右移动一下,在平板的右侧将形成一个干扰微波,微波波高为 Δh,微波以波速 c 向右移动。若观察者以波速 c 随波前进,将看到微波是静止不动的,而水流则以波速 c 向左移动。相对于这个运动坐标系而言,波是静止的,因此水流可作为恒定流,可以应用恒定流的三大方程求解。然而,对动坐标而言,原来相对地面静止的水体,则以波速 c 由右向左流动,如图 8.3(b) 所示。在图 8.3 中,列出断面 1,2 的能量方程,断面 1 选在波峰上,断面 2 取在波峰左边未受波影响的地方。两断面间距很近,可忽略能量损失 h_w。有

$$(h + \Delta h) + \frac{\alpha_1 v_1^2}{2g} = h + \frac{\alpha_2 v_2^2}{2g}$$

式中,$v_2 = c$,而 v_1 为断面 1 的平均流速,Δh 为波高。

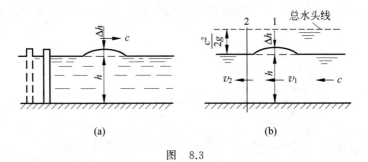

图　8.3

又由连续方程得

$$B(h + \Delta h)v_1 = Bhv_2$$

式中,B 为水面宽。由此解出

$$v_1 = hv_2/(h + \Delta h) = hc/(h + \Delta h)$$

将上式代入能量方程,并取 $\alpha_1 = \alpha_2 = \alpha$,得

$$h + \Delta h + \frac{\alpha c^2}{2g} \frac{h^2}{(h + \Delta h)^2} = h + \frac{\alpha c^2}{2g}$$

移项化简得

$$\frac{\alpha c^2}{2g} \left[\frac{2h + \Delta h}{(h + \Delta h)^2} \right] = 1$$

由此可解得波在静水中传播的速度为

$$c = \pm \sqrt{2g \frac{(h + \Delta h)^2}{\alpha(2h + \Delta h)}} = \pm \sqrt{gh \frac{2\left(1 + \dfrac{\Delta h}{h}\right)^2}{\alpha\left(2 + \dfrac{\Delta h}{h}\right)}} \tag{8.1}$$

式中,"+""−"号只有数学上的意义。

当波高 Δh 远小于水深 h 时,$\dfrac{\Delta h}{h}$ 可忽略不计,将这种波称为微波。若取 $\alpha = 1.0$,则静水中的波速近似地等于

$$c = \sqrt{gh} \tag{8.2}$$

式(8.2)称为拉格朗日波速方程,它表明矩形断面明渠静水中微波传播速度与波所在断面的水深和重力加速度有关。

当棱柱体渠道的断面为非矩形时,式(8.2)可写为

$$c = \sqrt{g \frac{A}{B}} = \sqrt{g\bar{h}} \tag{8.3}$$

式中,$\bar{h}$ 为断面平均水深;$\bar{h} = A/B$,是指把过水断面 A 化作宽为 B 的矩形时对应的水深。

由现场观测和实验,得到更准确的矩形断面棱柱体明渠的波速公式为

$$c = \sqrt{g(h + \Delta h)}$$

有了上述波速公式,可以用干扰波的波速与水流断面平均流速之比来判别缓流、临界流和急流。

作临界流动的水流,其断面平均流速恰好等于干扰波相对波速,即

$$v = c = \sqrt{gh} \quad \text{(矩形断面)}$$

$$v = c = \sqrt{g\bar{h}} \quad \text{(非矩形断面)}$$

或改变上式的写法

$$\frac{v}{\sqrt{gh}} = \frac{c}{\sqrt{gh}} = 1 \quad \text{(矩形断面)}$$

$$\frac{v}{\sqrt{g\bar{h}}} = \frac{c}{\sqrt{g\bar{h}}} = 1 \quad \text{(非矩形断面)}$$

若对 $v/\sqrt{gh}$ 数作量纲分析可知它为无量纲数,称为弗劳德(Froude)数,用符号 Fr 表示。

$$Fr = \frac{v}{\sqrt{g\bar{h}}} \tag{8.4}$$

可用弗劳德数来判别明渠水流的流态:

当 $Fr < 1$ 时,水流为缓流;

当 $Fr = 1$ 时,水流为临界流;

当 $Fr > 1$ 时,水流为急流。

弗劳德数在判断急、缓流方面是一个很重要的判别数,为了加深理解它的物理意义,把它的形式改写为

$$Fr = \frac{v}{\sqrt{g\bar{h}}} = \sqrt{2\frac{\frac{v^2}{2g}}{\bar{h}}}$$

由上式可以看出,弗劳德数是表示过水断面单位重量液体平均动能与平均势能之比的 2 倍开平方。不同的比值,反映不同的水流流态。

还可以从液体质点受力情况来分析弗劳德数的物理意义。设水流中某质点的质量为 dm,它所受的惯性力 $F = dm\,\dfrac{dv}{dt}$,其量纲为 $\left[dm\,\dfrac{dv}{dt}\right] = \rho L^3\,\dfrac{U}{T} = \rho L^2 U^2$,质点所受的重力 $G = g\,dm$,其量纲为 $[g\,dm] = \rho g L^3$。作用在同一质点上的惯性力和重力之比开平方为 $\left[\dfrac{F}{G}\right]^{1/2} = \left(\dfrac{\rho L^2 U^2}{\rho g L^3}\right)^{1/2} = \dfrac{U}{\sqrt{gL}}$,该比值的量纲与弗劳德数相同,所以弗劳德数的力学意义是指水流惯性力和重力之比。当 $Fr = 1$ 时,说明惯性力作用与重力作用相等,水流为临界流;当 $Fr > 1$ 时,惯性力作用大于重力作用,惯性力对水流起主导作用,水流为急流;当 $Fr < 1$ 时,惯性力作用小于重力作用,重力对水流起主导作用,水流为缓流。

8.3 断面单位能量、临界水深、临界底坡

8.3.1 断面单位能量

对于明渠水流中任一过水断面水流的单位机械能可表示为(见图 8.4)

$$E = z + \frac{p}{\rho g} + \frac{\alpha v^2}{2g} \tag{8.5}$$

式中,z 为位置水头,即单位位能;$\dfrac{p}{\rho g}$ 为测压管水头,即单位压能;$\dfrac{\alpha v^2}{2g}$ 为流速水头,即单位动能。

渐变流断面上任意点的 $z + \dfrac{p}{\rho g} = C$(参见图 8.4 中断面 1—1)。若取断面最低点为计算点,则 $z = z_0$,而 $\dfrac{p}{\rho g} = h\cos\theta$,当 θ 较小时,通常当 $\theta \leqslant 6°$ 时,有 $\cos\theta \approx 1$,$\dfrac{p}{\rho g} = h\cos\theta \approx h$,则

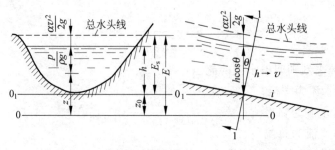

图 8.4

$$z + \frac{p}{\rho g} = z_0 + h \cos\theta \approx z_0 + h$$

式中,z_0 是指断面最低点的高程;h 为断面最大水深。因此明渠中单位机械能表示为

$$E = z_0 + h + \frac{\alpha v^2}{2g} \tag{8.6}$$

式中,断面最低点的高程 z_0 值与基准面的选择有关,与水流运动状态无关;而 h 和 $\frac{\alpha v^2}{2g}$ 却与

水流运动状态有关。$h + \frac{\alpha v^2}{2g}$ 等于以断面最低点为基准面时的单位机械能(参见图 8.4 中的

0_1—0_1),称为断面单位能量(也称为比能),以 E_s 表示,即

$$E_s = h + \frac{\alpha v^2}{2g} = h + \frac{\alpha Q^2}{2g A^2} \tag{8.7}$$

单位机械能与断面单位能量的关系表示为

$$E = z_0 + E_s \tag{8.8}$$

由式(8.8)可知,单位机械能 E 与断面单位能量 E_s 是不同的概念。其区别是:

(1) E 与 E_s 两者相差一个渠底高程,E_s 只是 E 中反映水流运动状况的那一部分能量。

(2) 能量损失的存在使得 E 总是沿流减小的,即 $\frac{dE}{ds} < 0$;但 E_s 却不同,可以沿流减小、不变甚至增大。例如明渠均匀流,由于均匀流的水深和流速均沿程不变,因此 E_s 为常量,即 $\frac{dE_s}{ds} = 0$。

8.3.2 E_s 与 h 的关系(流量一定的条件下)

过水断面面积 A 在流量 Q 及明渠横断面形状尺寸给定的条件下仅是水深 h 的函数,因为流速 $v = Q/A$,所以 v 也是 h 的函数。则由式(8.7)可得

$$E_s = h + \frac{\alpha v^2}{2g} = h + \frac{\alpha Q^2}{2g A^2} = E_s(h)$$

该函数称为断面单位能量函数,把断面单位能量 E_s 看作为 E_{s1} 和 E_{s2} 之和,即 $E_s = E_{s1} + E_{s2}$。其中 $E_{s1} = h = f_1(h)$,$E_{s2} = \frac{\alpha Q^2}{2g A^2} = f_2(h)$,其构成的图形成为断面单位能量曲线,如图 8.5 所示。过水断面面积 A 是水深 h 的函数,当 $h \to 0$ 时,$A \to 0$,$\frac{\alpha Q^2}{2g A^2} \to \infty$,所以 $E_{s1} \to 0$,$E_{s2} \to \infty$,则 $E_s \to \infty$,断面单位能量曲线以 E_s 坐标轴为渐近线。当 $h \to \infty$ 时,$A \to \infty$,$\frac{\alpha Q^2}{2g A^2} \to 0$,所以 $E_{s1} \to \infty$,$E_{s2} \to 0$,则 $E_s \to \infty$,这时,断面单位能量曲线以 45°直线为渐近线。由图可见 E_s-h 曲线上支 ab,断面单位能量随水深增加而增大,而曲线下支 ac,断面单位能量随水深增加而减小,其分界处 $E_s = E_{s\min}$。不同的两支曲线 ab、ac 对应的水流特性不同。

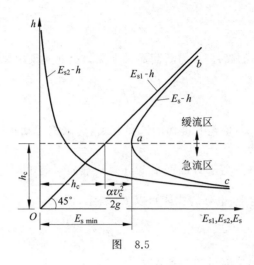

图 8.5

8.3.3　临界水深及其计算

1. 临界水深

临界水深是指断面单位能量 E_s 为最小值 $E_{s\,min}$ 时对应的水深,以 h_c 表示。式(8.7)对水深 h 取导数,并令其等于零,即可求得临界水深所应满足的条件:

$$\frac{\mathrm{d}E_s}{\mathrm{d}h} = \frac{\mathrm{d}}{\mathrm{d}h}\left(h + \frac{\alpha Q^2}{2gA^2}\right) = 1 - \frac{\alpha Q^2}{gA^3}\frac{\mathrm{d}A}{\mathrm{d}h} \tag{8.9}$$

式中,$\dfrac{\mathrm{d}A}{\mathrm{d}h}$ 的意义是:设原过水面积为 A,水面宽度为 B,水深为 h,如图 8.6 所示。若使水深增加 $\mathrm{d}h$,则面积相应地增加 $\mathrm{d}A$。在忽略岸坡的影响条件下,把微分面积 $\mathrm{d}A$ 当作矩形,因此有 $\mathrm{d}A = B\,\mathrm{d}h$,故 $B = \dfrac{\mathrm{d}A}{\mathrm{d}h}$。代入式(8.9),得

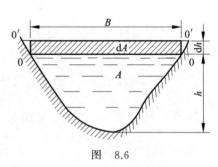

图 8.6

$$\frac{\mathrm{d}E_s}{\mathrm{d}h} = 1 - \frac{\alpha Q^2}{gA^3}B = 1 - \frac{\alpha v^2}{g\bar{h}}$$

$$= 1 - Fr^2 \tag{8.10}$$

式中

$$Fr = \frac{\sqrt{\alpha}\,v}{\sqrt{g\bar{h}}} \tag{8.11}$$

称为弗劳德数。

式(8.11)与式(8.4)定义的 Fr 相比较,式(8.11)Fr 表达式中带有 $\sqrt{\alpha}$,若取 $\alpha = 1.0$,则两式完全一样。

式(8.10)表明,$\dfrac{\mathrm{d}E_s}{\mathrm{d}h}$ 与弗劳德数有关,即与水流流态有关:

① 对于 E_s-h 曲线(如图 8.5 所示)上支 ab,水深变化范围 $h_c<h<\infty$,曲线斜率 $\dfrac{\mathrm{d}E_s}{\mathrm{d}h}>0$,因此 $1-Fr^2>0$,即 $Fr<1$,水流流态为缓流,即 $h>h_c$ 时的流动为缓流;

② 对于 E_s-h 曲线上的 a 点,水深 $h=h_c$,$\dfrac{\mathrm{d}E_s}{\mathrm{d}h}=0$,因此 $1-Fr^2=0$,即 $Fr=1$,水流流态为临界流,即 $h=h_c$ 时的流动为临界流;

③ 对于 E_s-h 曲线下支 ac,水深变化范围 $h_c>h>0$,曲线斜率 $\dfrac{\mathrm{d}E_s}{\mathrm{d}h}<0$,因此 $1-Fr^2<0$,即 $Fr>1$,水流流态为急流,即 $h<h_c$ 时的流动为急流。

因此由以上分析可知,明渠水流流态也可采用临界水深判别:当 $h>h_c$ 时,水流流态为缓流;当 $h=h_c$ 时,水流流态为临界流;当 $h<h_c$ 时,水流流态为急流。

在一定的渠道断面和一定的流量(或断面单位能量)的情况下,E_s-h 曲线是唯一的,所以对应的临界水深也是唯一的。即临界水深 h_c 随流量和渠道断面形状和尺寸而变。

2. 临界水深的计算

$E_s=E_{s\,\min}$ 时对应的水深为临界水深 h_c。由高等数学可知,当 E_s 对水深的一阶导数为零时,即 $\dfrac{\mathrm{d}E_s}{\mathrm{d}h}=0$ 时,可计算出 E_s 的极值。临界水深的水力要素均加下标 c,则式(8.10)可写为

$$\frac{\mathrm{d}E_s}{\mathrm{d}h}=1-\frac{\alpha Q^2}{gA_c^3}B_c=0$$

解得

$$\frac{\alpha Q^2}{g}=\frac{A_c^3}{B_c} \tag{8.12}$$

当流量和过水断面形状及尺寸给定时,应用上式即可求解临界水深 h_c。由式(8.12)可知,临界水深与渠道的底坡 i、糙率 n 无关,只取决于流量和断面形状及尺寸。

(1) 矩形断面明渠临界水深的计算

因为矩形断面渠道在任何水深时水面宽度均等于底宽 b,水深为 h_c,代入式(8.12),得

$$\frac{\alpha Q^2}{g}=\frac{A_c^3}{B_c}=\frac{(bh_c)^3}{b}$$

解上式,得

$$h_c=\sqrt[3]{\frac{\alpha Q^2}{gb^2}}=\sqrt[3]{\frac{\alpha q^2}{g}} \tag{8.13}$$

式中,$q=\dfrac{Q}{b}$ 为单宽流量,单位为 $\mathrm{m^2/s}$。

由式(8.13)还可看出

$$h_c^3=\frac{\alpha q^2}{g}=\frac{\alpha(h_c v_c)^2}{g}$$

故

$$h_c=\frac{\alpha v_c^2}{g}$$

或

$$\frac{\alpha v_{\mathrm{c}}^2}{2g} = \frac{h_{\mathrm{c}}}{2}$$

即在临界流时,断面单位能量

$$E_{\mathrm{s\,min}} = h_{\mathrm{c}} + \frac{\alpha v_{\mathrm{c}}^2}{2g} = h_{\mathrm{c}} + \frac{h_{\mathrm{c}}}{2} = \frac{3}{2}h_{\mathrm{c}}$$

由上式可知,在矩形断面明渠中,临界流动状态水流的流速水头是临界水深的一半;而临界水深则是最小断面单位能量的 2/3。

(2) 任意形状断面明渠临界水深的计算

若明渠断面形状不规则时,其过水断面面积 A 与水深 h_{c} 之间为高次隐函数关系,不能

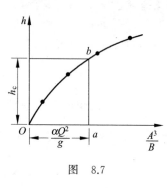

图 8.7

直接求解。对于任意形状的过水断面,对式(8.12)采用试算法求解 h_{c}。试算求解 h_{c} 的步骤:先假设一个 h,求解出对应的 $\dfrac{A^3}{B}$,如果等于 $\dfrac{\alpha Q^2}{g}$ (常数),则假定的 h 即为所求的 h_{c};否则,应另设 h 值重新计算,直至算到二者相等为止。如经三四次试算后,仍未获得满足计算精度的结果,则可绘出 h-$\dfrac{A^3}{B}$ 关系曲线,如图 8.7 所示,在横轴上取 $\dfrac{A^3}{B} = \dfrac{\alpha Q^2}{g}$ 的 a 点作垂线交曲线于 b 点,则 b 点的纵坐标即为所求的 h_{c} 值。

8.3.4 临界底坡

当流量一定时,在断面形状、尺寸、糙率沿程不变的棱柱体明渠中,水流作均匀流,若改变明渠的底坡,相应的均匀流正常水深 h_0 也将随之改变,当底坡 i 增大时,正常水深 h_0 将减小;反之,当 i 减小时,正常水深 h_0 将增大。应用明渠均匀流的计算公式,可由上述条件对不同底坡 i 算出相应的正常水深 h_0,绘制 h_0-i 曲线,如图 8.8 所示。可以看出,明渠发生均匀流时,底坡越大,正常水深越小,二者是反比的关系。当正常水深 h_0 恰好等于临界水深 h_{c} 时,其相应的底坡称为临界底坡,用 i_{c} 表示。

临界底坡的计算可由均匀流方程和临界水深关系式联立求解而得,因此有

$$Q = A_{\mathrm{c}} C_{\mathrm{c}} \sqrt{R_{\mathrm{c}} i_{\mathrm{c}}}$$

$$\frac{\alpha Q^2}{g} = \frac{A_{\mathrm{c}}^3}{B_{\mathrm{c}}}$$

联解以上两式,可得

$$i_{\mathrm{c}} = \frac{g}{\alpha C_{\mathrm{c}}^2} \frac{\chi_{\mathrm{c}}}{B_{\mathrm{c}}} \tag{8.14}$$

式中,B_{c}、χ_{c} 和 C_{c} 分别为相应于临界水深 h_{c} 的水面宽度、湿周及谢才系数。

对于宽浅渠道 $\chi_{\mathrm{c}} \approx B_{\mathrm{c}}$,所以有

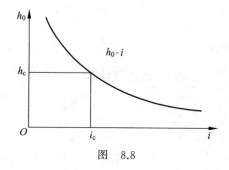

图 8.8

$$i_c = \frac{g}{\alpha C_c^2} \tag{8.15}$$

由式(8.14)可知,临界底坡 i_c 与流量 Q、断面形状和尺寸以及糙率 n 有关。

临界底坡 i_c 与实际底坡 i 无关。将实际底坡 i 与 i_c 相比较:当 $i < i_c$,称 i 为缓坡;当 $i > i_c$,称 i 为陡坡;当 $i = i_c$,称 i 为临界坡。

由图 8.8 可以看出,在明渠发生均匀流时,若 $i < i_c$,则正常水深 $h_0 > h_c$,水流的流动状态是缓流;若 $i > i_c$,则正常水深 $h_0 < h_c$,水流的流动状态为急流。即在均匀流时,在缓坡上水流为缓流,在陡坡上水流为急流,这也说明在明渠作均匀流时,也可以用底坡的类型来判别水流状态。但应注意的是,在明渠发生非均匀流动时,由于边界条件的不同,水流的流动状态就有可能不同。

8.4 两种流态的转换——水跃与水跌

8.4.1 水跃

1. 水跃的产生条件及特点

在 8.3 节的分析中已知明渠中水流的流动状态有缓流和急流,对于不同的明渠底坡、断面形状、流量以及在明渠中的水工建筑物,都可能使水流在明渠中有各种流态组合。当明渠中的水流由急流过渡到缓流时,会产生一种水面突然跃起,在水面上形成一个剧烈旋滚运动的局部水力现象,将这种在较短渠段内水深从小于临界水深急剧地跃升到大于临界水深的局部水力现象称为水跃。水跃的产生条件是水流由急流向缓流过渡,它常发生于闸门、溢流堰、陡槽等泄水建筑物的下游。

如图 8.9 所示的水跃,其上部有一个表面旋滚,旋滚内水流作剧烈的回旋运动,并掺入大量的气泡,滚动翻腾。旋滚之下是断面急剧扩散的水股,称为水跃的主流区。

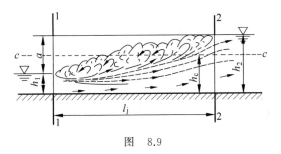

图 8.9

将表面旋滚起始的过水断面 1—1(或水面刚开始上升处的过水断面)称为跃前断面,该断面处的急流水深 h_1 称为跃前水深,在跃前断面水流的流态是急流($h_1 < h_c$)。表面旋滚的终了断面 2—2 称为跃后断面,该断面处的缓流水深 h_2 称为跃后水深,在跃后断面水流的流态是缓流($h_2 > h_c$)。跃后水深和跃前水深之差,即 $a = h_2 - h_1$,称为水跃高度。跃前断面至跃后断面的距离称为水跃长度,用 l_j 表示。

在水跃区段内,水流的紊动、混掺强烈,水力要素急剧变化。在表面旋滚处,水流作强烈的回旋运动,旋滚区与主流区之间质量不断交换,将会产生很大的能量损失。水跃底部的主流区也因断面迅速扩散,质点流速分布迅速调整变化也将产生一定的能量损失,因此水跃的特点是在水跃区段内水流将产生较大的能量损失。在工程实践中,常利用水跃这一特点来消除泄水建筑物下游高速水流的巨大动能,以防止水流冲刷破坏建筑物基础及下游河道。

2. 水跃基本方程与共轭水深关系

水跃跃前水深和跃后水深之间的关系满足水跃基本方程,该方程可以从恒定总流的动量方程推导出来(由于水头损失大小未知,不能采用能量方程)。下面以平坡棱柱形渠道为例推导水跃基本方程。

取断面 1,2 间的区域为控制体积,如图 8.10 斜线部分,分析受力情况。侧壁压力在流动方向上无影响,在推导过程中,作如下假设:由于水跃长度较短,忽略明渠对水流的摩擦阻力 T;跃前与跃后两个过水断面上动水压强符合渐变流规律,即压强按静水压强计算;跃前与跃后两个过水断面上的动量校正系数相等,即 $\beta_1 = \beta_2 = \beta$。

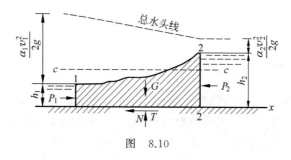

图　8.10

列出动量方程在流动方向上的表达式为

$$\sum F_x = P_1 - P_2 = \beta \rho Q (v_{2x} - v_{1x})$$

即

$$\rho g h_{c1} A_1 - \rho g h_{c2} A_2 = \beta \rho Q (v_2 - v_1)$$

式中,h_{c1},h_{c2} 分别为跃前和跃后断面面积 A_1,A_2 的形心点水深。

注意,形心点的水深 h_c 和临界水深 h_c 均用符号 h_c 表示,但两者含义不同,形心点的水深下标 c 是"形心"centroid 的缩写,临界水深下标 c 是"临界"critical 的缩写。读者在阅读时,可根据上下文自行区别其含义。

用 $v_1 = \dfrac{Q}{A_1}$ 和 $v_2 = \dfrac{Q}{A_2}$,代入上式并整理。得

$$\frac{\beta \rho Q^2}{A_1} + \rho g h_{c1} A_1 = \frac{\beta \rho Q^2}{A_2} + \rho g h_{c2} A_2 \tag{8.16}$$

式(8.16)为平坡棱柱体明渠的水跃基本方程。它表明,单位时间流入跃前断面的动量与该断面动水总压力之和等于流出跃后断面的动量与该断面动水总压力之和。

式(8.16)两边的形式相同,在流量和明渠的断面形状尺寸已知条件下,$\dfrac{\beta \rho Q^2}{A} + \rho g h_c A$ 为水深 h 的函数,因此式(8.16)两边分别为跃前水深 h_1 和跃后水深 h_2 的函数,用 $\theta(h)$ 表示,称为水跃函数,式(8.16)可简写为

$$\theta(h_1) = \theta(h_2) \tag{8.17}$$

式(8.17)表明,在平坡明渠中,水跃前后两断面水跃函数值相等。因此把这两个水深称为共轭水深。跃前水深 h_1 称为第一共轭水深,跃后水深 h_2 称为第二共轭水深。

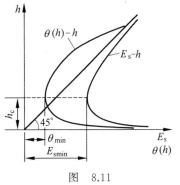

图　8.11

下面分析水跃函数 $\theta(h)$ 的特性。当 $h \to 0$ 时,$A \to 0$,$h_c \to 0$,所以 $\theta(h) = \dfrac{\beta \rho Q^2}{A} + \rho g h_c A \to \infty$。当 $h \to \infty$ 时,$A \to \infty$,$h_c \to \infty$,因此 $\theta(h) = \dfrac{\beta \rho Q^2}{A} + \rho g h_c A \to \infty$。$\theta(h)$-$h$ 关系曲线如图 8.11。

由图 8.11 可知,当水深 h 从 $0 \to \infty$ 时,水跃函数 $\theta(h)$ 从 $\infty \to \infty$。因此水深 h 在 0 与 ∞ 之间的某值时,对应的 $\theta(h)$ 为某一有限值,所以当水深 h 从 $0 \to \infty$ 时,必然存在一个最小值 $\theta(h)_{\min}$。根据 $\dfrac{\mathrm{d}\theta(h)}{\mathrm{d}h} = 0$,可以求得临界水深的表达式 $\dfrac{\alpha Q^2}{g} = \dfrac{A^3}{B}$(证明过程见例 8.1),这就表明 $\theta(h)_{\min}$ 对应的水深恰好也是断面单位能量为极小值 $E_{s\min}$ 时对应的水深,即临界水深 h_c。

例 8.1　证明与 $\theta(h)_{\min}$ 对应的水深即是临界水深。

解　由微分学得知,与 $\theta(h)_{\min}$ 对应的水深所应满足的方程为 $\theta(h)$ 的导数为零,即

$$\frac{\mathrm{d}\theta(h)}{\mathrm{d}h} = \frac{\mathrm{d}\left(\dfrac{Q^2}{gA} + A h_c\right)}{\mathrm{d}h} = -\frac{Q^2 B}{g A^2} + \frac{\mathrm{d}(A h_c)}{\mathrm{d}h} = 0 \tag{a}$$

由图 8.6 可以看出,式中 $A h_c$ 为过水断面面积 A 对水面线 0—0 的静距。为了确定 $\dfrac{\mathrm{d}(A h_c)}{\mathrm{d}h}$,现给予水深一增量 Δh,水面线从而上升至 $0'$—$0'$,则由水深增量所导致的面积静矩增量

$$\Delta(A h_c) = \left[A(h_c + \Delta h) + B \Delta h \frac{\Delta h}{2} \right] - A h_c = \left(A + B \frac{\Delta h}{2} \right) \Delta h$$

上式中方括号内的函数式是以 $0'$—$0'$ 为轴的新面积的静矩。进而

$$\frac{\mathrm{d}(A h_c)}{\mathrm{d}h} = \lim_{\Delta h \to 0} \frac{\Delta(A h_c)}{\Delta h} = \lim_{\Delta h \to 0} \left(A + B \frac{\Delta h}{2} \right) = A$$

将上式代入式(a),得

$$\frac{Q^2}{g} = \frac{A^3}{B}$$

上式与临界水深公式(8.12)相同,因此,与 $\theta(h)_{\min}$ 对应的水深即是临界水深。

3. 水跃共轭水深的计算

(1) 任意形状断面共轭水深的计算

应用水跃方程求解共轭水深时,除断面形状简单的矩形断面外,对于任意形状断面,由于过水断面面积 A 和断面形心点的水深 h_c 都是共轭水深的复杂函数,很难直接由方程解

出。一般采用试算法。

试算法求解共轭水深是先假设一个欲求的共轭水深,代入水跃方程,如假设的水深能满足水跃方程,则该水深即为所求的共轭水深。否则,必须重新假设一个水深重新计算,直至满足水跃方程为止。

(2) 矩形断面明渠共轭水深的计算

在矩形断面明渠中水跃的跃前或跃后水深可以直接由水跃方程求解。设矩形断面宽度为 b,则 $A=bh$,形心点的水深 $h_c=\dfrac{h}{2}$,单宽流量 $q=\dfrac{Q}{b}$,并令 $\beta=1$,代入式(8.16)整理得

$$h_2h_1^2+h_1h_2^2-2q^2/g=0 \tag{8.18}$$

式(8.18)两边同除以 h_1^3,且应用 Fr 的表达式可得

$$\left(\frac{h_2}{h_1}\right)^2+\frac{h_2}{h_1}-2Fr_1^2=0$$

解二次方程可得

$$\frac{h_2}{h_1}=\frac{1}{2}(\sqrt{1+8Fr_1^2}-1) \tag{8.19}$$

或

$$h_2=\frac{h_1}{2}(\sqrt{1+8Fr_1^2}-1) \tag{8.20}$$

同理可得

$$h_1=\frac{h_2}{2}(\sqrt{1+8Fr_2^2}-1) \tag{8.21}$$

式中,Fr_1,Fr_2 分别为跃前断面和跃后断面的弗劳德数。

式(8.20)、式(8.21)适用于平坡矩形断面明渠共轭水深的计算。

4. 棱柱体平坡明渠中水跃长度的确定

在完全水跃(指具有表面旋滚的水跃)的水跃段中,水流紊动强烈,水流的运动要素剧烈变化,底部流速很大。因此,会对渠底部产生冲刷破坏作用。在工程实践中,为避免渠底受到冲刷破坏,在水跃段需设置护坦加以保护,因此水跃长度的确定具有重要的实际意义。由于水跃中水流运动极为复杂,迄今还不能用理论分析的方法分析出比较完善的水跃长度的计算公式。在工程设计中,一般多采用经验公式来确定水跃长度。

(1) 矩形明渠的水跃长度公式

① 吴持恭公式

$$l_j=10(h_2-h_1)Fr_1^{-0.32} \tag{8.22}$$

② 欧勒弗托斯基公式

$$l_j=6.9(h_2-h_1) \tag{8.23}$$

③ 陈椿庭公式

$$l_j=9.4(Fr_1-1)h_1 \tag{8.24}$$

以上各式中,Fr_1 为跃前断面的弗劳德数。

(2) 梯形断面明渠的水跃长度公式

$$l_{\mathrm{j}} = 5h_2\left(1 + 4\sqrt{\frac{B_2 - B_1}{B_1}}\right) \tag{8.25}$$

式中，B_1 及 B_2 分别表示水跃前后断面处的水面宽度。

应当指出的是，计算水跃长度的经验公式很多，而且有时各公式的计算结果相差较大，其主要原因是由于水跃段中水流的紊动强烈，水跃长度是脉动的，这些因素都会影响实验的量测精度，另外，各实验者对跃后断面位置的选取标准也不相同。因此，以上水跃长度的计算公式，一般供初步设计时估算使用。

5. 棱柱体平坡明渠中水跃的能量损失与消能效率

水跃发生后，水流的外形发生了较大变化，形成特有的巨大表面旋滚。同时，水流内部结构也发生剧烈变化，各断面的流速分布急剧调整。如图 8.12 所示，在水跃段的主流区，最大流速靠近底部，在主流与表面旋滚的交界面附近，存在强烈的旋涡，导致水质点激烈地紊动和混掺。水跃的这种水流运动要素的急剧变化和水流质点的强烈紊动、混掺，使得跃前断面水流的大部分动能在水跃段被耗损（转化为热能耗散），此即水跃的能量损失 ΔE。

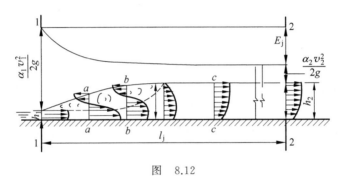

图　8.12

（1）水跃能量损失的计算

以跃前断面 1—1 和跃后断面 2—2 为计算断面，列能量方程，有

$$\Delta E = \left(h_1 + \frac{\alpha_1 v_1^2}{2g}\right) - \left(h_2 + \frac{\alpha_2 v_2^2}{2g}\right) \tag{8.26}$$

对于矩形断面渠道

$$\frac{\alpha_1 v_1^2}{2g} = \frac{\alpha q^2}{2gh_1^2}, \qquad \frac{\alpha_2 v_2^2}{2g} = \frac{\alpha q^2}{2gh_2^2}$$

由式(8.13)得

$$\frac{\alpha q^2}{g} = h_{\mathrm{c}}^3$$

由式(8.16)得

$$h_1 h_2 (h_1 + h_2) = 2h_{\mathrm{c}}^3$$

所以有

$$\frac{\alpha_1 v_1^2}{2g} = \frac{h_2}{4h_1}(h_1 + h_2), \qquad \frac{\alpha_2 v_2^2}{2g} = \frac{h_1}{4h_2}(h_1 + h_2)$$

将上式代入式(8.26)有

$$\Delta E = \frac{(h_2 - h_1)^3}{4 h_1 h_2} \tag{8.27}$$

上式可计算平坡矩形断面渠道水跃能量损失。

（2）水跃的消能效率

水跃的能量损失 ΔE 与跃前断面的单位能量 E 之比称为水跃消能系数，用符号 K_j 表示。

$$K_j = \frac{\Delta E}{E} \tag{8.28}$$

消能系数越大，表示水跃的消能效率就越高。

6. 水跃的分类

实验观察结果表明，水跃的上部并不是在任何情况下都会产生表面旋滚的。当 $1 < Fr_1 < 1.7$ 时，水跃的表面仅为一系列起伏不大的单波，这种形式的水跃称为波状水跃，如图 8.13 所示。由于波状水跃无表面旋滚，故其消能效率极低。而具有表面旋滚的水跃则称为完全水跃。根据水跃的 Fr_1 值的不同，又可将其分为以下类型：当 $1.7 < Fr_1 < 2.5$，水跃表面虽有表面旋滚，但旋滚比较弱小，跃后水面较平稳，这种水跃是弱水跃；当 $2.5 < Fr_1 < 4.5$，这时旋滚随时间摆动不定，水跃不稳定，跃后水面有较大波动并且向下游传播，这种水跃是不稳定水跃；当 $4.5 < Fr_1 < 9.0$，水跃稳定，跃后水面也较平稳，这种水跃是稳定水跃；当 $Fr_1 > 9.0$，跃后产生较大的水面波动且传播到下游很远处，这种水跃是强水跃，水跃消能效率极高。但由于强水跃跃后水面波动较大，因此工程中利用水跃消能时，取用 Fr_1 处于 $4.5 \sim 9.0$ 之间的水跃。

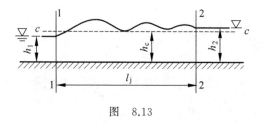

图   8.13

7. 水跃公式的验证

在推导水跃共轭水深关系式时，作了一定的假设，这些做法是否正确，需要有实验的验证。在图 8.14 中，以共轭水深比值 $\eta = \dfrac{h_2}{h_1}$ 为纵坐标，以跃前断面弗劳德数 Fr_1 为横坐标，按式(8.19)绘制理论曲线，然后将平坡矩形断面明渠水跃的实验数据点绘于图中，两相比较，可以看到当 $\eta > 2.5$ 时，η 的实验值与按式(8.20)的计算值相当吻合，说明忽略阻力的假设符合实际情况。但当 $1 < Fr_1 < 1.7$ 时，水面表现出突然的波状升高，称为波状水跃，由于跃后水面有波动，水深 h_2 不易测准，因此缺乏实验数据。

以上为最简单情况下的水跃。在实际工程中会遇到较为复杂的情况，例如断面扩散明

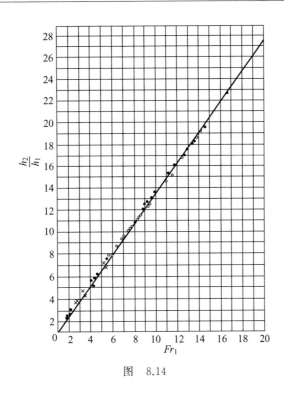

图　8.14

渠中的水跃,斜坡上的水跃等,这些也已有了一定的研究成果,在实际设计中如遇到时可参考有关书籍和文献。

8. 水跃发生的位置和水跃的形式

以溢流坝下泄水流为例,讨论水跃发生的位置和水跃的形式,如图 8.15 所示。水流沿坝面下泄过程中,势能逐渐转换为动能,越往下则流速越大,到达坝趾某断面处,流速最大,水深最小。这个水深最小的断面称为收缩断面,用 c—c 表示,该断面的水深称为收缩断面水深,以 h_{c0} 表示。收缩断面可视为渐变流断面,水流为急流。

由收缩断面的急流通过水跃过渡到下游缓流,水跃发生的位置有三种形式,如图 8.15 所示,图(a),水跃发生在收缩断面的下游,远离收缩断面,称这种水跃为远离水跃;图(b),跃前断面发生在收缩断面处,称该水跃为临界水跃;图(c),收缩断面被淹没,称这种水跃为淹没水跃。

判别水跃发生的位置,假设下游水深 h_t 和收缩断面的水深 h_{c0} 为已知。先假设水跃的跃前断面发生在收缩断面,如图 8.15(b)所示,这时收缩断面水深 h_{c0} 等于跃前水深 h_1,为了区别于其他情况下的跃前水深,将这个水深写为 h_{c01},通过水跃函数关系式,可求得一个相应于 h_{c01} 的跃后水深 h_{c02}。因为下游河道中的水深 h_t 是发生水跃时的实际跃后水深,因此可将 h_t 值与 h_{c02} 值相比较来判别水跃发生的位置和水跃的类型。

(1) 当 $h_t = h_{c02}$,如图 8.15(b),跃前断面正好在收缩断面,称这种水跃为临界水跃。

(2) 当 $h_t < h_{c02}$,如图 8.15(a),由共轭水深的关系可知,跃后水深较小时,对应的跃前水深较大,因此水流从收缩断面起要经过一段急流壅水后,使水深由 h_{c0} 增至 h_1(相应于下游水深 h_t 的跃前水深)再发生水跃,称这种水跃为远离水跃。

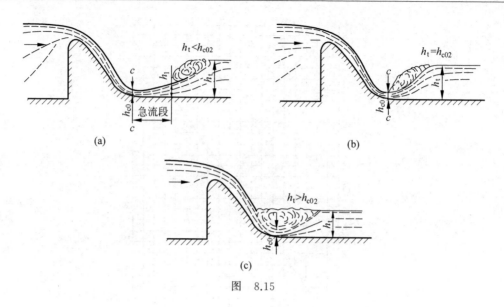

图 8.15

（3）当 $h_t > h_{c02}$，如图 8.15（c），下游水深 h_t 对应一个比 h_{c0} 更小的跃前水深 h_1。而建筑物下游的最小水深是收缩断面水深 h_{c0}，因而不能再找到一个比 h_{c0} 更小的水深，水跃只能淹没收缩断面，形成淹没水跃。

8.4.2 水跃

处于缓流状态的明渠水流，因渠底突然变为陡坡或下游渠道断面形状突然扩大，引起水面降落。水流以临界流动状态通过这个突变的断面，转变为急流。这种从缓流向急流过渡的局部水力现象称为水跃。

下面以一个平坡明渠末端跌坎上的水流为例，根据断面单位能量随水深的变化规律，分析说明水跃发生的必然性。

平坡明渠中的缓流，如图 8.16 所示，在 A 处突遇一跌坎，明渠对水流的阻力在跌坎处消失，水流在重力的作用下作自由跌落。下面讨论跌坎上水面位置，取 0—0 为基准面，则水流的单位机械能 E 等于断面单位能量 E_s。由 E_s-h 关系曲线知，在缓流状态下，水深减小时，断面单位能量减小，当跌坎上水面降落时，水流断面单位能量将沿 E_s-h 曲线从 b 向 c 减小。在重力作用下，坎上水面最低只能降至 c 点，即水流断面单位能量最小时的水深——临界水深 h_c 的位置。如果继续降低，则为急流状态，能量反而增大，这是不可能的。因此跌坎上最小水深只能是临界水深。以上是按渐变流条件分析的结果，跌坎上的理论水面线如图 8.16（a）中虚线所示。而实际上，跌坎处水流为急变流，水流流线弯曲。实验观测得知：坎末端断面水深 h_A 小于临界水深 h_c，$h_c \approx 1.4 h_A$，而临界水深 h_c 发生在坎末端断面上游（3～4）h_c 的位置，其实际水面线如图 8.16 中实线所示。

以上分析了跌坎处的水跃。类似的情况是，在来流为缓流的明渠中，如果底坡突然变陡，将导致下游水流为急流，则临界水深 h_c 将发生且只能发生在底坡突变的断面处，如图 8.17 所示。

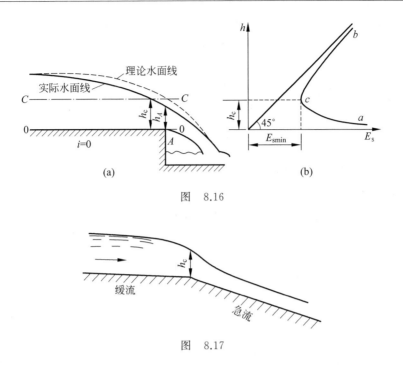

图 8.16

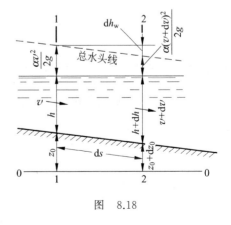

图 8.17

由前面的分析知道临界水深 h_c 仅与流量和断面形状有关,即在断面形状一定的情况下,流量 Q 与水深 h(临界水深 h_c)一一对应。因此,在跌坎、变坡或卡口的上游附近设立测流断面,可以得到稳定的水位流量关系。

8.5 棱柱体明渠水面曲线微分方程

在底坡为 i 的明渠渐变流中(见图 8.18),沿水流方向任取一微分流段 ds,通过的流量为 Q,基准面为 0—0。设上游断面水位为 z,水深为 h,断面平均流速为 v,渠底高程为 z_0;由于非均匀流中各种水力要素沿流程改变,故微分流段下游断面 2 的渠底高程为 $z_0 + dz_0$,水深为 $h + dh$,平均流速为 $v + dv$。明渠水流表面为大气压,故 $p_1 = p_2 = 0$,两断面间水头损失为 dh_w。可对微分流段的上、下游断面建立能量方程:

$$z_0 + h + \frac{\alpha v^2}{2g} = (z_0 + dz_0) + (h + dh) + \frac{\alpha (v + dv)^2}{2g} + dh_w$$

图 8.18

式中,

$$\frac{\alpha(v+\mathrm{d}v)^2}{2g} = \frac{\alpha}{2g}[v^2 + 2v\mathrm{d}v + (\mathrm{d}v)^2]$$

$$= \frac{\alpha}{2g}[v^2 + \mathrm{d}v^2 + (\mathrm{d}v)^2]$$

略去高阶微量 $(\mathrm{d}v)^2$，并将上式代入能量方程并化简，可得

$$\mathrm{d}z_0 + \mathrm{d}h + \mathrm{d}\left(\frac{\alpha v^2}{2g}\right) + \mathrm{d}h_\mathrm{w} = 0$$

上式两边同除以 $\mathrm{d}s$，得

$$\frac{\mathrm{d}z_0}{\mathrm{d}s} + \frac{\mathrm{d}h}{\mathrm{d}s} + \frac{\mathrm{d}}{\mathrm{d}s}\left(\frac{\alpha v^2}{2g}\right) + \frac{\mathrm{d}h_\mathrm{w}}{\mathrm{d}s} = 0 \tag{8.29}$$

式中，

(1) 由于底坡 $i = \dfrac{z_0 - (z_0 + \mathrm{d}z_0)}{\mathrm{d}s} = -\dfrac{\mathrm{d}z_0}{\mathrm{d}s}$，所以有 $\dfrac{\mathrm{d}z_0}{\mathrm{d}s} = -i$；

(2) $\dfrac{\mathrm{d}}{\mathrm{d}s}\left(\dfrac{\alpha v^2}{2g}\right)$ 表示微分流段内流速水头增量沿程变化率，

$$\frac{\mathrm{d}}{\mathrm{d}s}\left(\frac{\alpha v^2}{2g}\right) = \frac{\mathrm{d}}{\mathrm{d}s}\left(\frac{\alpha Q^2}{2gA^2}\right) = -\frac{\alpha Q^2}{gA^3}\frac{\mathrm{d}A}{\mathrm{d}s},$$

由于 $\mathrm{d}A = B\mathrm{d}h$，所以 $\dfrac{\mathrm{d}}{\mathrm{d}s}\left(\dfrac{\alpha v^2}{2g}\right) = -\dfrac{\alpha Q^2 B}{gA^3}\dfrac{\mathrm{d}h}{\mathrm{d}s} = -Fr^2\dfrac{\mathrm{d}h}{\mathrm{d}s}$。

(3) $\dfrac{\mathrm{d}h_\mathrm{w}}{\mathrm{d}s}$ 为单位距离的水头损失，即水力坡度。$\mathrm{d}h_\mathrm{w}$ 表示微分流段内的水头损失，包括微分流段内的沿程水头损失 $\mathrm{d}h_\mathrm{f}$ 和局部水头损失 $\mathrm{d}h_\mathrm{j}$。目前对于明渠非均匀渐变流的沿程水头损失一般都近似地采用均匀流谢才公式进行计算，即令 $\mathrm{d}h_\mathrm{f} = \dfrac{Q^2}{K^2}\mathrm{d}s$ 或 $\mathrm{d}h_\mathrm{f} = \dfrac{v^2}{C^2R}\mathrm{d}s$，为了减小计算误差，可将式中的 K, v, C, R 等值取上、下游断面的平均值。对于局部水头损失，一般令 $\mathrm{d}h_\mathrm{j} = \zeta\mathrm{d}\left(\dfrac{v^2}{2g}\right)$，在棱柱体人工渠道中，$\mathrm{d}h_\mathrm{j} = 0$，在非棱柱体渠道或天然河道中，收缩、扩散或弯曲不大的流段，可以忽略 $\mathrm{d}h_\mathrm{j}$，所以 $\dfrac{\mathrm{d}h_\mathrm{w}}{\mathrm{d}s} = J = \dfrac{Q^2}{K^2}$。

将以上三个关系代入式(8.29)，得

$$-i + \frac{\mathrm{d}h}{\mathrm{d}s} - Fr^2\frac{\mathrm{d}h}{\mathrm{d}s} + \frac{Q^2}{K^2} = 0$$

整理后得

$$\frac{\mathrm{d}h}{\mathrm{d}s} = \frac{i - \dfrac{Q^2}{K^2}}{1 - Fr^2} \tag{8.30}$$

式(8.30)为棱柱体明渠恒定渐变流微分方程，它反映水深沿程变化规律，可用来分析水面曲线的形状。

8.6 棱柱体明渠水面曲线形状分析

明渠渐变流水面曲线比较复杂,当棱柱体明渠通过一定的流量时,由于明渠底坡不同,明渠内水工建筑物的影响或明渠进出口边界条件所形成的控制水深不同,可以形成不同类型的水面线。分析水面曲线,主要是分析水深沿流程的变化趋势。对于均匀流,流速沿程不变,水深 h_0 沿程不变,如图 8.19(c);而明渠中的非均匀流有减速与加速流动,对应的水面线也分两类:减速流动水深沿程增加,$\dfrac{\mathrm{d}h}{\mathrm{d}s}>0$,水面曲线为壅水曲线,如图 8.19(a);加速流动水深沿程减小,$\dfrac{\mathrm{d}h}{\mathrm{d}s}<0$,水面曲线为降水曲线,如图 8.19(b);当 $\dfrac{\mathrm{d}h}{\mathrm{d}s}\to0$ 时,水流趋于均匀流,当 $\dfrac{\mathrm{d}h}{\mathrm{d}s}=i$ 时,表示水深沿程增加率与底坡相等,这时水面曲线为水平线,如图 8.19(d);当 $\dfrac{\mathrm{d}h}{\mathrm{d}s}\to i$ 时,表示水面曲线以水平线为渐近线;当 $\dfrac{\mathrm{d}h}{\mathrm{d}s}\to\infty$ 时,表示水深在某处有突变,即水面曲线的切线与流向垂直,如图 8.19(e)。实际上,水深发生突变,水流已不属于渐变流,而是水流突变的水跃或水跌等急变流。为了便于分析和掌握水面曲线,需要对其进行分类。

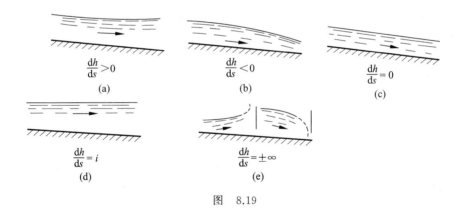

图 8.19

8.6.1 水面曲线的类型

水面曲线的主要边界条件是明渠的底坡,不同底坡上发生不同类型的水面曲线。因此,我们先将明渠按底坡性质分为三种情况:正坡($i>0$),平坡($i=0$)和负坡($i<0$)。正坡明渠,根据其底坡 i 与临界底坡 i_c 的关系,又可分为缓坡($i<i_c$),陡坡($i>i_c$)和临界坡($i=i_c$)三种情况。所以明渠底坡共有 5 种类型:缓坡、陡坡、临界坡、平坡和负坡。

1. 流区的划分

明渠非均匀流的水深是沿程变化的,水深可能沿程增加也可能沿程减小。为了讨论水面曲线变化的规律,先把 5 种类型底坡上的流动区域进行划分。

对于正坡棱柱体明渠，当流量一定时，水流有可能作均匀流动，因而存在沿流程不变的正常水深 h_0。正常水深线平行于渠道的底坡线，正常水深线以符号 $N—N$ 表示。在棱柱体明渠中，当流量一定时，可根据流量、断面形状、尺寸得到临界水深 h_c。临界水深线平行于渠道的底坡线，将临界水深线以符号 $C—C$ 表示。当水面曲线位于临界水深线之上时，为缓流；当水面曲线位于临界水深线之下时，为急流。在临界坡渠道上，$i=i_c$，$h_0=h_c$，$N—N$ 线与 $C—C$ 线重合。因此，在临界坡渠道上可以将流动区域划分为 2 个区。根据均匀流时底坡与正常水深的关系，如图 8.8，正常水深 h_0 随底坡的增大而减小。因此，在缓坡渠道上，$i<i_c$，$h_0>h_c$，$N—N$ 线位于 $C—C$ 线之上；在陡坡渠道上，$i>i_c$，$h_0<h_c$，$N—N$ 线位于 $C—C$ 线之下。据此，缓坡渠道和陡坡渠道上的流动区域均可划分为 3 个区。

由于平坡和负坡渠道不可能产生均匀流，可以想象为 $h_0\rightarrow\infty$，即 $N—N$ 线离渠底上方无穷远处。但平坡和负坡存在临界水深，有 $C—C$ 线。因此，平坡渠道和负坡渠道上的流动区域均可划分为 2 个区。根据 5 种底坡上的正常水深 $N—N$ 线和临界水深 $C—C$ 线共划分有 12 个区。规定水面曲线在 $N—N$ 线和 $C—C$ 线之上的区域称为 1 区，在二者之间的区域称为 2 区，在二者之下的区域称为 3 区。分别将在不同底坡上发生的水面曲线型号标以下角标 1，2，3 表示。

2. 水面曲线的分类

不同的底坡分别采用不同符号表示，缓坡上用 M，陡坡上用 S，临界坡上用 C，平坡上用 H，负坡上用 A 表示。因为每一个流动区域仅可能出现一种类型的水面曲线，所以在 5 种底坡上产生的水面曲线有 12 种型号，分别为：缓坡上的 M_1 型、M_2 型、M_3 型水面曲线；陡坡上的 S_1 型、S_2 型、S_3 型水面曲线；临界坡上的 C_1 型、C_3 型水面曲线；平坡上的 H_2 型、H_3 型水面曲线；负坡上的 A_2 型、A_3 型水面曲线。如图 8.20 所示。

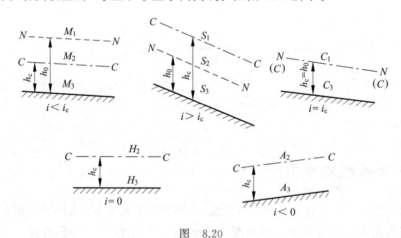

图　8.20

8.6.2　水面曲线的定性分析

采用棱柱体明渠恒定渐变流微分方程对水面曲线进行分析，正坡明渠中的流量用均匀流公式表示,即 $Q = K_0 \sqrt{i}$,其中 K_0 是对应于正常水深 h_0 的流量模数,将该关系代入式(8.30),可得

$$\frac{\mathrm{d}h}{\mathrm{d}s} = i \frac{1 - \left(\dfrac{K_0}{K}\right)^2}{1 - Fr^2} \tag{8.31}$$

上式表明:水深沿程的变化主要受到底坡 i、弗劳德数 Fr 及水流的非均匀程度 K_0/K 等因素的影响。可用式(8.31)作水面曲线的分析。

缓坡($i < i_c$)

(1) M_1 区。水深 h 大于临界水深 h_c,也大于正常水深 h_0。在式(8.31)中,$h > h_c$,$Fr < 1$,$1 - Fr^2 > 0$;而 $h > h_0$,$K > K_0$,$K_0/K < 1$,$1 - (K_0/K)^2 > 0$,所以 $\mathrm{d}h/\mathrm{d}s > 0$,水深沿程增加。$M_1$ 型水面曲线为壅水曲线。

M_1 型水面曲线两端的趋势:往上游,水深减小,$h \rightarrow h_0$,$K \rightarrow K_0$,$1 - (K_0/K)^2 \rightarrow 0$,$h > h_c$,水流为缓流,$Fr < 1$,$1 - Fr^2 > 0$,所以 $\mathrm{d}h/\mathrm{d}s \rightarrow 0$,表明 M_1 型水面线上游以 N—N 线为渐近线;往下游,水深增加,$h \rightarrow \infty$,$K \rightarrow \infty$,$1 - (K_0/K)^2 \rightarrow 1$,$Fr^2 = \dfrac{Q^2}{gA^3} B = \dfrac{v^2}{gh} \rightarrow 0$,$1 - Fr^2 \rightarrow 1$,因此 $\mathrm{d}h/\mathrm{d}s \rightarrow i$,水流为缓流,表明 M_1 型水面线下游以水平线为渐近线。如图 8.21(a)所示。

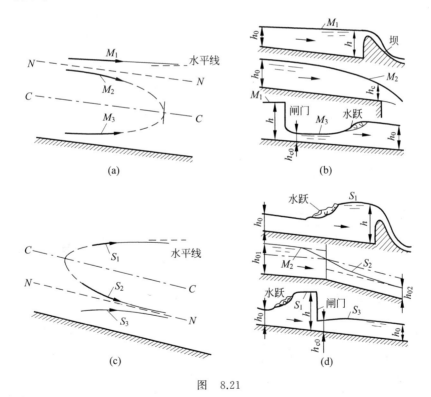

图 8.21

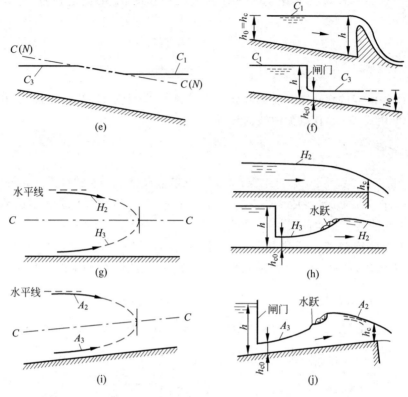

图 8.21(续)

（2）M_2 区。水深 h 大于临界水深 h_c，小于正常水深 h_0。在式（8.31）中，$h>h_c$，水流为缓流，$Fr<1,1-Fr^2>0$；而 $h<h_0$，$K<K_0$，$\dfrac{K_0}{K}>1$，$1-\left(\dfrac{K_0}{K}\right)^2<0$，所以 $\dfrac{\mathrm{d}h}{\mathrm{d}s}<0$，水深沿程减小。$M_2$ 型水面曲线为降水曲线。

M_2 型水面曲线两端的趋势：往上游，水深增加，$h\to h_0$，$K\to K_0$，$1-\left(\dfrac{K_0}{K}\right)^2\to0$，所以 $\dfrac{\mathrm{d}h}{\mathrm{d}s}\to0$，表明 M_2 型水面线上游以 N—N 线为渐近线；往下游，水深减少，$h\to h_c$，$Fr\to1$，$1-Fr^2\to0$，$h<h_0$，$K<K_0$，$1-\left(\dfrac{K_0}{K}\right)^2<0$，因此 $\dfrac{\mathrm{d}h}{\mathrm{d}s}\to-\infty$，表明 M_2 型水面线下游与 c—c 线有垂直的趋势。如图 8.21(a)所示。

（3）M_3 区。水深 h 同时小于临界水深 h_c 和小于正常水深 h_0。在式（8.31）中，$h<h_c$，水流为急流，$Fr>1,1-Fr^2<0$；而 $h<h_0$，$K<K_0$，$\dfrac{K_0}{K}>1$，$1-\left(\dfrac{K_0}{K}\right)^2<0$，所以 $\dfrac{\mathrm{d}h}{\mathrm{d}s}>0$，水深沿程增加。$M_3$ 型水面曲线为壅水曲线。如图 8.21(a)所示。

M_3 型水面曲线两端的趋势：往上游，水深减小，但是明渠中只要有流量通过，水深就不会为零，所以没有必要讨论 $h\to0$ 的趋势，上游的最小水深常常是受具体的来流条件控制；往下游，水深增加，$h\to h_c$，$Fr\to1$，$1-Fr^2\to0$，因此 $\dfrac{\mathrm{d}h}{\mathrm{d}s}\to\infty$，表明 M_3 型水面线下游有与

$C—C$ 线垂直的趋势。

对于陡坡、临界坡、平底以及负坡渠道上的水面曲线形式,均可采用类似方法分析,因此不再一一讨论。各类水面曲线的形式及实例列于图 8.21 中供参考。

8.6.3　水面曲线的共同规律及控制断面与控制水深的选取

1. 水面曲线的共同规律

根据图 8.21 可以得出棱柱形明渠中恒定渐变流水面曲线的共同规律。

(1) 发生在 1、3 区的均为壅水曲线,2 区的均为降水曲线;

(2) 当水深接近正常水深时,水面线以 $N—N$ 线为渐近线;

(3) 当水深接近临界水深时,水面线在理论上垂直于临界水深线 $C—C$ 线,但此时的水流已不符合渐变流条件,而是属于急变流。

需要注意,除了临界坡渠道外,水面线不能在同一段渠道上以渐变流的形式过渡到其他区域,从急流过渡到缓流时将发生水跃,从缓流过渡到急流时将发生水跌(临界水深位于转折断面上),在长直正坡渠道上,水面线在远离干扰处将逐渐趋于均匀流正常水深($N—N$线)。

2. 控制断面与控制水深的选取

控制断面是指渠道中位置、水深已知的断面。对水面曲线进行分析和计算时,是以控制断面为分析和计算水面曲线的起点。控制断面的水深称为控制水深,控制水深位于哪一个区域,对应的水面曲线就发生于该区域,所以可以确定水面曲线的类型。控制水深小于临界水深时,流态为急流,由急流的性质知:干扰微波不能向上游传播,上游不受影响,因此控制断面取在上游,是下游水面曲线的起点;控制水深大于临界水深时,流态为缓流,扰动影响可以向上游传播,因此控制断面应取在下游,为上游水面曲线的起点。

常见的控制断面和控制水深有以下几种:

(1) 在闸坝泄水建筑物上、下游以闸坝前断面的水深 h 以及闸坝下游收缩断面水深 h_{c0} 为控制水深;

(2) 在明渠跌坎或底坡变陡时,水流由缓流变为急流,产生水跌,水面线必须通过临界水深 h_c,以 h_c 为控制水深;

(3) 充分长的正坡棱柱型渠道,未受干扰处以正常水深 h_0 为控制水深。

例 8.2　如图 8.22 所示,一缓坡渠道下游接一陡坡渠道,两段渠道均充分长,分析其水面曲线类型。

解　两段渠道的水面线在远处均趋于正常水深,分别为缓流和急流,以水跌衔接;转折断面同时为上、下游水面曲线的控制断面,控制水深为 h_c,在上游渠道形成 M_2 型水面曲线,下游渠道为 S_2 型水面曲线。图中两虚线为不正确的水面线。

例 8.3　缓坡渠道中有一个溢流堰,如图 8.23 所示,堰前水深壅高,堰下游形成收缩断面,收缩断面水深为 h_{c0},缓坡渠道临界水深为 h_c,$h_{c0} < h_c$。试定性绘出渠道中的水面曲线。

解　由于堰前水深大于正常水深,上游形成 M_1 型水面曲线,下游从收缩断面开始,由

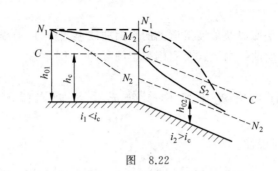

图   8.22

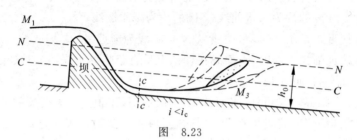

图   8.23

已知 $h_{c0} < h_c$ 可判断形成 M_3 型水面曲线。如果下游渠道足够长，远处应为正常水深，因而 M_3 型水面曲线末端将产生一个水跃，与下游的正常水深衔接，图中两虚线为不正确的水面线。

8.7   明渠水面曲线计算

以上对水面曲线的进行定性分析后，现在介绍它的计算，可由计算结果绘出水面曲线，从而满足工程实践的要求。

水面曲线计算的主要内容是确定任意两断面的水深及其距离，然后进行水面曲线绘制。在进行计算之前，先要对水面曲线进行定性分析，判别水面曲线的类型，然后从控制断面（已知水深）开始计算。对水面曲线进行定量计算方法有数值积分法、分段求和法、水力指数法

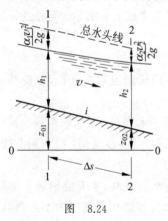

图   8.24

等。本节介绍工程实践中常用的分段求和法。这种计算方法简单实用，且对棱柱体明渠和非棱柱体明渠均适用。

如图 8.24，明渠中水流为渐变流，底坡为 i，对断面 1 和断面 2 列能量方程

$$z_{01} + h_1 + \frac{\alpha_1 v_1^2}{2g} = z_{02} + h_2 + \frac{\alpha_2 v_2^2}{2g} + h_w$$

式中，$h_w = h_f = \bar{J}\Delta s$，$\bar{J} = \dfrac{\bar{v}^2}{\bar{C}^2 \bar{R}^2}$，而 $\bar{v}$、$\bar{C}$ 及 $\bar{R}$ 均为两个断面的平均值：$\bar{v} = \dfrac{1}{2}(v_1 + v_2)$，$\bar{R} = \dfrac{1}{2}(R_1 + R_2)$，$\bar{C} = \dfrac{1}{2}(C_1 + C_2)$。由底坡定义知 $z_{01} - z_{02} = i\Delta s$，代入上式化简后得

$$\Delta s = \frac{\left(h_2 + \frac{\alpha_2 v_2^2}{2g}\right) - \left(h_1 + \frac{\alpha_1 v_1^2}{2g}\right)}{i - \overline{J}} = \frac{E_{s2} - E_{s1}}{i - \overline{J}} = \frac{\Delta E_s}{i - \overline{J}} \tag{8.32}$$

上式为分段求和法的计算公式。

对水面曲线进行分段求和法计算,可根据渠道种类不同,有两种不同的计算方法,具体介绍如下。

1. 棱柱体渠道的水面曲线计算

其计算步骤如下:

(1) 确定控制断面并分析水面曲线类型。

(2) 以控制断面的水深作为第一计算流段的已知水深 h_1,由已知的渠道断面形状、尺寸及流量,计算 v_1 和 E_{s1}。

(3) 设流段另一端断面的水深 h_2,由已知的渠道断面形状、尺寸及流量,计算 v_2 和 E_{s2}。

(4) 由 h_1, h_2 及已知的 n 计算得到 R_1, R_2, C_1 及 C_2,求得 $\overline{v}$, $\overline{R}$ 及 $\overline{C}$ 从而求得 $\overline{J}$。

(5) 将以上计算得到的 E_{s1}, E_{s2}, $\overline{J}$ 以及已知的底坡 i 代入式(8.32),可计算得到第一计算流段的长度 Δs_1。

(6) 以 h_2 作为第二计算流段的已知水深,按以上相同的方法假设该流段另一端断面的水深 h_3,由式(8.32)算出第二计算流段的长度 Δs_2。如此逐段计算可求得各流段的长度及相应断面的水深。

(7) 将计算结果 $(h_i, \Delta s_i)$ 按比例绘出水面曲线。

2. 非棱柱体渠道的水面曲线计算

由于非棱柱体渠道的断面形状及尺寸是沿程变化的,断面上各水力要素均为水深 h 和断面位置 s 的函数,因此,以上计算方法无法用来进行非棱柱体渠道的水面曲线计算,只能由式(8.32)采用试算求解。具体步骤如下:

(1) 确定控制断面。

(2) 对渠道进行分段,段长为 Δs。

(3) 由第一流段长度 Δs_1,便可定出断面 2 的形状和尺寸。设断面 2 的水深 h_2,再按照棱柱体渠道的水面曲线计算步骤(2)~(6),可计算得到 $\Delta s_{1计算}$,如算出 $\Delta s_{1计算}$ 值与给定的 Δs_1 值相等(或很接近),则所设的 h_2 即为所求。否则重新设 h_2,再算 $\Delta s_{1计算}$,直至计算值 $\Delta s_{1计算}$ 与给定值 Δs_1 相等(或很接近)为止。这样,便算好了一个断面水深。

(4) 将上面算好的断面水深作为已知断面水深,并取第二流段,并设水深 h_3,重复以上试算过程直到所有断面的水深均求出为止。为保证计算精度,所取的 Δs 不能太长。

例 8.4　一末端设有闸门的长直棱柱体梯形明渠,如图 8.25 所示。渠道长 $l = 41\,000$ m,底坡 $i = 0.0001$,底宽 $b = 20$ m,边坡系数 $m = 2.5$,糙率 $n = 0.0225$。当渠道通过的流量 $Q = 160$ m³/s 时,渠道末端水深 $h = 6.0$ m,试计算、绘制水面曲线并确定渠首水深。

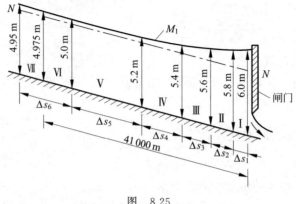

图　8.25

解　1. 判别水面曲线类型

根据均匀流公式和临界水深计算公式,计算得到均匀流正常水深 $h_0 = 4.8$ m,临界水深 $h_c = 1.73$ m。因 $h_0 > h_c$,则渠道底坡为缓坡,又因渠末水深 $h = 6.0$ m $> h_0 > h_c$,水面位于缓坡的 M_1 区,所以渠道中发生 M_1 型水面曲线。

2. 水面曲线计算

已知渠道末端水深 $h = 6.0$ m,以该断面作为控制断面,假设一系列的上游断面水深 h 为 5.8,5.6,5.4,5.2,5.0 及 4.95 m,应用式(8.32)逐段向上推算,即可求得各相应流段的长度 Δs,再由已知的渠道长度求出渠首的水深 $h_{首}$。具体计算如下:

已知第 I 流段断面 1 和 2 的水深分别为 $h_1 = 5.8$ m,$h_2 = 6.0$ m,求流段长度 Δs_1,计算时取 $\alpha_1 = \alpha_2 = 1$。

(1) 计算断面 1 和断面 2 的断面单位能量 E_{s1} 和 E_{s2}。

$$A_1 = (b_1 + mh_1)h_1 = (20 \text{ m} + 2.5 \times 5.8 \text{ m}) \times 5.8 \text{ m} = 200 \text{ m}^2$$

$$v_1 = \frac{Q}{A_1} = \frac{160 \text{ m}^3/\text{s}}{200 \text{ m}^2} = 0.8 \text{ m/s}$$

$$\frac{\alpha_1 v_1^2}{2g} = \frac{1 \times (0.8 \text{ m/s})^2}{2 \times 9.81 \text{ m/s}^2} = 0.033 \text{ m}$$

$$E_{s1} = h_1 + \frac{\alpha_1 v_1^2}{2g} = 5.8 \text{ m} + 0.033 \text{ m} = 5.833 \text{ m}$$

同样可算得

$$h_2 = 6.0 \text{ m 时}, \quad A_2 = 210 \text{ m}^2, \quad v_2 = 0.762 \text{ m/s}, \quad E_{s2} = 6.03 \text{ m}$$

(2) 计算平均水力坡度 $\bar{J}$。

$$\bar{v} = \frac{1}{2}(v_1 + v_2) = \frac{1}{2} \times (0.8 + 0.762) \text{ m/s} = 0.781 \text{ m/s}$$

$$\chi_1 = b + 2h\sqrt{1 + m^2} = 20 \text{ m} + 2 \times 5.8 \text{ m} \times \sqrt{1 + 2.5^2} = 51.2 \text{ m}$$

$$R_1 = \frac{A_1}{\chi_1} = \frac{200 \text{ m}^2}{51.2 \text{ m}} = 3.9 \text{ m}, \quad C_1 = \frac{1}{n}R_1^{\frac{1}{6}} = \frac{1}{0.0225} \times 3.9^{\frac{1}{6}} \text{ m}^{0.5}/\text{s} = 55.7 \text{ m}^{0.5}/\text{s}$$

同样可算得

$$\chi_2 = 52.3 \text{ m}, \quad R_2 = 4.01 \text{ m}, \quad C_2 = 56 \text{ m}^{0.5}/\text{s}$$

所以

$$\bar{R} = \frac{1}{2}(R_1 + R_2) = \frac{1}{2} \times (3.9 + 4.01) \text{ m} = 3.955 \text{ m}$$

$$\bar{C} = \frac{1}{2}(C_1 + C_2) = \frac{1}{2} \times (55.7 + 56.0) \text{ m}^{0.5}/\text{s} = 55.85 \text{ m}^{0.5}/\text{s}$$

$$\bar{J} = \frac{\bar{v}^2}{\bar{C}^2 \bar{R}} = \frac{(0.781 \text{ m/s})^2}{(55.85 \text{ m}^{0.5}/\text{s})^2 \times 3.955 \text{ m}} = 0.000\,049\,3$$

(3) 计算、绘制水面曲线,确定渠首水深。

第 I 流段长度为

$$\Delta s = \frac{E_{s2} - E_{s1}}{i - \bar{J}} = \frac{6.03 \text{ m} - 5.833 \text{ m}}{0.0001 - 0.000\,049\,3} = 3885 \text{ m} = 3.89 \text{ km}$$

以第 I 流段长度 $\Delta s_1 = 3.89$ m 处的水深 $h_2 = 5.8$ m 作为第 II 流段的控制断面水深,再假设 $h_1 = 5.6$ m,重复以上的计算过程,又可求得第 II 流段的长度 Δs_2。如此逐段计算,即可求得各相应流段的长度 $\Delta s_3, \Delta s_4, \cdots$ 及累加长度 $\sum \Delta s$。计算结果列于表 8.1。

表 8.1 分段求和法计算棱柱体明渠水面曲线

断面	h/m	A/m²	χ/m	R/m	C/(m^{1/2}/s)	v/(m/s)	$\frac{\alpha v^2}{2g}$/m	E_s/m
1	6.00	210.0	52.30	4.01	56.00	0.762	0.030	6.030
2	5.80	200.0	51.20	3.90	55.70	0.800	0.033	5.833
3	5.60	190.5	49.90	3.82	55.50	0.840	0.036	5.636
4	5.40	181.0	49.10	3.68	55.20	0.884	0.040	5.440
5	5.20	171.6	48.00	3.57	54.90	0.932	0.044	5.244
6	5.00	162.5	46.90	3.46	54.70	0.984	0.049	5.049
7	4.95	160.4	46.56	3.44	54.60	0.997	0.051	5.001

断面	ΔE_s/m	$\bar{v}$/(m/s)	$\bar{R}$/m	$\bar{C}$(m^{1/2}/s)	$\bar{J}/10^{-5}$	$i - \bar{J}$	Δs/km	$\sum \Delta s$/km
1								
2	0.197	0.781	3.955	55.85	4.93	5.07×10^{-5}	3.89	3.89
3	0.197	0.820	3.860	55.60	5.53	4.47×10^{-5}	4.41	8.30
4	0.196	0.862	3.750	55.35	6.47	3.53×10^{-5}	5.55	13.85
5	0.196	0.903	3.625	55.05	7.48	2.52×10^{-5}	7.78	21.63
6	0.195	0.958	3.515	54.80	8.66	1.34×10^{-5}	14.6	36.18
7	0.048	0.991	3.450	54.65	9.56	4.400×10^2	10.9	47.19

根据表 8.1 中的 h 及 $\sum \Delta s$ 值,按一定的纵横比例绘出渠道的水面线,见图 8.25。再用内插法求得 $s = 41$ km 处的渠道水深 $h_{首} = 4.975$ m。

例 8.5 混凝土矩形断面渐变段渠道(如图 8.26),渠长 60 m,进口宽 $b_1 = 8$ m,出口宽 $b_2 = 4$ m,渠底为负坡,$i = -0.001$,糙率 $n = 0.014$,当 $Q = 18$ m³/s 时,进口水深 $h_1 = 2$ m,计算中间断面及出口断面水深。

解 渠道宽度逐渐收缩,故为非棱柱体渠道,求指定断面的水深,必须采用试算法。仍引用式(8.32)来计算

$$\Delta s = \frac{\Delta E_s}{i - \overline{J}} = \frac{E_{s2} - E_{s1}}{i - \overline{J}}$$

（1）计算中间断面的水深

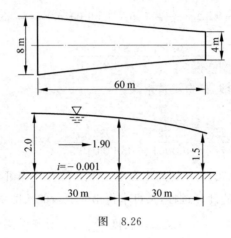

图 8.26

已知中间断面宽度 $b = 6.0$ m，今假定其水深 $h = 1.8$ m，按下列各式计算有关水力要素

$$A = bh = 6 \text{ m} \times 1.8 \text{ m} = 10.8 \text{ m}^2$$

$$\chi = b + 2h = 6 \text{ m} + 2 \times 1.8 \text{ m} = 9.6 \text{ m}$$

$$R = \frac{A}{\chi} = \frac{10.8 \text{ m}^2}{9.6 \text{ m}} = 1.125 \text{ m}$$

$$C = \frac{1}{n} R^{\frac{1}{6}} = \frac{1}{0.014} \times 1.125^{\frac{1}{6}} \text{ m}^{0.5}/\text{s} = 72.85 \text{ m}^{0.5}/\text{s}$$

$$v = \frac{Q}{A} = \frac{18 \text{ m}^3/\text{s}}{10.8 \text{ m}^2} = 1.667 \text{ m/s}$$

$$J = \frac{v^2}{C^2 R} = \frac{(1.667 \text{ m/s})^2}{(72.85 \text{ m}^{0.5}/\text{s})^2 \times 1.125 \text{ m}} = 4.654 \times 10^{-4}$$

$$\frac{\alpha v^2}{2g} = \frac{1 \times (1.667 \text{ m/s})^2}{2 \times 9.81 \text{ m/s}^2} = 0.142 \text{ m}$$

将以上各值列于表 8.2 中。

表 8.2 计算断面的各水力要素

断面编号	b/m	h/m	A/m^2	χ/m	R/m	$CR^{1/2}/$ (m/s)	$v/$ (m/s)
进口	8	2.0	16.0	12.0	1.333	86.52	1.125
中	6	1.8	10.8	9.6	1.125	77.26	1.667
		1.9	11.4	9.8	1.163	78.99	1.579
出口	4	1.6	6.4	7.2	0.889	66.06	2.813
		1.5	6.0	7.0	0.857	64.44	3.000

续表

断面编号	$\bar{J}/10^{-4}$	$i-\bar{J}/10^{-4}$	$\dfrac{\alpha v^2}{2g}/\mathrm{m}$	E_s/m	$\Delta E_s/\mathrm{m}$	$\Delta s/\mathrm{m}$
进口			0.0646	2.065		
中	3.173	-13.173	0.1418	1.942	-0.123	93.4
	2.844	-12.840	0.1270	2.027	-0.038	29.6
出口	11.040	-21.040	0.4037	2.004	-0.023	10.9
	12.860	-22.860	0.4592	1.959	-0.068	29.8

又因进口断面宽度及水深已知,按以上公式计算进口断面的各水力要素,将计算结果列于表 8.2 中。

根据表 8.2 中有关数值,代入式(8.32)中,得

$$\Delta s = \frac{\Delta E_s}{i-\bar{J}} = \frac{1.942\ \mathrm{m}-2.065\ \mathrm{m}}{-(10+3.173)\times10^{-4}} = 93.4\ \mathrm{m}$$

计算得到 Δs 为 93.4 m,与实际长度 30 m 相差甚远,说明前面假设的水深 1.8 m 与实际不符合,必须重新假设。故又假设中间断面水深为 1.9 m,按以上程序计算,得到 Δs 为 29.58 m,与实际长度非常接近,所以可认为中间断面水深为 1.9 m。

(2) 出口断面水深的计算与前面的计算方法完全一样,不再赘述。从表 8.2 看出,出口水深应为 1.5 m。

8.8 天然河道水面曲线计算

天然河道蜿蜒曲折,过水断面极不规则,河床起伏不平且不断发生冲淤变化,河道糙率及底坡都沿流程变化,河道糙率还常随水位变化,这些因素使得天然河道中水力要素变化复杂,一般情况下天然河道水流都是非均匀流。

由于天然河道具有以上特点,所以其水面曲线可根据河道过水断面形状、底坡、糙率大致相同的原则,并结合河道地形及纵横剖面把河道分为若干计算流段,采用分段求和法进行计算。

流段划分时应注意满足以下分段原则:

(1) 每个计算流段内,过水断面形状及尺寸、底坡、糙率等大致相同。

(2) 每个计算流段内,上、下游断面水位差 Δz 不宜过大,一般对平原河流 Δz 取 0.2~1.0 m,山区河流 Δz 取 1.0~3.0 m。

(3) 分段长短视具体情况而定,对不规则的河道,分段短一些,比较顺直的河道分段可长一些。一般每一河段的长度可在几百米至几千米之间。

由于天然河道断面极不规则,河床极不平整,难以采用水深表示水面曲线,所以用天然河道水面曲线讨论水位 z 的沿程变化。

8.8.1 水面曲线计算公式

图 8.27 所示为天然河道中的恒定非均匀流,取相距为 Δs 的两个渐变流断面 1 和 2,选 0—0 为基准面,对断面 1 和断面 2 列能量方程

$$z_1 + \frac{\alpha_1 v_1^2}{2g} = z_2 + \frac{\alpha_2 v_2^2}{2g} + \Delta h_w$$

式中,z_1,v_1 和 z_2,v_2 分别为断面 1 和断面 2 的水位和流速;Δh_w 为断面 1 和断面 2 之间的水头损失,$\Delta h_w = \Delta h_f + \Delta h_j$。沿程水头损失 Δh_f 可近似地用均匀流公式计算,即 $\Delta h_f = \dfrac{Q^2}{\overline{K}^2} \Delta s$,式中 $\overline{K}$ 为断面 1 和断面 2 的平均流量模数。局部水头损失 Δh_j 可采用下式计算:

$$\Delta h_j = \overline{\zeta} \left(\frac{v_2^2}{2g} - \frac{v_1^2}{2g} \right)$$

式中,$\overline{\zeta}$ 为河段的平均局部水头损失系数,与 $\overline{\zeta}$ 值有关的是河道断面变化情况,在顺直河段取

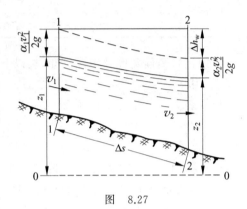

图 8.27

$\overline{\zeta} = 0$;在收缩河段,由于水流不发生回流,其局部水头损失很小,可以忽略 Δh_j,所以取 $\overline{\zeta} = 0$;在扩散河段,常出现水流与岸壁分离而形成回流,引起局部水头损失,扩散越大,损失越大。对于急剧扩散的河段,取 $\overline{\zeta} = -(0.5 \sim 1.0)$;逐渐扩散的河段,取 $\overline{\zeta} = -(0.3 \sim 0.5)$。由于扩散河段 $v_2 < v_1$,而 Δh_j 为正值,因此 $\overline{\zeta}$ 取负号。

将 Δh_f 和 Δh_j 的表达式代入能量方程得

$$z_1 + \frac{\alpha_1 v_1^2}{2g} = z_2 + \frac{\alpha_2 v_2^2}{2g} + \frac{Q^2 \Delta s}{\overline{K}^2} + \overline{\zeta} \left(\frac{v_2^2}{2g} - \frac{v_1^2}{2g} \right) \tag{8.33}$$

式(8.33)为天然河道水面曲线一般计算式。

若计算河段比较顺直均匀,两断面的面积变化不大,可略去两断面的流速水头差和局部水头损失,则上式可简化为

$$z_1 - z_2 = \frac{Q^2 \Delta s}{\overline{K}^2} \tag{8.34}$$

式(8.34)表明,在以上给定的条件下,水面坡度(测压管坡度) $\dfrac{\Delta z}{\Delta s}$ 等于水力坡度 $\dfrac{Q^2}{K^2}$。采用式(8.33)或式(8.34)可进行水面曲线计算。

8.8.2 水面曲线计算方法

天然河道水面曲线的计算可应用方程式(8.33),其计算方法很多,主要有试算法和图解法。

1. 试算法

天然河道水面曲线的计算是求解式(8.33)。同时考虑沿程损失和局部损失时,计算比较复杂。因此,在可以只考虑沿程损失,不考虑局部损失时,常利用简化式(8.34)进行图解。众多的图解法,在以往的水利工程中应用十分广泛,并解决了许多工程实际问题。随着当今计算能力的提高,可以同时考虑沿程损失和局部损失,直接应用式(8.33)进行试算。本节仅介绍试算法。

天然河道水面曲线的计算,是指已知河道通过的流量 Q、河道糙率 n、河道平均局部水头损失系数 $\bar{\zeta}$,计算河段长度 Δs 以及控制断面的水位 z。若已知下游控制断面水位 z_2,则可由下游向上游逐段推算,此时与 z_2 有关的量都为已知量。将式(8.33)中的已知量和未知量分别写于等号两边,有

$$z_1 + \frac{\alpha_1 v_1^2}{2g} + \bar{\zeta}\,\frac{v_1^2}{2g} - \frac{Q^2}{\bar{K}^2}\Delta s = z_2 + \frac{\alpha_2 v_2^2}{2g} + \bar{\zeta}\,\frac{v_2^2}{2g}$$

将各断面的 $v = \dfrac{Q}{A}$ 代入上式有

$$z_1 + \frac{\alpha_1 + \bar{\zeta}}{2g}\,\frac{Q^2}{A_1^2} - \frac{Q^2}{\bar{K}^2}\Delta s = z_2 + \frac{\alpha_2 + \bar{\zeta}}{2g}\,\frac{Q^2}{A_2^2} \tag{8.35}$$

式(8.35)等号右边为已知量,以 B 表示,左边为 z_1 的函数,以 $f(z_1)$ 表示,即得

$$f(z_1) = B$$

计算时,假设一系列 z_1,计算相应 $f(z_1)$。对应于 $f(z_1) = B$ 时的 z_1 即为所求,如图 8.28 所示。依此法逐段向上推算,可得河道各断面水位。反之,若已知上游水位 z_1 值,则从上游往下游逐段推算 z_2。

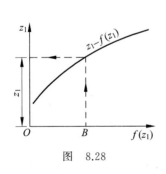

图 8.28

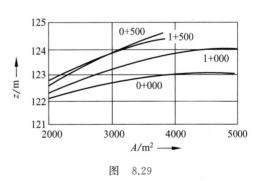

图 8.29

例 8.6 某河道测得 $0+000$,$0+500$,$1+000$,$1+500$ 等测站的过水断面面积和水位的关系曲线如图 8.29,水力半径和水位关系曲线如图 8.30,河道各段顺直并无扩散,糙率 $n = 0.0275$,在下游 $0-020$ 处建坝后,当设计流量 $Q = 7380 \text{ m}^3/\text{s}$ 时,$0+000$ 处的最高水位为 122.48 m。试向上游推算 $0+500$,$1+000$,$1+500$ 等断面的水位。

解 应用式(8.35),取动能校正系数 $\alpha = 1.1$,平均局部水头损失 $\bar{\zeta} = 0$,按已知条件和所设 z 值计算的结果,使式(8.35)两边数值差的绝对值小于 0.01 m 时,所设 z 值即为所求,否

则须重新设值进行计算。计算时，$\overline{K}^2 = \dfrac{1}{2}(K_1^2 + K_2^2)$，谢才系数可用曼宁公式计算。

(1) 分段：根据已有的测站资料（即 $z\text{-}A$ 曲线和 $z\text{-}R$ 曲线）将河段分成三个计算流段，即 0+000 至 0+500，0+500 至 1+000，1+000 至 1+500。

(2) 确定控制断面：当已知 $Q = 7380 \ \mathrm{m^3/s}$ 时，0+000 处断面的最高水位 $z_2 = 122.48 \ \mathrm{m}$，以该断面作为控制断面，假设上游断面水位 z_1，逐段向上推算。

(3) 水面曲线计算：先计算第一流段（即 0+000 至 0+500）。由已知的 $z_2 = 122.48 \ \mathrm{m}$，在图 8.29 和图 8.30 查得 $A_2 = 2560 \ \mathrm{m^2}$，$R_2 = 2.97 \ \mathrm{m}$。取 $\alpha = 1.1$，$\overline{\zeta} = 0$，则

$$B = z_2 + \frac{\alpha_2 + \overline{\zeta}}{2g}\frac{Q^2}{A_2^2} = 122.48 \ \mathrm{m} + \frac{1.1}{19.62} \times \frac{7380^2}{2560^2} \ \mathrm{m} = 122.95 \ \mathrm{m}$$

假设上游断面 0+500 处水位 $z_1 = 123.20 \ \mathrm{m}$，再由图 8.29 和图 8.30 查得 $A_1 = 2440 \ \mathrm{m^2}$，$R_1 = 3.14 \ \mathrm{m}$。

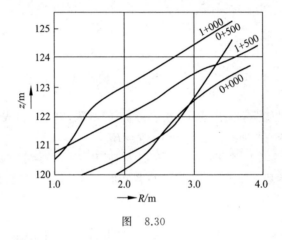

图　8.30

下面先求 $\overline{K}^2$

$$C_2 = \frac{1}{n} R_2^{\frac{1}{6}} = \frac{1}{0.0275} \times (2.97)^{\frac{1}{6}} \ \mathrm{m^{0.5}/s} = 43.6 \ \mathrm{m^{0.5}/s}$$

$$C_1 = \frac{1}{n} R_1^{\frac{1}{6}} = \frac{1}{0.0275} \times 3.14^{\frac{1}{6}} \ \mathrm{m^{0.5}/s} = 44.1 \ \mathrm{m^{0.5}/s}$$

$$K_2 = C_2 A_2 \sqrt{R_2} = 43.6 \ \mathrm{m^{0.5}/s} \times 2560 \ \mathrm{m^2} \times \sqrt{2.97 \ \mathrm{m}} = 19.28 \times 10^4 \ \mathrm{m^3/s}$$

$$K_1 = C_1 A_1 \sqrt{R_1} = 44.1 \ \mathrm{m^{0.5}/s} \times 2440 \ \mathrm{m^2} \times \sqrt{3.14 \ \mathrm{m}} = 19.15 \times 10^4 \ \mathrm{m^3/s}$$

$$\overline{K}^2 = \frac{1}{2}(K_1^2 + K_2^2) = \frac{1}{2} \times (19.28 \times 10^4 \ \mathrm{m^3/s})^2 + (19.15 \times 10^4 \ \mathrm{m^3/s})^2$$
$$= 36.85 \times 10^9 \ \mathrm{m^6/s^2}$$

于是可得

$$f(z_1) = z_1 + \frac{\alpha_1 + \overline{\zeta}}{2g}\frac{Q^2}{A_1^2} - \frac{Q^2 \Delta l}{\overline{K}^2}$$

$$= 123.20 \ \mathrm{m} + \frac{1.1}{19.62} \times \frac{7380^2}{2440^2} \ \mathrm{m} - \frac{7380^2 \times 500}{36.85 \times 10^9} \ \mathrm{m} = 122.973 \ \mathrm{m}$$

因 $f(z_1)$ 和 B 不等,而两者数值差的绝对值 0.023 m 大于 0.01 m,需重新假设 z_1 再计算。再设 $z_1 = 123.17$ m,由图 8.29 和图 8.30 查得相应的 $A_1 = 2430$ m^2,$R_1 = 3.14$ m。算出 $C_1 = 44.0$ m$^{0.5}$/s,$K_1 = 19.10 \times 10^4$ m^3/s,$K_1^2 = 35.95 \times 10^9$ m^6/s^2,$\overline{K}^2 = 36.53 \times 10^9$ m^6/s^2。代入得

$$f(z_1) = z_1 + \frac{\alpha_1 + \bar{\zeta}}{2g} \frac{Q^2}{A_1^2} - \frac{Q^2 \Delta l}{\overline{K}^2}$$

$$= 123.20 \text{ m} + \frac{1.1}{19.62} \times \frac{7380}{2440} \text{ m} - \frac{7380 \times 500}{36.85 \times 10^9} \text{ m}$$

$$= 122.942 \text{ m}$$

第二次算得的 $f(z_1)$ 与 B 虽然还是不等,但两者数值差的绝对值 0.008 m<0.01 m,则第二次假设的 $z_1 = 123.17$ m 即为所求。

以 $0+500$ 的水位作为第二流段的下游断面的已知水位,再假设第二流段上游断面 $1+000$ 的水位,重复上述计算过程,即可求出第二流段上游断面的水位。如此逐段计算,可求得河道各断面的水位。计算结果列于表 8.3。

将表中第一栏与第三栏的数据(误差 < 0.01 m)绘成图 8.31,即得该河在流量 $Q = 7380$ m^3/s 时的水面曲线。

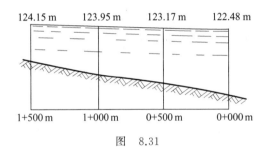

图 8.31

2. 复式断面及分叉河道的水面曲线计算

由于天然河道下游的水面宽阔,底坡平缓,流速较小,因此常在两岸形成滩地,或在江中淤积成江心洲。这种由滩地与主槽组成的天然河道断面称为复式断面,如图 8.32 所示。如果河道中出现江心洲,其主流在洲头形成分叉,到洲尾再度汇合,称这种河道为分叉河道,如图 8.33 所示。

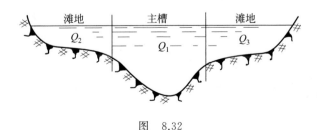

图 8.32

表 8.3　河道各断面的水位计算表

断面 (1)	Δs/m (2)	水位 z/m (3)	A/m² (4)	$\dfrac{(\alpha+\bar{\zeta})}{2g}\dfrac{Q^2}{A^2}$/m (5)	(3)+(5)=(6) B/m	R/m (7)	C/(m$^{1/2}$/s) (8)	K/(m³/s) (9)	$\dfrac{\bar{K}^2}{\times10^9}$(m⁶/s²) (10)	$\dfrac{Q^2}{\bar{K}^2}\Delta s$/m (11)	(6)−(11)=(12) $f(z)$/m (12)	误差 (13)
(0+000)		122.48	2560	0.467	122.946	2.97	43.6	192 800				
(0+500)	500	123.20	2440	0.516	123.716	3.14	44.1	191 500	36.850	0.743	122.973	>0.01
		123.17（重新假设）	2430	0.521	123.691	3.14	44.0	191 000	36.530	0.749	122.942	≤0.01
(1+000)	500	123.80	4020	0.193	123.993	2.61	42.8	278 000	56.875	0.483	123.510	>0.01
		123.95（重新假设）	4420	0.157	124.107	2.71	42.1	307 000	65.280	0.419	123.688	<0.01
(1+500)	500	124.10	3420	0.261	124.361	3.69	45.3	298 000	91.950	0.295	124.066	>0.01
		124.15（重新假设）	3460	0.256	124.406	3.70	45.3	301 800	92.700	0.293	124.113	<0.01

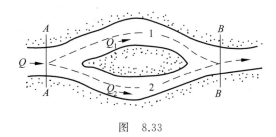

$$\text{图} \quad 8.33$$

对于复式断面河道,其主槽与滩地的糙率不同,河道通过的全部流量 Q 为主槽流量和滩地流量之和,即

$$Q = Q_1 + Q_2 + Q_3 \tag{8.36}$$

式中,Q_1 为主槽流量;Q_2 及 Q_3 分别为左、右滩地流量。

当河段相当长时,近似认为主槽及河滩水面落差相等,即

$$\Delta z_1 = \Delta z_2 = \Delta z_3 = \Delta z$$

若根据简化公式(8.34)分别写出主槽与两岸滩地的水面曲线公式,则

$$\Delta z = \frac{Q_1^2}{\overline{K}_1^2} \Delta s \quad \text{或} \quad Q_1 = \overline{K}_1 \sqrt{\frac{\Delta z}{\Delta s}}$$

$$\Delta z = \frac{Q_2^2}{\overline{K}_2^2} \Delta s \quad \text{或} \quad Q_2 = \overline{K}_2 \sqrt{\frac{\Delta z}{\Delta s}}$$

$$\Delta z = \frac{Q_3^2}{\overline{K}_3^2} \Delta s \quad \text{或} \quad Q_3 = \overline{K}_3 \sqrt{\frac{\Delta z}{\Delta s}}$$

式中,$\overline{K}_1$、$\overline{K}_2$ 和 $\overline{K}_3$ 分别为主槽及滩地的平均流量模数;Δs 为河段长度。

将 Q_1,Q_2 和 Q_3 的关系式代入式(8.34),可得

$$Q = (\overline{K}_1 + \overline{K}_2 + \overline{K}_3) \sqrt{\frac{\Delta z}{\Delta s}}$$

或

$$\Delta z = \frac{Q^2}{(\overline{K}_1 + \overline{K}_2 + \overline{K}_3)^2} \Delta s \tag{8.37}$$

该式为复式断面水面曲线计算公式,与无滩地河道水面曲线计算公式(8.34)相比较,其形式相同,但流量模数不同。

对于分叉河道(图8.33),水流从断面 A 分为两支流,在断面 B 汇合,尽管两支流的长度、所通过的流量及平均流量模数不同,但它必须满足以下两个条件:①两支流流量之和等于总流量,即 $Q_1 + Q_2 = Q$;②两条支流在分流断面 A 和汇流断面 B 的水位相等,即 $\Delta z = \Delta z_1 = \Delta z_2$。

需要分析各支流流量。设两支流的长度分别为 Δs_1 及 Δs_2,平均流量模数为 $\overline{K}_1$ 和 $\overline{K}_2$,河道总流量为 Q,那么对每一支流利用式(8.34),得

$$\Delta z_1 = \Delta z = \frac{Q_1^2}{\overline{K}_1^2} \Delta s_1 \quad \text{或} \quad Q_1 = \overline{K}_1 \sqrt{\frac{\Delta z}{\Delta s_1}} \tag{8.38}$$

$$\Delta z_2 = \Delta z = \frac{Q_2^2}{\overline{K}_2^2}\Delta s_2 \quad 或 \quad Q_2 = \overline{K}_2\sqrt{\frac{\Delta z}{\Delta s_2}} \tag{8.39}$$

总流流量

$$Q = Q_1 + Q_2 = \overline{K}_1\sqrt{\frac{\Delta z}{\Delta s_1}} + \overline{K}_2\sqrt{\frac{\Delta z}{\Delta s_2}} = \left(\overline{K}_1 + \overline{K}_2\sqrt{\frac{\Delta s_1}{\Delta s_2}}\right)\sqrt{\frac{\Delta z}{\Delta s_1}}$$

或

$$\Delta z = \frac{Q^2 \Delta s_1}{\left(\overline{K}_1 + \overline{K}_2\sqrt{\frac{\Delta s_1}{\Delta s_2}}\right)^2} \tag{8.40}$$

上式为分叉河道的水面曲线计算公式。计算时,由已知总流量、平均流量模数及各支流长度,利用式(8.40)求得水面落差 Δz,然后代入式(8.38)或式(8.39)即可求得 Q_1 及 Q_2。有了各支流流量则可分别计算出各支流的水面曲线。

上述算法虽然简单,但是两条支流部分分别采用一个流量模数 $\overline{K}_1$ 及 $\overline{K}_2$ 来表征,是粗略的处理。所以,也可分别用计算两支流的水面曲线的方法来求解,方法如下:

(1) 当主流和支流均为缓流时,计算方法是,先假定支流流量 Q_1 及 Q_2,使两者的和等于干流流量 Q。由断面 B 的水位流量关系曲线以及总流量 Q,查得 B 处的水位,作为向上游推算的起始水位。然后从断面 B 开始,分别沿两条支流向上游逐段计算水面曲线,一直算到断面 A。若从支流 1 和支流 2 分别算到断面 A 的两个水位相等,则所设 Q_1 及 Q_2 即为所求。如果不等,重新分配 Q_1 及 Q_2;或把多次计算所得的结果绘成曲线,如图 8.34(a)所示,其中纵坐标为支流 1 计算得到的断面 A 水位 z_{A1},横坐标则为由支流 2 计算得到的断面 A 水位 z_{A2}。再作一条45°直线 ab,它与曲线的交点为 c 点,该点 $z_{A1} = z_{A2}$,则 c 点对应的水位 z_A 便是正确的。为了求此时的流量分配,可在该图右边加绘一条 Q_1(或 Q_2)与 z_A 的关系曲线,如图 8.34(b)所示。从点 c 作水平线与 Q_1-z_A 曲线交于 d 点,则 d 点的横坐标就是 Q_1 值,由 Q 可求得 $Q_2 = Q - Q_1$。

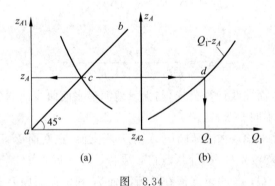

图   8.34

(2) 若分叉后两支流为急流,则其控制断面在上游 A。在一般情况下,可近似作为均匀流处理,其 $Q_1 = \overline{K}_1\sqrt{\frac{\Delta z}{\Delta s_1}}$,$Q_2 = \overline{K}_2\sqrt{\frac{\Delta z}{\Delta s_2}}$,$Q = Q_1 + Q_2$。计算得到各支流流量后,可分别计算其水面曲线。

8.9　明渠弯段水流

一般天然河道是蜿蜒曲折的,某些人工渠道由于地形及其他条件限制,通常都存在弯道。在明渠弯段中,水流的流态可能是急流或是缓流。本节只介绍明渠弯段缓流运动的一些基本概念。

在明渠弯段中,水流作曲线运动,如图 8.35(a)所示。在水流作曲线运动时,液体质点同时受重力和离心惯性力的作用,离心惯性力的方向是从明渠凸岸指向凹岸。在离心惯性力的作用下,弯段水流具有与直线水流不同的特殊水力现象。凹岸附近的水面高于凸岸附近的水面,即出现横向水面坡度;凹岸的水流由水面流向底部,而凸岸的水流则由河底流向水面,即在明渠横断面上形成环形流动,称为断面环流(或称断面付流),如图 8.35(b)所示。断面环流是从属于主流的水流,它不能独立存在。由于弯段水流的纵向流动和断面环流叠加在一起就构成了螺旋流,如图 8.35(a)所示。作螺旋运动的水流质点沿着一条螺旋状的路线运动,流速分布极不规则,动能校正系数 α 和动量校正系数 β 都远大于 1。

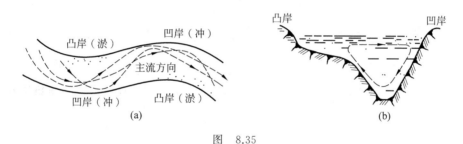

图　8.35

由图 8.35 可以看出,弯段表层水流的方向指向凹岸,后潜入河底向凸岸流去,底层水流的方向指向凸岸,后流至水面又流向凹岸,这样在河流的弯段上发生明显的凹岸冲刷凸岸淤积的现象。工程实践中,经常利用弯段水流的这个特性,在弯段的凹岸设置取水口,能取得含沙少的表层清水,而防止底沙进入取水口。

弯段缓流水流特性主要包括弯段横向水面的形状、弯段断面环流的形成原因以及弯段水流的能量损失等。

8.9.1　横向水面超高

由于离心力的作用,形成在弯段水流的表面从凹岸向凸岸的横向水面坡度。弯段的流速越大,曲率半径越小,而横向水面坡度就越大。由实验分析可知,在弯段进口处,水面即开始形成横向坡度,其最大横向坡度出现在位于弯段中点稍偏上游的断面处。此后横向水面坡度逐渐减小。横向水面超高指的是横向水面的高差。

如图 8.36 所示的一弯段河道,取弯段的曲率中心(O 点)为坐标原点。设凸岸曲率半径为 r_1,凹岸曲率半径为 r_2。在水面上取一质量为 $\mathrm{d}m$ 的质点 A,它具有纵向流速 u,曲率半径为 r,质点所受到的重力为 $\mathrm{d}G = g \cdot \mathrm{d}m$,重力方向垂直向下;同时质点所受离心惯性力

$\mathrm{d}F = \dfrac{u^2}{r}\mathrm{d}m$，其方向水平指向凹岸。可得

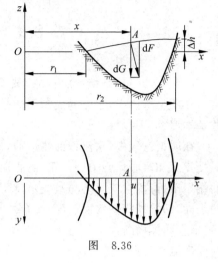

$$\frac{\mathrm{d}z}{\mathrm{d}r} = \frac{\dfrac{u^2}{r}\mathrm{d}m}{g\,\mathrm{d}m} = \frac{u^2}{gr} \qquad (8.41)$$

或

$$\mathrm{d}z = \frac{u^2}{gr}\mathrm{d}r \qquad (8.42)$$

可以看出，若已知纵向流速 u 沿横向分布的规律，将其代入上式积分，就能得到横向水面方程式。由于弯段水流极为复杂，目前只能近似地采用断面平均流速 v 来代替 u，积分上式得

$$z = \frac{\alpha_0 v^2}{g}\ln r + C \qquad (8.43)$$

图　8.36

式中，C 为积分常数；α_0 为校正系数，约为 $1.01\sim1.1$。当 $r = r_1$ 时，$z = 0$，则

$$C = -\frac{\alpha_0 v^2}{g}\ln r_1$$

代入式(8.43)得

$$z = \frac{\alpha_0 v^2}{g}\ln\frac{r}{r_1} \qquad (8.44)$$

式(8.44)就是弯段横向水面线的近似方程，其水面线近似为对数曲线。横断面超高为

$$\Delta h = \frac{\alpha_0 v^2}{g}\ln\frac{r_2}{r_1} = \frac{\alpha_0 v^2}{g}\ln\frac{r_0 + \dfrac{B}{2}}{r_0 - \dfrac{B}{2}} \approx \frac{\alpha_0 B v^2}{g r_0} \qquad (8.45)$$

式中，B 为河道水面宽度；r_0 为河道中心曲率半径。

　　例 8.7　水力实验室中对某矩形断面弯段模型进行实验，通过流量 $Q = 30\,400\ \mathrm{cm^3/s}$，断面平均流速 $v = 16.6\ \mathrm{cm/s}$，弯段宽 $B = 125\ \mathrm{cm}$，直段平均水深 $\bar{h} = 14.7\ \mathrm{cm}$，弯段曲率半径 $r_1 = 137.5\ \mathrm{cm}$，$r_2 = 262.5\ \mathrm{cm}$，$r_0 = 200\ \mathrm{cm}$，试计算横向水面超高 Δh。

　　解　取校正系数 $\alpha_0 = 1.05$，则

$$\Delta h = \frac{\alpha_0 B v^2}{g r_0} = \frac{1.05 \times 125\ \mathrm{cm} \times (16.6\ \mathrm{cm/s})^2}{981\ \mathrm{cm/s^2} \times 200\ \mathrm{cm}} = 0.184\ \mathrm{cm}$$

在实验中实测 Δh 值为 $0.19\ \mathrm{cm}$，可见计算值与实测值比较接近。

8.9.2　断面环流成因分析

　　根据实测资料分析，弯段断面环流在凹岸河底附近的流速具有一定的数值，而此处的纵向流速一般都较小。图 8.37 表示一矩形弯段，在其横断面上任取一微分水柱体，分析其横向受力情况。

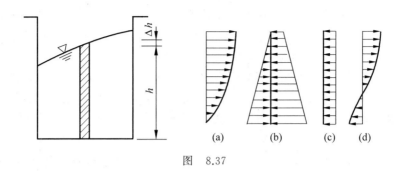

图 8.37

作用在微分水柱体上的横向力有离心惯性力及动水压力。离心惯性力沿垂线呈抛物线分布,其大小与纵向流速的平方成正比,即 $F \propto u^2$,如图 8.37(a)所示;微分水柱体两侧的动水压强分布如图 8.37(b)所示,其压强差分布如图 8.37(c)所示。将离心惯性力与动水压强差叠加,由此绘出作用于微分水柱体的横向合力沿垂线的分布图,如图 8.37(d)所示。由该图可以看出,该合力分布构成一个力矩,使水流产生横向旋转运动,这就是弯段断面环流形成的主要原因。

断面环流虽然会对弯段河底产生冲刷和淤积,但也有可利用的一面,如采用导流屏、导流板等措施来控制泥沙的运动方向,可使泥沙在人们预定的地方淤积下来。

8.9.3 弯段水流的能量损失

弯段水流中存在断面环流,使得水流流动比较紊乱,较大的流速靠近凹岸,受到河床的阻力比直段更大,而且由于水流转弯而引起弯段下端凸岸附近产生水流分离现象也会使水流阻力增大。在河流直段中水头损失一般为沿程水头损失,在弯段中除沿程水头损失外,还有弯段局部水头损失,其可表示为

$$h_{j弯} = \zeta_{弯} \frac{v^2}{2g} \tag{8.46}$$

式中,$h_{j弯}$ 为弯段局部水头损失;$\zeta_{弯}$ 为弯段局部水头损失系数。

由于断面环流的强度及弯段水流的分离程度都与弯段轴线的曲率半径 r_0 有关,因此,弯段局部阻力系数 $\zeta_{弯}$ 随曲率半径 r_0 而变,如表 8.4(表中 B 为水面宽度)所示。

表 8.4 阻力系数 $\zeta_{弯}$ 与曲率半径 r_0 关系表

r_0/B	1	2	3	4	5	6
$\zeta_{弯}$	0.67	0.50	0.44	0.42	0.41	0.40

8.10 明渠非恒定流

8.10.1 明渠非恒定流的概念

前面讨论的明渠均匀流和非均匀流都属于恒定流,在自然界和工程实践中往往会遇到

明渠非恒定流。例如在河流中因降雨形成的洪水过程，水库、湖泊因堤坝溃决引起的灾害性
洪水过程，渠道中因闸门调节而造成的上下游水位波动过程，水电站运行过程中引用流量的
变化，以及潮汐现象等都是非恒定流动的典型例子。

　　研究明渠中非恒定流动的运动规律及其计算方法具有重要的实际意义。例如洪水演进
计算是洪水预报、水库运行以及堤防设计的重要依据；渠道中最大和最小水深的计算可用来
确定堤岸顶高和尾水渠出口高程；感潮河段的潮流计算则能为治理设计提供重要的科学
资料。

　　明渠非恒定流的基本特征是其水力要素如流速、流量、过水断面、水位或水深等都是时
间 t 和位置 s 的函数。一维非恒定流的水力要素可表示为

$$v = v(s,t)$$
$$A = A(s,t)$$
$$Q = Q(s,t)$$
$$z = z(s,t) \quad \text{或} \quad h = h(s,t)$$

明渠非恒定流动与有压管道的非恒定流动一样，也是一种波动现象。但有压管道中的

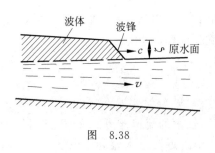

图　8.38

水击波是弹性波，水体的弹性力与惯性力起着主要作
用，而明渠非恒定流是重力波，它是由惯性力和重力
这两个主要因素所决定，波传到某处就使该处断面的
流量 Q（流速 v）及水位 z（水深 h）发生变化。波传到
之处，水面高出或低于原水面的空间称为波体，波体
的前锋称为波锋（或波额），如图 8.38 所示。波锋推进
的速度称为波速，用 c 表示。波锋顶点到原水面的高
度称为波高，用 ζ 表示，v 为断面平均流速。

　　这种波动与海洋、湖泊以及河流表面由风吹起的波浪运动有本质上的差别。在波浪中，
水质点基本上沿着一定的轨迹作往复循环运动，几乎没有流量的传递，各处质点之间有一相
位差，结果形成水面波形的推进，这种波称为振动波（或推进波）。在明渠非恒定流中，不但
波形（非恒定流时的瞬时水面曲线）向前传播，同时水流质点也向前移动，即波动现象（流量
和水深的改变）的传播，是通过水质点的位移而实现的，这种波动称为位移波（或传递波）。

　　明渠非恒定流中，在波传到的区域内，各过水断面的水位流量关系不是单一的关系。没
有冲淤变化的河渠内，在恒定流时其水面坡度是恒定的，故
其水位与流量为单值关系，如图 8.38 中虚线所示。在非恒
定流时则不同，涨水过程中，同一水位下非恒定流的水面坡
度比恒定流时大得多，因而流量也大得多；而落水过程中，
在同一水位情况下，非恒定流的水面坡度却比恒定流时小
得多，则流量也小很多。由于同一水位下，河道断面的水面
坡度有不同的数值，因此非恒定流的水位流量为一多值关
系，如图 8.39 所示的绳套形曲线。在有冲淤变化的河道非
恒定流中，由于河道断面的大小、河道的糙率还将随冲淤的
变化而变化，其水位流量关系为更复杂的多值关系。

　　最后指出，明渠非恒定流的波动属于浅水波或长波。

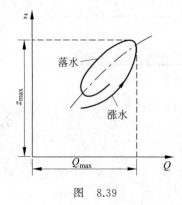

图　8.39

分析这种波动必须计入阻力影响,运动方程常为非线性的。因此在这类问题中,数值解占有十分重要的地位。电子计算机的发展和广泛应用为解决这类问题提供了极为有利的条件。

下面介绍明渠非恒定流动中位移波的分类。

(1) 由于明渠非恒定流的波动所及区域必然引起流量和水位的改变,所以它必然是非均匀流。随着波动发生过程不同,水力要素随时间变化的急剧程度也不同,根据这个差别对明渠非恒定流进行分类,则可分为连续波和不连续波。当波动发生过程比较缓慢,即其瞬时水面的坡度极缓,瞬时流线近乎平行直线,这种非恒定流具有渐变的特性,可认为压强沿垂线按静水压强分布,并且其水力要素是位置 s 和时间 t 的连续函数,这样形成的波称为连续波。如河流中的洪水波、水电站调节所引起的非恒定流均属于此类。反之,当波动发生过程很迅速,在一定断面上,水深和流量的变化急剧,因而瞬时水面坡度很陡,甚至具有阶梯的形状。这种非恒定流具有突变的特性,水力要素不再是 s 和 t 的连续函数,这样形成的波就称为不连续波,如溃坝波、动力渠道中的断波等。

(2) 按波传到之处水面涨落的情况,可分为涨水波和落水波。波的传播过程中,如果促成水面上涨,则称为涨水波(正波),反之称为落水波(负波)。

(3) 按波的传播方向来分,则顺水流传播的波称为顺水波,逆流传播的称为逆水波。

渠道上闸门迅速开启,如图 8.40(a)所示,在闸门的上、下游将发生非恒定急变流——不连续波。下游因流量骤然增加、水位迅速上升而形成顺涨波;上游因流量急剧增加、水位迅速下降而形成逆落波。反之,当闸门迅速关闭,如图 8.40(b)所示,闸门下游形成顺落波,而闸门上游形成逆涨波。

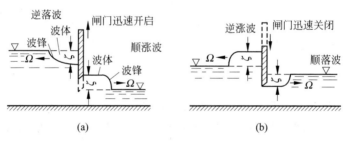

图 8.40

8.10.2 明渠非恒定渐变流动的基本方程

明渠非恒定渐变流动的基本方程是由连续方程和运动方程组成,它是表征水力要素与距离 s 和时间 t 的函数关系式。

推导明渠非恒定渐变流动的基本方程的假设是:

(1) 由于是非恒定渐变流,因此垂向加速度可以忽略不计,且是一元流动;

(2) 非恒定渐变流动的水头损失可以近似按恒定均匀流水头损失的公式(谢才公式)计算;

(3) 底坡很小,$\sin \theta = \tan \theta$,而 $\cos \theta \approx 1$。

1. 连续方程

在明渠非恒定流中取微小流段来分析,如图 8.41。取长度为 ds 的微小流段,两个过水断面分别为 1 和 2,初始时刻 t 的水面为 a—a,从断面 1 进入微段的质量为 ρQ,同时从断面 2 流出的质量为 $\rho Q + \dfrac{\partial}{\partial s}(\rho Q)\mathrm{d}s$,沿两岸汇入明渠的质量为 $\rho q_L \mathrm{d}s$,则在 $\mathrm{d}t$ 时段内,在两断面的控制体内流出和流入的质量差为 $\left[\rho Q + \dfrac{\partial}{\partial s}(\rho Q)\mathrm{d}s - (\rho Q + \rho q_L \mathrm{d}s)\right]\mathrm{d}t$。如果流出比流入的质量少,则在该控制体内的质量必然增多,水面变为 b—b 而成涨水波,在 $\mathrm{d}t$ 时段内其质量变化在忽略高阶微量后为 $\dfrac{\partial(A\rho)}{\partial t}\mathrm{d}t\,\mathrm{d}s$。根据质量守恒原理,这两者的数值应相等,而符号相反,即

图 8.41

$$\left[\rho Q + \frac{\partial}{\partial s}(\rho Q)\mathrm{d}s - (\rho Q + \rho q_L \mathrm{d}s)\right]\mathrm{d}t$$
$$= -\frac{\partial(A\rho)}{\partial t}\mathrm{d}t\,\mathrm{d}s$$

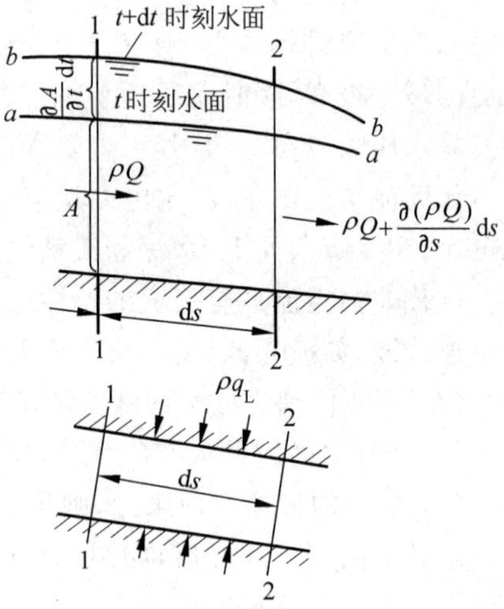

对明渠非恒定流动,水的压缩性可以忽略,即

$$\frac{\partial \rho}{\partial t} = \frac{\partial \rho}{\partial s} = 0$$

代入上式,经整理后可得

$$\frac{\partial Q}{\partial s} + \frac{\partial A}{\partial t} = q_L \tag{8.47}$$

式(8.47)是有侧向汇流的明渠非恒定流动的连续方程。它适用于任意断面形状的河道。该式说明,在微小流段上,单位距离流量的增量与单位时间内断面面积的增量之和等于单位长度上的侧向汇入流量。

当无侧向汇流时,即 $q_L = 0$,则有

$$\frac{\partial Q}{\partial s} + \frac{\partial A}{\partial t} = 0 \tag{8.48}$$

该式表明在微小流段 ds 内,当流入质量大于流出质量,即 $\dfrac{\partial Q}{\partial s} < 0$ 时,则 $\dfrac{\partial A}{\partial t} > 0$,即明渠中产生涨水波。反之,当 $\dfrac{\partial Q}{\partial s} > 0$ 时,则 $\dfrac{\partial A}{\partial t} < 0$,明渠中产生落水波。

根据 $\dfrac{\partial A}{\partial t} = \dfrac{\partial A}{\partial h}\dfrac{\partial h}{\partial t} = B\dfrac{\partial h}{\partial t} = B\dfrac{\partial z}{\partial t}$,则式(8.48)可写为

$$B\frac{\partial z}{\partial t} + \frac{\partial Q}{\partial s} = 0 \tag{8.49}$$

对于恒定流,即 $\dfrac{\partial A}{\partial t} = 0$,式(8.47)可写为

$$Q = Q_0 + q_L s$$

式中，Q 为下游断面流量；Q_0 为起始断面流量；$q_L s$ 为沿程侧向汇入流量。

对于宽度为 B 的矩形断面河道的非恒定流动，无侧向汇流时，利用 $A = Bh$，$Q = qB$，代入式(8.48)可得

$$\frac{\partial h}{\partial t} + \frac{\partial q}{\partial s} = 0$$

以 $q = vh$ 代入得

$$\frac{\partial h}{\partial t} + v\frac{\partial h}{\partial s} + h\frac{\partial v}{\partial s} = 0 \tag{8.50}$$

式(8.47)、式(8.48)和式(8.50)是明渠非恒定流连续方程的三种不同形式。

2. 明渠非恒定渐变流动的运动方程

在明渠非恒定渐变总流中，取长为 ds 的微小流段来分析，利用牛顿第二定律，建立明渠非恒定渐变流的运动方程。为简单分析，先考虑棱柱体明渠的情况，如图 8.42(a)所示，假设断面 1 处的水力要素为 Q，v，A，h 和 z，则断面 2 处的水力要素可相应的表示为 $Q + \frac{\partial Q}{\partial s}ds$，$v + \frac{\partial v}{\partial s}ds$，$A + \frac{\partial A}{\partial s}ds$，$h + \frac{\partial h}{\partial s}ds$ 和 $z + \frac{\partial z}{\partial s}ds$ 等。

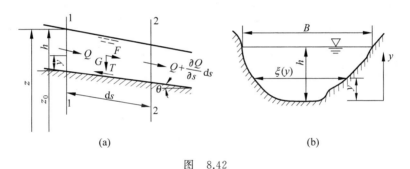

(a)	(b)

图　8.42

作用在微小流段 ds 上的力有重力、压力和阻力三种，这些力都应分解为沿流程 s 方向的分力。重力沿 s 方向的分量为

$$F_G = \rho g A\,ds\sin\theta = \rho g A i\,ds$$

式中，θ 是底坡线与水平线的夹角，假定 θ 很小，则 $\sin\theta = \tan\theta = i$，$i$ 是明渠底坡。

作用于微小流段断面 1 上的压力为（如图 8.42(b)所示）

$$P = \int_0^h \rho g(h-y)\xi(y)\,dy$$

式中，$\xi(y)$ 是过水断面上渠底以上高度 y 处的水面宽度。沿 s 方向的总压力为

$$\sum P = P - \left(P + \frac{\partial P}{\partial s}ds\right) = -\frac{\partial}{\partial s}\left[\int_0^h \rho g(h-y)\xi(y)\,dy\right]ds$$

$$= -\rho g\,ds\int_0^h \frac{\partial}{\partial s}[(h-y)\xi(y)]\,dy$$

$$= -\rho g\,ds\left[\frac{\partial h}{\partial s}\int_0^h \xi(y)\,dy + \int_0^h (h-y)\frac{\partial\xi(y)}{\partial s}\,dy\right] \tag{8.51}$$

式(8.51)右端第一项积分为过水断面面积,第二项积分中 $\dfrac{\partial \xi(y)}{\partial s}$,因假定为棱柱体明渠,其
值为零,则

$$\sum P = -\rho g A \frac{\partial h}{\partial s} \mathrm{d}s$$

阻力由明渠底部及两侧的剪切力所组成。假定平均水力坡度为 J,则作用于微小流段
$\mathrm{d}s$ 上的阻力为

$$T = \rho g A J \mathrm{d}s$$

若假定断面上流速分布均匀,则该微段的加速度在 s 方向上的分量为

$$a = \frac{\mathrm{d}v}{\mathrm{d}t} = \frac{\partial v}{\partial t} + v \frac{\partial v}{\partial s}$$

由牛顿第二定律可得

$$F_G + \sum P - T = ma$$

将以上各项代入上式,得

$$\rho g A i \,\mathrm{d}s - \rho g A \frac{\partial h}{\partial s}\mathrm{d}s - \rho g A J \,\mathrm{d}s = \rho A \,\mathrm{d}s \left(\frac{\partial v}{\partial t} + v \frac{\partial v}{\partial s} \right)$$

整理得

$$i - \frac{\partial h}{\partial s} = \frac{1}{g}\left(\frac{\partial v}{\partial t} + v \frac{\partial v}{\partial s} \right) + J \qquad\qquad (8.52)$$

式(8.52)为棱柱体明渠非恒定渐变流的运动方程。

对于非棱柱体明渠,如河道向下游缩窄或展宽,则两岸壁将对微段水体产生一附加压
力,该附加压力可表示为

$$\Delta P' = \int_0^h \left[\rho g (h - y) \frac{\partial \xi(y)}{\partial s}\mathrm{d}s \right] \mathrm{d}y$$

将附加压力代入式(8.51)中,与最后一项相抵消,所以对于非棱柱体明渠,仍能应用
式(8.52)。

与明渠恒定渐变流运动方程相比,式(8.52)中多出了一项 $\dfrac{1}{g}\dfrac{\partial v}{\partial t}$,该项表示明渠非恒定

流动克服当地加速度引起的惯性在单位流程上必须转移的单位动能。$\dfrac{\partial v}{\partial t} > 0$ 时,这部分能

量为水流所蕴蓄;$\dfrac{\partial v}{\partial t} < 0$ 时,这部分能量从水流中释放出来。

假定水力坡度 J 在非恒定流动中的变化规律与恒定流时相同,应用谢才公式
$J = \dfrac{v^2}{C^2 R}$ 代入式(8.52)可得

$$i - \frac{\partial h}{\partial s} = \frac{1}{g}\left(\frac{\partial v}{\partial t} + v \frac{\partial v}{\partial s} \right) + \frac{v^2}{C^2 R} \qquad\qquad (8.53)$$

由于水位 z、水深 h 和渠底高程 z_0 之间存在关系式 $z = z_0 + h$,所以有

$$\frac{\partial z}{\partial s} = \frac{\partial z_0}{\partial s} + \frac{\partial h}{\partial s} = -i + \frac{\partial h}{\partial s}$$

代入式(8.53)中可得

$$-\frac{\partial z}{\partial s} = \frac{1}{g}\left(\frac{\partial v}{\partial t} + v\,\frac{\partial v}{\partial s}\right) + \frac{v^2}{C^2 R} \tag{8.54}$$

若利用 $v = \dfrac{Q}{A}$ 和 $K = AC\sqrt{R}$，并考虑到连续方程 $\dfrac{\partial Q}{\partial s} = -\dfrac{\partial A}{\partial t}$，代入式(8.54)，整理可得

$$\frac{\partial Q}{\partial t} + \frac{\partial}{\partial s}\left(\frac{Q^2}{A}\right) + gA\,\frac{\partial z}{\partial s} + gA\,\frac{Q^2}{K^2} = 0 \tag{8.55}$$

式(8.52)、式(8.53)和式(8.54)是明渠非恒定渐变流运动方程的几种不同形式。在已知初始条件和边界条件下，联立解式(8.50)和式(8.52)，就可得到非恒定流的流速和水深随时间和流程的变化关系，即 $v(s,t)$ 和 $h(s,t)$。求解天然河道的非恒定流动问题，常采用由式(8.49)和式(8.54)组成的圣维南方程组求解流量 $Q(s,t)$ 和水面高程 $z(s,t)$。

8.10.3　明渠非恒定渐变流计算方法简介

圣维南方程组属于一阶拟线性双曲型偏微分方程组，目前无法求得其精确解析解，因而在实践中常采用近似的计算方法。这些计算方法大致有以下几种：

一是特征线法。该方法根据偏微分方程理论，先将基本方程组变换为特征线的常微分方程组，进而对该常微分方程进行离散化，再结合初始条件和边界条件求数值解。这种方法物理概念明确，数学分析严谨，计算结果精度较高。

二是直接差分法。该方法是先将基本方程组直接离散化，然后联立求解由此得到的一组代数方程组。可依据离散化时采用的数值格式不同，将直接差分法分为显式差分法和隐式差分法。

三是瞬时流态法，简称瞬态法。此法一般忽略运动方程中的所有惯性项，从而将基本方程组简化为一阶非线性抛物型方程组，进而对简化方程离散化，再结合边界条件和初始条件，近似计算指定时刻各断面的水力要素。

四是微幅波理论法。该方法假定由于波动引起的各种水力要素的变化都是微小量，可忽略它们的乘积或平方。将拟线性偏微分方程化为一阶线性常微分方程，然后求得解析解。

除以上介绍的几种方法外，还有其他一些方法。例如，将运动方程简化为出流量与河段槽蓄量单一函数关系的经验槽蓄曲线方法；把入流看作输入，出流看作输出，把河段看作线性变换系统的单位线法；近年来随着计算机广泛运用，又提出了有限元法等方法。

思　考　题

8.1　试证明在临界流状态下矩形断面渠道的水流断面单位能量是临界水深的 1.5 倍。

8.2　两条明渠的断面形状和尺寸均相同，而底坡和糙率不等，当通过的流量相等时，问两明渠的临界水深是否相等？

8.3　两条明渠的断面形状、尺寸、底坡和糙率均相同，而流量不同，问两明渠的临界水深是否相等？

8.4 陡坡明渠中的水流只能是急流,这种说法是否正确? 试说明理由。

8.5 明渠非均匀流有哪些特征? 在底宽逐渐缩小的正坡明渠中,当水深沿程不变时,该明渠水流是否为非均匀流?

8.6 试举例说明在什么情况下会发生壅水曲线和降水曲线。

8.7 棱柱体渠道中发生非均匀流时,在 $i < i_c$ 的渠道中只能发生缓流,在 $i > i_c$ 的渠道中只能发生急流,这种说法是否正确? 为什么?

8.8 棱柱体渠道的各段都充分长,糙率 n 均相同,渠道各段的底坡如图所示。当通过的流量为 Q 时,试判别各图中渠道中的水面曲线是否正确。如不正确,试进行改正。

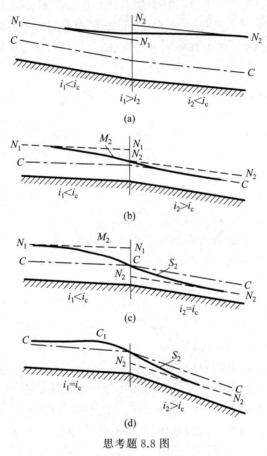

思考题 8.8 图

习　　题

8.1 证明矩形断面明渠中通过最大流量时,水深 h 为断面单位能量 E_s 的 2/3 倍。(令 E_s 为常数)

8.2 一梯形断面渠道,底宽 $b = 6.0$ m,边坡系数 $m = 1.5$,通过流量 $Q = 8.0$ m³/s,求临界水深 h_c。

8.3 矩形渠道宽为 $b = 2.5$ m,通过流量 $Q = 5.5$ m³/s,求临界水深 h_c。

8.4 有一矩形断面变底坡渠道,底宽 $b=6.0$ m,糙率 $n=0.02$,底坡 $i_1=0.001$,$i_2=0.005$,通过的流量 $Q=30$ m³/s,求:(1)各渠段中的正常水深;(2)各渠段的临界水深;(3)判别各渠段均匀流流态。

8.5 梯形断面渠道,底宽 $b=6.0$ m,边坡系数 $m=2.0$,糙率 $n=0.0225$,通过流量 $Q=12$ m³/s,求临界底坡 i_c。

8.6 平底矩形断面渠道中发生水跃时,其流速 $v_1=15$ m/s,跃前水深 $h_1=0.3$ m。求:(1)水跃跃后水深 h_2 和流速 v_2;(2)水跃的能量损失 ΔE;(3)水跃高度($a=h_2-h_1$)。

8.7 试绘制图中所示的棱柱体渠道中可能出现的水面曲线,并注明曲线类型(渠道每段均充分长)。

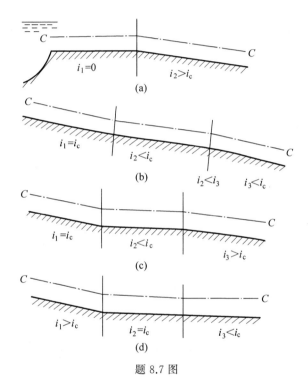

题 8.7 图

8.8 有一由三段底坡组成的棱柱体渠道,如图所示,每一段均充分长,糙率相同。要求:(1)绘制可能出现的水面曲线,并注明曲线类型;(2)说明每一段水流的断面单位能量 E_s 沿程变化规律;(3)说明每一段水流的弗劳德数沿程变化规律及其数值范围。

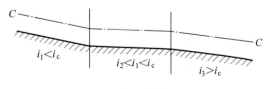

题 8.8 图

8.9 有一梯形断面的排水渠道,长度 $l=5800$ m,底坡 $i=0.0003$,糙率 $n=0.025$,底宽 $b=$

10 m,边坡系数 $m=1.5$,渠道末端设置一水闸,当过闸流量 $Q=40$ m³/s 时,闸前水深 $h_2=4.0$ m。试用分段法计算渠道中水深 $h_1=3.0$ m 处离水闸的距离。

8.10   有一混凝土梯形断面的溢洪道,底坡 $i=0.06$.糙率 $n=0.014$,长度 $l=135$ m,底宽 $b=2.0$ m,边坡系数 $m=1.0$,进口处水深为临界水深。当泄洪流量 $Q=32$ m³/s 时,试计算溢洪道的水面曲线。

第9章
Chapter

堰流和闸孔出流

9.1 概　　述

为利用水资源和控制洪水,人们常在河流中兴建挡水建筑物,使建筑物上游形成水库,通过合理地调度和利用水库中的水量,满足灌溉、发电及防洪等综合要求。一般将挡水建筑物称为坝。为保证水库的安全,挡水建筑物中的一部分需设计成可以施行顶部溢流的泄水建筑物,以便在汛期洪水来临及需要调节水库库容时,向下游宣泄洪水。在水力学中,把顶部溢流的泄水建筑物称为堰。

为控制过堰流量,常在堰顶安装闸门,既可以抬高挡水的高度,又可以通过调节闸门的开度控制下泄的流量。过堰的水流,当没有受到闸门控制时为堰流。堰流的特点是水流的下方受到堰体型的控制,而水流的上方为仅受重力作用而降落的连续变化的光滑曲面。因此,堰流的过流能力与堰的体型有很大的关系。当过堰的水流受到闸门控制时为闸孔出流,简称孔流。闸孔出流的特点是水流的下方受到堰体型的控制,同时水流上方受闸门的控制形成不连续变化的曲面。由于闸孔出流受到上、下两方面的控制,影响其过流能力的主要因素不仅有堰的体型,还有闸门的型式和控制方式,因此闸孔出流的水力计算远较堰流的水力计算复杂。

由于堰的挡水作用,堰上游水位壅高,上游水流为缓流。水流流经堰顶时,发生急剧垂向收缩,在不受下游水位干扰时,堰顶水流为急流。不受下游水位影响的堰流称为自由出流,自由出流时影响堰流过流能力的主要因素是上游水头和堰的体型。当下游水位较高,导致堰顶水流由急流变为缓流时,根据缓流中的干扰波可以向上游传播的概念,下游水位对过堰的流量将产生影响,这种情况称为堰的淹没出流。淹没出流时影响堰流过流能力的主要因素除上游水头和堰的体型外,下游水位是一个重要因素。因此,在堰流的水力计算中,淹没出流较自由出流复杂。闸孔出流同样存在自由出流和淹没出流这两种情况。

通过堰、闸的水流,流线在较短的范围内急剧弯曲,属于急变流,水流能量损失主要为局部损失。因此,在堰流和闸孔出流的水力计算中,只考虑局部水头损失。

这一章的主要内容是介绍堰流和闸孔出流的有关概念及堰流和闸孔出流的水力计算方法并讨论计算中的有关问题。

9.2　堰 的 分 类

　　根据工程需要,堰的体型可设计成各种不同型式。在水力计算中,根据堰的体型特点,即按堰壁厚度与水头的相对大小,将堰分为薄壁堰、实用堰和宽顶堰三类。图 9.1 是这三类堰的纵剖面图,图中上游渐变流断面处的水面到堰顶的高差称为堰上水头,以 H 表示。需要注意的是,堰上水头不是指堰顶水深,因为堰顶处为急变流,应用恒定总流能量方程时不能将其作为控制断面选取。为计算 H 所选择的渐变流断面一般在距堰上游面 $(3\sim4)H$ 处。堰顶厚度以 δ 表示。

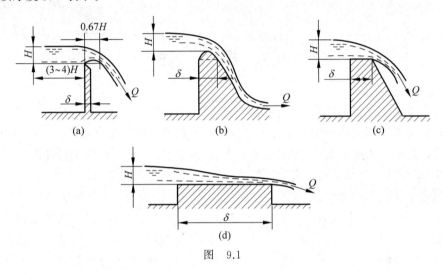

图　9.1

　　不同体型的堰其堰上水流的形态不同,过流能力也有差异。一些学者对各类堰型的过流能力开展了大量细致的研究工作,认识了影响过流能力的各种因素。为了提高堰的过流能力,对堰的体型进行了反复的推敲与优化。目前,关于堰的研究成果已较为成熟。

9.2.1　薄壁堰

　　$\delta<0.67H$ $(\delta/H<0.67)$ 的堰称为薄壁堰。当水流流过薄壁堰时,堰顶下泄的水流形如舌状,如图 9.1(a)所示。由于堰壁没有触及到水舌的下缘,其厚度 δ 对水舌形状没有影响,这是薄壁堰堰顶水流的特点。根据实验,堰顶至水舌下缘之间的水平距离约为 $0.67H$,只要堰壁的厚度 δ 小于 $0.67H$,则不会触及水舌的下缘,这就是要将薄壁堰定义为 $\delta<0.67H$ 的原因。

9.2.2　实用堰

　　$0.67H<\delta<2.5H(0.67<\delta/H<2.5)$ 的堰称为实用堰。实用堰堰顶水流沿着溢流面流动,堰顶的厚度和形状影响到水舌的形状,堰顶对水流产生阻力。为了减少水流的阻力,提

高堰的过流能力,一些大型的溢流坝,其剖面形状常设计成近似锐缘矩形薄壁堰射流水舌下缘的弧形曲线,使过堰水流自然平顺,堰面压强接近于零(即当地大气压),以减少阻力,称为曲线型剖面实用堰,如图9.1(b)所示。对一些小型的水利工程,为了施工方便,也有采用折线型剖面实用堰,如图9.1(c)所示。显然,折线型剖面实用堰的堰面不是光滑平顺的曲线形状,对过堰水流产生的阻力较大,与曲线型剖面实用堰相比,过流能力较低。

9.2.3　宽顶堰

$2.5H < \delta < 10H(2.5 < \delta/H < 10)$的堰称为宽顶堰。宽顶堰的堰顶一般为水平面,堰顶水流在堰进口附近有明显垂向收缩现象,这是宽顶堰过堰水流的特点。过堰水流经过垂向收缩以后还可以在堰上出现近似水平的流段,如图9.1(d)所示。当$\delta > 10H$以后,堰顶的水流已属于明渠水流,水力计算中需要考虑沿程水头损失。因此,一般将宽顶堰堰顶厚度的上限定义为$\delta < 10H$。

以上是从水力学角度,根据过堰水流特点进行的分类。薄壁堰过堰水流的下缘是通大气的,水舌呈自由跌落的形式射向下游;实用堰过堰水流的下缘贴附于堰面流向下游;宽顶堰过堰水流在进入堰口位置附近,水流表面有一明显跌落,以后有一段近似水平的流段,沿堰面流向下游。按堰壁厚度分类是古老而典型的分类,是为了使堰流的计算细化,有利于掌握堰流的规律和提高计算过流流量的精度。在大量研究的基础上,对于标准的堰型,水力计算的结果可以达到很好的精度。对于非典型堰型和一些特殊堰型的情况,则可根据堰流计算的基本方法和基本公式,通过试验,建立相应的堰流计算关系式。

在堰流计算中,除了要考虑自由出流和淹没出流过流能力的差异外,还要考虑有侧收缩堰(溢流宽度小于上游渠道的宽度)和无侧收缩堰在过流能力上的差异。

此外,还可以对堰作进一步的分类,按堰顶轴线在平面上的位置分为正堰(堰顶轴线与水流方向垂直)和斜堰(堰顶轴线与水流方向形成一较大夹角)等。以下介绍的内容限于正堰。

9.3　堰流的基本公式

堰流的基本公式是指矩形薄壁堰、实用堰和宽顶堰均适用的普遍流量公式。

以矩形薄壁堰自由出流为例推导如下。如图9.2所示,通过堰顶取基准面0—0。在堰上游$(3\sim4)H$处取渐变流断面1,过基准面与水舌中线的交点取过水断面2。断面2可视为渐变流断面。对断面1,2列能量方程

$$z_1 + \frac{p_1}{\rho g} + \frac{\alpha_1 v_1^2}{2g} = z_2 + \frac{p_2}{\rho g} + \frac{\alpha_2 v_2^2}{2g} + h_w$$

式中,$z_1 + \dfrac{p_1}{\rho g} = H$,$\alpha_1 = \alpha_0$,$v_1 = v_0$,$v_0$为行近流速;

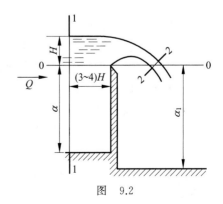

图　9.2

令 $H + \dfrac{\alpha_0 v_0^2}{2g} = H_0$ 为堰上总水头；断面 2 中点位于基准面上，$z_2 = 0$；水舌上、下表面与大气接触，可令 $p_2 = 0$，$\alpha_2 = \alpha$，$v_2 = v$；取 $h_w = \zeta \dfrac{v^2}{2g}$，$\zeta$ 为堰的局部水头损失系数。将以上关系代入能量方程得

$$H_0 = \frac{\alpha v^2}{2g} + \zeta \frac{v^2}{2g}$$

整理得

$$v = \frac{1}{\sqrt{\alpha + \zeta}} \sqrt{2gH_0} = \varphi \sqrt{2gH_0}$$

式中，$\varphi = \dfrac{1}{\sqrt{\alpha + \zeta}}$，为流速系数。由于动能校正系数 α 和局部水头损失系数 ζ 之和总是大于 1，故 $\varphi < 1$。

设断面 2 的水舌厚度为 kH_0，k 为与水舌垂向收缩情况有关的系数，而溢流宽度为 B，则过水断面 2 的面积 $A = kH_0 B$。通过堰的流量为

$$Q = Av = kH_0 Bv = \frac{k}{\sqrt{\alpha + \zeta}} B \sqrt{2g} H_0^{\frac{3}{2}}$$

令

$$m = \frac{k}{\sqrt{\alpha + \zeta}}$$

则

$$Q = mB \sqrt{2g} H_0^{\frac{3}{2}} \tag{9.1}$$

式中，m 为流量系数。

以上推导是在堰流的自由出流和没有侧收缩的情况下进行的，导出的式(9.1)仅限于在此种情况下应用。堰流的淹没出流和发生侧收缩时的出流其过流能力都比前面推导公式时的情况要小。因此，在发生堰流的淹没出流和有侧收缩的出流情况下，计算流量时在式(9.1)中乘以淹没系数 σ 和侧收缩系数 ε 以分别反映其对过堰流量的影响，即将式(9.1)改写为式(9.2)的形式

$$Q = \sigma \varepsilon mB \sqrt{2g} H_0^{\frac{3}{2}} \tag{9.2}$$

式(9.2)称为堰流的基本公式。由于淹没出流和侧收缩均使过堰流量减少，所以，在计算过堰流量时，当发生淹没出流时 $\sigma < 1.0$，有侧收缩时 $\varepsilon < 1.0$；当自由出流时 σ 取 1，无侧收缩时 ε 取 1。虽然式(9.2)是在薄壁堰出流情况下推导而得，但仍不失其普遍性，因为三种堰的物理本质并无差异，其间的差别仅体现在流量系数 m、淹没系数 σ、侧收缩系数 ε 的确定方法及数值上。以流量系数 m 为例，由推导过程可见，m 与水舌的收缩程度、断面 2 的流速分布以及堰的水头损失等因素有关，实际上与堰的体型有关。推导中我们只是知道这些是影响流量系数的因素，但并不能得到流量系数 m 的数值，因为其中 α，ζ，k 均为未知数。不同的堰型这些影响因素的大小也不一样。因此，不同的堰型流量系数的数值是有差异的。确定流量系数的方法是通过试验实测 Q，H，根据式(9.1)反算得到 m。根据试验结果，堰的流量系数不是常数，随着堰上水头 H 等因素变化。因此要在一定的流量变化范围进行大量

试验,以分析 m 的变化规律,拟合出可供计算的流量系数经验公式。

对于一些标准的堰型,人们已建立了一些流量系数的经验公式。这些公式可从有关专著或手册中查阅得到。经验公式中往往选用上游堰高 a、水头 H(对于淹没情况还要考虑下游堰高 a_1 和水位差 z 等),或它们的比值 $\dfrac{H}{a}$ 作为变量。由于建立各个经验公式的条件不同,对同一种堰型,若采用不同的经验公式得到的流量系数值往往不完全一致,故可作为设计时的参考,根据经验和分析,选用合适的数值。对于重要工程,应进行模型试验实测其流量系数。

同样,淹没系数和侧收缩系数也是通过试验确定的。在建立了堰流基本公式以后,流量的计算问题,实际上就是先要解决如何确定各种系数值的问题。下面将分别介绍各类堰型选择系数的方法。需要说明的是,由于堰流的研究和应用历史很长,对于某种堰型,水力学界习惯了使用特殊的堰流公式进行计算,而不是都用堰流基本公式,此点希望读者注意。

本章中凡涉及各种系数的经验公式及表格时,只是选择其中较有代表性的例子作为基本介绍,用以使初学者掌握水力计算的有关方法。需进一步了解堰流计算方法的读者可查阅有关标准和规范。

9.4　薄　壁　堰

薄壁堰特别是锐缘薄壁堰由于过堰水流与堰接触的面积很小,堰对水流的影响比较稳定,因此相对于实用堰和宽顶堰而言,具有测流精度较高的优点。不过由于堰壁较薄,难以承受过大的水压力,故只能作为实验室和小型渠道量测流量之用。

薄壁堰的堰口形状有矩形、三角形、梯形等,如图 9.3 所示,分别称为矩形薄壁堰、三角形薄壁堰和梯形薄壁堰,常用的为矩形薄壁堰和三角形薄壁堰。下面分别介绍矩形薄壁堰和三角形薄壁堰的水力计算方法。

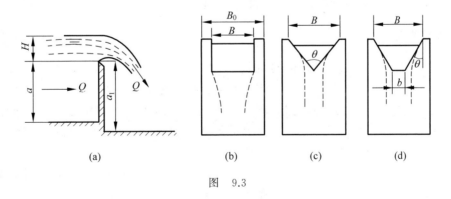

(a)　　　　　　(b)　　　　(c)　　　　(d)

图　9.3

9.4.1　矩形薄壁堰

1. 流量计算公式

由于矩形薄壁堰的应用历史很长且试验资料很多,习惯上使用式(9.3)而不是

式(9.1)作为流量计算公式

$$Q = m_0 B \sqrt{2g}\, H^{\frac{3}{2}} \tag{9.3}$$

式中，m_0 是包括行近流速影响在内的流量系数，也称为流量系数。需要注意的是，式中使用的是堰上水头 H 而不是堰上总水头 H_0。

2. 流量系数

矩形薄壁堰的流量系数 m_0 在自由出流和无侧收缩的情况下可按以下经验公式计算。

巴辛(Bazin)公式

$$m_0 = \left(0.405 + \frac{0.0027}{H}\right)\left[1 + 0.55\left(\frac{H}{H+a}\right)^2\right] \tag{9.4}$$

此式适用条件为 $0.2\ \mathrm{m} < a < 1.13\ \mathrm{m}, B < 2\ \mathrm{m}, 0.1\ \mathrm{m} < H < 1.24\ \mathrm{m}$。

雷保克(T.Rehbock)公式

$$m_0 = 0.4034 + 0.0534\frac{H}{a} + \frac{1}{1610H - 4.5} \tag{9.5}$$

此式适用条件为：$H \geqslant 0.025\ \mathrm{m}, H \leqslant 2a, a \geqslant 0.3\ \mathrm{m}$。

以上两经验公式中的 a，H 均以 m 计。

应用以上各式计算流量系数时，要求水舌下缘应为大气压强(即相对压强为零)。一般可设通气管与大气相通，保持压强符合要求。如果水舌下缘通气不畅，水舌下部空腔内会因部分空气被水流带走而出现负压，从而增加了堰的过流能力，流量系数有所提高，使应用以上各式计算的流量系数与实际的流量系数之间出现较大偏差，从而影响流量计算的精度。

薄壁堰有侧收缩时通常不单独计算侧收缩系数，而是将其影响并入流量系数 m_0 中去考虑，例如巴辛公式

$$m_0 = \left[0.405 + \frac{0.0027}{H} - 0.03\frac{B_0 - B}{B_0}\right]\left[1 + 0.55\left(\frac{H}{H+a}\right)^2\left(\frac{B}{B_0}\right)^2\right] \tag{9.6}$$

式中，B_0 为渠宽；B 为堰顶宽(垂直于流向)；B_0 及 B 均以 m 计。

3. 淹没系数

当下游水位影响堰的泄流量时为淹没出流。薄壁堰发生淹没出流的条件是：

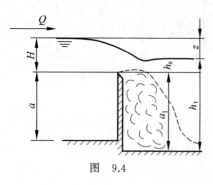

图 9.4

①下游水位高于堰顶；②堰下游发生淹没水跃。如图 9.4 所示。因为只要不同时满足这两个条件，堰顶水流仍处于急流状态，泄流时的流态仍然为自由出流。

下游水位高于堰顶这一条件很容易判断，而堰下游发生淹没水跃的条件则需要用经验的方法进行判断。根据实验，发生淹没水跃的经验关系是

$$\frac{z}{a_1} \leqslant \left(\frac{z}{a_1}\right)_c \tag{9.7}$$

式中，临界值 $\left(\dfrac{z}{a_1}\right)_c$ 与 $\dfrac{H}{a_1}$ 的经验关系如图 9.5 所示。

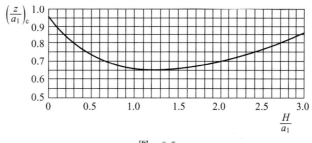

图　9.5

当计算的 $\left(\dfrac{z}{a_1}\right)$ 值位于图中 $\left(\dfrac{z}{a_1}\right)_c$ 曲线下方时,下游将发生淹没水跃。

以上各符号的意义可参见图9.4,其中 z 为上、下游水位差,a_1 为下游堰高,H 为上游水头。

矩形薄壁堰淹没出流的流量公式为

$$Q = \sigma m_0 B \sqrt{2g} H^{\frac{3}{2}} \tag{9.8}$$

式中,σ 为淹没系数,可用以下经验公式计算:

$$\sigma = 1.05\left(1 + 0.2\frac{h_s}{a_1}\right)\sqrt[3]{\frac{z}{H}} \tag{9.9}$$

式中,h_s 为下游水位高于堰顶的数值。根据淹没出流条件,发生淹没出流时 $h_s > 0$。

需要说明的是,尽管矩形薄壁堰淹没出流时的流量可以计算,但淹没出流的流量计算精度较自由出流流量低。若将矩形薄壁堰作为测流设备,为保证量测精度,设计时应尽量避免在淹没出流条件下工作。

例9.1　有一矩形无侧收缩薄壁堰,已知堰宽 $B = 0.5$ m,上、下游堰高 $a = a_1 = 0.5$ m,堰上水头 $H = 0.2$ m,求下游水深分别为 $h_t = 0.4$ m 及 $h_t = 0.6$ m 时通过薄壁堰的流量。

解　(1) 求 $h_t = 0.4$ m 时的流量。$h_t = 0.4$ m $< a_1 = 0.5$ m,下游水位低于堰顶,为自由出流。按式(9.5)和式(9.3)分别计算 m_0 及 Q:

$$m_0 = 0.4034 + 0.0534\frac{H}{a} + \frac{1}{1610H - 4.5}$$

$$= 0.4034 + 0.0534 \times \frac{0.2\ \text{m}}{0.5\ \text{m}} + \frac{1}{1610 \times 0.2 - 4.5}$$

$$= 0.428$$

$$Q = m_0 B \sqrt{2g} H^{\frac{3}{2}} = 0.428 \times 0.5\ \text{m} \times \sqrt{2 \times 9.81\ \text{m/s}^2} \times (0.2\ \text{m})^{3/2}$$

$$= 0.0848\ \text{m}^3/\text{s}$$

(2) 求 $h_t = 0.6$ m 时的流量。判别出流是否淹没:$h_t = 0.6$ m $> a_1 = 0.5$ m,下游水位高于堰顶。又 $\dfrac{z}{a_1} = \dfrac{a_1 + H - h_t}{a_1} = \dfrac{0.5 + 0.2 - 0.6}{0.5} = 0.2$。由 $\dfrac{H}{a_1} = \dfrac{0.2}{0.5} = 0.4$,查图9.5得 $\left(\dfrac{z}{a_1}\right)_c = 0.76 > \dfrac{z}{a_1} = 0.2$,为淹没出流。

按式(9.9)和式(9.8)计算 σ 及 Q:

$$\sigma = 1.05\left(1 + 0.2\,\frac{h_s}{a_1}\right)\sqrt[3]{\frac{z}{H}} = 1.05 \times \left(1 + 0.2\,\frac{0.6 - 0.5}{0.5}\right) \times \sqrt[3]{\frac{0.1}{0.2}}$$

$$= 0.867$$

$$Q = \sigma m_0 B \sqrt{2g}\,H^{\frac{3}{2}} = 0.867 \times 0.0848\ \text{m}^3/\text{s} = 0.0735\ \text{m}^3/\text{s}$$

9.4.2 三角形薄壁堰

三角形薄壁堰简称三角堰,如图 9.3(c)所示。其测流特点是,过堰的水面宽度随水头而变。小水头时水面宽度小,流量的微小变化将引起相对较大的水头变化,从而提高流量量测精度。因此,三角形薄壁堰是量测较小流量理想的堰型。根据需要,其堰口夹角可取不同值,但常用的堰口夹角为 90°。

为公式的简化,不妨估计一下三角堰流量公式的形式:矩形堰公式(9.3)表明 $Q \propto BH^{3/2}$,当堰口夹角 θ 一定时,三角堰的溢流水舌宽度 B 与水头 H 成比例(图 9.3(c))。故三角堰流量 $Q \propto H \cdot H^{3/2} = H^{5/2}$,引入比例系数 C,可写成

$$Q = CH^{5/2} \tag{9.10}$$

国际标准手册[①]给出了 θ 在 20°~120°范围内流量系数 C 相应的图、表和经验公式。

汤普森(Thompson)试验得 $\theta = 90°$ 时,C 的近似值为 1.4,即

$$Q = 1.4H^{5/2} \tag{9.11}$$

式中,单位以 m,s 计,应用条件为:0.05 m$< H <$0.25 m;$a \geqslant 2H$;$B_0 \geqslant (3 \sim 4)H$。

应用三角堰是一种精确测流的方法,为保证测流的精度,不允许在淹没出流的情况下实施流量的量测。

9.5 实 用 堰

实用堰是溢流坝中常见的堰型,其剖面形式较多,可大体分为曲线型和折线型两大类。无论是曲线型剖面实用堰还是折线型剖面实用堰,其流量公式均为堰流基本公式(9.2),即

$$Q = \sigma \varepsilon m B \sqrt{2g}\,H_0^{\frac{3}{2}}$$

9.5.1 曲线型剖面实用堰

1. 剖面形状

曲线型剖面有各种定型设计,例如克里格尔(Creager)-奥菲采洛夫(офццеров)剖面(简称克-奥剖面)、WES[②]剖面、长研 I 型剖面等。其设计原则是使堰面轮廓与薄壁堰水舌下缘基本吻合,以减少水流阻力。然而水舌的形状、尺寸随水头 H 而变,但堰面轮廓一经设定,

---

① 国际标准手册 16:明渠水流测量[M].北京:中国标准出版社,1985。
② WES 是 Waterways Experiment Station(水道实验站)的缩写,该站属美国陆军工程兵团。

形状则不能改变。因此,堰面轮廓实际上只能与某一特定水头所对应的水舌下缘基本吻合,该水头称为设计水头,以 H_d 表示。当实际泄流的水头等于设计水头时,堰顶附近的动水压强接近于零,流量系数称为设计流量系数。当实际泄流的水头大于或小于设计水头时,其流量系数会发生变化。我国一些高坝在二十世纪五六十年代常采用克-奥剖面。现在多采用 WES 剖面。这里仅对 WES 剖面作简要介绍。

WES 剖面堰顶由圆弧段构成,有两圆弧段和三圆弧段两大类,每一类又有几种型号。现以图 9.6 所示的三圆弧段 WES 剖面为例说明其设计思想。图 9.6 所示的 WES 剖面,其上游堰面铅直,其堰顶上游部分由三段圆弧连接,比两圆弧段可以更为平顺地与上游面连接,从而改善了堰面压力条件。堰顶下游亦用曲线方程表示,详见图 9.6。

曲线型实用堰剖面的下游段可与一倾斜直线相连接,再用圆弧与下游河床相连接,以便水流平顺地进入河床,参见图 9.7。斜直线的坡度由堰的稳定性和强度要求而定。一般取 $1:0.65\sim1:0.75$。圆弧半径 R 可根据下游堰高 a_1 和设计水头 H_d 确定,详细方法可查有关规范。

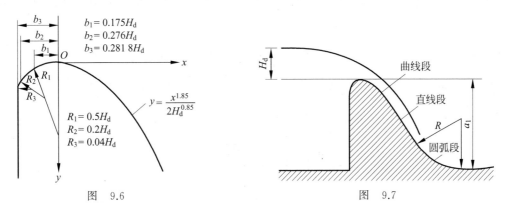

图 9.6　　　　　　　　　　　　　　　　图 9.7

2. 系数的确定

定型的曲线型实用堰的各项系数可参考有关文献进行选择,对于非定型的曲线型实用堰则需要做模型试验确定系数。这里,对式(9.2)中的流量系数 m、侧收缩系数 ε 和淹没系数 σ,均以分析其影响因素为主,兼举少量经验公式为例。

(1) 流量系数

流量系数不为常数。称水头 H 等于设计水头 H_d 时的流量系数为设计流量系数 m_d,即 $H=H_d$ 时,$m=m_d$。各种定型的曲线型堰,因剖面形状的差异,流量系数 m_d 也略有不同。例如三圆弧剖面 WES 堰的 $m_d=0.502$,克-奥剖面堰的 $m_d=0.49$。

实际泄流时,H 常不等于 H_d,此时堰的轮廓和薄壁堰水舌下缘形状不相吻合,堰的泄流能力和流量系数亦随之变化。当 $H>H_d$ 时,水舌抛射距离增大,水舌下缘与堰面轮廓脱离,但脱离部分的空气瞬间被水流带走,水舌受到下压还是沿着堰面向下游流动。由于水舌的下压,增加了堰顶水流的弯曲程度,堰面水流的压强下降,从而形成真空。真空使有效水头增加,过水能力增大,因此 $m>m_d$。反之,当 $H<H_d$ 时,水舌抛射距离减小,实用堰轮廓"插入"水舌,对水舌产生顶托作用,堰顶附近水流压强增大,从而减小了堰的过水能力,因此

$m < m_d$。需要说明的是,真空的出现虽然有增加流量的优点,但真空现象经常是不稳定的,堰面上产生正、负交替的压力有可能使堰面产生气蚀而受到损害。因此,有意识地将堰顶水流压强设计为真空的所谓真空堰,尽管流量系数大于所有的定型堰型,但工程设计中很少采用。

流量系数 m 值还与堰顶水流垂向收缩的程度有关。参数 $\dfrac{a}{H}$ 可以反映堰前水流受堰壁阻挡发生垂向收缩的程度。当水头 H 一定时,若上游堰高 a 不同,则收缩程度不同,过流能力有变化。不过,当 a 大到一定数值时,水流的收缩已达到充分的程度,即使 a 值再加大,收缩程度亦将保持不变。据研究,当 $\dfrac{a}{H} < 3$ 时,应考虑上游堰高 a 对流量系数 m 的影响,此时流量系数 m 的经验公式或图表常以 $\dfrac{a}{H}$ 为参数。而当 $\dfrac{a}{H} \geqslant 3$ 时,收缩程度已保持不变,$\dfrac{a}{H}$ 的变化将不再影响流量系数发生变化。此外,上游堰面坡度也是影响流量系数的因素,因为不同的上游堰面坡度所形成的堰顶水流的收缩和弯曲程度不同,由此引起过流能力的差异。从一些专业的资料中可查阅到有关内容。

图 9.8 是上游堰面铅直、堰顶上游为三圆弧段的 WES 剖面,当 $\dfrac{a}{H} \geqslant 3$ 时,流量系数 m 与 $\dfrac{H_0}{H_d}$ 的关系曲线。

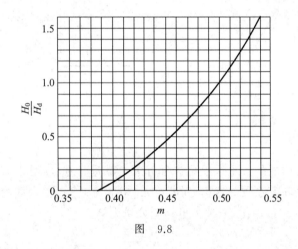

图　9.8

曲线型实用堰的流量系数随水头变化,其范围大致是 $0.42 \sim 0.50$。

(2) 侧收缩系数

有闸门控制的溢流堰上都设有闸墩和边墩,过堰水流在绕过闸墩和边墩时产生侧向收缩并受到阻力产生水头损失。计算侧收缩系数 ε 的经验公式很多。这些经验公式均需反映出闸墩与边墩的平面形状、溢流的孔数、堰上水头、溢流宽度等因素的影响。常用的经验公式如下:

$$\varepsilon = 1 - 0.2\left[(n-1)\zeta_0 + \zeta_k\right]\frac{H_0}{nb} \tag{9.12}$$

式中,n 为溢流孔数;b 为每孔宽度;ζ_0 为闸墩系数;ζ_k 为边墩系数。ζ_0 和 ζ_k 值各按闸墩和边墩头部的平面形状分别由表 9.1 和表 9.2 查得。在应用式(9.12)时,如果 $\dfrac{H_0}{b}>1$,按 $\dfrac{H_0}{b}=$ 1 代入式中计算。

表 9.1 闸墩系数 ζ_0

闸墩头部平面形状		$h_s/H_0\leqslant0.75$	$h_s/H_0=0.80$	$h_s/H_0=0.85$	$h_s/H_0=0.90$	$h_s/H_0=0.95$
矩形 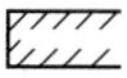		0.80	0.86	0.92	0.98	1.00
尖角形 	$\theta=90°$	0.80	0.86	0.92	0.98	1.00
半圆形 	$r=d/2$	0.45	0.51	0.57	0.63	0.69
尖圆形 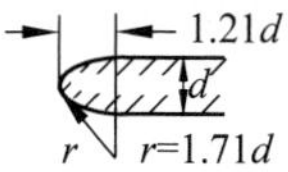	$r=1.71d$ $1.21d$	0.25	0.32	0.39	0.46	0.53

表 9.2 边墩系数 ζ_k

边墩平面形状	ζ_k
直角形 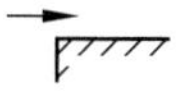	1.00
斜角形 (八字形) 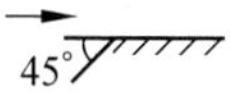 $45°$	0.70
圆弧形  r	0.70

（3）淹没系数

实用堰发生淹没出流的条件与薄壁堰相同,仍然是:①下游水位高于堰顶;②堰下游发生淹没水跃。

对曲线型实用堰,可采用 WES 堰的试验结果计算淹没系数。据 WES 实用堰的试验,淹没系数 σ 与下游堰高的相对值 $\dfrac{a_1}{H_0}$ 和反映淹没程度的 $\dfrac{h_s}{H_0}$ 值有关,可直接查图 9.9。图中虚线为淹没系数 σ 的等值线,$\sigma=1$ 等值线右下方的区域为自由出流区。因此,应用此图既可以判断是否发生淹没出流,又可查出发生淹没出流时相应的淹没系数。

9.5.2 折线型实用堰

小型溢流坝有时设计为砌石坝,为了取材和施工方便,常采用折线型剖面,其中尤以梯形剖面(图 9.10)应用较广。其流量系数与 $\dfrac{a}{H}$、$\dfrac{\delta}{H}$ 以及上、下游堰面的倾角 θ_1、θ_2 有关,见表 9.3。流量系数的范围大致为 $m=0.33\sim0.43$,较曲线型剖面堰为小。折线型实用堰的侧收缩系数 ε 和淹没系数 σ 可近似地按曲线型实用堰计算。

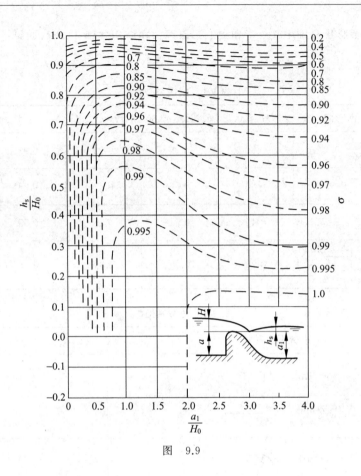

图　9.9

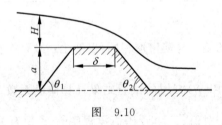

图　9.10

表 9.3　梯形断面堰流量系数 m 值

$\dfrac{a}{H}$	边坡系数		流量系数 m		
	$\cot\theta_1$	$\cot\theta_2$	$\dfrac{H}{\delta}=2$	$\dfrac{H}{\delta}=2\sim1$	$\dfrac{H}{\delta}=1\sim0.5$
	0.5	0.5	0.43~0.42	0.40~0.38	0.36~0.35
3~5	1.0	0	0.44	0.42	0.40
	2.0	0	0.43	0.41	0.39

续表

$\dfrac{a}{H}$	边坡系数		流量系数 m		
	$\cot\theta_1$	$\cot\theta_2$	$\dfrac{H}{\delta}=2$	$\dfrac{H}{\delta}=2\sim1$	$\dfrac{H}{\delta}=1\sim0.5$
	0	1	0.42	0.40	0.38
	0	2	0.40	0.38	0.36
$2\sim3$	3	0	0.42	0.40	0.38
	4	0	0.41	0.39	0.37
	5	0	0.40	0.38	0.36
	10	0	0.38	0.36	0.35
$1\sim2$	0	3	0.39	0.37	0.35
	0	5	0.37	0.35	0.34
	0	10	0.35	0.34	0.33

实用堰在按式(9.2)进行水力计算时,由于堰上总水头及三个系数的确定常与待求量有关,故待求量无法直接求解。例如,已知 H 求 Q,因 $H_0=H+\dfrac{\alpha v_0^2}{2g}$,其中行近流速 v_0 与流量 Q 有关,实际上,式(9.2)中等号的右边也隐含了流量 Q;而系数 m,ε,σ 往往又与 H_0 有关,因此即使已给出 H 值,也无法直接求得 Q 值。解决此类问题思路是先作某些假设,求得待求量的近似值,利用近似值再次进行计算,求得待求量的第二次近似值,通过逐次渐近计算,直至求得正确的答案。下面的例题介绍了如何应用这一方法求解问题。

例 9.2 某曲线型实用堰,堰高 $a=6.5$ m,堰上设计水头 $H_d=0.9$ m,设计流量系数 $m_d=0.49$,堰的溢流宽度与渠宽相同,均为 $B=5.0$ m。设泄流时下游发生远离式水跃,求过堰的流量。

解 用堰流基本公式(9.2)求过堰流量。从例题所给条件:堰的溢流宽度与渠宽相同,可知无侧收缩,取 $\varepsilon=1$;泄流时下游发生远离式水跃,可知泄流时发生自由出流,取 $\sigma=1.0$。由于 H_0 中隐含了 Q,故计算时先设 $H_0=H$,进行迭代计算。

设 $H_0=H=H_d$,$m=m_d$,将已知条件代入式(9.2)

$$Q_1=\varepsilon\sigma mB\sqrt{2g}H^{\frac{3}{2}}=1.0\times1.0\times0.49\times5.0\text{ m}\times\sqrt{2\times9.81\text{ m/s}^2}\times(0.9\text{ m})^{\frac{3}{2}}$$
$$=9.266\text{ m}^3/\text{s}$$

得到流量的第一次近似值。用该流量计算行近流速

$$v_0=\frac{Q_1}{A_0}=\frac{9.266\text{ m}^3/\text{s}}{(6.5+0.9)\text{ m}\times5.0\text{ m}}=0.2504\text{ m/s}$$

堰上水头的近似值

$$H_{01}=H+\frac{v_0^2}{2g}=0.9\text{ m}+\frac{(0.2504\text{ m/s})^2}{2\times9.81\text{ m/s}^2}=0.9032\text{ m}$$

设 $H_0=H_{01}$,再一次计算流量

$$Q_2=\varepsilon\sigma mB\sqrt{2g}H_{01}^{\frac{3}{2}}$$

$$= 1.0 \times 1.0 \times 0.49 \times 5.0 \text{ m} \times \sqrt{2 \times 9.81 \text{ m/s}^2} \times (0.9032 \text{ m})^{\frac{3}{2}}$$
$$= 9.315 \text{ m}^3/\text{s}$$

Q_2 称为经过一次迭代得到的流量。还可继续计算下去。求行近流速

$$v_0 = \frac{Q_2}{A_0} = \frac{9.315 \text{ m}^3/\text{s}}{(6.5 + 0.9) \text{ m} \times 5.0 \text{ m}} = 0.2518 \text{ m/s}$$

堰上水头的近似值

$$H_{02} = H + \frac{v_0^2}{2g} = 0.9 \text{ m} + \frac{(0.2518 \text{ m/s})^2}{2 \times 9.81 \text{ m/s}^2} = 0.9032 \text{ m}$$

在计算精度允许的范围，$H_{02} = H_{01}$，可知用迭代方法计算的流量已经收敛，计算得到的流量为 $9.315 \text{ m}^3/\text{s}$。

例 9.3 某溢流坝（图 9.11）采用三圆弧段 WES 型剖面，闸墩头部形状为半圆形，边墩为圆弧形，坝的设计流量 $Q = 5500 \text{ m}^3/\text{s}$，相应的上、下游设计水位分别为 37.0 m 及 21.2 m，坝址处河床高程为 4.0 m。上游矩形断面河道宽度为 160.0 m。根据地质等条件选用的单宽流量 $q \leqslant 80 \text{ m}^2/\text{s}$。求：(1)坝的溢流宽度和孔数；(2)坝顶高程。

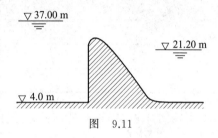

图 9.11

解 (1)坝的溢流宽度和孔数。坝的溢流宽度

$$B = \frac{Q}{q} = \frac{5500 \text{ m}^3/\text{s}}{80 \text{ m}^2/\text{s}} = 68.8 \text{ m}$$

选用每孔净宽 $b = 10 \text{ m}$，则溢流孔数

$$n = \frac{B}{b} = \frac{68.8 \text{ m}}{10 \text{ m}} = 6.88$$

取溢流孔数 $n = 7$，则坝的实际溢流宽度

$$B = nb = 7 \times 10 \text{ m} = 70 \text{ m}$$

(2)计算坝顶高程。因坝顶高程取决于上游设计水位和设计水头。应先计算设计水头。

由式(9.2)，可得堰上总水头

$$H_0 = \left(\frac{Q}{\sigma \varepsilon m B \sqrt{2g}} \right)^{\frac{2}{3}}$$

已知 $Q = 5500 \text{ m}^3/\text{s}$ 及 $B = 70 \text{ m}$，当 $H = H_d$ 时，流量系数 $m = m_d = 0.502$；侧收缩系数 ε 用式(9.12)计算，与 H_0 有关，只能先假设 ε，现设 $\varepsilon = 0.9$。又因坝顶高程和 H_0 未知，无法判别出流情况，先假设为自由出流，$\sigma = 1.0$。将以上各值代入上式得

$$H_0 = \left(\frac{5500 \text{ m}^3/\text{s}}{0.9 \times 0.502 \times 70 \text{ m} \times \sqrt{2 \times 9.81 \text{ m/s}^2}} \right)^{\frac{2}{3}} = 11.60 \text{ m}$$

此为 H_0 的第一次近似值。将此 H_0 值以及已知溢流孔数 $n = 7$，按半圆形墩头和自由出流 $\left(\dfrac{h_s}{H_0} \leqslant 0.75 \right)$，由表 9.1 查得闸墩系数 $\zeta_0 = 0.45$；按圆弧形边墩由表 9.2 查得边墩系数 $\zeta_k =$

0.70;代入式(9.12)计算 ε，因 $\dfrac{H_0}{b} = \dfrac{11.60}{10} = 1.16 > 1$，应按 $\dfrac{H_0}{b} = 1$ 计算，即

$$\varepsilon = 1 - 0.2\big[(n-1)\zeta_0 + \zeta_k\big]\frac{H_0}{nb}$$

$$= 1 - 0.2 \times \big[(7-1) \times 0.45 + 0.7\big] \times \frac{1}{7} = 0.903$$

此为 ε 的第二次近似值。用以重新计算 H_0，得

$$H_0 = \left(\frac{5500 \text{ m}^3/\text{s}}{0.903 \times 0.502 \times 70 \text{ m} \times \sqrt{2 \times 9.81 \text{ m/s}^2}}\right)^{\frac{2}{3}} = 11.53 \text{ m}$$

因 $\dfrac{H_0}{b} = \dfrac{11.53}{10} = 1.153 > 1$，仍按 $\dfrac{H_0}{b} = 1$ 计算 ε，则所求 ε 及 H_0 不再变化，可作为正确值。

已知上游河道宽度为 160 m，上游设计水位为 37.0 m，河底高程为 4.0 m，则上游过水断面面积(近似按矩形断面计算)为

$$A_0 = 160 \text{ m} \times (37.0 - 4.0) \text{ m} = 580 \text{ m}^2$$

行近流速

$$v_0 = \frac{Q}{A_0} = \frac{5500 \text{ m}^3/\text{s}}{5280 \text{ m}^2} = 1.04 \text{ m/s}$$

取 $\alpha = 1.0$，则

$$\frac{\alpha v_0^2}{2g} = \frac{1.0 \times (1.04 \text{ m/s})^2}{2 \times 9.81 \text{ m/s}^2} = 0.06 \text{ m}$$

堰上设计水头

$$H_d = H_0 - \frac{\alpha v_0^2}{2g} = 11.53 \text{ m} - 0.06 \text{ m} = 11.47 \text{ m}$$

$$坝顶高程 = 上游水位 - H_d = 37.0 \text{ m} - 11.47 \text{ m} = 25.53 \text{ m}$$

校核出流条件：下游设计水位 21.2 m，低于坝顶高程 25.53 m，满足自由出流条件，故以上按自由出流计算的结果是正确的，即计算得到的堰顶高程为 25.53 m。

9.6 宽 顶 堰

宽顶堰多用于水闸等低水头的水工建筑工程中。对于一些平底无坎的水闸，当水流绕过闸墩流入闸室时，由于侧收缩的影响，水流形态与宽顶堰上的水流十分相似。因此，其流量计算也采用宽顶堰的计算方法。

9.6.1 宽顶堰的流量公式

宽顶堰自由出流且无侧收缩时的流量计算仍用堰流公式(9.1)

$$Q = mB\sqrt{2g}\,H_0^{\frac{3}{2}}$$

式中,m 为宽顶堰的流量系数。

宽顶堰在自由出流情况下,水流在进口附近有
垂向收缩现象,如图 9.12 中收缩断面 c—c。当堰壁
厚度 $\delta > 4H$ 时,水位在收缩断面以后略有回升,并
在堰顶上形成近似水平的流段,这与薄壁堰、实用堰
的水舌形状有较大差别。由于宽顶堰上水流有上述
特点,因此,对于宽顶堰,还可以推得与式(9.1)形式
不同的流量计算公式,现推导如下:

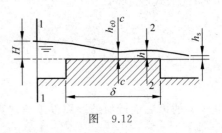

图   9.12

以堰顶为基准面,如图 9.12 所示,断面 2 取在堰顶水面近似水平的流段内,写断面 1、2
的能量方程:

$$H + \frac{\alpha_0 v_0^2}{2g} = h + \frac{\alpha v^2}{2g} + \zeta \frac{v^2}{2g}$$

化简得

$$H_0 = h + (\alpha + \zeta) \frac{v^2}{2g}$$

由此解出

$$v = \frac{1}{\sqrt{\alpha + \zeta}} \sqrt{2g(H_0 - h)} = \varphi \sqrt{2g(H_0 - h)}$$

过水断面面积 $A = Bh$,得宽顶堰的流量公式为

$$Q = \varphi Bh \sqrt{2g(H_0 - h)} \tag{9.13}$$

式(9.13)为宽顶堰流量公式的另一种常用形式。

式(9.13)与式(9.1)都是宽顶堰自由出流且无侧收缩情况下的公式,在淹没出流和有侧
收缩情况下,同样要考虑淹没系数和侧收缩系数。可用式(9.2)

$$Q = \sigma \varepsilon m B \sqrt{2g} H_0^{\frac{3}{2}}$$

进行计算。

下面介绍流量公式的应用方法时,只介绍了式(9.2)的有关内容,式(9.13)的形式仅在
理论分析时予以应用。

9.6.2   宽顶堰的堰顶水深

关于宽顶堰自由出流时的堰顶水深,根据巴赫米切夫理论,作如下分析。

巴赫米切夫最小能量的假设认为,万物在重力场作用下,总要跌落到能量最小的地方。
堰流也一样,在堰顶亦应具有最小能量。当堰顶为水平时,单位机械能就是断面单位能量
E_s,而最小单位能量时的水深就是临界水深 h_c,也就是说,堰上水深等于临界水深 h_c。

根据巴赫米切夫理论,堰上水深 $h(h_c)$ 与总水头 H_0 的关系仍可参考图 9.12 加以推导,
但此时 $h = h_c$,$v = v_c$。对式(9.13)

$$Q = \varphi Bh_c \sqrt{2g(H_0 - h_c)}$$

进行整理,得

$$\frac{Q}{Bh_c} = v_c = \varphi \sqrt{2g(H_0 - h_c)}$$

两边取平方

$$v_c^2 = \varphi^2 2g(H_0 - h_c)$$

即

$$\frac{v_c^2}{2g} = \varphi^2(H_0 - h_c)$$

对临界流，$Fr = 1$，$\dfrac{v_c^2}{2g} = \dfrac{h_c}{2}$，则有

$$h_c = 2\varphi^2(H_0 - h_c)$$

整理得堰顶水深

$$h = h_c = \frac{2\varphi^2}{1 + 2\varphi^2} H_0 \tag{9.14}$$

若不计阻力，$\varphi = 1$，则 $h = h_c = \dfrac{2}{3} H_0$，若考虑了水流阻力，$\varphi < 1$，堰顶水深略小于 $\dfrac{2}{3} H_0$。
以上分析所得出的结论与试验结果基本一致。

9.6.3 流量系数

在宽顶堰流量公式 $Q = mB\sqrt{2g}H_0^{\frac{3}{2}}$ 中，实际的流量系数 m 值与宽顶堰的进口形式、上游堰面的倾斜坡度、水头 H、堰高 a 等有关，可以由经验公式计算或由表查取。下面介绍的经验公式是众多经验公式中的一小部分，以供参考。

1. 别列辛斯基的经验公式

直角形进口(图 9.13(a))

$$m = 0.32 + 0.01 \frac{3 - \dfrac{a}{H}}{0.46 + 0.75 \dfrac{a}{H}} \tag{9.15}$$

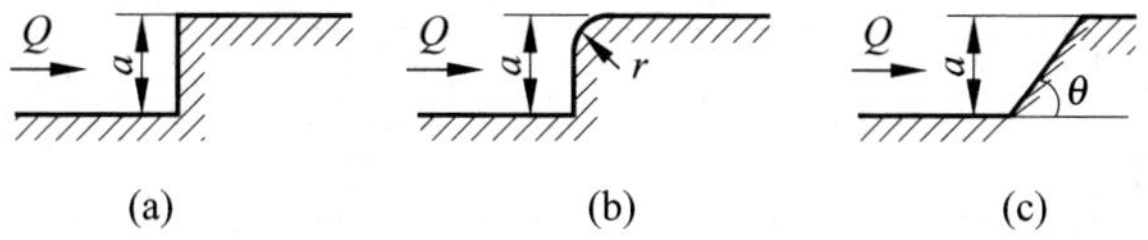

图 9.13

圆弧形进口(图 9.13(b))

$$m = 0.36 + 0.01 \frac{3 - \dfrac{a}{H}}{1.2 + 1.5 \dfrac{a}{H}} \tag{9.16}$$

此式适用于进口圆弧半径 $r \geqslant 0.2H_0$ 的情况。

以上两式中，当$\dfrac{a}{H}=3$时，由堰高引起的水流垂向收缩已达到充分的程度，故当$\dfrac{a}{H}\geqslant 3$时，仍以$\dfrac{a}{H}=3$代入公式中计算m值。

2. 上游堰面倾斜时，流量系数 m 的经验数据

堰上游面倾斜时（图 9.13（c）），其 m 值可根据$\dfrac{a}{H}$及上游堰面倾角 θ 由表 9.4 查得。

此外，通过平底水闸、桥孔和无压短涵洞的水流形态和宽顶堰水流十分相似，此类水工建筑物称为无坎宽顶堰。无坎宽顶堰的流量公式也为式（9.2），其流量系数m可按不同的进口型式由表 9.5 查得。需要说明的是，由于无坎宽顶堰水流的垂向收缩是由侧收缩引起的，因此表 9.5 中所列 m 值已包括侧收缩的影响在内，在应用式（9.2）时，不必再乘以侧收缩系数 ε。

表 9.4　上游面倾斜的宽顶堰的流量系数 m 值

a/H \ $\cot\theta$	0.5	1.0	1.5	2.0	$\geqslant 2.5$
0	0.385	0.385	0.385	0.385	0.385
0.2	0.372	0.377	0.38	0.382	0.382
0.4	0.365	0.73	0.377	0.38	0.381
0.6	0.361	0.37	0.376	0.379	0.38
0.8	0.357	0.368	0.375	0.378	0.379
1	0.355	0.367	0.374	0.377	0.378
2	0.349	0.363	0.371	0.375	0.377
4	0.345	0.361	0.37	0.374	0.376
6	0.344	0.36	0.369	0.374	0.376
8	0.343	0.36	0.369	0.374	0.376

表 9.5　无坎宽顶堰的流量系数 m 值

进口型式	m	B/B_0^*	0.0	0.2	0.4	0.6	0.8	1
	$\cot\theta$	0	0.32	0.324	0.33	0.34	0.355	0.385
		1	0.35	0.352	0.356	0.361	0.369	0.385
		2	0.353	0.355	0.358	0.363	0.37	0.385
		3	0.35	0.352	0.356	0.361	0.369	0.385
	$\dfrac{e}{B}$	0	0.32	0.324	0.33	0.34	0.355	0.385
		0.05	0.34	0.343	0.347	0.354	0.364	0.385
		0.1	0.345	0.348	0.351	0.357	0.366	0.385
		$\geqslant 0.2$	0.35	0.352	0.356	0.361	0.369	0.385

续表

进口型式	B/B_0^*		0.0	0.2	0.4	0.6	0.8	1
	m							
	$\dfrac{r}{B}$	0	0.32	0.324	0.33	0.34	0.355	0.385
		0.1	0.342	0.345	0.349	0.354	0.365	0.385
		0.3	0.354	0.356	0.359	0.363	0.371	0.385
		≥0.50	0.36	0.362	0.364	0.368	0.373	0.385

* 对于多孔堰，$B=nb$（n 为溢流孔数；b 为每孔净宽）。

由表 9.5 可知，宽顶堰 m 值的变化范围在 $0.32\sim0.385$ 之间。

9.6.4　侧收缩系数

宽顶堰的侧收缩系数 ε 仍可按式(9.12)计算，应用该公式的要求、各项的意义及确定方法与前述相同。要注意计算无坎宽顶堰流量时不需再考虑侧收缩系数。

9.6.5　淹没系数

首先分析下游水位逐渐增加情况下，宽顶堰的淹没过程。

在自由出流情况下，由于进口附近水面发生垂向收缩，如前面所分析的，其收缩断面水深 h_{c0} 略小于临界水深 h_c，而成为急流，如图 9.12 所示（图中 $h_s<h_c$）。收缩断面之后，如果宽顶堰厚度足够长，堰顶水面将近似于水平，堰顶水深 $h\approx h_c$。

随着下游水位的上升，当 h_s 略大于 h_c 时，如图 9.14(a)所示，堰顶出现波状水跃，波状水跃在收缩断面之后的水深略大于 h_c 为缓流，但收缩断面仍为急流，下游水位不会影响堰的泄流量，仍为自由出流。

下游水位继续升高，直至收缩断面被淹没，此时整个堰顶水流为缓流就成为淹没出流，如图 9.14(b)所示，这时堰顶水面与堰顶基本平行。之后，当水流进入下游明渠时，断面扩大，有一部分动能消耗于出口损失，另一部分将转化为位能，因此下游水面高出堰顶水面 Δh，称为恢复水深。Δh 的大小取决于出口水流的扩散程度。

据上分析，淹没出流时 $h_s>h_c$，又根据对宽顶堰堰顶水深的分析，$h_c\approx\dfrac{2}{3}H_0=0.67H_0$，因此，相对比值 $\dfrac{h_s}{H_0}>\dfrac{h_c}{H_0}\approx0.67$ 才有可能淹没。

根据实验，宽顶堰的淹没条件为

$$\frac{h_s}{H_0}>0.8 \tag{9.17}$$

宽顶堰的淹没系数近似地可按表 9.6 查取。

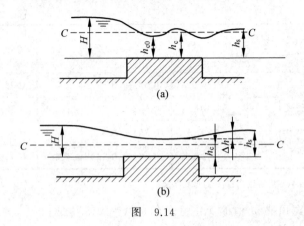

图   9.14

表 9.6   宽顶堰淹没系数σ值

h_s/h_0	0.8	0.81	0.82	0.83	0.84	0.85	0.86	0.87	0.88	0.89
σ	1	0.995	0.99	0.98	0.97	0.96	0.95	0.93	0.9	0.87
h_s/h_0	0.9	0.91	0.92	0.93	0.94	0.95	0.96	0.97	0.98	
σ	0.84	0.81	0.78	0.74	0.7	0.65	0.59	0.5	0.4	

例 9.4   某干渠为宽顶堰式进水闸,上游引水渠宽为 30.0 m。采用尖圆形闸墩,45°斜角边墩。如图 9.15 所示。闸底高程为 100.0 m,闸坎高程为 101.5 m,闸坎前缘为圆弧形,圆弧半径为 1.0 m,设计流量为 120 m^3/s,相应的上、下游水位分别为 105.5 m 和 105.2 m。求闸的溢流宽度和溢流孔数。

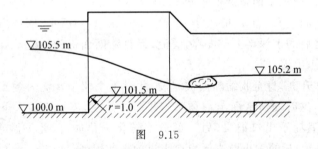

图   9.15

解   先判别宽顶堰的出流情况

$$H = 105.5 \text{ m} - 101.5 \text{ m} = 4.0 \text{ m}$$

上游过水断面面积

$$A = B_0(a + H) = 30 \text{ m} \times (105.5 - 100.0) \text{ m} = 165 \text{ m}^2$$

行近流速

$$v_0 = \frac{Q}{A} = \frac{120 \text{ m}^3/\text{s}}{165 \text{ m}^2} = 0.727 \text{ m/s}$$

因此

$$H_0 = H + \frac{\alpha v_0^2}{2g} = 4.0 \text{ m} + 0.027 \text{ m} = 4.03 \text{ m}$$

下游水面超过堰顶的高度

$$h_s = 105.2 \text{ m} - 101.5 \text{ m} = 3.7 \text{ m}$$

$\dfrac{h_s}{H_0} = \dfrac{3.7}{4.03} = 0.918 > 0.8$，故为淹没出流。

由表 9.6 查得 $\sigma = 0.786$。

闸坎进口为圆弧形，且 $r = 1.0 \text{ m} > 0.2H_0 = 0.2 \times 4.03 = 0.806 \text{ m}$，选用式(9.16)计算流量系数。式(9.16)中

$$a = 101.5 \text{ m} - 100.0 \text{ m} = 1.5 \text{ m}, \qquad \frac{a}{H} = \frac{1.5}{4.0} = 0.375$$

代入式(9.16)，得

$$m = 0.36 + 0.01 \times \frac{3 - \dfrac{a}{H}}{1.2 + 1.5\dfrac{a}{H}} = 0.36 + 0.01 \times \frac{3 - 0.375}{1.2 + 1.5 \times 0.375}$$

$$= 0.375$$

ε 用式(9.12)计算，与 B 有关，现 B 未知，设 $\varepsilon = 0.90$，以此计算 B 的近似值如下：

$$B = \frac{Q}{\sigma \varepsilon m \sqrt{2g}\, H_0^{\frac{3}{2}}} = \frac{120 \text{ m}^3/\text{s}}{0.786 \times 0.90 \times 0.375 \times \sqrt{19.62 \text{ m/s}^2} \times (4.03 \text{ m})^{3/2}}$$

$$= 12.63 \text{ m}$$

取水闸为两孔，每孔宽度为 $b = 6.4 \text{ m}$，总净宽 $B = 2b = 12.8 \text{ m}$。

以上为 B 的第一次近似值，据此可计算 ε 的第二次近似值。按 $\dfrac{h_s}{H_0} = 0.918$ 及闸墩和边墩形状，查表 9.1 及表 9.2 得 $\zeta_0 = 0.485$，$\zeta_k = 0.70$，侧收缩系数按式(9.12)计算为

$$\varepsilon = 1 - 0.2\big[(n-1)\zeta_0 + \zeta_k\big]\frac{H_0}{nb}$$

$$= 1 - 0.2 \times \big[(2-1) \times 0.485 + 0.7\big] \times \frac{4.03}{12.8}$$

$$= 0.925$$

B 的第二次近似值为

$$B = \frac{Q}{\sigma \varepsilon m \sqrt{2g}\, H_0^{\frac{3}{2}}} = \frac{120 \text{ m}^3/\text{s}}{0.786 \times 0.925 \times 0.375 \times \sqrt{19.62 \text{ m/s}^2} \times (4.03 \text{ m})^{3/2}}$$

$$= 12.28 \text{ m}$$

取水闸为两孔，每孔宽度为 $b = 6.2 \text{ m}$，总净宽 $B = 2b = 12.4 \text{ m}$，为 B 的第二次近似值。再将 B 的第二次近似值代入式(9.12)，可得 $\varepsilon = 0.923$。再一次计算 B 的第三次近似值为 12.31 m。因此，可取孔数 $n = 2$，每孔宽度 $b = 6.2 \text{ m}$，总净宽 $B = 12.4 \text{ m}$。

为了工程实际需要，人们对堰流进行了大量细致的研究工作，取得了较为成熟的研究成果。这些研究成果包括，根据堰上水流的特点对堰进行了分类，给出了堰流的计算公式，给出了不同堰型计算公式中各种系数的确定方法。对于定型的堰，通过查阅有关资料，这些系数都可得到确定，并可据此进行水力设计。在了解了堰流的基本概念和基本计算方法以后，对于非典型的堰型，也可借鉴堰流的基本计算方法，应用堰流公式并通过试验确定相关的系

数,从而也可以进行水力计算。

9.7　闸 孔 出 流

当闸门对过堰水流有控制作用时,为闸孔出流。

由于过堰水流的下方可以是宽顶堰也可以是实用堰,而闸门形式可以是平面闸门,也可以是弧形闸门等,不同形式的堰和闸门的组合所形成的闸孔出流的水流形态有很大的不同。因此,计算闸孔出流流量时除了要考虑上、下游水位因素外,还要考虑底坎(堰顶)与闸门的形式和尺寸等因素对水流的影响。由于人们对这些影响因素的认识还存在一些局限性,因而计算的难度大大增加,计算结果的精度也有所下降。

工程中使用的闸门一般有两种,平面闸门和弧形闸门;工程中使用的堰型主要为宽顶堰和实用堰。这样可有四种组合的情况:宽顶堰上的平面闸门和弧形闸门,实用堰上的平面闸门和弧形闸门。由于边界条件的不同,每种组合的闸孔出流都有各自的特点,进行水力计算时必须考虑其特点,分别予以处理。本节只是简要地阐述了闸孔出流水力计算的基本概念和一般方法,实际应用时可参考有关资料。

9.7.1　堰流与孔流的界限

由于堰流与孔流的计算使用不同的计算公式和计算方法,所以进行水力计算之前需要判断水流属于堰流还是孔流。对于已经建成的闸孔,通过观测水流可以容易地作出判断:当闸门不触及水面时是堰流;反之,当闸门底缘触及水面时是孔流。在设计阶段,则需要根据判别条件判断水流属于堰流或孔流。这一判别条件称为堰流与孔流的界限。

图 9.16(a)、(b)所示为宽顶堰上闸孔出流的示意图。图 9.16(a)为平面闸门,图 9.16(b)为弧形闸门。上游水位到坎顶的铅直距离称为闸孔水头,以 H 表示,闸门底缘到坎顶的铅直距离称为闸门的开启度,又称开度,以 e 表示。e 与 H 之比称为相对开度。实用堰上的闸孔出流也有相同的定义。

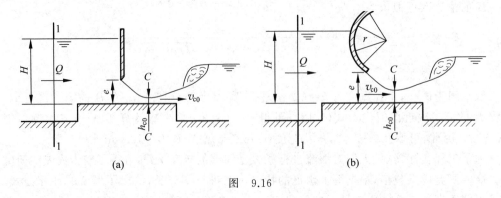

图　9.16

由于过堰水流的水面在堰顶附近有跌落,因此在一定范围,尽管设在堰顶附近的闸门开度 e 还小于闸孔水头 H,但闸门底缘并不触及水面。此时闸门对水流没有影响,还属于堰流。例如,对于宽顶堰上的水流,当为堰流时,堰上水深近似等于临界水深,即近似等于 $\frac{2}{3}H_0$,只有当 e 小于 $\frac{2}{3}H_0$ 时才有可能发生孔流。

根据实验,宽顶堰和实用堰上形成堰流或孔流的界限为:

宽顶堰: $e/H > 0.65$ 为堰流; $e/H \leqslant 0.65$ 为孔流。

实用堰: $e/H > 0.75$ 为堰流; $e/H \leqslant 0.75$ 为孔流。

以上对堰流的判别标准是在下游发生自由出流的情况下适用。当下游发生淹没出流的时候,由于下游水位抬高,有时尽管 e/H 满足发生堰流的条件,但实际流态可能已经变为孔流,其水力计算应按孔流进行。详细内容可查阅相关研究文献。

9.7.2 宽顶堰上的闸孔出流

在水利工程中,闸门形式一般为平面闸门或弧形闸门。图 9.16(a)、(b)所示为宽顶堰上闸孔的自由出流。取渐变流断面 1 和收缩断面 C 写能量方程

$$H + \frac{\alpha_0 v_0^2}{2g} = h_{c0} + \frac{\alpha_c v_{c0}^2}{2g} + h_w$$

令式中 $H + \frac{\alpha_0 v_0^2}{2g} = H_0$, $h_w = \zeta \frac{v_{c0}^2}{2g}$,则

$$H_0 = h_{c0} + (\alpha_c + \zeta) \frac{v_{c0}^2}{2g}$$

即

$$v_{c0} = \frac{1}{\sqrt{\alpha_c + \zeta}} \sqrt{2g(H_0 - h_{c0})}$$

式中,

$$h_{c0} = \varepsilon' e \tag{9.18}$$

ε' 称为垂向收缩系数。表明收缩断面水深 h_{c0} 与开度 e 成比例。

于是

$$v_{c0} = \varphi \sqrt{2g(H_0 - h_{c0})} = \varphi \sqrt{2g(H_0 - \varepsilon' e)}$$

流量 $Q = A_c v_{c0}$,当为矩形断面时, $A_c = h_{c0}B = \varepsilon' eB$,于是

$$Q = \varepsilon' \varphi eB \sqrt{2g(H_0 - h_{c0})} = \mu eB \sqrt{2g(H_0 - \varepsilon' e)} \tag{9.19}$$

式中,

$$\mu = \varepsilon' \varphi \tag{9.20}$$

称为闸孔流量系数。

式(9.19)亦可改写为下列形式:

$$Q = \varepsilon' \varphi eB \sqrt{2gH_0\left(1 - \varepsilon' \frac{e}{H_0}\right)} \tag{9.21}$$

若令 $\mu_1 = \varepsilon' \varphi \sqrt{1 - \varepsilon' \frac{e}{H_0}}$,则上式又可写为

$$Q = \mu_1 eB \sqrt{2gH_0} \tag{9.22}$$

式中，μ_1 亦称为闸孔流量系数。

式(9.19)和式(9.22)都可用以计算宽顶堰上的闸孔出流，需要注意的是如何正确确定各公式中相应的系数，千万不可张冠李戴，用错系数。

上述各式中的系数 ε'，φ，μ_1 与闸门形式等有关。均由试验确定。现以门底为锐缘的平面闸门(图 9.16(a))为例说明如下。

儒可夫斯基(жуковский)曾用理论分析的方法得到了垂向收缩系数 ε' 与相对开度 $\dfrac{e}{H}$ 的关系，现列于表 9.7 中。

表 9.7 锐缘平面闸门的垂向收缩系数 ε' 值

e/H	ε'	e/H	ε'	e/H	ε'	e/H	ε'
0	0.611	0.3	0.625	0.6	0.661		
0.05	0.613	0.35	0.628	0.65	0.673		
0.1	0.615	0.4	0.633	0.7	0.687		
0.15	0.617	0.45	0.639	0.75	0.703		
0.2	0.619	0.5	0.645	0.8	0.72		
0.25	0.622	0.55	0.652				

当闸门底部不是锐缘，而是其他形式，例如平面闸门迎水部分底部为圆弧形或圆弧闸门，其垂向收缩系数 ε' 将会发生变化，计算时不能套用表 9.7。应参考其他资料。

平面闸门的流速系数 φ 与闸坎形式、闸门底缘形状和闸门相对开度有关，目前尚无准确的计算方法，可参考表 9.8 确定。

表 9.8 宽顶堰式闸孔的流速系数 φ 值

闸　坎　形　式		φ
平底闸孔		0.95~1.00
高坎闸孔		0.85~0.95
跌水前闸孔		0.97~1.00

对于宽顶堰上弧形闸门的闸孔出流，垂向收缩系数和流量系数与平面闸门不同，其系数的选择需参考有关资料或由试验确定。

由于水闸的上、下游水位差一般很小，因此宽顶堰上闸孔的淹没出流是常见的现象。其流态是闸孔下游收缩断面被淹没，即在闸孔下游收缩断面处发生了淹没水跃，如图 9.17 所

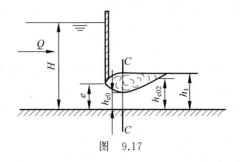

示。在设计阶段,具体判别方法是:先算出收缩断面水深 h_{c0}(算法见第 10 章),然后以 h_{c0} 为第一共轭水深,用水跃方程算出第二共轭水深 h_{c02}。若下游水深 $h_t > h_{c02}$ 则发生淹没水跃。水力计算则应按淹没出流进行。

图　9.17

　　淹没出流与自由出流相比,过流能力下降,式中有效水头由 $(H_0 - h_{c0})$ 变为 $(H_0 - h_t)$,其流量公式为(形式之一)

$$Q = \mu e B \sqrt{2g(H_0 - h_t)} \tag{9.23}$$

此时式中 μ 为淹没出流的流量系数,一般应由试验确定。

9.7.3　实用堰上的闸孔出流

　　图 9.18 所示为实用堰上闸孔自由出流。流量公式可采用

$$Q = \mu_1 e B \sqrt{2gH_0} \tag{9.24}$$

式中,μ_1 为实用堰上闸孔的流量系数;e 为闸门开度;B 为溢流宽度。

　　实用堰上的闸孔,水流在闸孔前具有上、下两个方向的垂向收缩,因此,影响流量系数的因素更为复杂。其流量系数与闸门的形式、闸门在堰顶上的位置、相对开度 $\dfrac{e}{H}$ 以及闸门底缘切线与水平线的夹角 θ 等因素有关,目前还没有一个统一的公式计算流量系数。对于平面闸门,可用式(9.25)[①]计算流量系数,该公式适用的平面闸门底缘形式如图 9.19 所示。

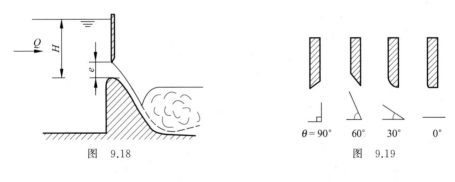

图　9.18　　　　　　　　图　9.19

$$\mu_1 = 0.65 - 0.186\,\frac{e}{H} + \left(0.25 - 0.375\,\frac{e}{H}\right)\cos\theta \tag{9.25}$$

式(9.25)适用于 $\dfrac{e}{H} = 0.05 \sim 0.75$,$\theta = 0 \sim 90°$,以及平面闸门位于堰顶最高点的情况。

　　实用堰上弧形闸门的闸孔出流情况最为复杂,计算难度也最大。可以想象,弧形闸门在不同开度时,沿闸门出流的角度是变化的;沿水流方向上,闸门下缘与堰顶的相对位置是变化的,这一位置的变化影响到向上和向下垂向收缩水流的相互作用,使过流能力产生变化。

---

　　① 王涌泉.坝上孔流系数[J].水利学报,1958(3)。

实用堰上弧形闸门的闸孔自由出流仍可用式(9.24)计算,流量系数 μ_1 则需查阅有关资料或由试验确定。

当下游水位低于堰顶时,不会发生淹没孔流,因此高坝实用堰上的闸孔出流一般不会发生淹没出流。对于低坝实用堰上的闸孔出流,当下游发生淹没水跃,且水跃淹没了闸孔的出口,影响到闸孔的泄流量,则认为发生了淹没孔流。在设计阶段,目前还没有公认的判断是否发生淹没孔流的判别条件可供利用。建议采用这样的方法进行判断:先按宽顶堰上的闸孔出流计算出收缩断面水深 h_{c0},然后以 h_{c0} 为第一共轭水深,用水跃方程算出第二共轭水深 h_{c02}。将 h_{c02} 与下游水位超过堰顶的高度 h_s 进行比较,若 $h_s > h_{c02}$ 则发生淹没孔流。图 9.20 所示为实用堰上的淹没孔流,其流量公式可近似地用下式计算

图 9.20

$$Q = \mu_1 eB\sqrt{2g(H_0 - h_s)} \qquad (9.26)$$

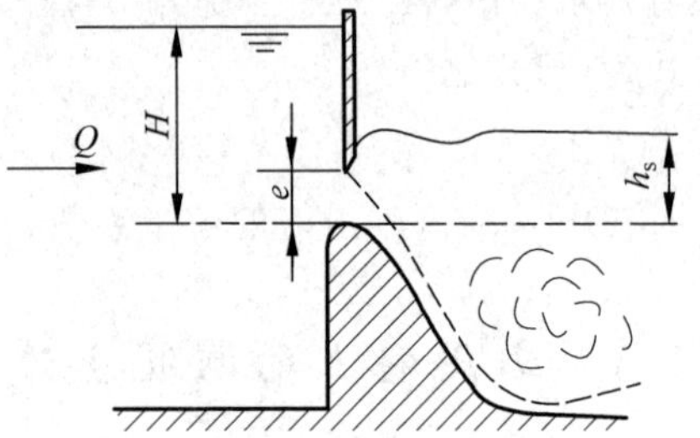

式中,μ_1 为实用堰上闸孔淹没出流的流量系数,其值由试验确定。显然,平面闸门与弧形闸门的 μ_1 是有差别的,不可混为一谈。式中 h_s 为下游水位超过堰顶的高度。

例 9.5 在渠道中修建一宽 $B = 3.0$ m 的宽顶堰,用门底为锐缘的平面闸门控制流量。闸底板水平。当闸门开启 $e = 0.70$ m 时,闸前水深 $H = 2.0$ m,闸孔上游行近流速 $v_0 = 0.75$ m/s。水流为自由出流。求通过闸孔的流量 Q。

解 $\dfrac{e}{H} = \dfrac{0.7}{2.0} = 0.35 < 0.65$ 故为闸孔出流。由表(9.7)查得垂向收缩系数 $\varepsilon' = 0.628$,于是

$$h_{c0} = \varepsilon' e = 0.628 \times 0.7 \text{ m} = 0.44 \text{ m}$$

由表 9.8 查得 $\varphi = 0.95$,于是

$$\mu = \varepsilon' \varphi = 0.628 \times 0.95 = 0.60$$

闸前总水头 H_0 为

$$H_0 = H + \frac{\alpha v_0^2}{2g} = 2 \text{ m} + \frac{1 \times (0.75 \text{ m/s})^2}{2 \times 9.81 \text{ m/s}^2} = 2.03 \text{ m}$$

过闸流量按式(9.19)计算,得

$$Q = \mu eB\sqrt{2g(H_0 - \varepsilon' e)}$$
$$= 0.60 \times 0.7 \text{ m} \times 3.0 \text{ m} \times \sqrt{2 \times 9.81 \text{ m/s}^2 \times (2.03 - 0.44) \text{ m}}$$
$$= 7.04 \text{ m}^3/\text{s}$$

例 9.6 某水库为实用堰式溢流坝,共 7 孔,每孔宽 10.0 m。坝顶高程为 43.36 m,坝顶设平面闸门控制流量,闸门上游面底缘切线与水平线夹角 $\theta = 0°$。水库水位为 50.0 m,闸门开启度 $e = 2.5$ m,下游水位低于坝顶,不计行近流速,求通过溢流坝的流量 Q。

解 闸门开启度 $e = 2.5$ m,闸上水头 $H = (50 - 43.36)$ m $= 6.64$ m,$\dfrac{e}{H} = \dfrac{2.5}{6.64} = 0.377 < 0.75$,故为闸孔自由出流。

实用堰上闸孔自由出流按式(9.24)计算

$$Q = \mu_1 eB\sqrt{2gH_0}$$

式中，$e = 2.5$ m；$B = 7 \times 10 = 70$ m；$H_0 \approx H$；μ_1 按式(9.25)计算

$$\mu_1 = 0.65 - 0.186\frac{e}{H} + \left(0.25 - 0.375\frac{e}{H}\right)\cos\theta$$

$$= 0.65 - 0.186 \times 0.377 + (0.25 - 0.375 \times 0.377)\cos 0°$$

$$= 0.689$$

$$Q = 0.689 \times 2.5 \text{ m} \times 70 \text{ m} \times \sqrt{2 \times 9.81 \text{ m/s}^2 \times 6.64 \text{ m}} = 1376 \text{ m}^3/\text{s}$$

9.8　水工建筑物测流简介

对于已经建成的设计为定型堰型的堰闸，可应用前面介绍的公式和方法，对运行时的过流量进行量测计算；对于已经建成的设计为非定型堰型的堰闸，仍然可以采用堰流计算的思想和方法，通过对一些实测数据的分析，建立流量计算公式。此时一般无需再区分流量系数 m、侧收缩系数 ε 和淹没系数 σ，而只需测定一个综合系数，称为综合流量系数。因为影响综合流量系数的因素很多，其中包括堰闸形式，甚至地形，因此该流量系数不具有普适性，只适用于该建筑物的测流。如果该堰闸附近的河床是稳定的，那么根据已有闸坝测定的关系曲线也是稳定的。有了稳定的关系曲线，只要有全泄流过程的水位及闸门开启度资料就可以推出全泄流过程的流量过程，称为推流过程。

目前，为各种目的在大大小小的河流上建立的控制建筑物越来越多，利用已建成的水工建筑物进行测流，是一种方便、安全、经济的测流方法。只要正确应用堰流的有关理论和概念，建立相应的堰流计算公式，通过实测资料定好有关的系数，测流结果完全可以达到较高的精度。因此，利用水工建筑物测流应该得到提倡和推广。

水工建筑物测流所用的流量公式与前述堰闸基本公式在本质上是一致的，但公式形式略有不同，列举如下。

自由堰流

$$Q = C_1 BH^{\frac{3}{2}} \tag{9.27}$$

淹没堰流

$$Q = \sigma C_1 BH^{\frac{3}{2}} \tag{9.28}$$

$$Q = C_2 Bh\sqrt{z} \tag{9.29}$$

自由孔流

$$Q = MeB\sqrt{H - h_{c0}} \tag{9.30}$$

$$Q = MeB\sqrt{H} \tag{9.31}$$

淹没孔流

$$Q = MeB\sqrt{z} \tag{9.32}$$

以上各式中的系数 C_1，C_2，M 等实际上是包括了 $\sqrt{2g}$、侧收缩系数、淹没系数（对于淹没出流）在内的综合流量系数。h 为宽顶堰的堰上水深；z 为上、下游水位差。式中其他符号的

意义同前。

下面以自由堰流和淹没孔流为例简要说明。

1. 自由堰流

由式(9.27)可见,流量 Q 随堰上水头 H 而变,而 H 则取决于上游水位 z_u,所以 z_u 和 Q 成单一关系数。该关系曲线的确定及用以推流的方法有直接法和间接法两种。

(1) 直接法:直接建立上游水位与流量的关系。当实测流量次数较多且分布较均匀时,可直接根据实测上游水位与流量绘制曲线,如图 9.21(a)所示,并拟和相应的函数关系,利用其推算任一 z_u 值时的流量 Q。

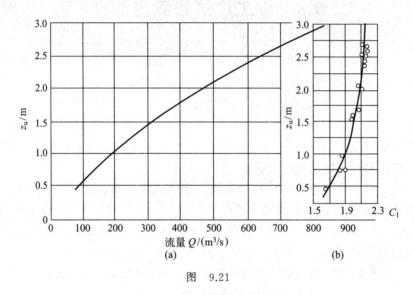

图　9.21

(2) 间接法。先建立上游水位与式(9.27)中流量系数 C_1 的关系,通过 C_1 再计算流量。当实测流量次数有限时,可由实测流量 Q 及上游水位 z_u(或 H),按式(9.27)算出 C_1 值,从而绘出 z_u-C_1 曲线,如图 9.21(b)所示。假定一些 z_u 值,在此曲线上可查得对应的 C_1 值,再由式(9.27)算出相应的 Q。把这些 z_u 与 Q 的对应值点绘成 z_u-Q 曲线,如图 9.21(a)所示。根据曲线即可推求任一水位 z_u 时的流量。

2. 淹没孔流

按式(9.32)可得

$$M = \frac{Q}{eB\sqrt{z}} \tag{9.33}$$

由实测的资料可以点绘 e/z-M 关系曲线,如图 9.22(b)所示。再以闸门开启度 e 为参数,利用 e/z-M 关系曲线,绘制;z-Q 关系曲线,如图 9.22(a)所示。

有了该关系曲线,就可以根据泄流过程中实测的水位及闸门开启度,推求在整个泄流过程中通过闸孔的流量。

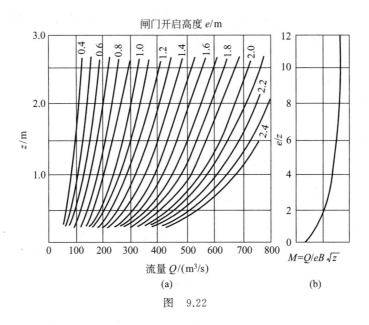

图　9.22

思　考　题

9.1　堰流和孔流的特点是什么？它们的出流有什么不同？

9.2　在宽顶堰和实用堰上的堰流和孔流的判别标准不同,它们为什么不同？

9.3　堰流自由出流和淹没出流有什么不同？它们的过流能力是否相同？为什么？

9.4　影响堰流流量系数的因素有哪些？扼要地解释这些因素如何对流量系数产生影响？

9.5　教材中介绍了几种不同形式的堰流流量公式,根据这些公式,试总结在计算堰流流量时,一般应考虑哪些水力要素？

9.6　教材中介绍了一些流量系数的计算公式,这些公式是如何提出的？是否可以用理论的方法导出流量系数的计算公式？

习　　题

9.1　有一无侧收缩矩形薄壁堰,上游堰高 $a=0.8$ m,下游堰高 $a_1=1.2$ m,堰宽 $B=1.0$ m,堰上水头 $H=0.4$ m。求下游水深分别为 $h_t=1.0$ m 和 $h_t=1.4$ m 时通过薄壁堰的流量。

9.2　有一矩形薄壁堰,上、下游堰高 $a=a_1=1.0$ m,堰宽 $B=0.8$ m,上游渠宽 $B_0=2.0$ m,堰上水头 $H=0.5$ m,下游水深 $h_t=0.8$ m,求流量。

9.3　在矩形断面平底明渠中设计一无侧收缩矩形薄壁堰,已知薄壁堰最大流量 $Q=250$ L/s,相应的下游水深 $h_t=0.45$ m。为了保证堰流为自由出流,堰顶高于下游水面

不应小于 0.1 m。明渠边墙高为 1.0 m，边墙墙顶高于上游水面不应小于0.1 m。试设计
薄壁堰的高度 a 和宽度 B。

9.4　有一三角形薄壁堰，堰口夹角 $\theta = 90°$，夹角顶点高程为 0.6 m，溢流时上游水位为
0.82 m，下游水位为 0.4 m。求流量。

9.5　有一宽顶堰，堰顶厚度 $\delta = 16.0$ m，堰上水头 $H = 2.0$ m，如上、下游水位及堰高均不变，
问当 δ 分别减小至 8.0 m 及 4.0 m 时，是否还属于宽顶堰？

9.6　图示三个实用堰。它们的堰型、堰上水头 H、上游堰高 a、堰宽 B 及上游条件均相同，
而下游堰高 a_1 及下游水深 h_t 不同，试判别它们的流量是否相等，并说明理由。

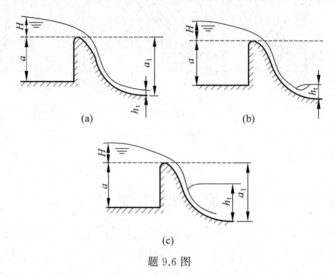

题 9.6 图

9.7　某水库的溢洪道采用堰顶上游为三圆弧段的 WES 型实用堰剖面，如图所示。堰顶高
　　程为 340.0 m，上、下游河床高程均为 315.0 m，设
　　计水头 $H_d = 10.0$ m。溢洪道共 5 孔，每孔宽度
　　$b = 10.0$ m，闸墩墩头形状为半圆形，边墩为圆弧
　　形。求当水库水位为 347.3 m，下游水位为 342.5
　　m 时，通过溢洪道的流量。设上游水库断面面积
　　很大，行近流速 $v_0 \approx 0$。

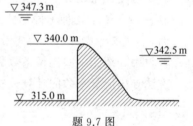

题 9.7 图

9.8　为了灌溉需要，在某矩形断面河道修建溢流坝一
　　座。溢流坝采用堰顶上游为三圆弧段的 WES 型
　　实用堰剖面。单孔边墩为圆弧形，坝的设计洪水流量为 60 m³/s。相应的上、下游设计
　　洪水位分别为 50.7 m 和 48.1 m，坝址处上、下游河床高程均为 38.5 m，坝前河道过水
　　断面面积为 524 m²。根据灌溉水位要求，已确定坝顶高程为 48.0 m，求坝的溢流宽度。

9.9　某砌石拦河溢流坝采用梯形实用堰剖面。已知堰宽与河宽均为 30.0 m。上、下游堰高
　　均为 4.0 m，堰顶厚度 δ 为 2.5 m。上游堰面铅直，下游堰面坡度为 1:1。堰上水头 H
　　为 2.0 m，下游水面在堰顶以下 0.5 m。求通过溢流坝的流量。

9.10　某宽顶堰式水闸共 6 孔，每孔宽度 $b = 6.0$ m，具有尖圆形闸墩墩头和圆弧形边墩，其
　　　尺寸如图所示，图中 $\cot\theta = 2$。已知上游河宽为 48.0 m。求通过水闸的流量。

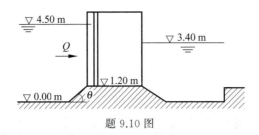

题 9.10 图

9.11　从河道引水灌溉的某干渠引水闸,具有半圆形闸墩墩头和八字形翼墙。为了防止河中泥沙进入渠道,水闸进口(宽顶堰)设直角形闸坎,坎顶高程为 31.0 m,并高于河床 1.8 m。已知水闸设计流量 $Q=61.8$ m^3/s。相应的上游河道水位和下游渠道水位分别为 34.25 m 和 33.88 m。忽略上游行近流速,并限制水闸每孔宽度不大于 4.0 m。求水闸溢流宽度和闸孔数。

9.12　有一平底闸,共 5 孔,每孔宽度 $b=3.0$ m。闸上设锐缘平面闸门,已知闸上水头 $H=3.5$ m。闸门开启度 $e=1.2$ m,自由出流,不计行近流速,求通过水闸的流量。

9.13　某实用堰共 7 孔,每孔宽度 $b=5.0$ m,在实用堰堰顶最高点设平面闸门。闸门底缘与水平面之间的夹角为 30°。已知闸上水头 $H=5.6$ m,闸孔开启度 $e=1.5$ m,下游水位在堰顶以下,不计行近流速,求通过闸孔的流量。

第10章
Chapter

泄水建筑物下游水流的衔接与消能

10.1 概　　述

由于在河道上修建水工建筑物,使其上游水位抬高,水流具有较大的势能。当水流通过泄水建筑物宣泄到下游时,所具有的势能的大部分必将转化为动能,因而在泄水建筑物下游的水流必然是水深小、流速高。在水利枢纽布置时,泄水建筑物的宽度总比河道窄,使宣泄水流的单宽流量较河道天然水流的单宽流量要大得多,动能大是宣泄水流的一个基本特点。而下游河道单宽流量较小、流速低、水深较大。故必须采取消能防冲措施,使得高速集中下泄水流与下游天然水流相互衔接起来,这就是本章所要讨论的泄水建筑物下游的水流衔接与消能的问题。

常用的消能方式有底流消能、挑流消能和面流消能三大类。其基本措施都是加剧水流内部质点之间、水质点与空气或固壁之间的摩擦和碰撞,但各种消能方式在消能措施上各有侧重,以下分别进行论述。

本章将以底流消能为重点,阐述它的物理过程和水力计算方法,对其他两种消能形式仅作概略的介绍。

10.2　底流式衔接与消能

采取工程措施将水跃控制在建筑物附近,利用水跃旋滚区中水流的强烈紊动消能。因水跃区的主流靠近底部,故称这种消能方式为底流消能,如图 10.1 所示。

底流式衔接消能能适应较大范围的能量和水位变动,具有消能效率高、水流形态稳定、下游冲刷较小、雾化问题较轻和适用于各种地基条件等特点。因此被广泛应用于中、小型溢流坝和水闸,偶尔也用于高坝。

前面已经介绍过泄水建筑物下游水跃根据发生的位置不同可分为临界式水跃、远离式水跃和淹没式水跃三种形式。远离式水跃的跃前断面和建筑物坝趾之间有一长段急流,对河床有很大冲刷作用,则必须对这段河床进行加固,工程量大,很不经济,所以这在工程中是

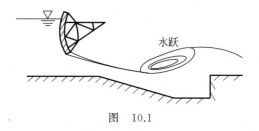

图 10.1

需要避免的。淹没水跃衔接,在淹没程度较大时,消能效率较低。对于临界式水跃,不论其发生位置还是消能效果对工程都是有利的,但是这种水跃不稳定,如果下游水位稍有变动,将会转变为远离式水跃或淹没式水跃。因此,从水跃发生的位置、水跃的稳定性以及消能效果等方面综合考虑,采用稍有淹没的淹没水跃进行衔接与消能较为适宜,因为这种水跃既能保证有一定的消能效果,又不致因下游水位的变动而转变为远离水跃。

水跃的淹没程度常用水跃淹没系数 $\sigma'=h_t/h_{c02}$ 表示。显然,对于临界水跃 $\sigma'=1$;对于远离水跃,$\sigma'<1$;对于淹没水跃 $\sigma'>1$。在进行泄水建筑物下游的消能设计时,一般要求 $\sigma'=1.05\sim1.10$。

要判别建筑物下游水跃发生的位置,必须已知收缩断面水深 h_{c0},下面介绍收缩断面水深的计算。

10.2.1 收缩断面水深的计算

以溢流坝为例,如图 10.2 所示。设流量为 Q,行近流速为 v_0,坝上水头为 H,下游坝高为 a_1,以收缩断面最低点为基准面,对坝前断面 1 和收缩断面 c—c 列能量方程,则有

$$H+a_1+\frac{\alpha v_0^2}{2g}=h_{c0}+\frac{\alpha v_{c0}^2}{2g}+\zeta\frac{v_{c0}^2}{2g}$$

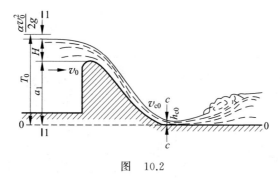

图 10.2

令 $H+a_1+\dfrac{\alpha v_0^2}{2g}=T+\dfrac{\alpha v_0^2}{2g}=T_0$,$T$ 为有效水头,T_0 称为有效总水头,则有

$$T_0=h_{c0}+(\alpha+\zeta)\frac{v_{c0}^2}{2g}$$

流速系数 $\varphi=\dfrac{1}{\sqrt{\alpha+\zeta}}$,则有 $\alpha+\zeta=\dfrac{1}{\varphi^2}$,代入上式得

$$T_0 = h_{c0} + \frac{v_{c0}^2}{2g\varphi^2}$$

将 $v_{c0} = \dfrac{Q}{A_{c0}}$（$A_{c0}$ 为收缩断面面积）代入上式,得

$$T_0 = h_{c0} + \frac{Q^2}{2g\varphi^2 A_{c0}^2} \tag{10.1}$$

对于矩形断面河渠,$Q = qb$,$A_{c0} = h_{c0}b$,b 为河渠底宽,则有

$$T_0 = h_{c0} + \frac{q^2}{2g\varphi^2 h_{c0}^2} \tag{10.2}$$

以上各式中,q,a_1,v_0,T_0 是已知的。溢流坝的流速系数 φ 的影响因素比较复杂,它与进口形式、坝面粗糙程度、坝高、坝上水头等有关,其值一般由经验确定,可参照表 10.1 选取。

表 10.1　泄水建筑物的流速系数 φ 值

建筑物泄水方式		图　　示	φ
溢流面光滑的曲线型实用堰上自由出流	1. 溢流面长度较短 2. 长度中等 3. 长度较长		1.00 0.95 0.90
折线型实用堰上自由出流			0.80～0.90
宽顶堰上自由孔流			0.85～0.95
实用堰上自由孔流			0.85～0.95
宽顶堰上自由出流			0.85～0.95
平底闸上自由孔流			0.95～1.00

式(10.1)和式(10.2)为收缩断面水深 h_{c0} 的三次方程,一般用试算法求解,试算过程如下:已知 T_0,Q 及河渠断面形状,在选定 φ 值后,可假定一个 h_{c0} 值,则由式(10.1)右端可以算得某一数值,若恰好等于已知的 T_0,则所设的 h_{c0} 即为所求,若不等,再假定 h_{c0} 值进行试算,直到相等为止。但要注意,式(10.1)为一个三次方程,可以有三个根,而符合实际情况的是小于临界水深 h_c 的 h_{c0} 值,因此,代入试算的 h_{c0} 应小于同一流量的临界水深。

10.2.2　消能工的水力计算

当泄水建筑物下游出现远离式水跃时,需采取一定的工程措施,通过增加下游水深,使之形成稍有淹没的淹没式水跃,从而达到缩短护坦的长度,在较短距离内消除余能的目的。为此,可采用下列工程措施,如图 10.3 所示。

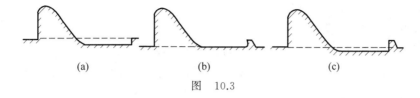

图　10.3

(1) 消力池。在靠近建筑物下游,降低原河床底部高程,形成一个水池,使池内水深相应增大,并在池中发生淹没式水跃,这种消能措施称消力池。主要适用于中低水头及地质条件较差时的泄水建筑物的消能,如图 10.3(a)所示。

(2) 消力墙。在靠近泄水建筑物下游河床上筑一道低堰,使堰前水位壅高,并在其间发生淹没式水跃,这种低堰称为消力墙。适用于中低水头且地质条件相对较好、开挖较困难时的泄水建筑物的消能,如图 10.3(b)所示。

(3) 综合式消力池。如单独采用消力池或消力墙在技术经济上均不适宜时,可将上述两种形式合并使用,亦称为综合式消力池。适用范围较广。如图 10.3(c)所示。

上述各种消能设施统称为消能工。消能工水力计算的主要任务是计算消力池的池深和消力墙的高度以及消力池的长度。

1. 消力池的水力计算

(1) 池深 d 的计算

假设消力池与下游河渠的横断面为矩形,且底宽 b 相等。图 10.4 中 0—0 线为原河床底面线,$0'$—$0'$线为挖深 d 后的护坦底面线。当池中形成淹没水跃后,水流出池时水面跌落为 Δz,然后与下游水面相衔接,其水流现象与宽顶堰的水流相似。

计算的原则是使消力池中形成稍有淹没的水跃,要求池末水深 $h_2 = \sigma' h_{c02}$,一般取 $\sigma' =$

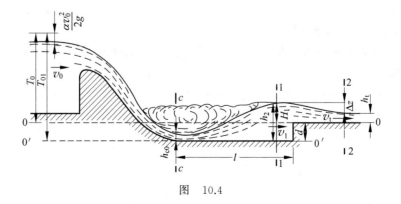

图　10.4

$1.05, h_{c02}$ 为池中发生临界水跃时的跃后水深。

由图 10.4 可知,h_2 与下游河床水深 h_t、消力池深度 d、水流出池落差 Δz 之间有如下几何关系:

$$h_2 = \sigma' h_{c02} = h_t + d + \Delta z$$

因此

$$d = \sigma' h_{c02} - h_t - \Delta z \tag{10.3}$$

现分别讨论式(10.3)右端的各项。

① 下游河床水深 h_t

h_t 值取决于流量和河床的水力特性,如有实测的水文资料(水位与流量关系曲线等),则可根据给定的流量查得,否则可近似地按明渠均匀流求正常水深的方法计算(见第 7 章)。

② 出池落差 Δz

以下游河底 0—0 为基准面,对消力池出口处的上游断面 1 及下游断面 2 列能量方程,其中两断面间的水头损失为 $h_j = \zeta \dfrac{v_t^2}{2g}$,则有

$$H_1 + \frac{\alpha v_1^2}{2g} = h_t + \frac{\alpha v_t^2}{2g} + h_j = h_t + (\alpha + \zeta) \frac{v_t^2}{2g}$$

式中,H_1 为断面 1 的水头;v_1 为断面 1 的平均流速;v_t 为断面 2 的平均流速。由上式得

$$H_1 - h_t = (\alpha + \zeta) \frac{v_t^2}{2g} - \frac{\alpha v_1^2}{2g}$$

由图 10.4 知,$H_1 - h_t = \Delta z$,令 $\dfrac{1}{\sqrt{\alpha + \zeta}} = \varphi_1$ 为消力池出口的流速系数,则 $\alpha + \zeta = \dfrac{1}{\varphi_1^2}$。

于是上式可改写为

$$\Delta z = \frac{v_t^2}{2g \varphi_1^2} - \frac{\alpha v_1^2}{2g}$$

以 $v_t = \dfrac{q}{h_t}, v_1 = \dfrac{q}{\sigma' h_{c02}}$,代入上式得

$$\Delta z = \frac{q^2}{2g} \left[\frac{1}{(\varphi_1 h_t)^2} - \frac{\alpha}{(\sigma' h_{c02})^2} \right] \tag{10.4}$$

式中,q, h_t, α(可取 $\alpha = 1.0$ 或 1.1)、σ'、φ_1(一般取 $\varphi_1 = 0.95$)均为已知。关于 h_{c02} 见以下分析。

③ 临界水跃的跃后水深 h_{c02}

挖池后池中临界水跃跃后水深 h_{c02},可根据挖池后的收缩断面水深 h_{c0}($h_{c0} = h_{c01}$)用水跃共轭水深的公式求得。但必须注意这里的 h_{c0} 应根据挖池后的总水头 T_{01} 由式(10.1)求得。而 $T_{01} = T_0 + d$,因此 h_{c0} 和 h_{c02} 都与池深 d 有关,这样就无法直接由式(10.3)求得 d 值,而要用试算法求解。

为便于试算,将式(10.4)代入式(10.3),可得

$$d = \sigma' h_{c02} - h_t - \frac{q^2}{2g} \left[\frac{1}{(\varphi_1 h_t)^2} - \frac{\alpha}{(\sigma' h_{c02})^2} \right] \tag{10.5}$$

将与 d 有关的项放在等式左边,已知项放在等式右边,可得

$$\sigma' h_{c02} + \frac{q^2}{2g(\sigma' h_{c02})^2} - d = h_t + \frac{q^2}{2g(\varphi_1 h_t)^2} \tag{10.6}$$

等式左边均与 d 有关,用 $f(d)$ 表示,右边为已知量,用 A 表示,式(10.6)可写为

$$f(d) = A \tag{10.7}$$

可用试算法求 d。在实际试算时往往不直接假设 d,而是先假设 h_{c0},利用共轭水深关系式求得 h_{c02},再根据式(10.2)算得新的有效总水头 T_{01},由 $T_{01} = T_0 + d$ 算得池深 d,代入式(10.6)算得方程的左边。若计算结果等于式(10.6)右边已知的数值 A,则此时的 d 为所求;若不等,再重新假设 h_{c0} 进行试算,直到相等为止。具体试算过程见例10.1。

(2)池长 l 的计算

要保证消力池内发生淹没式水跃,除有足够的池深外,还要有合适的池长。消力池太长,将会提高工程造价;池长太短,水跃将冲出池外,继续冲刷河床,对工程不利。试验研究表明,由于水跃受池末竖壁的约束,一般消力池中淹没水跃的长度较平底渠道中自由水跃的长度约减小 20%~30%,因此从收缩断面起算的消力池长度为

$$l = (0.7 \sim 0.8) l_j \tag{10.8}$$

式中,l_j 为自由水跃的长度。

对于有垂直跌坎的宽顶堰,其池长还应计及跌坎壁到收缩断面的距离 l_0,如图10.5所示。则池长

$$l = l_0 + (0.7 \sim 0.8) l_j \tag{10.9}$$

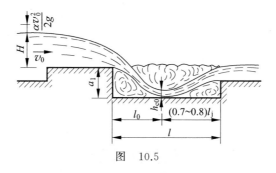

图 10.5

l_0 可近似地按以下经验公式计算:

$$l_0 = 4m \sqrt{(a_1 + 0.25H_0)H_0} \tag{10.10}$$

式中,m 为宽顶堰的流量系数;a_1 为宽顶堰的下游堰高;H_0 为堰上总水头。

对于曲线型的实用堰,$l_0 = 0$。

至此,在讨论消力池的深度和长度计算时,都是按某一给定流量及相应下游水深情况下进行的。但是泄水建筑物在运行时,其下泄流量是根据实际情况来控制的,有一定的变化范围。即消能工要在某个流量范围内都能满足消能需要。为使所设计的消力池在通过各种流量时,池内均能发生淹没式水跃,这就需要选择一个合适的流量作为设计消力池尺寸的设计流量。显然应当考虑最不利的情况,即以要求最大的池深的流量作为消力池的设计流量。

由池深关系式(10.3)知道,如果忽略落差 Δz,近似可以看出池深 d 随 $(h_{c02} - h_t)$ 的增大而增大,即 $(h_{c02} - h_t)$ 为最大时对应的流量所要求的池深也最大。因此,可在流量变化范围内选取几个 Q 值,分别计算和绘制 Q 与 $(h_{c02} - h_t)$ 的关系曲线,如图10.6所示。当 $(h_{c02} -$

h_t)最大时,对应的流量作为消力池的设计流量 Q_d。计算表明,最大流量不一定是消力池深度的设计流量。

例 10.1 图 10.7 所示为一修筑于矩形断面河道中的溢流坝,坝顶高程为 110.0 m,溢流面长度中等,河床高程为 100.00 m,上游水位为 112.96 m,下游水位为 104.00 m,通过溢流坝的单宽流量 $q=11.3$ m²/s。试判别坝下游是否要做消能工。如要做消能工,则进行消力池的水力计算。

解 (1) 判别下游是否要做消能工

$$T = 112.96 \text{ m} - 100.0 \text{ m} = 12.96 \text{ m}$$

$$v_0 = \frac{q}{T} = \frac{11.3 \text{ m}^2/\text{s}}{12.96 \text{ m}} = 0.87 \text{ m/s}$$

$$\frac{\alpha v_0^2}{2g} = \frac{1.0 \times (0.87 \text{ m/s})^2}{2 \times 9.81 \text{ m/s}^2} = 0.04 \text{ m}$$

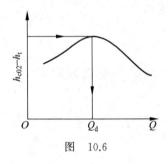
图 10.6

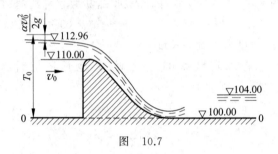
图 10.7

上游有效总水头

$$T_0 = T + \frac{\alpha v_0^2}{2g} = 12.96 \text{ m} + 0.04 \text{ m} = 13.0 \text{ m}$$

临界水深

$$h_c = \sqrt[3]{\frac{\alpha q^2}{g}} = \sqrt[3]{\frac{1.0 \times (11.3 \text{ m}^2/\text{s})^2}{9.81 \text{ m/s}^2}} = 2.35 \text{ m}$$

按坝的溢流面长度为中等,由表 10.1 查得 $\varphi=0.95$。

试算收缩断面水深 h_{c0},公式如下:

$$T_0 = h_{c0} + \frac{q^2}{2g\varphi^2 h_{c0}^2}$$

假设 h_{c0} 分别为 0.75,0.78,0.77,0.76,0.767,0.768,计算得相应的 T_0 值见表 10.2。

表 10.2 T_0 计算表

h_{c0}/m	0.75	0.78	0.77	0.76	0.767	0.768
T_0/m	13.57	12.63	12.93	13.25	13.025	12.99

当 $T_0=13$ m 时,$h_{c0}=0.768$ m。

利用共轭水深关系求 h_{c02}

$$h_{c02} = \frac{h_{c0}}{2}\left(\sqrt{1 + 8\frac{q^2}{gh_{c0}^3}} - 1\right)$$

$$= \frac{0.766 \text{ m}}{2} \times \left(\sqrt{1 + 8 \frac{(11.3 \text{ m}^2/\text{s})^2}{9.81 \text{ m/s}^2 \times (0.768 \text{ m})^3}} - 1 \right)$$

$$= 5.45 \text{ m}$$

下游水深

$$h_t = 104.0 \text{ m} - 100.0 \text{ m} = 4.0 \text{ m}$$

因 $h_{c02} > h_t$，坝下游发生远离水跃，需做消能工。

（2）用试算法计算消力池池深

$$A = h_t + \frac{q^2}{2g(\varphi_1 h_t)^2} = 4.0 + \frac{(11.3 \text{ m}^2/\text{s})^2}{2 \times 9.81 \text{ m/s}^2 \times (0.95 \times 4.0 \text{ m})^2} = 4.45 \text{ m}$$

先假设 h_{c0}，利用共轭水深关系 $h_{c02} = \frac{h_{c0}}{2} \left(\sqrt{1 + 8 \frac{q^2}{gh_{c0}^3}} - 1 \right)$ 求得 h_{c02}，将假设的 h_{c0} 代入式（10.2）算得 T_{01}，再根据 $T_{01} = T_0 + d$ 算得池深 d，再将算得的池深 d 代入 $f(d) = \sigma' h_{c02} + \frac{q^2}{2g(\sigma' h_{c02})^2} - d$，算得 $f(d)$ 是否等于 A。

设几个 h_{c0} 值计算相应的 $f(d)$，计算结果列于表 10.3。当 $f(d) = A = 4.45 \text{ m}$ 时，$d = 1.63 \text{ m}$。

表 10.3　$f(d)$ 计算表　　　　　　　　　　　　　单位：m

h_{c0}	h_{c02}	d	$f(d)$	l_j	l
0.7	5.76	2.42	3.81	34.90	27.92
0.71	5.71	2.02	4.16	34.50	27.60
0.72	5.66	1.63	4.50	34.11	27.29
0.73	5.62	1.27	4.82	33.73	26.98

（3）计算消力池池长

池长 $l = l_0 + (0.7 \sim 0.8) l_j$。对于曲线型实用堰 $l_0 = 0$，$l_j = 6.9(h_2 - h_1)$，式中 h_2 与 h_1 均为挖池以后的跃后和跃前水深，表 10.3 已算出，故

$$h_1 = h_{c01} = 0.72 \text{ m}$$

$$h_2 = h_{c02} = 5.66 \text{ m}$$

$$l_j = 6.9(h_2 - h_1) = 6.9(h_{c02} - h_{c01}) = 6.9 \times (5.66 - 0.72) \text{ m}$$

$$= 34.11 \text{ m}$$

因此池长 $l = 0.8 l_j = 0.8 \times 34.11 \text{ m} = 27.29 \text{ m}$。

计算结果，池深 $d = 1.63 \text{ m}$，池长 27.29 m。

2. 消力墙的水力计算

消力墙的水流现象如图 10.8 所示。假设下游河渠断面为矩形，消力墙的横断面可以是矩形或梯形，墙的溢流宽度等于河渠底宽。水面在消力墙前壅高而加大了墙前水深，形成淹没水跃。消力墙的水力计算内容是确定墙高 s 和池长 l。池长的确定方法与消力池池长计算方法相同，下面介绍消力墙的计算方法。

为使墙前形成稍有淹没的水跃，池中水深应为 $h_2 = \sigma' h_{c02}$。

由图 10.8 可知，$h_2 = s + H_1$（H_1 为墙顶水头），代入上式可解得

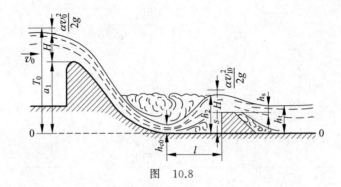

图　10.8

$$s = \sigma' h_{c02} - H_1 \tag{10.11}$$

只要求得 h_{c02} 和 H_1，便可求得 s。h_{c02} 的求法同前。消力墙实际上是一种折线形的实用堰。

对于矩形河渠，H_1 可由下式求得

$$H_1 = H_{10} - \frac{\alpha v_{10}^2}{2g} = H_{10} - \frac{\alpha q^2}{2g(\sigma' h_{c02})^2}$$

式中，v_{10} 为墙前流速；H_{10} 为墙顶总水头。H_{10} 可用实用堰公式求得，即

$$H_{10} = \left(\frac{q}{\sigma m' \sqrt{2g}}\right)^{2/3}$$

式中，m' 为消力墙的流量系数，在 $0.40 \sim 0.44$ 之间，一般可取 0.42；σ 为消力墙的淹没系数，它与下游水位超过墙顶的高度 h_s 有关，这样

$$H_1 = \left(\frac{q}{\sigma m' \sqrt{2g}}\right)^{2/3} - \frac{\alpha q^2}{2g(\sigma' h_{c02})^2} \tag{10.12}$$

从表面上来看，似乎从式（10.11）可以直接求得墙高 s，实际上不可能，因式（10.12）表明 H_1 也与 s 有关，因此，必须用试算法求解。

为便于试算，将式（10.12）代入式（10.11），取 $\alpha = 1.0$，得

$$s = \sigma' h_{c02} - H_1 = \sigma' h_{c02} - \left(\frac{q}{\sigma m' \sqrt{2g}}\right)^{2/3} + \frac{q^2}{2g(\sigma' h_{c02})^2}$$

将与墙高 s 有关的项放在等式左边，已知项放在等式右边，上式可写为

$$s + \left(\frac{q}{\sigma m' \sqrt{2g}}\right)^{2/3} = \sigma' h_{c02} + \frac{q^2}{2g(\sigma' h_{c02})^2}$$

等式左边为 s 的函数，以 $f(s)$ 表示，等式右边为已知量，以 B 表示，则上式可写为

$$f(s) = B \tag{10.13}$$

具体计算时，先算出 h_{c02}，求得 B。然后假设墙高 s，计算 $h_s = h_t - s$ 和 $H_1 = \sigma' h_{c02} - s$。由 h_s / H_1 可查得堰的淹没系数 σ，并可求得 $f(s)$。若 $f(s)$ 与 B 相等，则 s 即为所求。若不等，另设 s 再计算，直至 $f(s) = B$ 为止，亦可作出 $s\text{-}f(s)$ 曲线求解 s。具体方法见例 10.2。

对于消力墙，算出墙高后，还要注意墙上泄下的水流与下游水流衔接的情况。如果墙太高，以致在墙的下游又发生远离水跃，则可在下游建第二道消力墙，或改用综合式消力池。

例 10.2　按例 10.1 中所给的溢流坝，如下游采用消力墙消能，试进行消力墙的水力计算（消力墙的流量系数 $m' = 0.40$）。

解 (1) 计算消力墙高度 s

用式(10.11)即 $f(s) = B$ 进行试算。例 10.1 已求得 $h_{c02} = 5.45$ m，则

$$B = \sigma' h_{c02} + \frac{q^2}{2g(\sigma' h_{c02})^2} = 1.05 \times 5.45 \text{ m} + \frac{(11.3 \text{ m}^2/\text{s})^2}{2 \times 9.81 \text{ m/s}^2 \times (1.05 \times 5.45 \text{ m})^2}$$
$$= 5.92 \text{ m}$$

$$f(s) = s + \left(\frac{q}{\sigma m' \sqrt{2g}}\right)^{2/3} = s + \left(\frac{11.3}{\sigma \times 0.40 \sqrt{2 \times 9.81}}\right)^{2/3}$$
$$= s + \left(\frac{6.38}{\sigma}\right)^{2/3}$$

设一系列 s 值，列表 10.4 进行计算。试算结果，消力墙高度 $s = 2.5$ m。

表 10.4 s 试算表

s	$h_s = h_t - s$(m)	$H_1 = \sigma h_{c02} - s$(m)	$\dfrac{h_s}{H_1}$	σ	$\left(\dfrac{6.38}{\sigma}\right)$ /m	$\left(\dfrac{6.38}{\sigma}\right)^{2/3}$ /m	$f(s)$/m	备注
(1)	(2)	(3)	(4)	(5)	(6)	(7)	(8)= (1)+(7)	
2.0	2.0	3.72	0.54	0.983	6.49	3.48	5.48	$<B$
2.5	1.5	3.22	0.47	0.992	6.43	3.46	5.96	$\approx B$
2.4	1.6	3.32	0.48	0.991	6.44	3.46	5.86	$>B$

(2) 计算消力池长度

消力池长度

$$l = l_0 + 0.8 l_j$$

而 $l_j = 6.9(h_2 - h_1)$，$\varphi = 0.95$，则试算得到

$$h_1 = h_{c0} = 0.77 \text{ m}, \quad h_2 = h_{c02} = 5.45 \text{ m}$$

则

$$l_j = 6.9 \times (5.45 - 0.77) \text{ m} = 32.29 \text{ m}$$

故池长

$$l = 0.8 l_j = 0.8 \times 32.29 \text{ m} = 25.83 \text{ m}$$

3. 综合式消力池的水力计算

在实际工程中，当所需消力墙过高，墙后难以保证出现淹没水跃，而单独采用消力池又可能开挖量过大时，可考虑采用综合式消力池。图 10.9 所示为一综合式消力池。要求墙高 s、池深 d 及池长 l。为了便于计算，先求出保证池中及墙后产生临界水跃时的墙高 s_0 和池深 d_0。

(1) 求 s_0

令 $h_t = h_2$，用水跃方程求出 h_1，再用 $T_{10} = h_1 + \dfrac{q^2}{2g \varphi'^2 h_1^2}$ 求出 T_{10}，用实用堰自由出流流量公式求出 H_{10}，则

$$s_0 = T_{10} - H_{10}$$

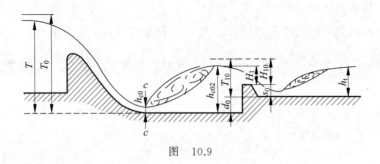

图　10.9

（2）求 d_0

由图 10.9 的几何关系 $h_{c02}=d_0+s_0+H_1$，可得

$$d_0=h_{c02}-s_0-\left(H_{10}-\frac{\alpha q^2}{2gh_{c02}^2}\right)$$

将已知量和未知量分别写在等式两边，得

$$h_{c02}+\frac{\alpha q^2}{2gh_{c02}^2}-d_0=s_0+H_{10} \tag{10.14}$$

等式左边 d_0 的函数，以 $f(d_0)$ 表示，右边为已知量，以 A_0 表示，故

$$f(d_0)=A_0 \tag{10.15}$$

由式（10.15），用试算法可求得 d_0，其方法与消力池相同。

以上计算出的 d_0 和 s_0 是池内及墙下游都发生临界水跃时的池深及墙高。实际采用的池深 d 比 d_0 略加大，而实际采用的墙高 s 比 s_0 略减小，这样在池内及墙后就能保证发生淹没水跃。

10.3　挑流式衔接与消能

挑流式消能是在泄水建筑物下游端修建一挑流鼻坎，利用宣泄水流的巨大动能，将水股向空中抛射，再跌落到远离建筑物的下游，与下游河道水流衔接。图 10.10 为溢流坝挑流衔接的纵剖面图。由于空气和挑射水舌的相互作用，使水舌扩散、掺气和碎裂，使射流在空中消耗了部分余能。同时，水舌跌落到下游水流后，在水垫中形成两个旋滚，由于主流和旋滚强烈的互动掺混作用，消耗大部分余能。一般来说，两者中以水垫消能占主要部分。主流潜入河底后，冲刷河床，形成冲刷坑。若冲刷坑离建筑物有足够长的距离，就不会危及建筑物的安全。这种消能方式与底流式相比较，具有节省工程费用，构造简单，便于维修等优点。缺点是下游局部冲刷问题常较严重，尤其是峡谷河道高陡岸坡的稳定问题，需充分重视并采取有效的工程保护措施；挑流引起的雾化问题，也不容忽视。挑流型衔接消能适用于中高水头的泄水建筑物，其下游无需作护坦或消力池，比较经济。

既然挑流消能的目的是将高速水流挑射到较远的下游，使所形成的冲刷坑不致影响建筑物的安全，则冲刷坑大小、深度和位置的估计就是设计的关键。所以挑流消能水力计算的主要任务是：根据水力条件，正确选择挑坎形式和尺寸，计算水舌的挑距、估算冲刷坑的深度并校核是否影响建筑物的安全。

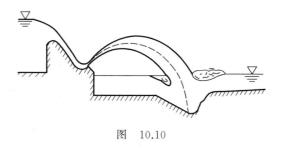

图　10.10

10.3.1 挑距的计算

挑距是指挑坎末端到冲刷坑最深点间的水平距离,由空中挑距 L_0 和水下挑距 L_1 组成。因为冲刷坑的位置直接与挑距有关,因而增加挑距是挑流消能的主要问题之一。

对平滑的连续式挑坎,当忽略空气阻力及水股等扩散影响时,可把抛射水流的运动视为自由抛射体的运动,从而推求挑距。下面仅讨论挑流坎为连续式的情况,如图 10.11 所示。此时,沿整个挑流坎宽度具有一反弧半径 R 和挑射角 α。坝面各处溢流宽度相等,过坝水流可作为二维问题研究。

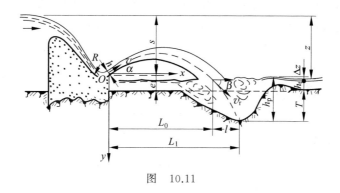

图　10.11

取挑流坎末端过水断面,其水深为 h,流速为 v,中心点 O 为坐标原点,则抛射体坐标为

$$\left.\begin{array}{l} x = v\,t\cos\alpha \\[2mm] y = \dfrac{1}{2}gt^2 - vt\sin\alpha \end{array}\right\} \tag{10.16}$$

联立求解式(10.16),得到水平距离为

$$x = \frac{v^2\cos\alpha\sin\alpha}{g}\left(1 + \sqrt{1 + \frac{2gy}{v^2\sin^2\alpha}}\right) \tag{10.17}$$

利用此式可求得以下挑距。

1. 空中挑距 L_0 的计算

空中挑距是指挑坎末端至水舌轴线与下游水面交点间的水平距离。

当水股落至下游水面时,其纵坐标为

$$y = z - s + \frac{h}{2}\cos\alpha$$

代入上式得

$$L_0 = \frac{v^2\cos\alpha\sin\alpha}{g}\left[1 + \sqrt{1 + \frac{2g\left(z - s + \frac{h}{2}\cos\alpha\right)}{v^2\sin^2\alpha}}\right] \tag{10.18}$$

式中，z 为上、下游水位差；s 为上游水面至坎顶的高度；h 为坝顶水股的厚度。

2. 水下挑距 L_1 的计算

水下挑距指水舌轴线与下游水面交点至冲刷坑最深点间的水平距离，即

$$L_1 = L_0 + l \tag{10.19}$$

L_0 的求法如上所述，下面求 l，入水后的射流作淹没扩散运动，可以近似认为水舌落入下游水面后仍沿入水角方向直线前进，并假设冲刷坑最深点近似取淹没射流的中心点。则有

$$l = h_p\cot\beta \tag{10.20}$$

式中，h_p 为冲坑水深；β 为水舌入水角，β 可按下列方法近似计算：

对坎顶水股断面和入流水股断面近似列能量方程，不计空中水头损失及 $\frac{h}{2}\cos\alpha$，取动能较正系数 $\alpha = 1$，可得

$$\frac{v^2}{2g} = s - z + \frac{v_r^2}{2g}$$

因 $v = \varphi\sqrt{2gs}$，代入上式，得水股入流速度

$$v_r = \sqrt{2g(\varphi^2 s - s + z)}$$

设水股射出后，其水平分速度在整个过程中保持不变，即

$$v_{rx} = v_x = v\cos\alpha = \varphi\sqrt{2gs}\cos\alpha \tag{10.21a}$$

于是得

$$\cos\beta = \frac{v_{rx}}{v_r} = \frac{\varphi\sqrt{2gs}\cos\alpha}{\sqrt{2g(\varphi^2 + z - s)}} = \sqrt{\frac{\varphi^2 s}{\varphi^2 s + z - s}}\cos\alpha \tag{10.21b}$$

由上式可求出 β。

以上是对挑距的理论计算，但实际上影响射程的因素是多方面的，现对其中的主要因素进行分析。

10.3.2　挑角 θ

实践表明，当泄流条件确定后，挑角越大（$\theta < 45°$），空中挑距越大。但挑角增大，入水角 β 也增大，水流对河床的冲刷能力增强。另外，随着挑角增大，开始形成挑流的流量，即所谓起挑流量也增大。当实际通过的流量小于起挑流量时，由于动能不足，水流挑不出去，而在挑坎的反弧段内形成旋滚，然后沿挑坎溢流而下，在紧靠挑坎下游形成冲刷坑，对建筑物安全威胁大。所以，挑角不宜过大。我国所建成的一些大、中型工程中，挑角一般在 $15° \sim 35°$。

高挑坎取较小值,低挑坎或单宽流量大、落差较小时取较大值。

10.3.3 反弧半径 R

水流在挑坎反弧段内运动时所产生的离心力,将使反弧段内压强加大。反弧半径越小,离心力越大,水流动能转化为压能的比例增加,射程减小。同时起挑流量加大。因此为了保证有较好的挑流条件,根据实践经验,反弧半径 R 至少应大于反弧段最低点处水深 h_c 的 4 倍,一般设计时多采用 $R = (4 \sim 10)h_c$。

10.3.4 挑坎高程的确定

挑坎高程越低,出口断面流速越大,射程越远。同时挑坎高程低,工程量也小,可以降低工程造价。但过低的挑坎高程会带来两方面的不利影响:当下游水位较高并超过挑坎达一定程度时,水流挑不出去;挑坎顶部与下游水面之间没有足够的高程差时,挑射水舌与下游水面间的空间内,会由于水舌带走大量空气而形成局部真空地带,这时在内外压力差作用下,水舌被压低,射程就要缩短。因此,工程设计中挑坎高程不能太低,一般鼻坎需高出下游最高水位 $1 \sim 2$ m。

10.3.5 挑流冲刷坑的估算

冲刷坑的深度取决于挑流水舌淹没射流的冲刷能力与河床基岩抗冲能力之间的对比关系。在挑流的初期,水流的冲刷能力大于基岩的抗冲能力,于是开始形成并加深冲刷坑。随着冲刷坑深度的发展,使淹没射流水股沿程扩散,流速沿程降低,冲刷能力也逐渐衰减,直到冲刷能力与基岩的抗冲能力相平衡以致冲刷坑不再加深为止。由于冲刷过程及其影响因素复杂,目前冲刷坑的深度主要靠室内试验和原型观测资料整理归纳的经验公式来进行估算。

对于岩基冲刷坑的估算,我国普遍采用下述公式:

$$T = K_s q^{0.5} z^{0.25} - h_t \tag{10.22}$$

式中,T 为冲刷坑深度(由河床面至坑底);z 为上、下游水位差;h_t 为下游水深;q 为单宽流量;K_s 为河床抗冲系数,与河床的地质条件有关,坚硬完整基岩 $K_s = 0.9 \sim 1.2$,坚硬但完整性较差基岩 $K_s = 1.2 \sim 1.5$,软弱破碎、裂隙发育的基岩 $K_s = 1.5 \sim 2.0$。

10.4 面流衔接与消能

在泄水建筑物的末端设置一较小挑角的垂直鼻坎,将下泄的高速水股引向下游水流的表层,并逐渐向下游扩散,使靠近河底的流速较低,同时由于下游水位高于坎顶,故在坎后的主流区下部形成激烈的旋滚,可以消耗下泄水流的能量。这种消能方式称为面流消能,如图 10.12 所示。

面流消能对下游河床的冲刷作用不大,可以无须防

图 10.12

护,因此有节省工程投资等优点,但是面流消能会引起下游水面的剧烈波动,因此对岸坡的稳定和航运不利。面流式衔接消能适用于下游水位较高的情况。此外,面流式衔接消能的主流在水流面部,有利于排放随水流下泄的漂浮物,能较好地适应丰水河上尾水变幅不大的衔接问题。

10.4.1 面流型的衔接形式

面流流态取决于鼻坎布置形式、单宽流量、下游水深及冲淤后河床的变化情况。面流的流态比较复杂,试验表明,当 $\theta = 0° \sim 10°$ 时,单宽流量和坎高均足够大时,面流流态将随着下游水深 h_t 的逐渐增加变化出现如图 10.13 所示多种衔接形式,现分别讨论如下:

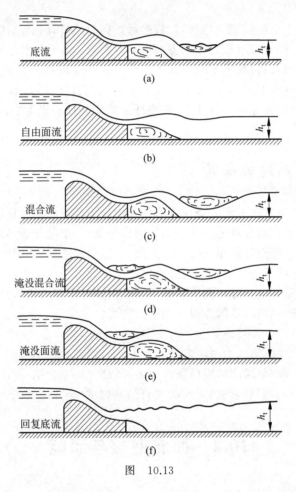

图 10.13

（1）当下游水深 h_t 很小时,水流直冲坎下游河床形成远离式水跃,随着下游水深的增大而变为临界水跃或淹没水跃,称为底流流态。如图 10.13(a)所示。

（2）当 h_t 增大时,水股受下游顶托在表面扩散,主流下面形成较长的底部旋涡区,表面无旋滚,但有剧烈波浪。这是纯面流或自由面流。从底流过渡到自由面流的临界状态称为第一临界状态,相应的下游水深称为第一界限水深,以 h_{t1} 表示。如图 10.13(b)所示。

（3）当 h_t 再增大时，出坎水流受到下游水流的顶托，使坎上水股向上弯曲，再因重力影响而潜入河底，主流之上有一个表面旋滚。而在主流与跌坎之间仍有一个底部旋滚。这时前后两段的流态不同，前段是面流，后段是底流，所以称为混合流。从纯面流开始过渡到混合流的临界状态称为第二临界状态，相应的下游水深称为第二界限水深，以 h_{t2} 表示。如图 10.13（c）所示。

（4）随着下游水位的继续抬高，出坎水股向上更加弯曲，部分表面水质点失去前进的速度而回跌到坎顶水股上，形成的表面旋滚将坎顶水股淹没，出坎后的流态仍为混合流态，称为淹没混合流。从混合流过渡到淹没混合流称为面流型第三临界状态，相应的下游水深称为面流型第三界限水深，以 h_{t3} 表示。如图 10.13（d）所示。

（5）下游水深再增加，坎顶旋滚仍然存在，底流部分水股重新升到水面，称为淹没面流。从淹没混合流过渡到淹没面流称为面流型第四临界状态，相应的下游水深称为第四界限水深，以 h_{t4} 表示。如图 10.13（e）所示。

（6）若下游水深再继续增加，会促使坎顶表面旋滚也越来越大，以致把主流再压到底部，又成为底流，称为回复底流。从淹没面流过渡到回复底流称为面流第五临界状态，相应的下游水深称为第五界限水深，以 h_{t5} 表示。如图 10.13（f）所示。

以上全部演变过程发生于坎高 $c > c_{min}$，且单宽流量较大的情况。其中 c_{min} 为可以发生面流的最小坎高。

最小坎高 c_{min} 可按下式计算：

$$c_{min} = 0.4 h_c \sqrt{\frac{T_0}{h_c} - 1.5} \qquad (10.23)$$

式中，h_c 为临界水深；T_0 为计及行近流速的上游断面的总水头。

当 q 较小，坎高 $c > c_{min}$ 时，依次出现底流→自由面流→淹没面流→回复底流。

当坎高 $c < c_{min}$ 时，由底流直接转变为回复底流，不发生典型面流流态。

如果 $c/a_1 < 0.2$（a_1 为下游坝高），呈现底流与自由面流往复出现的交替流。

由上述可见，以消能观点来看，面流流态可以出现自由面流、淹没面流和混合流，最不利和不允许出现的面流流态是底流和回复底流。因为底流的最大流速靠近河床表面，对河床冲刷最严重。

面流的水流现象是复杂多变的，受单宽流量、坎高和下游水深等的影响较大，要使下泄水流保持面流的流态必须有足够的下游水深，即下游水深 h_t 应大于第一界限水深 h_{t1}，而且水深变化幅度不可太大，下游水深还必须小于发生回复底流时的第五界限水深 h_{t5}。

10.4.2　消力戽消能

消力戽是指在泄水建筑物末端具有较大反弧半径和挑角的低鼻坎。在一定下游水深时，从泄水建筑物下泄的高流速水流，由于受下游水位的顶托作用在戽斗内形成旋滚，主流沿鼻坎挑起，形成涌浪并向下游扩散。在戽坎下产生一个反向旋滚，有时涌浪之后还会产生一个微弱的表面旋滚，这就是典型的消力戽流态。如图 10.14 所示。

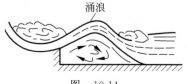

图　10.14

　　无论是坎角 $\theta=45°$ 的连续式鼻坎消力戽或 $\theta=15°\sim45°$ 的差动式鼻坎消力戽,随着下游水深 h_t 由小增大,消力戽的流态演变将如图 10.15 所示。

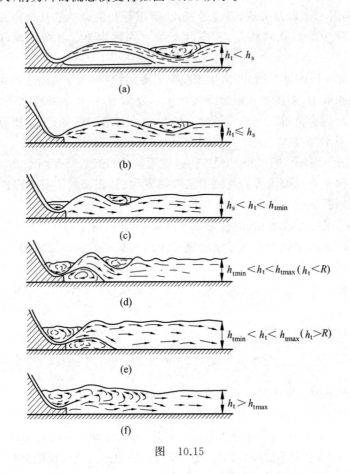

图　10.15

1. 底流流态

　　当下游水深较小时,出戽水股被挑出,在水股与河床之间形成空腔,然后产生水跃,如图 10.15(a)所示;也可能出现空腔消失,水跃向消力戽推进,如图 10.15(b)所示;或者在戽内产生间歇性的小旋滚,如图 10.15(c)所示。这三种情况均有高速度水流靠近河床,故属底流流态,这不是消力戽所要求的流态。

2. 典型戽流流态

　　当下游水深逐渐加大至某一个水深 h_{tmin} 时,出戽水股上仰角也加大,射流减小,部分水流跌回戽内,开始形成戽内旋滚,而主流沿戽面继续射出,在离戽坎不远的下游形成涌浪,然后扩散开始形成戽流流态,这时的下游水深 h_{tmin} 称为戽流流态的最小界限水深。形成戽流流态后,如继续增加下游水深,即 $h_t>h_{tmin}$,当 h_t 增大到某一水深 h_{tmax} 时,戽内及戽后底部旋滚体积加大,涌浪增高,涌浪后旋滚逐渐减小,形成"三滚一浪"或"两滚一浪"的典型流态,如图 10.15(d)、(e)所示,这时的下游水深 h_{tmax} 称为戽流流态的最大界限水深。

3. 水舌下坠

当 $h_t > h_{tmax}$（h_{tmax} 称为最大界限水深），出坎射流水舌下坠，冲刷河床，在坎上及下游形成两个旋转方向相同的大旋滚，如图 10.15(f) 所示。当 $h_t = h_{tmax}$ 时，则呈现不稳定流态。即射流水舌首先下坠直冲河床，待河床形成较大冲坑后，冲坑内又形成了顺时针的逆流向旋滚。当底部旋滚的作用增强时，下坠水舌被迫抬高，又恢复了两滚一浪的流态。待底部旋滚将河床下游砂石卷回冲坑，冲坑被填平后，旋滚作用减弱，水舌又再下坠，出现两滚一浪和水舌下坠的不稳定的交替流态。

由上述可知，底流流态和水舌下坠都是对下游河床不利的，所以水利工程中应保证建筑物下游发生典型消力庘流态，即应满足 $h_{tmin} < h_t < h_{tmax}$ 的条件。

消力庘消能具有底流和面流相结合的消能特点，其主要区别是：面流消能挑坎高，挑角小；庘流消能挑坎低，挑角大。利用消力庘消能，其优点是对下游水深的要求没有面流消能那样严格。当下游水深有一定变化范围时，仍可采用，这一点要比面流消能优越。其缺点是由于坎上和坎下的旋滚，使庘面及坎后易被泥沙和漂浮物损坏。

总之，面流和庘流消能的影响因素较多，流态也较复杂，对这两种消能方式的消能效果及其适用范围有待于进一步深入试验研究和实际资料的积累。

思 考 题

10.1 在什么情况下泄水建筑物下游应采取消能措施？常见的衔接与消能方式有哪几种基本类型？

10.2 底流消能的水跃淹没系数 σ' 是根据什么原则确定的？是否淹没系数越大消能效果越好？

10.3 (1) 消力墙为自由出流时，墙后是否一定产生远离式水跃？为什么？
   (2) 消力墙为淹没出流时，坎后是否一定产生淹没水跃？为什么？

10.4 如图所示，闸下接一缓坡渠道，渠道末端为一跌坎，今欲设计一综合式消力池，试写出主要计算公式和计算步骤。

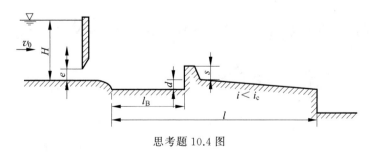

思考题 10.4 图

10.5 如图所示，消力墙的位置是按 $l_B = e + 0.8 l_j$ 设计的，试问：
   (1) 如果 l_B 小于上述设计值，池中将出现什么样的水力现象？能否达到预期消能目的？

（2）如果 l_B 大于上述设计值，池中又将怎样？水跃能否随墙后移？

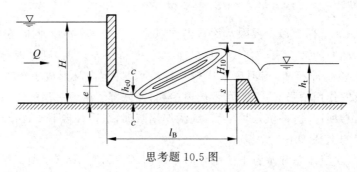

思考题 10.5 图

10.6 有一水闸，采用消力墙消能，墙高计算后为 s，如在下游再次出现远离水跃时，应采取哪些措施？

习　题

10.1 在矩形断面河道上建一溢流坝，已知 $T_0 = 20$ m，溢流坝的流速系数 $\varphi = 0.95$，$q = 4.0$ m²/s，求坝下游的收缩断面水深 h_{c0} 及跃后水深 h_{c02}。

10.2 在矩形渠道上修建溢流坝，如图所示。溢流宽度等于渠底宽度 b，已知坝高 $a = 6.0$ m，单宽泄流量 $q = 5.2$ m³/(s·m) 时，坝的流量系数 $m = 0.48$，流速系数 $\varphi = 0.95$，坝下游明渠水深 $h_t = 2.80$ m。试判别堰流与下游水流衔接形式，若需作消能工，拟采用消力墙，试设计其尺寸。

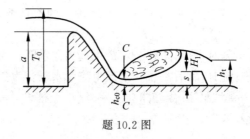

题 10.2 图

10.3 如图所示，某矩形断面河流上建有一座 WES 曲线型实用堰，共分 5 孔，每孔净宽 $b=$

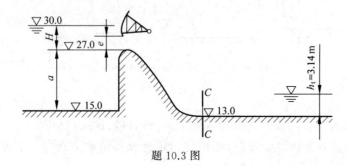

题 10.3 图

4.0 m,堰顶设有弧形闸门,闸墩采用厚度 $d=1.0$ m 的半圆形墩头,布设边墩。侧收缩系数 $\varepsilon=0.946$,溢流堰上游底板高程为 15.0 m,下游坝趾处高程为 13.0 m,堰顶高程为 27.0 m,当宣泄设计洪水时,上游水位为 30.0 m,下游河槽水深 $h_t=3.14$ m,此时闸门的开度 $e=2.4$ m,试问:

(1) 溢流堰下游是否需要修建消能设施(取 $\varphi=0.95$);

(2) 如需修建消能设施,若采用挖消力池方案,试求其池深 d。

10.4 在矩形断面河道筑一曲线型溢流堰,设上、下游堰高相等 $a=a_1=12.5$ m,流量系数 $m=0.485$,侧收缩系数 $\varepsilon=0.95$,溢流坝坝顶水头 $H=2.8$ m,流速系数 $\varphi=0.95$,下游水深 $h_t=5$ m,若采用挑流消能,设挑流坎高度 $e=5$ m,坝顶与坎顶高差为 7.5 m,挑射角 $\alpha=25°$,试计算挑距 L_0 及冲刷坑深度 T(河床基岩较好)。

第11章
Chapter

渗　流

11.1　概　述

本章主要研究流体(主要指水)在地表以下土壤孔隙和岩石裂隙中的运动,并且假定土壤孔隙和岩石裂隙是相互连通的,它的运动为重力或压力以及因流动而引起的阻力所控制。这种地下水(包括其他流体)的运动也称为渗流。渗流理论在国民经济的各个领域,例如水利、石油、天然气、矿业、环境、地质,都有其广泛的应用。本章主要研究恒定渗流的基本理论,并主要用以解决实际工程中的渗流问题。主要研究的内容有渗流量、渗流流速、渗流压强、渗流的浸润线等。

11.2　渗流的几个基本概念

渗流问题牵涉到水与固体骨架的相互作用,所以在研究渗流问题之前,对水在土壤之中存在的形态,以及土壤的有关特性做一简要介绍,并对地下水在土壤孔隙中的实际流动状况做一概化,引入所谓渗流模型的概念。

11.2.1　水在土壤中的形态

水在土壤中的形态可分为气态水、附着水、薄膜水、毛细水和重力水。气态水是以水蒸气的形式悬浮在土壤孔隙之中,其数量极少。附着水和薄膜水都是由于土壤颗粒分子和水分子之间的相互吸引作用而包围在土壤四周的水分,这两者也称为结合水,很难移动,且数量较少。毛细水是由于毛细管作用而保持在土壤孔隙中,除毛细水的运动在某些特殊的渗流问题中加以考虑外,以上讨论的几种水通常都不是渗流问题的研究对象。重力水存在在土壤的大孔隙中,其运动受重力支配。本章主要讨论重力水的运动规律,这是渗流的主要研究对象。

11.2.2 土壤的渗透特性

为了更好地研究地下水的运动规律,对土壤的有关渗透特性做一介绍。透水性是指土壤允许水透过的性能,以后将用渗透系数衡量其透水能力。土壤按其透水性能可分为以下几类。若在渗流空间的各点处同一方向透水性能相同的土壤称为均质土壤;否则为非均质土壤。若在渗流空间同一点处各个方向透水性能相同的土壤称为各向同性土壤;反之为各向异性土壤。自然界中土壤的构造是极其复杂的;一般多为非均质各向异性土壤。本章主要讨论较简单的均质各向同性土壤的渗流问题。

土壤的透水性能的大小也与土壤的密实程度和土壤颗粒的均匀程度有一定的关系,当然也与土壤的矿物成分和水的温度等有关。土壤的密实程度用孔隙率表示,而土壤颗粒大小的均匀程度用不均匀系数表示。土壤的孔隙率是表示在一定体积的土壤中,孔隙体积 V' 和土壤总体积(包括孔隙体积)V 的比值。

$$n = \frac{V'}{V} \tag{11.1}$$

若土壤为均质土壤,则体积孔隙率与面积孔隙率相等。

土壤颗粒大小的不均匀程度,可用以下定义的不均匀系数 η 表示。即

$$\eta = \frac{d_{60}}{d_{10}} \tag{11.2}$$

式中,d_{60} 表示土壤经过筛分后,占 60% 重量的土粒所能通过的筛孔直径;d_{10} 表示筛分时占 10% 重量的土粒所能通过的筛孔直径。η 的值越大,表示土壤颗粒越不均匀。均匀颗粒组成的土壤,不均匀系数 $\eta=1$。

11.2.3 渗流模型

实际的渗流是沿着一些形状、大小以及分布情况十分复杂的土壤孔隙流动的,具有很强的随机性。要想详细研究每个孔隙中水流的实际流动,非常困难,实际上也无必要。在实际工程问题中,往往不需要了解水流在孔隙中的实际流动情况,主要是要了解渗流的宏观的平均效果。为了使问题简化,通常采用一种假想的渗流来代替真实的渗流,这种假想的渗流就称为渗流模型。

渗流模型不考虑渗流在土壤孔隙中流动路径的迂回曲折,只考虑渗流的主要流向,并认为全部渗流空间(土壤和孔隙的总和)均被流体所充满。由于渗流模型把渗流的全部空间看作被流体所充满的连续体,可将渗流的运动要素作为全部空间的连续函数来研究,这样可以应用高等数学来分析研究渗流问题。

为了使真实的渗流与假想的渗流在水力特征方面相一致,渗流模型还必须满足下列条件:

(1) 通过空间同一过水断面,真实的渗流量等于模型的渗流量;

(2) 作用于模型中某一作用面上的渗流压力等于真实的渗流压力;

(3) 模型中任意体积内所受的阻力等于同体积内真实渗流的阻力,即两者的水头损失

相等。

由于引入了渗流模型,渗流模型中的流速与真实的渗流流速是不相等的。如模型中一微小过水断面上渗流流速定义为

$$v = \frac{\Delta Q}{\Delta A} \tag{11.3}$$

式中,ΔQ 为通过微小过水断面 ΔA 的实际渗流量;ΔA 为包含了土壤颗粒骨架所占据的面积在内的假的过水断面面积。而实际的孔隙部分的过水断面面积 $\Delta A'$ 要比 ΔA 小,若土壤为均质土壤,其孔隙率为 n,$\Delta A' = n\Delta A$,这样,模型中的渗流速度与孔隙中的实际渗流速度的关系为

$$v = \frac{\Delta A'}{\Delta A}v' = nv' \tag{11.4}$$

由于孔隙率 $n < 1$,所以 $v' > v$,即实际渗流流速大于模型的渗流流速。一般不加说明,渗流流速是指模型的渗流流速。由于引入了渗流模型的概念,把渗流也视为一种连续介质运动,这样在前面各章分析连续介质运动要素的各种概念和方法,都可以引入到渗流中。本章主要讨论恒定渗流。

在研究渗流时,由于其流速很小,因此动能可以忽略。这样渗流的单位机械能就等于单位势能,即

$$E = H = z + \frac{p}{\rho g} \tag{11.5}$$

这样,渗流的总水头线就是测压管水头线(浸润线),并且沿流只能下降。

11.3   渗流的基本定律

早在 1852—1855 年间,法国工程师达西(H. Darcy)在进行大量的实验研究基础上,总结得出渗流水头损失与渗流流速、流量之间的基本关系,即渗流运动的基本规律,亦称为达西定律。

11.3.1   达西试验和达西定律

达西渗流试验装置如图 11.1 所示,该装置主要为一个上端开口的直立圆筒。在圆筒的侧壁装有高差为 l 的两支测压管。筒底装有过滤板 D,过滤板以上装入均质砂土。水由引水管 A 注入圆筒 G,多余的水从溢流管 B 排出,以保证筒内水位恒定。

由于圆筒直径和渗流作用水头保持不变,故为恒定均匀渗流。水经过均质砂土渗至过滤板后流出,从管 C 流入量杯 F,在时段 t 内,流入量杯中的水体体积为 V,则渗流流量为

$$Q = \frac{V}{t}$$

同时测读 1,2 两根测压管的水头 H_1 和 H_2。由于是均匀渗流,在 l 流段上的渗流水头损失为

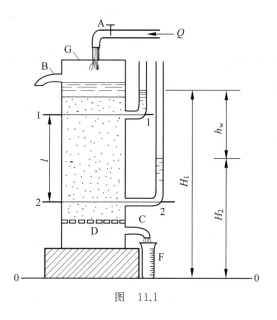

图 11.1

$$h_w = H_1 - H_2$$

达西在分析了大量试验资料的基础上,提出了对不同直径的圆筒和不同类型的土壤,通过圆筒内的渗流量 Q 与圆筒的断面面积 A 及水头损失 h_w 成正比,与两断面间的距离 l 成反比,即

$$Q \propto A \frac{h_w}{l}$$

引入比例系数 k,由于 $J = \dfrac{h_w}{l}$ 为水力坡度,于是渗流流量为

$$Q = kA \frac{h_w}{l} = kAJ \tag{11.6}$$

亦可以写成断面平均流速的形式

$$v = kJ \tag{11.7}$$

式(11.6)和式(11.7)统称为达西定律,它是解决渗流问题的基本定律。

该定律表明,渗流流速 v 与水力坡度 J 的一次方成比例,因此达西定律亦称为渗流的线性定律。式中 k 为反映土壤渗流特性的一个综合指标,称为渗透系数,具有速度的量纲。

达西定律是根据恒定均匀渗流实验研究总结出来的,后来经过大量实践和研究,认为可以将其推广到其他形式土壤的恒定和非恒定渗流中去。由于任意空间点处的渗流速度 u 等于断面平均流速 v,而水力坡度 $J = -\dfrac{\mathrm{d}H}{\mathrm{d}s}$,这样达西定律可用下列的形式表示:

$$u = v = kJ = -k \frac{\mathrm{d}H}{\mathrm{d}s} \tag{11.8}$$

11.3.2 达西定律的适用范围

达西定律是通过均匀砂土在均匀渗流实验的条件下总结归纳出来的。这样就有其一定的适用范围。从达西定律来看渗流的水头损失与流速的一次方成比例。由第 4 章的层、紊流试验可知,此时的水流属于层流状态。由此可知,达西定律只适用于层流渗流,亦称为线性渗流。反之超出此达西定律适用范围的渗流,亦称为紊流渗流或非线性渗流。

对于达西定律的适用界限,由于渗流问题自身的复杂性,难以给出确切的判别标准,曾有学者提出以土壤颗粒直径作为控制界限,并认为达西定律适用于平均粒径在 $0.01 \sim 3.0$ mm 的土壤。但大多数学者认为此界限仍以雷诺数表示更为恰当。但所用雷诺数的表达方式可以不同,当然,所得出的临界雷诺数数值也不相同。多数研究结果表明,从层流到紊流的临界雷诺数并不是一个常数,它随着土壤颗粒的直径、孔隙率等因素而变化。

巴甫洛夫斯基用以下公式表示渗流的雷诺数,即

$$Re = \frac{1}{0.75n + 0.23} \frac{vd}{\nu} \tag{11.9}$$

式中,n 为土壤的孔隙率;d 为土壤的有效粒径,可用 d_{10}(为直径比它小的颗粒占全部土重 10% 时的土壤颗粒直径,称为有效粒径)来代替。并且还给出渗流临界雷诺数 $Re_c = 7 \sim 9$,这样当 $Re < Re_c$ 时为层渗流。

对于非线性渗流,可以用如下形式的公式来表示其流动规律:

$$v = kJ^{\frac{1}{m}} \tag{11.10}$$

式中,当 $m = 1$ 时为层渗流;当 $m = 2$ 时为粗糙区的渗流;当 m 为 $1 \sim 2$ 时为层流到紊流的过渡区渗流。

11.3.3　渗透系数及其确定方法

渗透系数 k 是综合反映土壤透水能力的系数,它的物理意义是水力坡度 $J = 1$ 时的流速,它的大小取决于很多因素,但主要与土壤及流体的特性有关,如土壤颗粒的形状、级配、分布以及流体的黏度、密度等有关。k 值的确定精确与否会直接影响到整个渗流计算的成果,具有十分重要的意义。通常由以下几种方法确定。

1. 实验室测定法

从天然的土壤中取回土样,放入如图 11.1 所示的达西渗流实验装置中,测定渗流流量 Q 和水头损失 h_w,然后用式(11.6)即可求出 k 值。由于被测定的土样只是天然土壤中的极小部分,而且在取样和运输过程中还可能破坏土壤自身的结构,所以取样时应尽量保持土壤的原来结构,并选取足够数量具有代表性的土样进行试验,只有这样才能获取较为可靠的 k 值。

2. 现场测定法

现场测定法主要采用现场钻井或挖试坑,然后注水或抽水,测定其流量 Q 及水头 H 值,根据有关公式计算渗透系数值。该法主要优点是不要采集土样,使土壤结构保持天然状态,测的 k 值更加接近真实,这是最有效和可靠的方法。但由于规模较大,花费的人力、物力和财力均较大,一般多用于重要的大型工程。

3. 经验公式图表法

经验公式图表法是根据土壤颗粒的形状、大小、结构孔隙率和温度等参数所组成的经验

公式来估算渗透系数 k 值,可参阅有关的手册或规范。但这些公式和图表大多是经验的,各有其局限性,只能作为粗略估算时用。现将各类土壤的渗透系数 k 值列于表 11.1。

表 11.1　各种土壤的渗透系数参考值

土　壤　名　称	$k/(\mathrm{m/d})$	$k/(\mathrm{cm/s})$
黏土	<0.005	$<6 \times 10^{-6}$
亚黏土	$0.005 \sim 0.1$	$6 \times 10^{-6} \sim 1 \times 10^{-4}$
轻亚黏土	$0.1 \sim 0.5$	$1 \times 10^{-4} \sim 6 \times 10^{-4}$
黄土	$0.25 \sim 0.5$	$3 \times 10^{-4} \sim 6 \times 10^{-4}$
粉砂	$0.5 \sim 0.1$	$6 \times 10^{-4} \sim 1 \times 10^{-3}$
细砂	$1.0 \sim 5.0$	$1 \times 10^{-3} \sim 6 \times 10^{-3}$
中砂	$5.0 \sim 20.0$	$6 \times 10^{-3} \sim 2 \times 10^{-2}$
均质中砂	$35 \sim 50$	$4 \times 10^{-2} \sim 6 \times 10^{-2}$
粗砂	$20 \sim 50$	$2 \times 10^{-2} \sim 6 \times 10^{-2}$
均质粗砂	$60 \sim 75$	$7 \times 10^{-2} \sim 8 \times 10^{-2}$
圆砾	$50 \sim 100$	$6 \times 10^{-2} \sim 1 \times 10^{-1}$
卵石	$100 \sim 500$	$1 \times 10^{-1} \sim 6 \times 10^{-1}$
无填充物卵石	$500 \sim 10\,000$	$6 \times 10^{-1} \sim 1 \times 10^{-1}$
稍有裂隙岩石	$20 \sim 60$	$2 \times 10^{-2} \sim 7 \times 10^{-2}$
裂隙多的岩石	>60	$>7 \times 10^{-2}$

11.4　恒定无压渗流

　　一般情况下,地下含水层到达一定深度时,就认为是不透水的了,此层称作不透水层。一般来说,不透水层的走向是不规则的,为了简便起见,假定不透水层为平面,并以 i 表示其底坡。这样在渗流模型假定渗流空间充满流体的前提下,以底坡为 i 的不透水层上无压渗流问题与地上的明渠水流类似,也称为地下明渠水流。当然,这种地下明渠地域广阔,过水断面可视为宽阔的矩形断面,通常按平面运动问题来处理。

　　无压渗流的自由表面称为浸润面,浸润面与顺流向所取的铅垂平面的交线称为浸润线。

　　与明渠水流类似,地下无压渗流可以是恒定均匀渗流,也可以是恒定非均匀渗流。而非均匀渗流又可分为渐变渗流和急变渗流。本节主要讨论达西定律在无压均匀渗流中的形式,以及在渐变渗流中达西定律的推广形式。最后讨论不同底坡下的无压渐变渗流浸润线的分析和计算。

11.4.1　无压恒定均匀渗流

　　由于无压均匀渗流的特点是水深 h_0 沿程不变,断面平均流速 v 沿程也不变,由此可知水力坡度 J 与底坡 i 两者相等,见图 11.2。

　　这样由达西定律均匀渗流的断面平均流速为

$$v = kJ = ki \qquad (11.11)$$

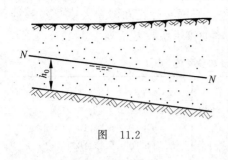

图　11.2

通过过水断面的渗透流量为

$$Q = kA_0 i \qquad (11.12)$$

式中，A_0 为相应于正常水深 h_0 时的过水断面面积。

当渗流的宽度为 b 时，均匀渗流的流量为

$$Q = kbh_0 i \qquad (11.13)$$

也可以写成单宽流量的形式

$$q = kh_0 i \qquad (11.14)$$

11.4.2　无压恒定渐变渗流

达西定律所给出的计算公式(11.6)和式(11.7)只适用于均匀渗流的计算。但实际工程上常见的地下水运动，基本是非均匀的渐变渗流。如图 11.3 所示为一渐变渗流，若以 0—0 为基准面，取相距为 ds 的两个过水断面 1—1 和 2—2。由于是渐变渗流，流线近乎平行，过水断面近似为平面，两断面间所有流线的长度近似相等，水力坡度 $J = \dfrac{H_1 - H_2}{\mathrm{d}s} = -\dfrac{\mathrm{d}H}{\mathrm{d}s}$ 也近似相等，因此，过水断面上各点流速 u 也近似相等，并等于断面平均流速 v，即

$$u = v = -k\frac{\mathrm{d}H}{\mathrm{d}s} = kJ \qquad (11.15)$$

式(11.15)为达西定律的一种推广形式，是法国学者杜比于 1857 年推导而得出的，也称为杜比(J. Dupuit)公式。

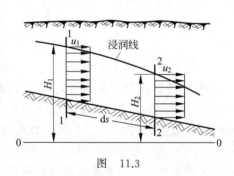

图　11.3

杜比公式与达西公式(11.8)虽然在形式上相同，但达西定律只能应用于均匀渗流，此时断面上各点的水力坡度 J 都相同，不同断面上的 J 也相同，而杜比公式应用于渐变渗流，虽然在同一断面上各点的 J 基本相同，但不同断面的 J 不同，虽然在断面上流速分布仍为矩形分布，但矩形分布的大小沿程是变化的，如图 11.3 所示。

11.4.3　无压渐变渗流的微分方程

由杜比公式可直接推导出无压渐变渗流的微分方程。对于图 11.3 所示的无压渐变渗流，任取一基准面和渐变流断面，对不透水层上的计算点，可以写出其总水头为 $H = z_0 + h$。将该式对流程 s 求导数，则有

$$\frac{\mathrm{d}H}{\mathrm{d}s} = \frac{\mathrm{d}z_0}{\mathrm{d}s} + \frac{\mathrm{d}h}{\mathrm{d}s}$$

由于不透水层的坡度 $i = -\dfrac{\mathrm{d}z_0}{\mathrm{d}s}$，则

$$J = i - \frac{\mathrm{d}h}{\mathrm{d}s}$$

由杜比公式,可得出渗流流量为

$$Q = kAJ = kA\left(i - \frac{\mathrm{d}h}{\mathrm{d}s}\right) \tag{11.16}$$

式(11.16)为无压渐变渗流的基本微分方程,利用它可以分析和计算无压渐变渗流的浸润线。

11.4.4　渐变渗流浸润线的分析和计算

与分析明渠非均匀流的水面曲线类似,在分析地下明渠渗流的浸润线时因坡度不同及实际水流所处的位置不同而形式也有所区别。但因渗流的流速很小,可以忽略流速水头。其断面单位能量就等于水深 h,E_s 与 h 呈线性变化,也就不存在极小值,临界水深失去意义。既然没有临界水深,也就没有临界底坡。从而,在不透水层坡度上只有正坡、平坡和负坡。

由于非均匀的水深仅能和正常水深作比较,而只有正坡才能发生均匀流。所以在正坡不透水层上可以分成两个区,也只有两条浸润线。而平坡和负坡没有正常水深和临界水深,也各有一条浸润线。这样,对于地下明渠而言,共有四条浸润线。下面按三种坡度分别进行讨论。

1. 正坡($i > 0$)

在正坡地下明渠中可以存在均匀流,故其流量可以用均匀流的流量式(11.12)来代替,即

$$Q = kA_0 i$$

将其代入基本微分方程(11.16)得

$$kA_0 i = kA\left(i - \frac{\mathrm{d}h}{\mathrm{d}s}\right)$$

或

$$kh_0 i = kh\left(i - \frac{\mathrm{d}h}{\mathrm{d}s}\right)$$

上两式中的 h_0,A_0 和 h,A 分别为均匀流和渐变流的水深和相应的过水断面面积。

为了积分方便,令 $\eta = \dfrac{h}{h_0}$,上式可以写为

$$\frac{\mathrm{d}h}{\mathrm{d}s} = i\left(1 - \frac{1}{\eta}\right) \tag{11.17}$$

利用式(11.17)可以分析和计算正坡上的浸润线。

因正坡上存在正常水深,故用 N—N 线将渗流分为线上和线下两个区域。N—N 线以上的区域,水深 $h > h_0$,称为 P_1 区;N—N 线以下的区域,水深 $h < h_0$,称为 P_2 区。如图 11.4 所示。

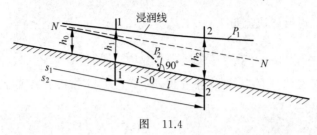

图 11.4

由于在 P_1 区，$h > h_0$，$\eta > 1$，由式 (11.17) 可知，$\dfrac{\mathrm{d}h}{\mathrm{d}s} > 0$，表示渗流水深沿程增加，浸润线为壅水曲线。在曲线的上游，$h \to h_0$，$\eta \to 1$，则 $\dfrac{\mathrm{d}h}{\mathrm{d}s} \to 0$，则表示水深沿程不变，即浸润线上游以 N—N 线为渐近线。而在下游，水深越来越大，当水深 $h \to \infty$ 时，$\eta \to \infty$，则 $\dfrac{\mathrm{d}h}{\mathrm{d}s} \to i$，表示浸润线下游以水平线为渐近线。这样从整体上看，P_1 型浸润线为一下凹形的壅水曲线，如图 11.4 所示。

在 P_2 区，由于 $h < h_0$，即 $\eta < 1$，则 $\dfrac{\mathrm{d}h}{\mathrm{d}s} < 0$，浸润线为降水曲线。在曲线的上游，$h \to h_0$，$\eta \to 1$，$\dfrac{\mathrm{d}h}{\mathrm{d}s} \to 0$ 即浸润线上游以 N—N 线为渐近线。而在下游，水深越来越小，当 $h \to 0$ 时，$\eta \to 0$，则 $\dfrac{\mathrm{d}h}{\mathrm{d}s} \to -\infty$，表示浸润线的切线与底坡有正交趋势。这样从整体上看，P_2 型浸润线为上凸形的降水曲线，如图 11.4 所示。

在分析了正坡上的两条浸润线的形状后，可对式 (11.17) 直接积分后，得出浸润线的方程。因为 $h = \eta h_0$，则 $\mathrm{d}h = h_0 \mathrm{d}\eta$，代入式 (11.17) 得

$$\frac{h_0 \mathrm{d}\eta}{\mathrm{d}s} = i \left(1 - \frac{1}{\eta} \right)$$

分离变量得

$$\frac{i \, \mathrm{d}s}{h_0} = \mathrm{d}\eta + \frac{\mathrm{d}\eta}{\eta - 1}$$

对上式从断面 1—1 到断面 2—2 进行积分得

$$s_2 - s_1 = l = \frac{h_0}{i} \left(\eta_2 - \eta_1 + \ln \frac{\eta_2 - 1}{\eta_1 - 1} \right) \tag{11.18}$$

式中，l 为从断面 1—1 到断面 2—2 的距离。利用该浸润线方程可进行正坡上浸润线的计算。

例 11.1 在河道与渠道之间为一透水的土层，如图 11.5 所示。已知不透水层的底坡 $i = 0.02$，土层的渗透系数 $k = 0.003 \, \mathrm{cm/s}$，河道与渠道之间的距离 $l = 250 \, \mathrm{m}$，自渠中入透水土层的水深 $h_1 = 2.5 \, \mathrm{m}$，入河道后的水深 $h_2 = 4.5 \, \mathrm{m}$。试求渠道向河道渗透的单宽流量 q，并计算浸润线。

解 （1）计算单宽渗透流量

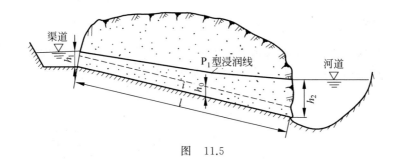

图 11.5

由渠道向河道渗透的单宽流量为 $q = kh_0 i$，这样只要求出 h_0 后，即可求出 q。利用式(11.18)求 h_0。

$$l = \frac{h_0}{i}\left(\eta_2 - \eta_1 + \ln\frac{\eta_2 - 1}{\eta_1 - 1}\right)$$

由于 $\eta_2 = \dfrac{h_2}{h_0}$，$\eta_1 = \dfrac{h_1}{h_0}$，上式可写为

$$il - h_2 + h_1 = h_0 \ln\frac{h_2 - h_0}{h_1 - h_0}$$

将已知的数值 $i = 0.02$，$h_1 = 2.5 \text{ m}$，$h_2 = 4.5 \text{ m}$，$l = 250 \text{ m}$ 代入上式后可得

$$h_0 \ln\frac{4.5 - h_0}{2.5 - h_0} = 0.02 \times 250 \text{ m} - 4.5 \text{ m} + 2.5 \text{ m} = 3 \text{ m}$$

上式左端为 h_0 的函数，令 $h_0 \ln\dfrac{4.5 - h_0}{2.5 - h_0} = f(h_0)$，这样

$$f(h_0) = 3$$

用试算法，设一系列 h_0 值，可计算出相应的 $f(h_0)$ 值，若满足上式，即为所求的 h_0 值。经过试算可求得 $h_0 = 1.953 \text{ m}$。

这样单宽渗流量为

$$q = kh_0 i = 0.003 \text{ cm/s} \times 195.3 \text{ cm} \times 0.02 = 1.17 \times 10^{-2} \text{ cm}^2/\text{s}$$

(2) 计算河与渠之间的浸润线

由于底坡 $i = 0.02$ 为正坡，而渠中入渗水深 h_1 小于河道出渗水深 h_2，故知此时的浸润线为 P_1 型的壅水曲线。而渗流的起始水深为 $h_1 = 2.5 \text{ m}$，假设一系列的 h_2 值，由式(11.18)可算得相应的 l 值。计算结果列于表 11.2，可按表中数据绘制浸润线。

表 11.2 浸润线计算表

h_1/m	$\eta_1 = \dfrac{h_1}{h_0}$	h_2/m	$\eta_2 = \dfrac{h_2}{h_0}$	$\eta_2 - \eta_1$	$\ln\dfrac{\eta_2 - 1}{\eta_1 - 1}$	l/m
2.5	1.28	2.8	1.43	0.15	0.43	56.54
		3.1	1.59	0.31	0.75	73.55
		3.4	1.74	0.46	0.97	139.64
		3.7	1.89	0.61	1.16	172.84
		4.1	2.10	0.82	1.37	213.85
		4.5	2.30	1.02	1.54	249.98

2. 平坡($i=0$)

由于在平坡不透水层以上的含水层中不能出现均匀渗流,无正常水深,这样浸润线仅一种形式,称为 H 型浸润线。将 $i=0$ 代入基本微分方程(11.16)得出

$$\frac{dh}{ds}=-\frac{Q}{kA} \tag{11.19}$$

式中,Q,k,A 均为正值,无论实际水深 h 有多大,都有 $\frac{dh}{ds}<0$,表明浸润线是水深沿程减小的降水曲线。曲线的上游的水深由实际的边界条件决定,极限情况下,在 $h\to\infty$ 时,$\frac{dh}{ds}\to0$,此时浸润线以水平线为渐近线。曲线的下游,水深逐渐减少,在 $h\to0$ 时,$A\to0$,$\frac{dh}{ds}\to-\infty$,此时浸润线与底坡有正交的趋势。这样从整体上看,H 型浸润线为上凸形的降水曲线,如图 11.6 所示。

对式(11.19)积分,得出平坡上的浸润线方程。如考虑渗流过水断面为矩形,$A=bh$,$q=\dfrac{Q}{b}$,将其代入式(11.19),经整理并分离变量后可得

$$ds=-\frac{k}{q}h\,dh$$

从断面 1—1 到断面 2—2 积分后可得出

$$l=\frac{k}{2q}(h_1^2-h_2^2) \tag{11.20}$$

式(11.20)为平坡无压渐变渗流浸润线方程,可用来计算平坡渗流的浸润线及其他有关问题的计算。

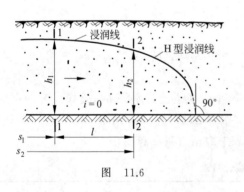

图　11.6

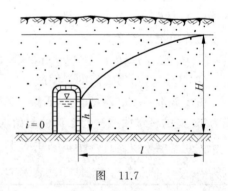

图　11.7

例 11.2　在水平不透水层上修建一条长 $L=200$ m 的集水廊道用以抽取地下水,如图 11.7 所示。已知无压地下含水层厚度 $H=8.5$ m,集水廊道的影响范围 $l=250$ m,抽水后,廊道内水深降为 $h=3.2$ m,土壤的渗透系数为 $k=4\times10^{-5}$ m/s。求廊道的总的产水流量。

解　集水廊道单侧的单宽渗流量

$$q=\frac{k}{2l}(H^2-h^2)=\frac{4\times10^{-5}\ \text{m/s}}{2\times250\ \text{m}}\times[(8.5\ \text{m})^2-(3.2\ \text{m})^2]=4.96\times10^{-6}\ \text{m}^2/\text{s}$$

总的产水流量为

$$Q = 2qL = 2 \times 4.96 \times 10^{-6} \text{ m}^2/\text{s} \times 200 \text{ m} = 1.98 \times 10^{-3} \text{ m}^3/\text{s}$$

3. 负坡（逆坡）（$i < 0$）

由于在负坡不透水层以上的含水层上也不能发生均匀渗流，无正常水深，这样浸润线也只有一种形式，称为 A 型浸润线。为了方便分析和计算，假设一个正坡 $i' = |i|$，代入基本微分方程(11.16)，得

$$Q = -kA\left(i' + \frac{dh}{ds}\right) \tag{11.21}$$

式(11.21)中的流量 Q 可用发生在虚拟底坡 i' 上的均匀流的流量代替，其正常水深为 h_0'，则此虚拟的均匀流应满足

$$Q = kA_0'i' \tag{11.22}$$

式中，A_0' 为虚拟均匀流的过水断面面积。若将过水断面面积设为矩形，则有 $A_0' = bh_0'$，以及 $A = bh$，这样将式(11.22)代入式(11.21)，并将两个面积公式一并代入后可得出

$$kbh_0'i' = -kbh\left(i' + \frac{dh}{ds}\right)$$

化简后可得

$$\frac{h_0'}{h}i' = -i' - \frac{dh}{ds}$$

若令 $\eta' = \dfrac{h}{h_0'}$，代入上式后可得出

$$\frac{dh}{ds} = -i'\left(1 + \frac{1}{\eta'}\right) \tag{11.23}$$

因式(11.23)中 η' 恒为正值，所以 $\dfrac{dh}{ds} < 0$，表明在负坡地下明渠中的浸润线为降水曲线。在浸润线的上游端，水深越来越大，当水深 $h \to \infty$ 时，$\eta' \to \infty$，$\dfrac{dh}{ds} \to -i' = i$，故表示浸润线以水平线为渐近线。在浸润线的下游端，当水深 $h \to 0$ 时，$\eta' \to 0$，$\dfrac{dh}{ds} \to -\infty$，故表示浸润线下游与不透水层坡度有正交的趋势。这样从整体上看，A 型浸润线为上凸形的降水曲线，如图 11.8 所示。

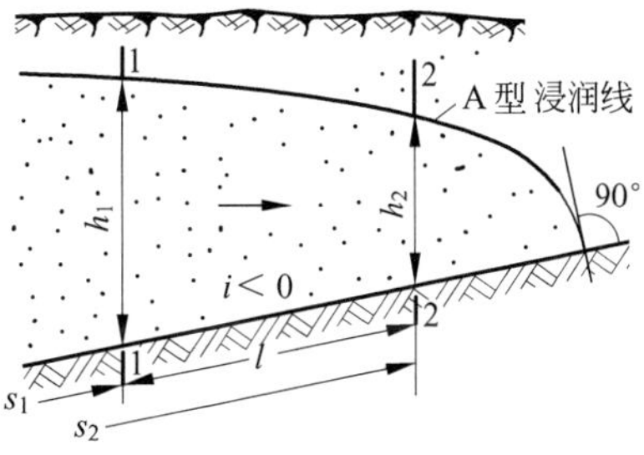

图 11.8

现将微分方程(11.23)积分，可得出负坡上的浸润线方程。将 $dh = h_0'd\eta'$ 代入式(11.23)得

$$\frac{h_0'd\eta'}{ds} = -i'\left(1 + \frac{1}{\eta'}\right)$$

将方程分离变量后可得出

$$ds = -\frac{h_0'}{i'}\left(\frac{\eta'}{1 + \eta'}\right)d\eta'$$

对上式从断面 1—1 积分到断面 2—2 可得出

$$l = \frac{h'_0}{i'}\left(\eta'_1 - \eta'_2 + \ln\frac{1+\eta'_2}{1+\eta'_1}\right) \tag{11.24}$$

式中，$\eta'_1 = \dfrac{h_1}{h'_0}$，$\eta'_2 = \dfrac{h_2}{h'_0}$。

式(11.24)为负坡(逆坡)无压渐变渗流的浸润线方程，可用来计算负坡渗流的浸润线及其他有关问题。

11.5　井 的 渗 流

井是一种常见的抽取地下水源和降低地下水位的重要集水建筑物；在工农业生产中有着广泛的应用。因此，研究井的渗流问题有着十分重要的意义。

按汲取的是无压还是有压地下水将井分为普通井(又称潜水井)和承压井(又称自流井)。在具有自由液面的潜水含水层中所打的井称为普通井。若井底直达不透水层，称为完整井(或称完全井)，否则称为非完整井(或称非完全井)。井身穿过一层或多层不透水层汲取承压水的井称为承压井。承压井也可分为完整井和非完整井。下面主要介绍完整井的计算。

11.5.1　普通完整井

在水平的不透水层上开凿一普通完整井，如图 11.9 所示。含水层厚度为 H，井的半径为 r_0。未抽水时，井中水位与含水层水面齐平。抽水以后，井中水面及周围的地下水水面逐渐下降，形成一种非恒定渗流。如果抽水流量保持不变，经过一定时间后，井中水深及周围的地下水面稳定在一固定位置，形成一个以井轴为中心的漏斗形浸润面。

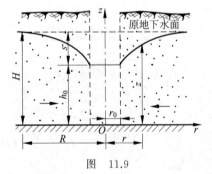

图　11.9

从以上分析可以看出，井的渗流问题属于恒定的空间渗流问题，但因为是轴对称的，所以可将此问题简化为一维的恒定渐变渗流问题来处理。可以用杜比公式进行计算。

以井轴为中心选取极坐标 rOz。在距坐标原点为 r 处选取一过水断面，其高度为 z，其过水断面面积为 $A = 2\pi rz$，断面上各点的水力坡度 J 均为 $\dfrac{\mathrm{d}z}{\mathrm{d}r}$。这样，通过该过水断面的渗流量为

$$Q = vA = 2\pi rzk\,\frac{\mathrm{d}z}{\mathrm{d}r}$$

分离变量并积分

$$z\,\mathrm{d}z = \frac{Q}{2\pi k}\,\frac{\mathrm{d}r}{r}$$

$$z^2 = \frac{Q}{\pi k}\ln r + C$$

式中，C 为一积分常数，可由边界条件确定。当 $r=r_0$ 时，$z=h_0$，代入上式，可得 $C=h_0^2-\frac{Q}{\pi k}\ln r_0$，代回上式有

$$z^2 - h_0^2 = \frac{Q}{\pi k}\ln\frac{r}{r_0} \qquad (11.25)$$

式(11.25)为普通完整井的浸润线方程。在 k,r_0,h_0,Q 为已知的情况下，可设一系列 r 值，算出一系列对应的 z 值，从而可确定沿井的径向断面上的浸润线的位置。

在距井的中心较远的 R 处，地下水位下降甚微，基本上与原水位保持不变，该距离 R 称为井的影响半径，R 值的大小与土层的透水性能有关。估算时，可根据经验数据选用，对于细砂 $R=100\sim200$ m；中砂 $R=250\sim500$ m；粗砂 $R=700\sim1000$ m。R 也可用经验公式估算：

$$R = 3000s\sqrt{k} \qquad (11.26)$$

式中，$s=H-h_0$，为原地下水位与井中水位之差，称为井的水面降深；k 为土壤的渗透系数。具体计算时，k 以 m/s 计，其余量均以 m 计。

这样当 $r=R$ 时，$z=H$，代入式(11.25)后可得出普通完整井的产流量公式为

$$Q = \pi k\frac{H^2 - h_0^2}{\ln\dfrac{R}{r_0}} \qquad (11.27)$$

例 11.3 有一普通完整井，含水层厚度为 $H=9.0$ m，其渗透系数 $k=0.0005$ m/s。井的半径为 $r_0=0.4$ m，抽水稳定后，井中水深 $h_0=5.0$ m，试估算井的渗流量。

解 井的水面降深

$$s = H - h_0 = 9.0\text{ m} - 5.0\text{ m} = 4.0\text{ m}$$

井的影响半径

$$R = 3000s\sqrt{k} = 3000\times4.0\times\sqrt{0.0005}\text{ m} = 268.33\text{ m}$$

由式(11.27)可得出井的出水量

$$Q = \pi k\frac{H^2 - h_0^2}{\ln\dfrac{R}{r_0}} = 3.14\times0.0005\text{ m/s}\times\frac{(9.0\text{ m})^2 - (5.0\text{ m})^2}{\ln\dfrac{268.33}{0.4}}$$

$$= 0.0135\text{ m}^3/\text{s}$$

11.5.2 承压完整井

当含水层位于两个不透水层之间时，含水层中的水处于有压状态。具体计算时，考虑一种简单的情况，认为两个不透水层层面均为水平，含水层厚度 t 为一定值。由于是承压井，当井穿透上面一层不透水层时，则井中水位在没有抽水时将上升到 H 高度。H 即为地下水的总水头。当然，该水头可以高出地面，也可以低于地面，但必须大于含水层厚度。否则，就不是承压井了。而井底要到另一不透水层面，仅讨论完整井的情况，如图 11.10 所示。

当抽水达到稳定状态后，井中水深将由 H 降到 h_0，井的周围的测管水头线形成稳定的

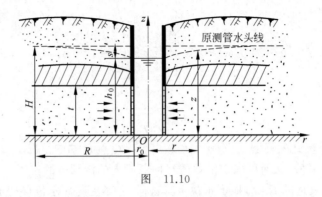

图　11.10

漏斗形曲面。和普通完整井的计算一样,可按一维渐变渗流来处理。在距井中心为 r 处选取一过水断面,断面面积为 $A = 2\pi rt$,断面上各点的水力坡度仍然为 $J = \dfrac{\mathrm{d}z}{\mathrm{d}r}$。根据杜比公式,过水断面上通过的流量为

$$Q = vA = 2\pi rtk\,\frac{\mathrm{d}z}{\mathrm{d}r}$$

对上式分离变量并积分可得

$$z = \frac{Q}{2\pi kt}\ln r + C$$

式中,C 为一积分常数,可由边界条件确定。当 $r = r_0$ 时,$z = h_0$,代入上式可得出积分常数 $C = h_0 - \dfrac{Q}{2\pi kt}\ln r_0$。代回式中得

$$z - h_0 = \frac{Q}{2\pi kt}\ln\frac{r}{r_0} \tag{11.28}$$

式(11.28)即为承压完整井的测压管水头线方程。

若承压完整井的影响半径为 R。当 $r = R$ 时,$z = H$,代入式(11.28)可得井的产流量公式为

$$Q = 2\pi kt\,\frac{H - h_0}{\ln\dfrac{R}{r_0}} = \frac{2\pi kts}{\ln\dfrac{R}{r_0}} \tag{11.29}$$

式中,$s = H - h_0$,为井的水面降深;井的影响半径 R 仍可用式(11.26)估算。

11.5.3　井群

为了在给水工程中大量汲取地下水,或在施工过程中更加有效地降低地下水位,常在一个区域内打多口井同时抽水,这种同时工作的多口井称为井群。

由于这些井与井之间的距离不是很大,其地下水流相互发生影响,使得整个渗流区域的浸润面变得非常复杂。解决此类问题,可利用第 5 章的势流叠加原理来进行井群的渗流计算。

本节仅介绍普通完整井的井群计算。设有 n 个普通完整井组成的井群,如图 11.11

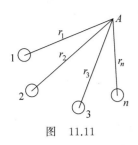

图 11.11

所示。

由每口井单独抽水时的浸润线方程(11.25),可写出各个井的方程如下:

$$z_1^2 - h_{01}^2 = \frac{Q_1}{\pi k}\ln\frac{r_1}{r_{01}}$$

$$z_2^2 - h_{02}^2 = \frac{Q_2}{\pi k}\ln\frac{r_2}{r_{02}}$$

$$\vdots$$

$$z_n^2 - h_{0n}^2 = \frac{Q_n}{\pi k}\ln\frac{r_n}{r_{0n}}$$

当各井同时抽取地下水时,按势流叠加原理可导出其公共的浸润线方程为

$$z^2 = \frac{Q_1}{\pi k}\ln\frac{r_1}{r_{01}} + \frac{Q_2}{\pi k}\ln\frac{r_2}{r_{02}} + \cdots + \frac{Q_n}{\pi k}\ln\frac{r_n}{r_{0n}} + C$$

式中,$r_1, r_2, \cdots, r_n$ 为各点 A 到各井的距离,C 为常数。

考虑一种简单的情况,$Q_1 = Q_2 = \cdots = Q_n = \dfrac{Q_0}{n}$,则上式可写为

$$z^2 = \frac{Q_0}{\pi k}\left[\frac{1}{n}\ln(r_1 r_2 \cdots r_n) - \frac{1}{n}\ln(r_{01} r_{02} \cdots r_{0n})\right] + C \tag{11.30}$$

式中,$Q_0 = Q_1 + Q_2 + \cdots + Q_n$,为井群总抽水流量。

为了确定上式的积分常数,假设井的影响半径为 R,并且其远大于井群的尺寸,而 A 点离开各个单井都较远,这样就有

$$r_1 \approx r_2 \approx \cdots \approx r_n \approx R, \quad z = H$$

代入式(11.30),可得出

$$C = H^2 - \frac{Q_0}{\pi k}\left[\ln R - \frac{1}{n}\ln(r_{01} r_{02} \cdots r_{0n})\right]$$

将此积分常数代入式(11.30),则有

$$z^2 = H^2 - \frac{Q_0}{\pi k}\left[\ln R - \frac{1}{n}\ln(r_1 r_2 \cdots r_n)\right] \tag{11.31}$$

式(11.31)为普通完整井井群的浸润线方程。式中井群的影响半径 R 可采用单井的影响半径。具体计算时,k 以 m/s 计;H, r, R 均以 m 计。当 $r_1, r_2, \cdots, r_n$ 以及 n, R, k 为已知时,若测得 H 和 Q_0,由式(11.31)可求出 A 点的水位 z 值;若测得 H 和 z 值,也可计算井群的总抽水流量 Q_0。

例 11.4 由 8 个普通完整井组成的井群。布置在 60 m×40 m 的长方形周线上,用以降低基坑的地下水位,如图 11.12 所示。已知地下水含水层厚度 $H = 12$ m,土壤的渗透系数 $k = 0.002$ m/s,井群的影响半径 $R = 510$ m,总的抽水流量 $Q_0 = 0.03$ m³/s。试求地下水位在井群中心 A 处的降落值。

解 各个井距中心点 A 的距离为 $r_1 = r_3 = r_5 = r_7 = 36$ m,$r_2 = r_6 = 20$ m,$r_4 = r_8 = 30$ m。由

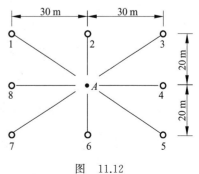

图 11.12

式(11.31),并代入以上数据有

$$
\begin{aligned}
z^2 &= H^2 - \frac{Q_0}{\pi k}\left[\ln R - \frac{1}{n}\ln\left(r_1 r_2 \cdots r_n\right)\right] \\
&= (12\text{ m})^2 - \frac{0.03\text{ m}^3/\text{s}}{3.14 \times 0.002\text{ m/s}} \times \left[\ln 510 - \frac{1}{8}\ln(36^4 \times 20^2 \times 30^2)\right] \\
&= 144\text{ m}^2 - 4.78 \times 3.73\text{ m}^2 \\
&= 126.17\text{ m}^2
\end{aligned}
$$

$$z = 11.23\text{ m}$$

$$s = H - z = 12\text{ m} - 11.23\text{ m} = 0.77\text{ m}$$

11.6　土 坝 渗 流

本节主要介绍水利工程中的一种常见的水工建筑物土坝。由于土坝的坝体本身是由透水的材料堆积而成的,当土坝挡水后,水会从坝体内渗出。土坝渗流计算主要是确定经过坝体的渗流量和浸润线位置。图 11.13 为一建在水平不透水地基上的均质土坝。由于仅考虑平面问题,沿着坝的中轴线截取一断面图。坝的宽度为 b,坝高为 H_n,上游坝面的边坡系数为 m_1,下游坝面的边坡系数为 m_2。当上下游水深 H_1 和 H_2 都不变时,渗流为恒定流。

由于土坝的上游面 AB 是渗流的起始过水断面,水从 AB 面渗入后,在坝体内形成具有浸润线 AC 的无压渗流。在流动过程中,由于存在能量损失,浸润线沿程总是下降的。最终浸润线在下游与坝面交于点 C,点 C 称为逸出点,与下游水面和坝面的交点 D 之间的距离也称为逸出高度,用 a_0 表示。CD 段为逸出段,它既不是流线也不是过水断面,证明从略。

关于土坝的计算,工程上常常采用一种简化的方法进行计算,如分段法,并且有三段法和两段法两种计算方法。下面仅介绍两段法。

两段法是在具体计算之前,先用如图 11.13 所示的等效坝体 $AA'B'N$ 替代原上游段的三角形坝体 ABN 参与计算。等效意味着两者通过的单宽流量 q 相等,并且断面 1 处的渗流水深 h 不变。设该矩形坝体的宽度为 Δs,根据实验资料,Δs 可用以下经验公式计算

$$\Delta s = \lambda H_1 \tag{11.32}$$

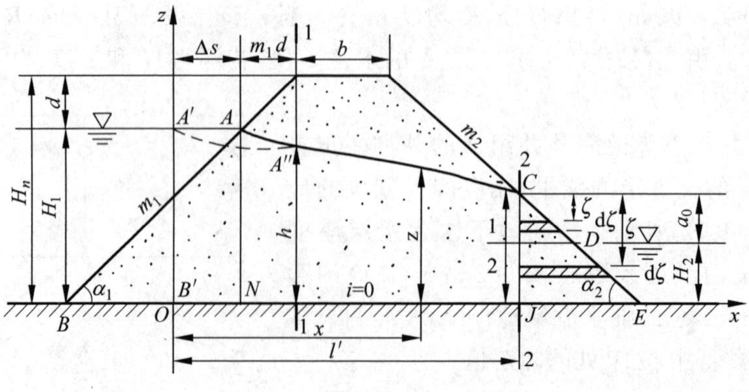

图　11.13

式中,系数 λ 与上游边坡系数 m_1 有关。其值可由下式确定：

$$\lambda = \frac{m_1}{1 + 2m_1} \tag{11.33}$$

简化后的坝体渗流区被分为以断面 2—2 为界的前后两段。现分别介绍前后两段的计算方法。

11.6.1 前段的计算

由于前段可视为水平不透水层上的渐变渗流。上游作用水头为 H_1,下游作用水头为 $(a_0 + H_2)$,由式(11.20)得单宽渗流量 q 的关系式为

$$\frac{q}{k} = \frac{H_1^2 - (a_0 + H_2)^2}{2l'} \tag{11.34}$$

由图 11.13 可知,式中的 $l' = \lambda H_1 + m_1 d + b + m_2(H_n - a_0 - H_2)$。其中 $H_n = H_1 + d$,而 d 为坝顶超高。

11.6.2 后段的计算

由图 11.13 可知,后段为三角形坝体 CJE 部分。该部分流线变化较大。由于坝的下游水位为 H_2,也可将该部分区域分为水上部分的 1 区和水下部分的 2 区,分别计算后,再合为一体。

首先研究 1 区。计算时近似以水平直线代替流线长度,按渐变流的杜比公式建立流量的表达式。

在 1 区,由于通过任一水平流线的水头损失都等于 C 点至该流线末端之间的铅垂距离 ζ,该流线的长度为 $m_2\zeta$,则在 1 区内任一小元流所通过的单宽流量为

$$\mathrm{d}q_1 = u\,\mathrm{d}\zeta = kJ\,\mathrm{d}\zeta = k\,\frac{\zeta}{m_2\zeta}\mathrm{d}\zeta = \frac{k}{m_2}\mathrm{d}\zeta$$

积分上式可得出通过 1 区的单宽流量为

$$q_1 = \int_0^{a_0} \mathrm{d}q_1 = \int_0^{a_0} \frac{k}{m_2}\mathrm{d}\zeta = \frac{ka_0}{m_2}$$

在 2 区中,上游 CJ 的单位势能为 $a_0 + H_2$,下游 DE 的单位势能为 H_2,通过任一水平流线的水头损失都等于 a_0,而各流线的长度仍为 $m_2\zeta$,这样 2 区内任一小元流所通过的单宽流量为

$$\mathrm{d}q_2 = u\,\mathrm{d}\zeta = kJ\,\mathrm{d}\zeta = k\,\frac{a_0}{m_2\zeta}\mathrm{d}\zeta$$

积分上式可得出通过 2 区的单宽流量为

$$q_2 = \int_{a_0}^{a_0+H_2} k\,\frac{a_0}{m_2\zeta}\mathrm{d}\zeta = \frac{ka_0}{m_2}\ln\frac{a_0 + H_2}{a_0}$$

则通过整个 CJE 区域的总的单宽流量为

$$q = q_1 + q_2 = \frac{ka_0}{m_2}\left(1 + \ln\frac{a_0 + H_2}{a_0}\right)$$

或写为

$$\frac{q}{k} = \frac{a_0}{m_2}\left(1 + \ln\frac{a_0 + H_2}{a_0}\right) \tag{11.35}$$

由以上前后两段所建立的式(11.34)和式(11.35)中有 q 和 a_0 两个未知数,方程数和未知数相等,可以求解。但在式中,a_0 是一个隐函数,需要用试算法求 q 和 a_0。

11.6.3　计算浸润线

由图 11.13 土坝的浸润线的计算可按下列步骤进行。若不透水层的基础为平坡,则水平坐标 x 和铅垂坐标 z 的关系可按平坡无压渐变渗流的浸润线方程式(11.20)改写为

$$x = \frac{k}{2q}(H_1^2 - z^2) \tag{11.36}$$

设一系列的 z 值,由式(11.36)可以算得一系列对应的 x 值,这样可以绘制浸润线 $A'C$。而土坝的实际浸润线为 AC。一般来说 $A'C$ 和 AC 在断面 1 处的水深 h 应相等。当 $x = \Delta s + m_1 d$ 时,$z = h$,得 A'' 点。再根据流线与过水断面垂直的性质,浸润线在 A 点与过水断面 AB 垂直,然后用手描法连接 AA'' 为一条光滑曲线,最后得出实际浸润线 $AA''C$。

11.7　渗流的基本微分方程

在前面各节中所介绍的工程实例中,所涉及的大多是渐变渗流,其特点是同一过水断面上各点的流速相等。虽然不同断面上的流速不等,但其也仅仅是断面位置坐标的函数,称为一元渗流问题。这类问题可以用达西定律或杜比公式解决。但实际工程中的渗流问题往往是很复杂的,多属于三元渗流问题。要解决这类问题,必须建立三元运动的基本微分方程。

11.7.1　渗流的连续性方程

由于引入了渗流模型假设,地下水的渗流问题的处理变得与地上水的处理相同了。这样可以将第 5 章已经推导出的三元流动的连续性方程直接引入渗流中,即

$$\frac{\partial u_x}{\partial x} + \frac{\partial u_y}{\partial y} + \frac{\partial u_z}{\partial z} = 0 \tag{11.37}$$

上式对恒定渗流和非恒定渗流都适用。

11.7.2　渗流的运动方程

由式(11.8)可以得出渗流场中任意点的渗流速度为

$$\boldsymbol{u} = -k\frac{\mathrm{d}H}{\mathrm{d}s}$$

将方程两端分别投影到三个坐标方向可以得出

$$\left.\begin{array}{l} u_x = -k\,\dfrac{\partial H}{\partial x} = \dfrac{\partial(-kH)}{\partial x} \\[2mm] u_y = -k\,\dfrac{\partial H}{\partial y} = \dfrac{\partial(-kH)}{\partial y} \\[2mm] u_z = -k\,\dfrac{\partial H}{\partial z} = \dfrac{\partial(-kH)}{\partial z} \end{array}\right\} \tag{11.38}$$

上式为均质各向同性土壤中恒定渗流的运动微分方程,可视为达西定律在三元运动中的推广。

这样渗流的连续性方程和运动方程就构成了渗流的基本微分方程组,共有 4 个微分方程,4 个未知数(u_x,u_y,u_z,H),理论上是可以求解的。

11.7.3 渗流的流速势函数

将式(11.38)代入第 5 章的液体质点旋转角速度 $\boldsymbol{\omega}$ 的表达式中可得

$$\omega_x = \frac{1}{2}\left(\frac{\partial u_z}{\partial y} - \frac{\partial u_y}{\partial z}\right) = -\frac{k}{2}\left(\frac{\partial^2 H}{\partial z \partial y} - \frac{\partial^2 H}{\partial y \partial z}\right) = 0$$

同理可得出 $\omega_y = \omega_z = 0$,说明符合达西定律的各向同性土壤的渗流是一种无旋运动,这样必存在流速势函数 φ。由第 5 章流速分量与势函数的关系,并与式(11.38)比较。可知渗流的流速势函数为

$$\varphi = -kH \tag{11.39}$$

将式(11.38)代入式(11.37)后可得出

$$\frac{\partial^2 H}{\partial x^2} + \frac{\partial^2 H}{\partial y^2} + \frac{\partial^2 H}{\partial z^2} = 0 \tag{11.40}$$

亦可写成

$$\frac{\partial^2 \varphi}{\partial x^2} + \frac{\partial^2 \varphi}{\partial y^2} + \frac{\partial^2 \varphi}{\partial z^2} = 0 \tag{11.41}$$

以上分析表明,渗流的水头函数 H 或流速势函数 φ 满足拉普拉斯方程,通过求解该方程(满足一定的边界条件),就可给出渗流场。

11.7.4 渗流问题解法概述

渗流问题的求解方法可分为以下 4 种类型:

(1) 解析法。根据给定的微分方程,结合具体的边界条件,用数学方法求解渗流的水头函数 H 或流速势函数 φ 的解析解。从而可得出渗流的流速场和压强场。但由于实际渗流问题的复杂性,解出严格的解析解是非常困难的。

(2) 数值解。所谓数值解,就是采用某种近似解法,求出渗流场内有限个点上的渗流运动要素值。随着电子计算机的迅速发展,用数值解法求解渗流问题应用越来越广泛,并能够达到相当高的精度。其中常用的有有限差分法和有限单元法,以及近来比较流行的有限体积法等。

(3) 图解法。图解法即绘制流网来求解恒定平面渗流问题。它用逐步近似的办法绘出

流场的流网,利用流网可求得渗流速度和渗流量,以及渗流压强。具体解法在 11.8 节介绍。

(4) 实验法。实验法是按一定的比例将渗流区域缩制成模型来模拟真实的渗流场,采用实验手段对模型流场加以观测,然后换算到实际流场。实验法一般有渗流槽、狭缝槽、比拟模型等,其中水电比拟应用较为广泛。

11.8 恒定平面渗流的流网解法

由于平面渗流问题属于平面势流,这样可以用第 5 章所学过的势流理论来解决恒定平面渗流问题,本节主要介绍流网解法。

11.8.1 恒定平面渗流流网的绘制

关于绘制流网的一般方法,已在第 5 章做过介绍,此处不再重复。但是第 5 章介绍的流网解法泛指一般的平面势流问题,下面对平面有压渗流问题的流网做进一步的说明。主要介绍手描法和水电比拟法。

1. 手描法

以图 11.14 所示的水闸下的渗流为例。

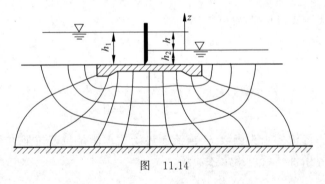

图   11.14

在透水地基上修建了水工建筑物(闸、坝)后,由于在建筑物的上、下游存在水位差,因此在透水地基中发生渗流。由于建筑物本身是不透水的,渗流没有浸润面,是有压渗流。

下面结合图 11.14 的闸下渗流介绍手描法绘制流网的步骤:

(1) 根据渗流的边界条件,首先确定边界流线和边界等势线。如整个闸底板的底轮廓为第一条流线;另一条边界流线为不透水层线。上游透水边界为第一条已知的等势线,也是渗流的入口的过水断面;下游透水边界也是一条等势线,也是渗流的出口的过水断面。

(2) 根据流网的特性,绘制流网。由于流网是一组正交的网格,并且事先将其绘制成曲边正方形网格,对其后边利用其解题会带来较大的方便。为此,按边界等势线和边界流线的形状内插数条等势线和流线。并要保证在任何地方流线和等势线正交。

(3) 初绘的流网一般不完全符合要求,对每一网格采用在网格中加绘对角线的办法加以检验。并且经过多次重复上述步骤,直至符合要求为止。

应该特别指出,由于边界形状的不规则,可能会在局部区域,有些网格会出现非曲边正方形的情况,甚至可能出现三角形或五角形的网格,但这些不会影响整个流网的精度。

2. 水电比拟法

由前面叙述可知,符合达西定律的恒定渗流场可用拉普拉斯方程描述,而在导体中的电流场同样也可以用拉普拉斯方程描述,这个事实表明渗流和电流现象之间存在着比拟关系。这样可以利用这种关系,通过对电流场电学量的量测来解答渗流问题。这种实验方法称作水电比拟法。

关于电场中的电位 V 与渗流场中的水头 H 之间的比拟关系见表 11.3。

表 11.3　电场中的电位 V 与渗流场中的水头 H 之间的比拟关系

电　流　场	渗　流　场
电位 V	水头 H
电位 V 满足拉普拉斯方程	水头 H 满足拉普拉斯方程
$\dfrac{\partial^2 V}{\partial x^2} + \dfrac{\partial^2 V}{\partial y^2} + \dfrac{\partial^2 V}{\partial z^2} = 0$	$\dfrac{\partial^2 H}{\partial x^2} + \dfrac{\partial^2 H}{\partial y^2} + \dfrac{\partial^2 H}{\partial z^2} = 0$
电流密度 σ	渗流流速 u
电导系数 λ	渗透系数 k
导线长度 s	流线长度 s
导线横断面积 A	渗流过水断面面积 A
欧姆定律 $\sigma = -\lambda \dfrac{\mathrm{d}V}{\mathrm{d}s}$	达西定律 $u = -k \dfrac{\mathrm{d}H}{\mathrm{d}s}$
电流强度 $I = -\lambda A \dfrac{\mathrm{d}V}{\mathrm{d}s}$	渗流流量 $Q = -kA \dfrac{\mathrm{d}H}{\mathrm{d}s}$
在绝缘边界上 $\dfrac{\partial V}{\partial n} = 0$	在不透水边界上 $\dfrac{\partial H}{\partial n} = 0$
等电位线	等水头线

图 11.15(a)为一水闸下恒定有压渗流的流区图,而图 11.15(b)为相应的电模拟装置。在该装置中,用良导体(紫铜片)来模拟上、下游渗流的透水边界,用绝缘体(有机玻璃或胶木板)模拟渗流的不透水边界,整个渗流区充以导电的液体,如水或盐水。

具体的量测电路如图 11.15(b)所示,首先将信号电源所产生的电压加在上、下游的导电片上,调节输出旋钮使之在上、下游形成固定的电位差,并在导电区内形成电场。用移动探针依次探测出不同电位时的各条等电位线,这些等电位线即代表渗流区域的相应的等水头线,根据流网的特性加绘出流线,就可得到流网。

同样,由于流函数也满足拉普拉斯方程,用电拟法也可以测定流线,然后加绘等势线,也可得到流网,在此不再赘述。

在具体制作模型时,当透水层厚度 t 不大时,如图 11.15(a)所示,其水平方向宽度 L 可由下式计算:

$$L = B + (3 \sim 4)t \tag{11.42}$$

式中,B 为建筑物地下轮廓线在水平方向的长度。

用电拟法除了可解决均质土壤的渗流问题,也可解决非均质土壤的渗流问题。具体实施过程可参阅有关专门的书籍。

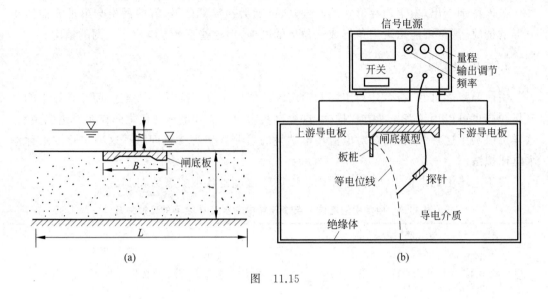

图   11.15

11.8.2 应用流网进行渗流计算

用上述方法得到流网后,即可用流网进行渗流计算。计算的主要内容有渗流速度、单宽渗流流量和渗流压强。如图 11.14 所示,若流网共有 $(n+1)$ 条等势线(本例 $n+1=11$,则 $n=10$)和 $(m+1)$ 条流线(本例 $m+1=5$,则 $m=4$),当上、下游水位差为 h 时,相邻两条等势线之间的水位差(即水头损失)为 $\Delta h = -\Delta H = \dfrac{h}{n}$,其中 $\Delta H = H_{i+1} - H_i$ 为负值,Δh 为正值。当流网绘成曲边正方形时,相邻两条流线之间的流函数之差 $\Delta\psi$ 与相邻两条等势线之间的势函数之差 $\Delta\varphi$ 相等,而 $\varphi = -kH$,即

$$\Delta\psi = \Delta\varphi = -k\,\Delta H = k\,\Delta h = k\,\frac{h}{n}$$

1. 渗流速度的计算

若要计算渗流区域中某一网格的平均渗流速度 u,应先量测出该网格的平均流线长度 Δs,则该网格的平均水力坡度为

$$J = -\frac{\Delta H}{\Delta s} = \frac{h}{n\,\Delta s}$$

渗流速度

$$u = kJ = -k\,\frac{\Delta H}{\Delta s} = \frac{kh}{n\,\Delta s} \tag{11.43}$$

2. 单宽渗流量的计算

由流函数的性质,$\mathrm{d}q = \mathrm{d}\psi$,将微分改写成有限差分的形式为 $\Delta q = \Delta\psi$,而当流网的网格为曲边正方形时又有 $\Delta q = \Delta\psi = \Delta\varphi$,而 $\Delta\varphi = -k\,\Delta H$,则每条流线之间的区域(亦可称为流

带)所通过的单宽流量为

$$\Delta q = -k\,\Delta H = \frac{kh}{n} \tag{11.44}$$

由于$(m+1)$条流线将渗流区分为m条流带,则整个渗流区的单宽渗流量q为各流带单宽渗流量Δq的总和,则有

$$q = m\,\Delta q = \frac{m}{n}kh \tag{11.45}$$

3. 渗流压强的计算

由渗流的总能量即总势能公式有$E = H = z + \dfrac{p}{\rho g}$,则任意点的压强

$$p = \rho g(H - z) \tag{11.46}$$

这样要求出建筑物底轮廓上任意点上的压强,必须先确定两个量即该点的水头H和位置坐标z,而z相对比较明确,一旦坐标轴(通常以下游水面为基准面,z轴铅直向上)选定后,该点的坐标即可确定,主要讨论该点的水头H如何计算。要求出任意点上的水头H,首先要求出渗流入口处第一条等势线的水头H,对于图11.14所示的闸下渗流,该值为$H = z +$
$\dfrac{p}{\rho g} = -h_2 + h_1 = h$。有了第一条等势线的水头$H$,则任意第$i$条等势线的水头为

$$H_i = H - (i-1)\frac{h}{n} \tag{11.47}$$

式中,h为上、下游的水头差;n为等势带的带数。

这样将该点求出的位置坐标z(也称为位置水头)和总水头H代入式(11.46)即可求出该点的渗流压强。如把闸底轮廓上各点得出的压强连成曲线即可知渗流压强分布。

4. 渗流压力的计算

求出建筑物底轮廓各点的渗流压强分布后,其单宽渗流压力P为

$$P = \int_s p\,\mathrm{d}s \tag{11.48}$$

式中,s为相应建筑物底轮廓线的长度。由于式(11.48)中的P在建筑物底轮廓上的作用方向不同,不能放在一起进行计算,例如垂直压力和水平压力要分别进行计算。

在工程中主要关注作用于建筑物底部铅直向上的渗流压力,因为它涉及建筑物的稳定性问题。例如图11.16所示的溢流坎,只要求计算作用于坝底的铅直压力时,不需要将坝底轮廓线展开,直接在坝底上绘出压强分布图即可求出压力。具体操作时,是先在坝底上绘制H分布图和z分布图。已知坝上游水位为h_1,下游水位为h_2,上、下游水位差为$h = h_1 - h_2$,已绘制出的流网中共有17条等势线,与坝底轮廓分别交于$1, 2, 3, \cdots, 17$点。

首先将上、下游水头差h分为n等分,过每一等分点作水平线,与此同时,通过坝底轮廓线上的$1, 2, 3, \cdots, 17$点分别作铅垂线,依次与各水平线分别交于$1', 2', 3', \cdots, 17'$点。由于$1', 2', 3', \cdots, 17'$点到以下游水面为基准面的铅直距离分别是点$1, 2, 3, \cdots, 17$的水头H,故在图11.16中$1', 2', 3', \cdots, 17'$各点所形成的折线与以下游水面为基准线之间所形成的面积即为H分布图的面积,以Ω_1表示。而z分布图是以下游水面为基准线与坝底轮廓线A,

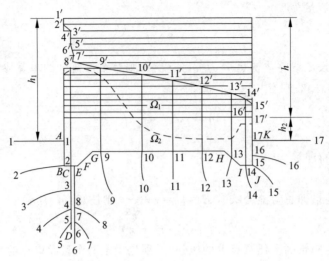

图   11.16

$B,C,\cdots,K$ 之间的面积即为 z 分布图的面积,以 Ω_2 表示。这样,作用于单位宽度(垂直于纸面)坝底上的铅直压力可写为

$$P = \rho g(\Omega_1 + \Omega_2) \tag{11.49}$$

以上仅仅考虑作用在建筑物底轮廓上的铅直向上压力,若考虑其他方向上的压力,必须将建筑物底轮廓展开,仍然按上述步骤求解。但在求各部分面积时,不同方向的压力分别相加,这样就可得出不同方向的总压力。

思 考 题

11.1 何谓渗流模型? 它与实际渗流有何区别? 为什么要引入这个概念?

11.2 渗流的基本定律是什么? 写出其各种形式的数学表达式,并说明其公式的适用条件。

11.3 渗透系数 k 的数值与哪些因素有关? 它的物理意义是什么? 如何确定它?

11.4 何谓杜比公式? 它与达西定律有何异同?

11.5 试比较渐变渗流的浸润线与棱柱形明渠中水面曲线的异同点。

11.6 试比较普通的完整井和承压完整井计算的差别。

11.7 渗流的机械能包括哪些部分? 渗流的测压管水头可否沿流上升? 为什么?

11.8 作用于水工建筑物底部轮廓线上的压强是由哪几部分构成的? 解释其产生的原因。

习 题

11.1 在渗透仪的圆管中装有均质中砂,如图所示。圆管直径 $d = 15.2$ cm,上部装有进水管,并配备保持水位恒定的溢流管 b,若测得通过砂土的渗透流量 $Q = 2.83$ cm^3/s,其余数据见图。从断面 2—2 到 3—3 的水头损失忽略不计,试计算渗透系数。

11.2 如图所示,河中水位为 65.8 m,距河 300 m 处有一钻孔,孔中水位为 68.5 m,不透水层为水平面,高程为 55.0 m,土的渗透系数为 $k=16$ m/d,试求单宽渗流量。

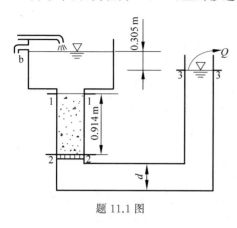
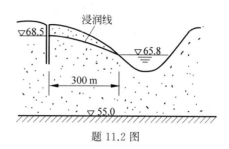

题 11.1 图   题 11.2 图

11.3 在地下水渗流方向布设两个钻井 1 和 2,相距 800 m,如图所示。测得钻井 1 的水面高程 16.8 m,井底高程 12.4 m,钻井 2 的水面高程 6.6 m,井底高程 4.5 m,土的渗透系数 $k=0.008$ cm/s,试求单宽渗流量。

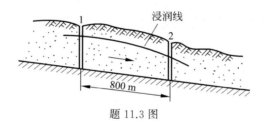

题 11.3 图

11.4 有一普通完整井如图所示。井的半径 $r_0=10$ cm。含水层厚度 $H=8.0$ m,渗透系数 $k=0.003$ cm/s。抽水时井中水深保持为 $h_0=2.0$ m,井的影响半径 $R=200$ m,求出井的产流量 Q 和距井中心 $r=100$ m 处的地下水深度 h。

11.5 有一承压井如图所示。井的半径 $r_0=76$ cm,含水层厚度 $t=9.8$ m,土壤的渗透系数 $k=4.2$ m/d,井的影响半径 $R=150$ m。当从井中抽水时,井的水面降深 $s=4.0$ m,求出井的产流量 Q。

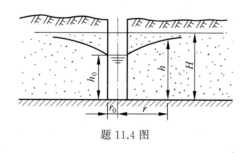
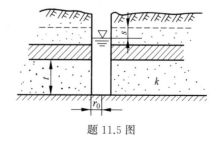

题 11.4 图   题 11.5 图

11.6 为降低基坑的地下水位,在基坑周围,沿矩形边界排列布设 8 个普通完全井如图所示。井的半径为 $r_0=0.15$ m,地下含水层厚度 $H=15$ m,渗透系数为 $k=0.001$ m/s,

各井抽水流量相等,总流量为 $Q_0=0.02$ m³/s,设井群的影响半径为 $R=500$ m,求井群中心点 O 处地下水位的降落值 Δh。

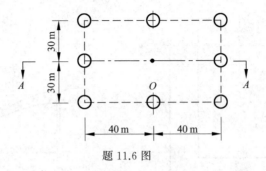

题 11.6 图

11.7　一坝基平面有压渗流,土的渗透系数为 $k=2.0\times10^{-4}$ cm/s,坝的上游水头 $H_1=20$ m,下游水头 $H_2=8.0$ m,若已绘制好流网。共有等势线 13 条,流线 12 条,现将基准面取在下游水面上,若流网图的比例尺为 $1:200$,试计算:

(1) 图中某正方形网格的边长 $\Delta n=\Delta s=2.0$ cm,求出该网格水流的平均水力坡度 J 和渗流速度 u。

(2) 求出垂直于坝轴线单位宽度上的渗流量 q。

(3) 求最后一条等势线上某点的渗流压强 p。

第12章
Chapter

污染物的输运和扩散

12.1 概　　述

在前述章节中,我们讨论的均是水体本身的运动。当河流或湖泊受到工业废水、城市生活污水、农林牧渔业废水的污染时,有机污染物、无机污染物、重金属及其化合物进入水体。本章将讨论这些污染物在水体中的运动规律及其在流动水体中的分布状态。

如果这些污染物的微团在重力、浮力、分子运动及紊流运动的联合作用下处于中性悬浮的状态,则该污染物微团将以水体质点的流动速度沿流动方向运动,这种运动称为随流运动。如果污染物微团的尺度足够小,污染物微团还会随水分子同时进行随机的布朗运动,并且随水质点随机紊动,这种运动称为扩散运动。随流运动将污染物微团从空间中的一个位置输运到另一个位置但未改变污染物微团的形状,而扩散运动则将污染物微团内的污染物扩散至污染物微团周围的空间,从而污染物微团占据比原来更大的空间,且形状也随之不断变化。一个污染物微团在 $t=t_0$ 时刻进入水流中,如果只作随流运动,则污染物微团在不同时刻的形态如图 12.1(a) 所示。如果同时考虑随流和扩散过程,不同时刻污染物微团的形态如图 12.1(b) 所示。如果该污染物是可以进行化学反应(如氧化反应等)的物质,则该污染物微团的质量还会由于化学反应产生变化。

分析污染物在水流中输运、扩散和化学反应规律已是近代水力学的重要内容,本章将根据污染物在水流中输运、扩散和化学反应的规律建立相关的数学方程,并就几种简单的流动

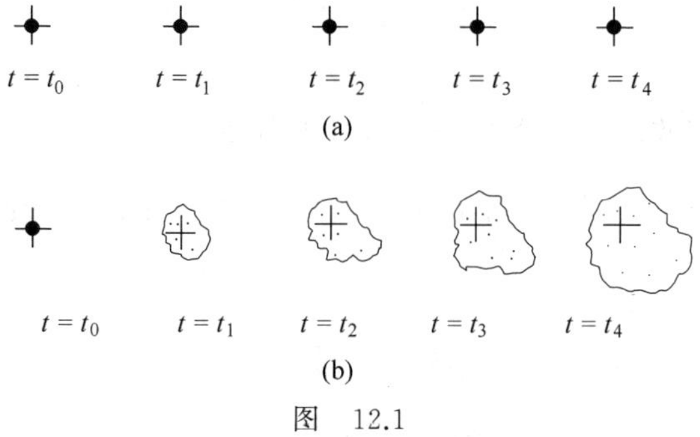

$t=t_0$　　$t=t_1$　　$t=t_2$　　$t=t_3$　　$t=t_4$

(a)

$t=t_0$　　$t=t_1$　　$t=t_2$　　$t=t_3$　　$t=t_4$

(b)

图　12.1

条件分别给出相应的解析解。

12.2　污染物输运和扩散的数学方程

我们可以利用控制体积法推导污染物在水体中输运、扩散和化学反应过程的数学方程。分析时假定污染物随水体流动的速度与水流流速相同。根据河道的宽浅程度,污染物在河道中的运输、扩散过程会以不同的形式进行。

当河道的宽深比不是很大时,可以认为污染物进入河道后立即在河道的过水断面内均匀分布,沿河道纵向输运、扩散并进行化学反应。这样的输运、扩散过程可以看作是一维的问题,用一维的数学方程来描述。

如果河道为宽深比较大的宽浅河道,水深相对较浅,假定污染物进入河道后立即沿水深均匀扩展,但不能立即沿过水断面均匀分布,而是从污染物排放处开始沿河道平面的纵向和横向逐渐扩展,形成一条污染带。这样的输运、扩散过程属平面二维问题,应该用平面二维的数学方程来描述。

12.2.1　一维输运-扩散方程

在天然河道中取一个控制体,控制体的边界由水面,上、下游两个过水断面 A_1 和 A_2,两侧河岸和河底组成,如图 12.2 所示。控制体沿河道的长度为 $\mathrm{d}x$,分析在 $\mathrm{d}t$ 时段内,由于水体流动,分子和紊流扩散过程,以及化学反应引起的控制体内污染物质量的变化。假定控制体中心断面处流量为 $Q(\mathrm{m}^3/\mathrm{s})$,污染物的质量浓度为 $C(\mathrm{kg}/\mathrm{m}^3)$,随水体流动通过过水断面 A_1 流入控制体的污染物质量为 $\left(Q-\dfrac{\partial Q}{\partial x}\dfrac{\mathrm{d}x}{2}\right)\left(C-\dfrac{\partial C}{\partial x}\dfrac{\mathrm{d}x}{2}\right)\mathrm{d}t$,通过过水断面 A_2 流出控制体的污染物质量为 $\left(Q+\dfrac{\partial Q}{\partial x}\dfrac{\mathrm{d}x}{2}\right)\left(C+\dfrac{\partial C}{\partial x}\dfrac{\mathrm{d}x}{2}\right)\mathrm{d}t$。

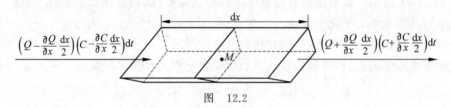

图　12.2

由于分子或紊动扩散通过过水断面进入控制体的污染物质量一般用线性扩散定律计算,即由于扩散作用,单位时间通过单位面积的污染物的质量 m_C 与污染物的浓度梯度 $\dfrac{\partial C}{\partial x}$ 成正比,即

$$m_C = -D\,\frac{\partial C}{\partial x} \tag{12.1}$$

式中,D 为扩散系数,m^2/s。假定控制体中心点处过水断面面积为 A,$\mathrm{d}t$ 时段内通过过水断面 A_1 由于扩散作用流入控制体的污染物质量为

$$m_{C_1} = -DA_1 \frac{\partial\left(C - \frac{\partial C}{\partial x}\frac{\mathrm{d}x}{2}\right)}{\partial x}\mathrm{d}t = -D\left(A - \frac{\partial A}{\partial x}\frac{\mathrm{d}x}{2}\right)\left(\frac{\partial C}{\partial x} - \frac{\partial^2 C}{\partial x^2}\frac{\mathrm{d}x}{2}\right)\mathrm{d}t$$

而通过过水断面 A_2 由于扩散作用流出控制体的污染物质量为

$$m_{C_2} = -DA_2 \frac{\partial\left(C + \frac{\partial C}{\partial x}\frac{\mathrm{d}x}{2}\right)}{\partial x}\mathrm{d}t = -D\left(A + \frac{\partial A}{\partial x}\frac{\mathrm{d}x}{2}\right)\left(\frac{\partial C}{\partial x} + \frac{\partial^2 C}{\partial x^2}\frac{\mathrm{d}x}{2}\right)\mathrm{d}t$$

由于化学反应引起的控制体内污染物质量的变化服从一级反应规律,即化学反应引起的控制体内污染物质量的变化 m_{Ch} 与污染物的浓度 C 成正比

$$m_{Ch} = -k_C CV\mathrm{d}t \tag{12.2}$$

式中,k_C 是反应系数,$1/\mathrm{s}$;V 是控制体积,$V = A\mathrm{d}x$,m^3。

在 $\mathrm{d}t$ 时段内,控制体内污染物质量的变化可以写成 $\Delta m_C = \frac{\partial C}{\partial t}V\mathrm{d}t = \frac{\partial C}{\partial t}A\mathrm{d}x\mathrm{d}t$

$$\frac{\partial C}{\partial t}A\mathrm{d}x\mathrm{d}t = \left[\left(Q - \frac{\partial Q}{\partial x}\frac{\mathrm{d}x}{2}\right)\left(C - \frac{\partial C}{\partial x}\frac{\mathrm{d}x}{2}\right) - \left(Q + \frac{\partial Q}{\partial x}\frac{\mathrm{d}x}{2}\right)\left(C + \frac{\partial C}{\partial x}\frac{\mathrm{d}x}{2}\right)\right]\mathrm{d}t +$$

$$\left[-D\left(A - \frac{\partial A}{\partial x}\frac{\mathrm{d}x}{2}\right)\left(\frac{\partial C}{\partial x} - \frac{\partial^2 C}{\partial x^2}\frac{\mathrm{d}x}{2}\right) + \right.$$

$$\left. D\left(A + \frac{\partial A}{\partial x}\frac{\mathrm{d}x}{2}\right)\left(\frac{\partial C}{\partial x} + \frac{\partial^2 C}{\partial x^2}\frac{\mathrm{d}x}{2}\right)\right]\mathrm{d}t - k_C CA\mathrm{d}x\mathrm{d}t$$

合并同类项并略去高阶小项,得

$$\frac{\partial C}{\partial t}A\mathrm{d}x\mathrm{d}t = -\left(Q\frac{\partial C}{\partial x} + C\frac{\partial Q}{\partial x}\right)\mathrm{d}x\mathrm{d}t + DA\frac{\partial^2 C}{\partial x^2}\mathrm{d}x\mathrm{d}t - k_C CA\mathrm{d}x\mathrm{d}t$$

上式两边同除以 $A\mathrm{d}x\mathrm{d}t$ 得

$$\frac{\partial C}{\partial t} = -\frac{1}{A}\left(Q\frac{\partial C}{\partial x} + C\frac{\partial Q}{\partial x}\right) + D\frac{\partial^2 C}{\partial x^2} - k_C C$$

$$\frac{\partial C}{\partial t} = -\frac{1}{A}\frac{\partial QC}{\partial x} + D\frac{\partial^2 C}{\partial x^2} - k_C C \tag{12.3}$$

式(12.3)为一维输运-扩散方程,即污染物质量浓度的变化是由随流运动、扩散运动和化学反应三个过程共同作用的结果。

12.2.2 平面二维输运-扩散方程

在宽浅的天然河道中取微小控制体,控制体的边界由水面、河底和四个垂直面组成,如图12.3所示。控制体沿纵向的长度为 $\mathrm{d}x$,沿横断面方向的长度为 $\mathrm{d}y$,高度等于水深 h。

设控制体中心断面处沿 x 方向的垂向平均流速为 u_x,沿 y 方向的流速为 u_y,污染物浓度为 C,分析在 $\mathrm{d}t$ 时段内由于水体流动、分子和紊动扩散及化学反应引起的控制体内污染物质量的变化。沿 x 方向,由于水体流动通过上游断面流入控制体的污染物质量为

$$\left(u_x - \frac{\partial u_x}{\partial x}\frac{\mathrm{d}x}{2}\right)\left(C - \frac{\partial C}{\partial x}\frac{\mathrm{d}x}{2}\right)\mathrm{d}y \cdot h \cdot \mathrm{d}t$$

沿 x 方向,由于水体流动通过下游断面流出控制体的污染物质量为

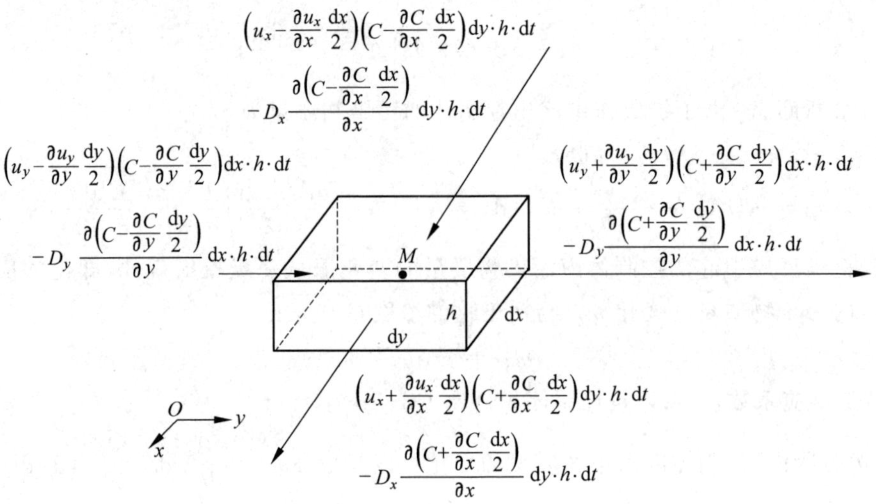

$$\left(u_x - \frac{\partial u_x}{\partial x}\frac{\mathrm{d}x}{2}\right)\left(C - \frac{\partial C}{\partial x}\frac{\mathrm{d}x}{2}\right)\mathrm{d}y \cdot h \cdot \mathrm{d}t$$

$$-D_x\frac{\partial\left(C - \frac{\partial C}{\partial x}\frac{\mathrm{d}x}{2}\right)}{\partial x}\mathrm{d}y \cdot h \cdot \mathrm{d}t$$

$$\left(u_y - \frac{\partial u_y}{\partial y}\frac{\mathrm{d}y}{2}\right)\left(C - \frac{\partial C}{\partial y}\frac{\mathrm{d}y}{2}\right)\mathrm{d}x \cdot h \cdot \mathrm{d}t$$

$$\left(u_y + \frac{\partial u_y}{\partial y}\frac{\mathrm{d}y}{2}\right)\left(C + \frac{\partial C}{\partial y}\frac{\mathrm{d}y}{2}\right)\mathrm{d}x \cdot h \cdot \mathrm{d}t$$

$$-D_y\frac{\partial\left(C - \frac{\partial C}{\partial y}\frac{\mathrm{d}y}{2}\right)}{\partial y}\mathrm{d}x \cdot h \cdot \mathrm{d}t$$

$$-D_y\frac{\partial\left(C + \frac{\partial C}{\partial y}\frac{\mathrm{d}y}{2}\right)}{\partial y}\mathrm{d}x \cdot h \cdot \mathrm{d}t$$

M h $\mathrm{d}x$ $\mathrm{d}y$

O y x

$$\left(u_x + \frac{\partial u_x}{\partial x}\frac{\mathrm{d}x}{2}\right)\left(C + \frac{\partial C}{\partial x}\frac{\mathrm{d}x}{2}\right)\mathrm{d}y \cdot h \cdot \mathrm{d}t$$

$$-D_x\frac{\partial\left(C + \frac{\partial C}{\partial x}\frac{\mathrm{d}x}{2}\right)}{\partial x}\mathrm{d}y \cdot h \cdot \mathrm{d}t$$

图 12.3

$$\left(u_x + \frac{\partial u_x}{\partial x}\frac{\mathrm{d}x}{2}\right)\left(C + \frac{\partial C}{\partial x}\frac{\mathrm{d}x}{2}\right)\mathrm{d}y \cdot h \cdot \mathrm{d}t$$

沿 y 方向,由于水体流动通过上游断面流入控制体的污染物质量为

$$\left(u_y - \frac{\partial u_y}{\partial y}\frac{\mathrm{d}y}{2}\right)\left(C - \frac{\partial C}{\partial y}\frac{\mathrm{d}y}{2}\right)\mathrm{d}x \cdot h \cdot \mathrm{d}t$$

沿 y 方向,由于水体流动通过下游断面流出控制体的污染物质量为

$$\left(u_y + \frac{\partial u_y}{\partial y}\frac{\mathrm{d}y}{2}\right)\left(C + \frac{\partial C}{\partial y}\frac{\mathrm{d}y}{2}\right)\mathrm{d}x \cdot h \cdot \mathrm{d}t$$

根据线性扩散定律,由于分子和紊动扩散过程,沿 x 方向,通过上游断面流入控制体的污染物质量为

$$-D_x\frac{\partial\left(C - \frac{\partial C}{\partial x}\frac{\mathrm{d}x}{2}\right)}{\partial x}\mathrm{d}y \cdot h \cdot \mathrm{d}t = -D_x\left(\frac{\partial C}{\partial x} - \frac{\partial^2 C}{\partial x^2}\frac{\mathrm{d}x}{2}\right)\mathrm{d}y \cdot h \cdot \mathrm{d}t$$

沿 x 方向,通过下游断面流出控制体的污染物质量为

$$-D_x\frac{\partial\left(C + \frac{\partial C}{\partial x}\frac{\mathrm{d}x}{2}\right)}{\partial x}\mathrm{d}y \cdot h \cdot \mathrm{d}t = -D_x\left(\frac{\partial C}{\partial x} + \frac{\partial^2 C}{\partial x^2}\frac{\mathrm{d}x}{2}\right)\mathrm{d}y \cdot h \cdot \mathrm{d}t$$

沿 y 方向,通过上游断面流入控制体的污染物质量为

$$-D_y\frac{\partial\left(C - \frac{\partial C}{\partial y}\frac{\mathrm{d}y}{2}\right)}{\partial y}\mathrm{d}x \cdot h \cdot \mathrm{d}t = -D_y\left(\frac{\partial C}{\partial y} - \frac{\partial^2 C}{\partial y^2}\frac{\mathrm{d}y}{2}\right)\mathrm{d}x \cdot h \cdot \mathrm{d}t$$

沿 y 方向,通过下游断面流出控制体的污染物质量为

$$-D_y\frac{\partial\left(C + \frac{\partial C}{\partial y}\frac{\mathrm{d}y}{2}\right)}{\partial y}\mathrm{d}x \cdot h \cdot \mathrm{d}t = -D_y\left(\frac{\partial C}{\partial y} + \frac{\partial^2 C}{\partial y^2}\frac{\mathrm{d}y}{2}\right)\mathrm{d}x \cdot h \cdot \mathrm{d}t$$

由于化学反应引起的控制体内的污染物质量的变化为

$$m_{Ch} = -k_C C \mathrm{d}x \mathrm{d}y \cdot h \cdot \mathrm{d}t$$

控制体内的污染物质量的变化为

$$\frac{\partial C}{\partial t}\mathrm{d}x \cdot \mathrm{d}y \cdot h \cdot \mathrm{d}t = \begin{bmatrix} \left(u_x - \dfrac{\partial u_x}{\partial x}\dfrac{\mathrm{d}x}{2}\right)\left(C - \dfrac{\partial C}{\partial x}\dfrac{\mathrm{d}x}{2}\right)\mathrm{d}y \cdot h \cdot \mathrm{d}t \\ -\left(u_x + \dfrac{\partial u_x}{\partial x}\dfrac{\mathrm{d}x}{2}\right)\left(C + \dfrac{\partial C}{\partial x}\dfrac{\mathrm{d}x}{2}\right)\mathrm{d}y \cdot h \cdot \mathrm{d}t \\ +\left(u_y - \dfrac{\partial u_y}{\partial y}\dfrac{\mathrm{d}y}{2}\right)\left(C - \dfrac{\partial C}{\partial y}\dfrac{\mathrm{d}y}{2}\right)\mathrm{d}x \cdot h \cdot \mathrm{d}t \\ -\left(u_y + \dfrac{\partial u_y}{\partial y}\dfrac{\mathrm{d}y}{2}\right)\left(C + \dfrac{\partial C}{\partial y}\dfrac{\mathrm{d}y}{2}\right)\mathrm{d}x \cdot h \cdot \mathrm{d}t \end{bmatrix} +$$

$$\begin{bmatrix} -D_x\left(\dfrac{\partial C}{\partial x} - \dfrac{\partial^2 C}{\partial x^2}\dfrac{\mathrm{d}x}{2}\right)\mathrm{d}y \cdot h \cdot \mathrm{d}t \\ +D_x\left(\dfrac{\partial C}{\partial x} + \dfrac{\partial^2 C}{\partial x^2}\dfrac{\mathrm{d}x}{2}\right)\mathrm{d}y \cdot h \cdot \mathrm{d}t \\ -D_y\left(\dfrac{\partial C}{\partial y} - \dfrac{\partial^2 C}{\partial y^2}\dfrac{\mathrm{d}y}{2}\right)\mathrm{d}x \cdot h \cdot \mathrm{d}t \\ +D_y\left(\dfrac{\partial C}{\partial y} + \dfrac{\partial^2 C}{\partial y^2}\dfrac{\mathrm{d}y}{2}\right)\mathrm{d}x \cdot h \cdot \mathrm{d}t \end{bmatrix} -$$

$$k_C C \mathrm{d}x \mathrm{d}y \cdot h \cdot \mathrm{d}t$$

合并同类项并略去高阶小项,得

$$\frac{\partial C}{\partial t}\mathrm{d}x \cdot \mathrm{d}y \cdot h \cdot \mathrm{d}t = -\left[\left(u_x\frac{\partial C}{\partial x} + C\frac{\partial u_x}{\partial x}\right)\mathrm{d}x \cdot \mathrm{d}y \cdot h \cdot \mathrm{d}t + \right.$$
$$\left.\left(u_y\frac{\partial C}{\partial y} + C\frac{\partial u_y}{\partial y}\right)\mathrm{d}y \cdot \mathrm{d}x \cdot h \cdot \mathrm{d}t\right] +$$
$$D_x\frac{\partial^2 C}{\partial x^2}\mathrm{d}x \cdot \mathrm{d}y \cdot h \cdot \mathrm{d}t + D_y\frac{\partial^2 C}{\partial y^2}\mathrm{d}y \cdot \mathrm{d}x \cdot h \cdot \mathrm{d}t -$$
$$k_C C \mathrm{d}x \cdot \mathrm{d}y \cdot h \cdot \mathrm{d}t$$

上式两边同除以 $\mathrm{d}x\mathrm{d}yh\mathrm{d}t$,得

$$\frac{\partial C}{\partial t} = -\frac{\partial u_x C}{\partial x} - \frac{\partial u_y C}{\partial y} + D_x\frac{\partial^2 C}{\partial x^2} + D_y\frac{\partial^2 C}{\partial y^2} - k_C C \tag{12.4}$$

式(12.4)为二维输运-扩散方程,即污染物质量浓度的变化是由沿 x,y 方向的随流运动、扩散运动和化学反应三个过程共同作用的结果。

12.3　一维扩散过程的解

这里我们讨论静止水体中四种特定情况下一维扩散过程的解,扩散过程中均不考虑生物化学反应。

12.3.1 无限长渠道中瞬时点源的扩散

考虑一条无限长的渠道，x 轴沿渠道的中心线布置，原点设在渠道的中间断面，如图 12.4 所示。在渠道的中间断面处（$x=0$），单位面积上瞬时投入质量为 m 的污染物（简称瞬时点源），该污染物从中间断面向上、下游扩散。在这种条件下，式（12.3）可写成如下形式：

$$\frac{\partial C}{\partial t} = D\,\frac{\partial^2 C}{\partial x^2} \tag{12.5}$$

式（12.5）中的扩散系数 D 假定为常数。

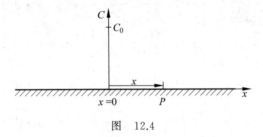

图　12.4

问题的求解条件为，在扩散过程开始时（$t=0$），除了渠道的中间断面处（$x=0$），在渠道的其他断面处，污染物的浓度均为零。当扩散的过程开始后（$t>0$），在渠道的无限远端，即 $x\to-\infty$ 和 $x\to+\infty$ 时，污染物的浓度趋向于零，即 $C\to0$。此时，方程（12.5）的解可以写为

$$C = \frac{B}{\sqrt{t}}\,\mathrm{e}^{-\frac{x^2}{4Dt}} \tag{12.6}$$

将式（12.6）代入方程（12.5），可以证明这一点，即

$$\frac{\partial C}{\partial t} = \frac{B}{-2t^{3/2}}\,\mathrm{e}^{-\frac{x^2}{4Dt}} + \frac{Bx^2}{4Dt^{5/2}}\,\mathrm{e}^{-\frac{x^2}{4Dt}}$$

$$D\,\frac{\partial^2 C}{\partial x^2} = \frac{B}{-2t^{3/2}}\,\mathrm{e}^{-\frac{x^2}{4Dt}} + \frac{Bx^2}{4Dt^{5/2}}\,\mathrm{e}^{-\frac{x^2}{4Dt}}$$

式（12.6）中的 B 为待求常数。

假定被扩散的污染物质量不因化学作用产生变化，在单位面积上则有

$$m = \int_{-\infty}^{\infty} C\,\mathrm{d}x \tag{12.7}$$

将式（12.6）代入式（12.7），并设 $\xi = \dfrac{x}{2\sqrt{Dt}}$，且 $\displaystyle\int_0^\infty \mathrm{e}^{-\xi^2}\,\mathrm{d}\xi = \dfrac{\sqrt{\pi}}{2}$ 则有

$$m = \int_{-\infty}^{\infty} \frac{B}{\sqrt{t}}\,\mathrm{e}^{-\xi^2} \cdot 2\sqrt{Dt}\,\mathrm{d}\xi = 2B\sqrt{\pi D} \tag{12.8}$$

由于在渠道内被扩散的污染物质量保持不变，且等于原来在 $x=0$ 处单位面积上加入水体的污染物质量，从式（12.8）中可以解出 B 值：

$$B = \frac{m}{2\sqrt{\pi D}}$$

将 B 代入式(12.6),得

$$C = \frac{m}{2\sqrt{\pi Dt}} \mathrm{e}^{-\frac{x^2}{4Dt}} \qquad (12.9)$$

式(12.9)即为方程(12.5)的解,可以求得在无限长渠道中间断面的单位面积上瞬时投入一定质量的污染物后,不同时刻渠道内各个断面处污染物的浓度值。

12.3.2 半无限长渠道中瞬时点源的扩散

考虑一条半无限长的渠道,在渠道的一端($x=0$)的断面处,单位面积上瞬时投入质量为 m 的污染物,该污染物沿 x 的正方向朝无限远处扩散。在这个条件下,式(12.7)写成

$$m = \int_0^\infty C\,\mathrm{d}x = \int_0^\infty \frac{B}{\sqrt{t}} \mathrm{e}^{-\xi^2} \cdot 2\sqrt{Dt}\,\mathrm{d}\xi = B\sqrt{\pi D} \qquad (12.10)$$

由式(12.10)得

$$B = \frac{m}{\sqrt{\pi D}}$$

将 B 代入式(12.6)得

$$C = \frac{m}{\sqrt{\pi Dt}} \mathrm{e}^{-\frac{x^2}{4Dt}} \qquad (12.11)$$

式(12.11)即为在半无限长的渠道中,在渠道一端的单位面积上瞬时投入一定质量的污染物后,不同时刻渠道内各个断面处污染物的浓度值。

12.3.3 无限长渠道中区域浓度的扩散

下面考虑一种更切合实际的情况,即在一条无限长的渠道内,扩散过程开始前($t=0$),在中间断面的上游,即在 $x<0$ 的区域内污染物的浓度为 C_0,在中间断面的下游,即在 $x>0$ 的区域内 $C=0$,如图 12.5 所示,计算渠道内各断面在扩散过程开始后($t>0$)污染物的浓度。此时,求解的条件为

$$C(x,0) = C_0, \quad -\infty < x \leqslant 0$$
$$C(x,0) = 0, \quad 0 < x < \infty$$

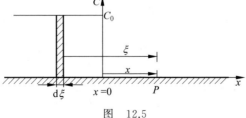

图 12.5

我们可以利用叠加的原理来求解这个问题。将 $x<0$ 的区域分割成长度很小的单元,单元的长度为 $\mathrm{d}\xi$,单元内包含的污染物质量为 $C_0 A\,\mathrm{d}\xi$,则经过一定时间 t 后,扩散到 P 断面

处，P 断面与单元 $d\xi$ 的距离为 ξ，与 $x=0$ 断面的距离为 x，此时 P 断面处浓度为

$$C = \frac{C_0\,d\xi}{2\sqrt{\pi Dt}}\,e^{-\frac{\xi^2}{4Dt}}$$

将每个单元内的污染物经过同一时间 t 后，扩散至 P 断面处的污染物浓度相叠加，即可以求得扩散到 P 断面处的总浓度，即

$$C_P = \frac{C_0}{2\sqrt{\pi Dt}}\int_x^\infty e^{-\frac{\xi^2}{4Dt}}\,d\xi \tag{12.12}$$

令 $\alpha = \xi/2\sqrt{Dt}$，$d\xi = 2\sqrt{Dt}\cdot d\alpha$。将式(12.12)进行变换，得

$$C_P = \frac{C_0}{\sqrt{\pi}}\int_{x/2\sqrt{Dt}}^\infty e^{-\alpha^2}\,d\alpha \tag{12.13}$$

引进数学上常用的误差函数

$$\mathrm{erf}(z) = \frac{2}{\sqrt{\pi}}\int_0^z e^{-\alpha^2}\,d\alpha$$

利用误差函数的性质，$\mathrm{erf}(-z) = -\mathrm{erf}(z)$，$\mathrm{erf}(0) = 0$，$\mathrm{erf}(\infty) = 1$，式(12.13)可以写成

$$C_P = \frac{C_0}{\sqrt{\pi}}\left[\int_0^\infty e^{-\alpha^2}\,d\alpha - \int_0^{x/2\sqrt{Dt}} e^{-\alpha^2}\,d\alpha\right] = \frac{C_0}{2}\left[1 - \mathrm{erf}\left(\frac{x}{2\sqrt{Dt}}\right)\right]$$

$$= \frac{C_0}{2}\mathrm{erfc}\left(\frac{x}{2\sqrt{Dt}}\right) \tag{12.14}$$

这里，$\mathrm{erfc}(z) = 1 - \mathrm{erf}(z)$，称为伴随误差函数。误差函数的值可以从误差函数数值表或误差函数计算软件中得到。

如果污染物是在断面间 $-l \leqslant x \leqslant l$ 投入渠道的，如图 12.6 所示，即求解的条件为

$$C(x,0) = C_0, \quad -l \leqslant x \leqslant l$$
$$C(x,0) = 0, \quad -\infty < x < -l,\ l < x < \infty$$

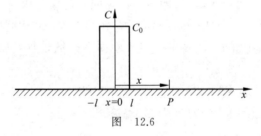

图   12.6

则式(12.11)的积分区间不是 $x \to \infty$，而是从 $x-l$ 到 $x+l$，则一维扩散方程的解为

$$C_P = \frac{C_0}{2\sqrt{\pi Dt}}\int_{x-l}^{x+l} e^{-\frac{\xi^2}{4Dt}}\,d\xi = \frac{C_0}{2\sqrt{\pi Dt}}2\sqrt{Dt}\int_{\frac{x-l}{2\sqrt{Dt}}}^{\frac{x+l}{2\sqrt{Dt}}} e^{-\alpha^2}\,d\alpha$$

$$= \frac{C_0}{2}\left[\mathrm{erf}\left(\frac{l+x}{2\sqrt{Dt}}\right) + \mathrm{erf}\left(\frac{l-x}{2\sqrt{Dt}}\right)\right] \tag{12.15}$$

由于扩散过程相对于 $x=0$ 断面是对称的，式(12.15)同样可以适用于在半无限长的渠道中断面 $-l \leqslant x \leqslant l$ 间瞬时投放污染物后扩散过程的计算。

12.3.4　半无限长渠道中连续点源的扩散

考虑一个半无限长的渠道,扩散过程开始前($t=0$),在渠道的一端($x=0$)的断面处,污染物浓度 $C=C_0$,在渠道的其他区域内($x>0$),污染物浓度 $C=0$,并且扩散过程中($t>0$),在 $x=0$ 的断面处连续投入浓度为 C_0 的污染物(简称连续点源),计算渠道内各断面在扩散过程开始后($t>0$)污染物的浓度。该问题的求解条件为

$$C(0,t)=C_0, \quad 0 \leqslant t < \infty$$
$$C(x,0)=0, \quad 0 < x < \infty$$

在这种条件下,方程(12.5)的解可推导如下:

方程(12.5)两边同时乘以 e^{-pt},并对时间 t 在 $0 \to \infty$ 区间内积分得

$$\int_0^\infty \mathrm{e}^{-pt} \frac{\partial^2 C}{\partial x^2}\mathrm{d}t - \frac{1}{D}\int_0^\infty \mathrm{e}^{-pt}\frac{\partial C}{\partial t}\mathrm{d}t = 0 \tag{12.16}$$

由于 C 为连续函数,方程(12.16)左边第一项积分中,求导与积分过程可以交换,

$$\int_0^\infty \mathrm{e}^{-pt}\frac{\partial^2 C}{\partial x^2}\mathrm{d}t = \frac{\partial^2}{\partial x^2}\int_0^\infty C\mathrm{e}^{-pt}\mathrm{d}t = \frac{\partial^2 \overline{C}}{\partial x^2} \quad \left(\overline{C}=\int_0^\infty C\mathrm{e}^{-pt}\mathrm{d}t\right)$$

方程(12.16)左边第二项积分利用分部积分方法可得,

$$\int_0^\infty \mathrm{e}^{-pt}\frac{\partial C}{\partial t}\mathrm{d}t = [C\mathrm{e}^{-pt}]_0^\infty + p\int_0^\infty C\mathrm{e}^{-pt}\mathrm{d}t = p\overline{C} \quad \left(\overline{C}=\int_0^\infty C\mathrm{e}^{-pt}\mathrm{d}t\right)$$

将上面两个积分结果代入方程(12.16),得

$$D\frac{\partial^2 \overline{C}}{\partial x^2} = p\overline{C} \tag{12.17}$$

方程(12.17)的通解为 $\overline{C}=A\mathrm{e}^{-qx}+B\mathrm{e}^{qx}$,其中 $q=\sqrt{p/D}$。

当 $x \to \infty$ 时,$C=0$,因此 $\overline{C}=\int_0^\infty C\mathrm{e}^{-pt}\mathrm{d}t=0$,可得 $B=0$;

当 $x=0$ 时,$C=C_0$,因此 $\overline{C}=\int_0^\infty C_0\mathrm{e}^{-pt}\mathrm{d}t=\frac{C_0}{p}$,可得 $A=\frac{C_0}{p}$;

由此可得方程(12.17)的解为 $\overline{C}=\int_0^\infty C\mathrm{e}^{-pt}\mathrm{d}t=\frac{C_0}{p}\mathrm{e}^{-qx}$,其中 $q=\sqrt{p/D}$,通过逆变换,实际的污染物浓度的解是

$$C=C_0\,\mathrm{erfc}\,\frac{x}{2\sqrt{Dt}} \tag{12.18}$$

12.4　二维扩散过程的解

考虑一个面积无限大而水深为有限的水体,如面积很大而水深比较浅的湖泊,在水体的中心位置($x=0,y=0$)的单位面积上,瞬时投入质量为 m 的污染物,在这样的条件下,式(12.4)写成下面的形式:

$$\frac{\partial C}{\partial t} = D_x \frac{\partial^2 C}{\partial x^2} + D_y \frac{\partial^2 C}{\partial y^2} \tag{12.19}$$

与一维方程的情况类似,通过验算,可以证明,方程(12.19)的解为

$$C = \frac{B}{t} e^{-\frac{x^2}{4D_x t} - \frac{y^2}{4D_y t}} \tag{12.20}$$

同样假定被扩散污染物的质量不因化学作用产生变化,在单位面积上则有

$$m = \int_{-\infty}^{\infty} \int_{-\infty}^{\infty} C \, \mathrm{d}x \, \mathrm{d}y \tag{12.21}$$

将式(12.20)代入式(12.21),得

$$m = \int_{-\infty}^{\infty} \int_{-\infty}^{\infty} \frac{B}{t} e^{-\frac{x^2}{4D_x t} - \frac{y^2}{4D_y t}} \, \mathrm{d}x \, \mathrm{d}y = \frac{B}{t} \int_{-\infty}^{\infty} e^{-\frac{x^2}{4D_x t}} \, \mathrm{d}x \int_{-\infty}^{\infty} e^{-\frac{y^2}{4D_y t}} \, \mathrm{d}y$$

$$= 4\pi \sqrt{D_x D_y} B \qquad \left(\int_{-\infty}^{\infty} e^{-a^2 x^2} \, \mathrm{d}x = \frac{\sqrt{\pi}}{a} \right)$$

由于在水体内被扩散的污染物质量保持不变,且等于原来在中心位置($x = 0, y = 0$)的单位面积上投入水体的污染物质量,可以解出 B 值:

$$B = \frac{m}{4\pi \sqrt{D_x D_y}} \tag{12.22}$$

将式(12.22)代入式(12.20),得

$$C = \frac{m}{4\pi t \sqrt{D_x D_y}} e^{-\frac{x^2}{4D_x t} - \frac{y^2}{4D_y t}} \tag{12.23}$$

式(12.23)即为瞬时点源在无限水体中扩散,水体中任意一点污染物浓度的计算公式。若沿 y 方向布置一条无限长的直线,在其单位长度上投入质量为 m 的污染物,这种污染条件简称为瞬时线源。将式(12.23)沿 y 方向积分,可得到瞬时线源在无限平面水体中扩散,水体中任意一点污染物浓度的计算公式为

$$C = \int_{-\infty}^{\infty} \frac{m}{4\pi t \sqrt{D_x D_y}} e^{-\frac{x^2}{4D_x t} - \frac{y^2}{4D_y t}} \, \mathrm{d}y = \frac{m}{2\sqrt{\pi t D_x}} e^{-\frac{x^2}{4D_x t}} \tag{12.24}$$

12.5 均匀流条件下一维随流-扩散方程的解

12.5.1 均匀流条件下瞬时点源的随流-扩散

考虑一条无限长的棱柱形顺直渠道,其中的水流为均匀流动,不考虑化学作用项,则方程(12.3)可以写成

$$\frac{\partial C}{\partial t} = -\frac{1}{A} \frac{\partial QC}{\partial x} + D \frac{\partial^2 C}{\partial x^2} \tag{12.25}$$

式中,$-\frac{1}{A} \frac{\partial QC}{\partial x} = -\frac{Q}{A} \frac{\partial C}{\partial x} - \frac{C}{A} \frac{\partial Q}{\partial x}$,由于流动为均匀流,$\frac{\partial Q}{\partial x} = 0$,而 $\frac{Q}{A}$ 等于断面平均流速 U,方程(12.25)可以改写为

$$\frac{\partial C}{\partial t} = -U \frac{\partial C}{\partial x} + D \frac{\partial^2 C}{\partial x^2} \tag{12.26}$$

先不考虑扩散过程,只讨论随流作用,则方程(12.26)化简为随流方程

$$\frac{\partial C}{\partial t} = -U \frac{\partial C}{\partial x} \tag{12.27}$$

在渠道的中间断面 $x = 0$ 处,有一定质量的污染物进入水体,随流方程(12.27)的解可以写成

$$C = B e^{\alpha t} e^{\beta x} \tag{12.28}$$

将式(12.28)代入式(12.27),可得 $\alpha = -U\beta$。再将 α 值代入式(12.28),得

$$C = B e^{\beta(x - Ut)} \tag{12.29}$$

式(12.29)中的 B 和 β 为待求系数,当 $x = 0$,$t = 0$,$C = C_0$,可得 $B = C_0$;当 $x \to \infty$,$t > 0$,$C \to 0$,可得 $C = C_0 e^{\beta(x - Ut)} \to 0$,由于 $C_0 \neq 0$,必然有 $e^{\beta(x - Ut)} \to 0$,由此得 $\beta = -1$。

因此,在无限长的棱柱形顺直渠道中,均匀流条件下,渠道中间断面有一定质量的污染物瞬时投入水体中,水流中任意一个断面的污染物浓度可以用下面的公式求解:

$$C = C_0 e^{-(x - Ut)} \tag{12.30}$$

在式(12.30)中,设 $x = Ut$ 则得到 $C = C_0$。这就是说,污染物是以速度 U 在水体中随流运动而不改变它的性质。依据这样的概念,污染物在流动水体中的随流-扩散过程,可以看作是污染物随水体流动的同时向周围水体扩散的过程。这样方程(12.26)的解可以写成如下形式:

$$C = \frac{B}{\sqrt{t}} e^{-\frac{(x - Ut)^2}{4Dt}} \tag{12.31}$$

设 $\xi = \frac{x - Ut}{2\sqrt{Dt}}$,$\mathrm{d}x = 2\sqrt{Dt}\,\mathrm{d}\xi$,如果在渠道的中间断面($x = 0$)处单位面积的过水断面上投入质量为 m 的污染物,假定被扩散污染物的质量不因化学作用产生变化,则有

$$m = \int_{-\infty}^{\infty} C \mathrm{d}x = \int_{-\infty}^{\infty} \frac{B}{\sqrt{t}} e^{-\frac{(x - Ut)^2}{4Dt}} \mathrm{d}x$$

$$= \int_{-\infty}^{\infty} \frac{B}{\sqrt{t}} e^{-\xi^2} \cdot 2\sqrt{Dt}\,\mathrm{d}\xi = 2B\sqrt{\pi D} \tag{12.32}$$

由于在渠道内被扩散的污染物质量保持不变,且等于原来在 $x = 0$ 处单位面积的过水断面上加入水体的污染物质量,从式(12.32)中可以解出 B 值:

$$B = \frac{m}{2\sqrt{\pi D}}$$

将 B 代入式(12.31),得

$$C = \frac{m}{2\sqrt{\pi Dt}} e^{-\frac{(x - Ut)^2}{4Dt}} \tag{12.33}$$

对于一条半无限长的棱柱形顺直渠道,类比纯扩散过程,这种条件下一维随流-扩散方程的解为

$$C = \frac{m}{\sqrt{\pi Dt}} e^{-\frac{(x - Ut)^2}{4Dt}} \tag{12.34}$$

例 12.1 一条无限长的顺直矩形断面渠道,水面宽 $B = 5\,\mathrm{m}$,水深 $h = 2\,\mathrm{m}$,在其中间断面瞬时投入 $M = 10\,\mathrm{kg}$ 的污染物,渠道的流速恒定,$U = 0.2\,\mathrm{m/s}$,扩散系数 $D = 0.075\,\mathrm{m^2/s}$。求经过时间 $t = 50\,\mathrm{s}$,$100\,\mathrm{s}$ 后,在投入点下游 $10\,\mathrm{m}$ 处污染物的浓度。

解 由式(12.33)计算污染物的浓度

$$C = \frac{m}{2\sqrt{\pi Dt}}\mathrm{e}^{-\frac{(x-Ut)^2}{4Dt}}$$

单位面积的过水断面上加入水体的污染物质量为

$$m = \frac{M}{Bh} = \frac{10\ \mathrm{kg}}{5\ \mathrm{m} \times 2\ \mathrm{m}} = 1\ \mathrm{kg/m^2}$$

经过时间 $t = 50$ s 后,在投入点下游 10 m 处污染物的浓度为

$$C(x = 10\ \mathrm{m}, t = 50\ \mathrm{s}) = \frac{m}{2\sqrt{\pi Dt}}\mathrm{e}^{-\frac{(x-Ut)^2}{4Dt}}$$

$$= \frac{1\ \mathrm{kg/m^2}}{2\sqrt{\pi \times 0.075\ \mathrm{m^2/s} \times 50\ \mathrm{s}}}\mathrm{e}^{-\frac{(10-0.2\times50)^2}{4\times0.075\times50}}$$

$$= 0.1457\ \mathrm{kg/m^3} = 145.7\ \mathrm{mg/L}$$

经过时间 $t = 100$ s 后,在投入点下游 10 m 处污染物的浓度为

$$C(x = 10\ \mathrm{m}, t = 100\ \mathrm{s}) = \frac{m}{2\sqrt{\pi Dt}}\mathrm{e}^{-\frac{(x-Ut)^2}{4Dt}}$$

$$= \frac{1\ \mathrm{kg/m^2}}{2\sqrt{\pi \times 0.075\ \mathrm{m^2/s} \times 100\ \mathrm{s}}}\mathrm{e}^{-\frac{(10-0.2\times100)^2}{4\times0.075\times100}}$$

$$= 0.003\ 68\ \mathrm{kg/m^3} = 3.68\ \mathrm{mg/L}$$

12.5.2 无限长渠道中区域浓度的随流-扩散

对于一条无限长的棱柱形顺直渠道,均匀流条件下,随流-扩散过程开始前($t=0$),在中间断面的上游,即在 $x<0$ 的区域内污染物的浓度为 C_0,在中间断面的下游,即在 $x>0$ 的区域内 $C=0$,计算渠道内各断面在随流-扩散过程开始后($t>0$)污染物的浓度。此时,求解的条件为

$$C(x,0) = C_0, \quad -\infty < x \leqslant 0$$

$$C(x,0) = 0, \quad 0 < x < \infty$$

类比纯扩散过程,这种条件下一维随流-扩散方程的解可以写为

$$C_P = \frac{C_0}{2}\mathrm{erfc}\left(\frac{x-Ut}{2\sqrt{Dt}}\right) \tag{12.35}$$

同理,对于上述无限长的棱柱形顺直渠道,均匀流条件下,随流-扩散过程开始前($t=0$),若在 $-l \leqslant x \leqslant l$ 的区间内投放浓度为 C_0 的污染物,即求解的条件为

$$C(x,0) = C_0, \quad -l \leqslant x \leqslant l$$

$$C(x,0) = 0, \quad -\infty < x < -l, l < x < \infty$$

则一维随流-扩散方程的解为

$$C = \frac{C_0}{2}\left[\mathrm{erf}\left(\frac{l+(x-Ut)}{2\sqrt{Dt}}\right) + \mathrm{erf}\left(\frac{l-(x-Ut)}{2\sqrt{Dt}}\right)\right] \tag{12.36}$$

12.5.3　半无限长渠道中连续点源的随流-扩散

对于一条半无限长的棱柱形顺直渠道,均匀流条件下,随流-扩散过程开始前$(t=0)$,渠道一端$(x=0)$的断面处 $C=C_0$,在渠道的其他区域内$(x>0)$,污染物浓度$C=0$,并且随流-扩散过程中$(t>0)$,在 $x=0$ 的断面处连续投入浓度为 C_0 的污染物,即求解的条件为

$$C(0,t)=C_0, \quad 0 \leqslant t < \infty$$
$$C(x,0)=0, \quad 0 < x < \infty$$

在这样的条件下,一维随流-扩散方程的解为

$$C_P(x,t)=\frac{C_0}{2}\left[\operatorname{erfc}\left(\frac{x-Ut}{2\sqrt{Dt}}\right)+\operatorname{erfc}\left(\frac{x+Ut}{2\sqrt{Dt}}\right)e^{\frac{Ux}{D}}\right] \tag{12.37}$$

12.6　均匀流条件下二维随流-扩散方程的解

如前所述,在一个水平面积很大,而水深相对很浅的湖泊或河道中的水体,可以看作是水平方向无限大的平面水体,如果水体沿坐标 x,y 方向的垂线平均流速 u_x,u_y 为常数,不考虑化学作用项,则方程(12.4)可以写成

$$\frac{\partial C}{\partial t}=-u_x\frac{\partial C}{\partial x}-u_y\frac{\partial C}{\partial y}+D_x\frac{\partial^2 C}{\partial x^2}+D_y\frac{\partial^2 C}{\partial y^2} \tag{12.38}$$

如果在水体的中心位置$(x=0,y=0)$的单位面积上,瞬时投入质量为 m 的污染物,类比纯扩散过程,则方程(12.38)在这种条件下的解为

$$C=\frac{m}{4\pi t\sqrt{D_x D_y}}e^{-\left[\frac{(x-u_x t)^2}{4D_x t}+\frac{(y-u_y t)^2}{4D_y t}\right]} \tag{12.39}$$

12.7　存在化学反应的一维随流-扩散方程的解

这里只考虑一种较简单的情况,即在一条半无限长顺直矩形断面渠道中,在渠道的一端$(x=0)$连续投入某种可以通过化学反应降解的污染物,污染物浓度为 C_0,在这种条件下,如果只考虑扩散作用,方程(12.3)化简为

$$\frac{\partial C}{\partial t}=D\frac{\partial^2 C}{\partial x^2}-k_c C \tag{12.40}$$

方程(12.40)的解为

$$C(x,t)=\frac{C_0}{2}e^{(-x\sqrt{k/D})}\operatorname{erfc}\left(\frac{x}{\sqrt{2Dt}}-\sqrt{k_c t}\right)+$$
$$\frac{C_0}{2}e^{(x\sqrt{k/D})}\operatorname{erfc}\left(\frac{x}{\sqrt{2Dt}}+\sqrt{k_c t}\right) \tag{12.41}$$

如果同时考虑随流-扩散作用,则降解污染物的随流-扩散过程由下式描述:

$$\frac{\partial C}{\partial t} = -U\frac{\partial C}{\partial x} + D\frac{\partial^2 C}{\partial x^2} - k_c C \tag{12.42}$$

方程(12.42)的解为

$$C(x,t) = \frac{C_0}{2}\mathrm{e}^{\frac{(U-\overline{U})x}{2D}}\mathrm{erfc}\left(\frac{x-\overline{U}t}{2\sqrt{Dt}}\right) + \frac{C_0}{2}\mathrm{e}^{\frac{(U+\overline{U})x}{2D}}\mathrm{erfc}\left(\frac{x+\overline{U}t}{2\sqrt{Dt}}\right) \tag{12.43}$$

式中，$\overline{U} = \sqrt{U^2 + 4k_c D}$ 。

12.8　扩散系数的分析与估算

　　在静止水体中，扩散过程由水体的分子运动所引起。在流动水体中，如果水体作层流运动，则扩散过程由水体的分子运动和弥散过程两部分组成。其中弥散过程是由于水流速度沿水平方向和垂直方向分布不均匀引起的。渠道中的水流，由于水体黏性形成的渠壁和渠底对水流的阻滞作用，在渠壁和渠底处，流速为零。沿着渠道中心和水面方向，流速逐渐增大，在管道中心和水面处流速达到最大。如图 12.7(a)、(b)所示分别是流速沿垂线和沿横向的分布图。

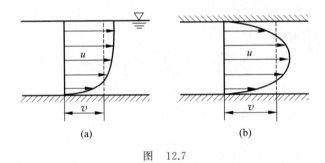

图　12.7

　　在 12.5 节中推导污染物随流-扩散方程时，一维方程用的是河道的过水断面平均流速，二维方程用的是垂线平均流速，即图 12.7 中 v 值，即方程描述的是污染物随水流运动的平均状态。或者说，经过时段 t 后污染物随流移动到空间的某个位置，是假定水体质点以平均流速 v 运动，在 t 时刻所达到的位置。而水体质点运动的实际速度 u 与平均速度 v 是有差别的，部分水体质点的流速大于平均流速，部分水体质点的流速小于平均流速。这样污染物的运动速度也因此存在差异，造成了污染物围绕其平均位置向周围分散。这个分散过程即为弥散过程，如图 12.8(a)、(b)所示分别是沿垂向和沿横向的弥散过程。如果水体作紊流运动，则扩散过程由水体分子运动、弥散过程和紊动掺混过程三部分组成。

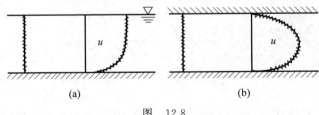

图　12.8

通过上面的分析可以得到,扩散系数 D 由分子扩散系数 D_m、弥散系数 D_d 和紊动扩散系数 D_t 三部分组成,即

$$D = D_m + D_d + D_t \tag{12.44}$$

其中分子扩散系数 D_m 一般取值为 $10^{-6} \ \mathrm{m^2/s}$。弥散系数 D_d 和紊动扩散系数 D_t 均可由相应的经验公式估算。

对于二元明渠均匀流,可采用以下经验公式估算 D_d 和 D_t。

估算弥散系数 D_d 的经验公式为

$$D_d = 5.86 u_* h \tag{12.45}$$

式中,u_* 为摩阻流速,$\mathrm{m/s}$;h 为水深,m。

紊动扩散系数 D_t 可分为垂向紊动扩散系数 D_{tz} 和横向紊动扩散系数 D_{ty}。通过理论分析和实验验证,垂向紊动扩散系数 D_{tz} 可用以下公式进行估算:

$$D_{tz} = 0.067 u_* h \tag{12.46}$$

式中,$u_* = \sqrt{\tau_0/\rho}$,为摩阻流速,$\mathrm{m/s}$;$\tau_0 = \rho g R J$,为床面切应力,$\mathrm{N/m^2}$;R 为水力半径,m;J 为水力坡度;h 为水深,m。

横向紊动扩散系数 D_{ty} 则可用以下经验公式估算:

顺直河道

$$D_{ty} = (0.15 \pm 0.075) u_* h \tag{12.47}$$

天然河道

$$D_{ty} = (0.60 \pm 0.30) u_* h \tag{12.48}$$

例 12.2 一条顺直的矩形断面渠道,水流的平均速度为 $v = 0.1 \ \mathrm{m/s}$,水深为 $h = 1 \ \mathrm{m}$,水面宽度为 $B = 10 \ \mathrm{m}$,水力坡度 $J = 0.0001$,求垂向和横向紊动扩散系数 D_{tz},D_{ty},弥散系数 D_d。

解 水力半径

$$R = \frac{A}{\chi} = \frac{10 \ \mathrm{m} \times 1 \ \mathrm{m}}{10 \ \mathrm{m} + 1 \ \mathrm{m} + 1 \ \mathrm{m}} = 0.833 \ \mathrm{m}$$

床面切应力

$$\tau_0 = \rho g R J = 1.0 \times 10^3 \ \mathrm{kg/m^3} \times 9.81 \ \mathrm{N/kg} \times 0.833 \ \mathrm{m} \times 0.0001 = 0.817 \ \mathrm{N/m^2}$$

摩阻流速

$$u_* = \sqrt{\frac{\tau_0}{\rho}} = \sqrt{\frac{0.817 \ \mathrm{N/m^2}}{1.0 \times 10^3 \ \mathrm{kg/m^3}}} = 0.0286 \ \mathrm{m/s}$$

垂向紊动扩散系数

$$D_{tz} = 0.067 u_* h = 0.067 \times 0.0286 \ \mathrm{m/s} \times 1.0 \ \mathrm{m} = 0.001\,92 \ \mathrm{m^2/s}$$

横向紊动扩散系数

$$D_{ty} = (0.15 \pm 0.075) u_* h = (0.15 \pm 0.075) \times 0.0286 \ \mathrm{m/s} \times 1.0 \ \mathrm{m}$$
$$= (0.002\,15 - 0.006\,44) \ \mathrm{m^2/s}$$

弥散系数

$$D_d = 5.86 u_* h = 5.86 \times 0.0286 \ \mathrm{m/s} \times 1.0 \ \mathrm{m} = 0.168 \ \mathrm{m^2/s}$$

思　考　题

12.1　某河道水面宽 $B=4$ m,水深 $h=2$ m,长度 $L=1000$ m,河道的一端封闭,若河道中的水体处于静止状态,在河道中间断面瞬时排入污染物,则应如何计算污染物排入后在水体中的分布状态?

12.2　在上述河道中,若靠近河道封闭端 10 m 河段中的水体全部被污染,则应如何计算该部分水体中的污染物在河道水体中的分布状态?

12.3　在上述河道中,若河道中的水流是均匀流,在河道封闭端处连续排入污染物,则应如何计算污染物排入后在水体中的分布状态?

12.4　弥散系数与哪些水流参数有关?

习　　题

12.1　某半无限长的渠道中,水体的初始污染物的浓度为零,在渠道的一端的单位面积上瞬时投入质量为 1.0 kg 的污染物,扩散系数 $D=0.0045$ m²/s,求经过 5 h 后,距投放断面 10 m 处,该污染物的浓度。

12.2　某面积较大而水深较浅的池塘,在其中间位置的单位面积上投入 1 kg 的污染物,扩散系数 $D_x=D_y=0.0025$ m²/s,求经过 1 h 后,距中间断面 $r=5$ m 处,该污染物的浓度。

12.3　某矩形断面渠道宽度 $b=4$ m,水深 $h=3$ m,水流为均匀流,运动黏度 $\nu=1.007\times10^{-6}$ m²/s,在渠道的中间断面上游水体投入浓度为 10 kg/m³ 的污染物,渠道底坡 $i=0.001$,平均流速 $v=0.45$ m/s。求经过 4.9 h 后,中间断面下游 $l=8$ km 处,该污染物的浓度。

12.4　某面积较大而水深较浅的池塘,在其中间位置的单位面积上投入 1.0 kg 的污染物,扩散系数 $D_x=D_y=0.05$ m²/s, x,y 方向沿水深平均的流速分别为 $u_x=0.3$ m/s, $u_y=0.15$ m/s。求经过 100 s 后,距中间断面 $x=30$ m, $y=15$ m 处,该污染物的浓度。

第13章
Chapter

水力相似与模型试验基本原理

13.1 概 述

应用总流运动的基本方程求解水力学问题,一般要求边界条件比较规则且公式中的参数(系数)为已知,方能通过水力计算得到较为准确的解答;应用液体三元流动的基本方程求解水流运动的问题,则因为数学上的困难及对水流运动内在规律认识上的不足,无论是问题的解析解或是数值解都还受到很大的限制,远不能满足工程上的需要。因此,水力模型试验或称物理模型试验一直是探索水流运动规律和解决水力学问题的一种重要的方法和技术手段。

水力模型试验一般是将设计中或已建成的工程或其中的一部分作为原型,按照相似原理将其缩小为模型,在实验室条件下进行水流试验,观察水流现象并进行水力要素量测,试验数据和结果可按相似原理引申至原型,从而对原型工程运行时出现的现象进行预测。因为在实验室中可以方便地根据人们的需要给出各种试验条件,包括在原型中不易出现的现象,例如小概率的洪水条件等,因此水力模型试验可以帮助人们全面地对原型工程中可能出现的问题进行预测。通过水力模型试验可以对一些未知的水力现象进行系统的观测研究,确定各种物理量之间函数关系式中待定系数的数值或表达式;对水利工程设计方案进行检验,改正设计中的缺点;对多种设计方案进行比较,为优化设计提供依据。

为了正确设计水力模型,使模型中观测的数据和流动现象能够被换算和引申到原型,从而帮助人们正确地认识原型的水力现象并进行水力设计,需要掌握水力相似原理。量纲分析法则是建立水流运动过程中各种物理量之间关系式的有力工具。

13.2 量纲分析基本原理

量纲分析方法是根据物理方程的量纲和谐原理,研究和讨论与某一现象相关的各物理量之间函数关系的一种方法,应用这一方法也可得到相似准则。

13.2.1 量纲与单位、基本量纲和诱导量纲

量纲（或称因次）是区别物理量类别的标志。水力学中，常用的物理量按性质的不同可划分为不同的类别，如密度、黏滞系数、长度、速度、流量、力等。不同类别的物理量可用不同量纲进行标志，如密度可用其量纲 M/L^3 标志，长度可用其量纲 L 标志，因此水深 h 和水力半径 R 都可用长度量纲 L 标志，速度可用其量纲 L/T 标志。

量纲可分为基本量纲和诱导量纲两类。

基本量纲必须具有独立性，即一个基本量纲不能从其他基本量纲导出。在国际单位制（SI）中，对于力学问题，规定三个基本量纲分别为长度、时间和质量，即 L-T-M 制。显然，这三个基本量纲是相互独立的。任何一个力学量的量纲都可以由长度、时间和质量的量纲导出。

用基本量纲的各种不同组合表示的其他物理量的量纲称为诱导量纲。

通常表示量纲的符号为物理量加方括号[]，如长度 l 的量纲为 $[l]$，速度 v 的量纲为 $[v]$。

力学中任何一个物理量的量纲，一般均可用三个基本量纲的指数乘积形式来表示。如 x 为某一物理量，其量纲可用下式表示：

$$[x] = L^\alpha T^\beta M^\gamma \tag{13.1}$$

式（13.1）称为量纲公式。该量纲公式中 x 的性质可由量纲指数 α, β, γ 来反映。

如 $\alpha \neq 0, \beta = 0, \gamma = 0$，为一几何学量；

如 $\alpha \neq 0, \beta \neq 0, \gamma = 0$，为一运动学量；

如 $\alpha \neq 0, \beta \neq 0, \gamma \neq 0$，为一动力学量。

例如面积 A 的量纲为长度量纲的平方，$[A] = L^2 T^0 M^0 = L^2$，流速 v 的量纲为 $[v] = L^1 T^{-1} M^0 = L/T$，由牛顿定律可知 $F = ma$，则力的量纲为 $[F] = L^1 T^{-2} M^1 = ML/T^2$。

单位是量度各种物理量数值大小的标准，如长度的单位可用 m，cm，mm 等表示。对于直径为 0.3 m 的管道，其直径 D 可以表示为 0.3 m，30 cm 或 300 mm。可见，选用不同的单位，被量度的物理量将具有不同的量值。因此，对于任何有量纲的物理量，在表示其数值大小的时候，必须给出相应的单位。否则，一个纯数字是没有意义的。

以上讨论的是 L-T-M 制，规定基本量纲 L，T，M 采用的单位为 m，s，kg，称为国际单位制（SI 制）。水力学中常见物理量的量纲和单位见表 13.1。

13.2.2 无量纲数（量纲为一的量）

量纲表达式（13.1）中包括的各基本量纲的指数为零的量称为无量纲数或量纲为 1 的量，即当 $\alpha = \beta = \gamma = 0$ 时，式（13.1）成为

$$[x] = L^0 T^0 M^0 = 1 \tag{13.2}$$

称 x 为无量纲数。

无量纲数可以是同种物理量的比值，如水力坡度 J 是水头损失 h_w 对流程长度 l 的比值，$J = h_w/l$，量纲公式为 $[J] = L^1 L^{-1} T^0 M^0 = 1$，$J$ 的量纲为1，即为无量纲数。此外，如相

表 13.1　水力学中常见物理量的量纲和单位

物　理　量		量纲	单位	物　理　量		量纲	单位
几何学的量	长度 l	L	m	动力学的量	质量 m	M	kg
	面积 A	L^2	m^2		力 F	ML/T^2	N
	体积 V	L^3	m^3		密度 ρ	M/L^3	kg/m^3
	水力坡度 J、底坡 i	L^0	m^0		动力黏滞系数 μ	M/LT	$N \cdot s/m^2$
	惯性矩 I	L^4	m^4		压强 p	M/LT^2	N/m^2
运动学的量	时间 t	T	s		切应力 τ	M/LT^2	N/m^2
	流速 v	L/T	m/s		体积弹性系数 E	M/LT^2	N/m^2
	重力加速度 g	L/T^2	m/s^2		表面张力系数 σ	M/T^2	N/m
	单宽流量 q	L^2/T	m^2/s		功、能 W	ML^2/T^2	$J=n \cdot m$
	流函数 ψ	L^2/T	m^2/s		功率 N	ML^2/T^3	$N \cdot m/s$
	势函数 φ	L^2/T	m^2/s		动量 K	ML/T	$kg \cdot m/s$
	旋转角速度 ω	$1/T$	rad/s				
	运动黏滞系数 ν	L^2/T	m^2/s				

对粗糙度 Δ/d、底坡 $-\Delta z/\Delta s$ 等均为无量纲数。

　　无量纲数也可以由几个有量纲量通过各种组合而成,组合后各个基本量纲的指数为零。如雷诺数 $Re=vd/\nu$ 及弗劳德数 $Fr=v/\sqrt{gh}$ 等均为无量纲数。

　　无量纲数既无量纲又无单位,其数值大小与选用的单位无关。因此,尽管水力模型试验中模型与原型的几何尺寸相差很大,要保持原型水流和模型水流相似,反映其流动特征的相应的无量纲数应当不变。所以,无量纲数在水力相似理论中具有十分重要的地位。在进行水力相似模型试验中,往往要求原型水流与模型水流相应的无量纲数一致。

　　角度是一种特殊的物理量,它的量纲为1,但是有单位。水力学中常用弧度作为量度角度的单位。

13.2.3　量纲和谐原理

　　凡是正确反映客观规律的物理方程,其各项的量纲都必须一致,称为量纲和谐原理。因为只有相同量纲的物理量才可以相加或相减。显然,将流速与水深这两个具有不同量纲的物理量进行相加或减是没有意义的。水力学中绝大多数公式都是满足量纲和谐原理的。如能量方程中 z,$\dfrac{p}{\rho g}$,$\dfrac{\alpha v^2}{2g}$,h_w 项均具有长度量纲 L,可见它符合量纲和谐原理。因此,量纲和谐原理可用来检验物理方程式的合理性,也可以用来帮助人们初步建立一些物理量之间新的关系式,即下面要介绍的应用量纲分析法建立物理方程的方法。

　　必须指出,尽管正确的物理方程式应该是量纲和谐的,但水力学中也有少量方程式的量纲是不和谐的,这主要是在水力学发展的早期一些单纯依据实验、观测资料建立的经验公式。如计算谢才系数的曼宁公式 $C=\dfrac{1}{n}R^{\frac{1}{6}}$，式中谢才系数 C 具有量纲 $L^{1/2}/T$，水力半径 R
的量纲为 L，糙率 n 为无量纲数，所以曼宁公式的量纲是不和谐的。这说明当时人们在建立
这些关系式时，忽视或没有认识到应该保持量纲和谐的基本原则，从而给后人留下了这些不
完善的经验关系式。但是应该承认，这些能够保留下来成为经典水力学公式的少数量纲不
和谐的经验关系式，在水力计算中仍有重要的实用价值。需要注意的是，应用这些量纲不和
谐的经验关系式时，对采用的单位是有要求的，一般规定长度的单位用 m，时间的单位用 s。

　　现在在建立新的物理关系式时，如有可能，常将各项均设为无量纲的，即建立一些无量
纲数间的关系式。这样既避免了量纲不和谐的问题，也避免了在应用公式时因选用单位不
合适而出现的错误。

13.2.4　量纲分析法

　　量纲分析法是应用量纲和谐原理探求各物理量之间关系的方法。通常采用两种方法：
一种适用于比较简单的问题，称为瑞利（L.Rayleigh）法；另一种是具有普遍性的方法，称为 π
定理，又称布金汉（E.Buckingham）定理。

1. 瑞利法

　　下面通过例题来说明瑞利法。

　　例 13.1　设图 13.1 所示为理想液体孔口出流，试用瑞利法导出以液体密度 ρ、孔口直径
d 及压强差 $\Delta p(\Delta p=\rho gh,h$ 为孔口水头）表示的孔口
流量 Q 的表达式。

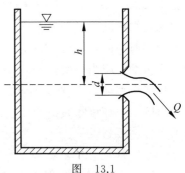

图　13.1

　　解　写出 Q 的函数形式为

$$Q=f(\rho,d,\Delta p)$$

　　将上式写成指数形式，即

$$Q=k\rho^{a}d^{b}\Delta p^{c} \qquad (13.3)$$

式中，k 为待定的无量纲系数。式（13.3）的量纲关系
式为

$$[Q]=k[\rho]^{a}[d]^{b}[\Delta p]^{c}$$

写为量纲公式为

$$L^{3}T^{-1}=(ML^{-3})^{a}L^{b}(ML^{-1}T^{-2})^{c}$$

根据量纲和谐原理，得

　　对基本量纲 M：$0=a+c$

　　对基本量纲 L：$3=-3a+b-c$

　　对基本量纲 T：$-1=-2c$

解得 $a=-\dfrac{1}{2},b=2,c=\dfrac{1}{2}$。代入式（13.3），得

$$Q=K\rho^{-\frac{1}{2}}d^{2}\Delta p^{\frac{1}{2}}=Kd^{2}\sqrt{\frac{\Delta p}{\rho}}$$

式中 $\Delta p = \rho g h$，代入上式后有

$$Q = kd^2 \sqrt{\frac{\rho g h}{\rho}} = k' \frac{\pi}{4} d^2 \sqrt{2gh} = k' A \sqrt{2gh}$$

式中，A 为孔口面积；k' 为一待定无量纲系数。

以上是由理想液体条件导出的孔口出流流量的表达式。对于实际液体，k' 需由试验确定，即可得到常用的孔口出流流量计算公式。

通过以上例子可以看到，由于基本量纲只有三个，利用量纲和谐原理求解指数的方程也就只有三个，因此用瑞利法只能确定三个指数。当待定的指数超过三个时，超过的这些指数只能人为给定或由其他方法确定，具体操作时有一定任意性和难度。因此，瑞利法一般适用于比较简单的问题。

2. π 定理

π 定理可以表述如下：对某个物理现象，如果存在 n 个物理量 x 互为函数关系，写为

$$f(x_1, x_2, \cdots, x_n) = 0 \tag{13.4}$$

而这些物理量中含有 m 个相互独立的基本量，则这个物理现象可以用 $n-m$ 个无量纲 π 数所表达的新的函数关系描述，即

$$F(\pi_1, \pi_2, \cdots, \pi_{n-m}) = 0 \tag{13.5}$$

π 定理的数学证明此处从略，可详见有关专著。应用 π 定理的步骤如下：

(1) 根据对所研究现象的认识，确定影响这个现象的各个物理量，写为式(13.4)的形式。

对于水流现象，有影响的物理量包括水的物理特性，如密度、重力加速度、黏度等；流动边界的几何特性，如孔口尺寸、过流宽度、建筑物高度等；水流运动要素，如流速、流量、水头、压强差等。选择和确定的物理量是否合理，对分析结果的成败至关重要。这里既需要对所研究的现象有深刻认识和全面了解，也需要掌握娴熟的进行量纲分析的技巧。

选择和确定的物理量中，不仅包括变量，也要考虑某些常量，如水的密度、黏度，重力加速度等，一般都视为常量。在分析某些现象时，必须有选择地将其列为有影响的物理量。

(2) 从 n 个物理量中选取 m 个基本物理量。对于力学问题，基本量纲有三个，因此，m 一般取 3。可以分别在几何学量、运动学量和动力学量中各选一个，如选择水头 H、流速 v 和水的密度 ρ 作为基本物理量。

三个基本物理量应是相互独立的。假定所选择的基本物理量为 x_1, x_2, x_3，其量纲公式为

$$[x_1] = \mathrm{L}^{\alpha_1} \mathrm{T}^{\beta_1} \mathrm{M}^{\gamma_1}$$
$$[x_2] = \mathrm{L}^{\alpha_2} \mathrm{T}^{\beta_2} \mathrm{M}^{\gamma_2}$$
$$[x_3] = \mathrm{L}^{\alpha_3} \mathrm{T}^{\beta_3} \mathrm{M}^{\gamma_3}$$

那么，满足这三个基本物理量为相互独立的条件是以上各式中的指数行列式不等于零，即

$$\Delta = \begin{vmatrix} \alpha_1 & \beta_1 & \gamma_1 \\ \alpha_2 & \beta_2 & \gamma_2 \\ \alpha_3 & \beta_3 & \gamma_3 \end{vmatrix} \neq 0 \tag{13.6}$$

因此，三个相互独立的基本物理量不能组合成无量纲数。

（3）写出 $n-3$ 个无量纲 π 数。从三个基本物理量以外的物理量中，即从 x_4，x_5，x_6，$\cdots$，x_n 中，每次轮取一个作为分子，由三个基本物理量指数形式的乘积 $x_1^{a_i} x_2^{b_i} x_3^{c_i}$ 作为分母，构成 $n-3$ 个新的变量 π_i，$i=1,2,\cdots,n-3$，即

$$\pi_1 = \frac{x_4}{x_1^{a_1} x_2^{b_1} x_3^{c_1}}$$

$$\pi_2 = \frac{x_5}{x_1^{a_2} x_2^{b_2} x_3^{c_2}}$$

$$\vdots$$

$$\pi_{n-3} = \frac{x_n}{x_1^{a_{n-3}} x_2^{b_{n-3}} x_3^{c_{n-3}}}$$

式中，a_i，b_i，c_i 为待定指数。

（4）解出各 π 数中基本物理量的指数。由于 π 是无量纲数，即 $[\pi]=\mathrm{L}^0\mathrm{T}^0\mathrm{M}^0$，根据量纲和谐原理可求出指数 a_i，b_i，c_i。

（5）最后可写出描述物理现象的关系式为

$$F(\pi_1,\pi_2,\cdots,\pi_{n-3})=0$$

下面通过实例说明 π 定理的应用。

例 13.2　用 π 定理推求水平等直径有压管内压强差 Δp 的表达式。已知影响 Δp 的物理量有管长 l、管径 d、管壁绝对粗糙度 Δ、流速 v、液体密度 ρ、液体动力黏度 μ。

解　列出上述各物理量的函数关系式为

$$f(d,v,\rho,l,\mu,\Delta,\Delta p)=0$$

可以看出函数关系式中变量个数 $n=7$。

选取三个基本物理量，它们分别是几何学量 d、运动学量 v 及动力学量 ρ，其量纲公式分别为

$$[d]=\mathrm{L}^{\alpha_1}\mathrm{T}^{\beta_1}\mathrm{M}^{\gamma_1}=\mathrm{L}^1\mathrm{T}^0\mathrm{M}^0$$

$$[v]=\mathrm{L}^{\alpha_2}\mathrm{T}^{\beta_2}\mathrm{M}^{\gamma_2}=\mathrm{L}^1\mathrm{T}^{-1}\mathrm{M}^0$$

$$[\rho]=\mathrm{L}^{\alpha_3}\mathrm{T}^{\beta_3}\mathrm{M}^{\gamma_3}=\mathrm{L}^{-3}\mathrm{T}^0\mathrm{M}^1$$

检查 d，v，ρ 的相互独立性

$$\Delta = \begin{vmatrix} 1 & 0 & 0 \\ 1 & -1 & 0 \\ -3 & 0 & 1 \end{vmatrix} = -1 \neq 0$$

说明以上三个基本物理量是互相独立的。

写出 $n-3=7-3$ 个无量纲 π 数：

$$\pi_1 = \frac{l}{d^{a_1} v^{b_1} \rho^{c_1}}$$

$$\pi_2 = \frac{\mu}{d^{a_2} v^{b_2} \rho^{c_2}}$$

$$\pi_3 = \frac{\Delta}{d^{a_3} v^{b_3} \rho^{c_3}}$$

$$\pi_4 = \frac{\Delta p}{d^{a_4} v^{b_4} \rho^{c_4}}$$

根据量纲和谐原理,可分别求出各 π 数中的指数。以 π_1 为例,量纲关系式为

$$[l] = [d]^{a_1} [v]^{b_1} [\rho]^{c_1}$$

量纲公式为

$$L^1 T^0 M^0 = L^{a_1} (LT^{-1})^{b_1} (ML^{-3})^{c_1}$$

对基本量纲 L:$1 = a_1 + b_1 - 3c_1$

对基本量纲 T:$0 = -b_1$

对基本量纲 M:$0 = c_1$

解得 $a_1 = 1, b_1 = 0, c_1 = 0$,则 π_1 可表示为

$$\pi_1 = \frac{l}{d}$$

同理可得

$$\pi_2 = \frac{\mu}{dv\rho}, \quad \pi_3 = \frac{\Delta}{d}, \quad \pi_4 = \frac{\Delta p}{v^2 \rho}$$

则

$$F(\pi_1, \pi_2, \pi_3, \pi_4) = F\left(\frac{l}{d}, \frac{\mu}{dv\rho}, \frac{\Delta}{d}, \frac{\Delta p}{v^2 \rho}\right) = 0$$

上式中的 π 数可根据需要取其倒数,而不会改变它的无量纲性质,可写成

$$F_1\left(\frac{l}{d}, \frac{dv\rho}{\mu}, \frac{\Delta}{d}, \frac{\Delta p}{v^2 \rho}\right) = 0$$

求解压差 Δp,得

$$\frac{\Delta p}{v^2 \rho} = F_2\left(\frac{l}{d}, \frac{dv\rho}{\mu}, \frac{\Delta}{d}\right)$$

以 $Re = \dfrac{dv\rho}{\mu} = \dfrac{vd}{\nu}$ 代入上式,并写为

$$\frac{\Delta p}{\rho g} = F_3\left(Re, \frac{\Delta}{d}\right) \frac{l}{d} \frac{v^2}{2g}$$

式中,$h_f = \dfrac{\Delta p}{\rho g}$,令 $\lambda = F_3\left(Re, \dfrac{\Delta}{d}\right)$,最后可得沿程水头损失公式为

$$h_f = \lambda \frac{l}{d} \frac{v^2}{2g} \tag{13.7}$$

式(13.7)是沿程损失的一般表达式,即式(4.23)。式中 λ 称为沿程水头损失系数,可由试验进一步求得 λ 随雷诺数 Re 及相对粗糙度 $\dfrac{\Delta}{d}$ 的变化关系,已在第 4 章中阐明。

量纲分析法在水力学研究中占有重要地位。应用该方法可以帮助人们初步建立有关各物理量之间的函数关系式,确定各物理量之间具有怎样的函数形式。运用 π 定理还可构建无量纲 π 数,减少变量个数,从而为研究工作提供了很大帮助。

但必须指出:量纲分析法不是物理分析的方法,它只是根据物理量量纲和谐的原则进行的一种数学分析方法。通过量纲分析法得到的结果是否正确,取决于人们对物理现象的

认识是否深刻和全面,选取的物理量是否恰当。当人们应用量纲分析法分析某一物理现象时,若选取的物理量不合理,尽管正确地应用了该方法,也得到了结果,但这一结果往往并不符合物理现象的客观规律,只能是错误的结果。因此,为了正确应用量纲分析方法,必须加深对所研究问题的理解,掌握应用量纲分析法的技巧。另外,量纲分析法所求得的结果只是函数关系式的基本形式,式中出现的系数仍需依靠试验确定。

13.3　水力相似基本原理

水力相似原理是水力模型试验的理论依据,也是对水流现象进行理论分析的一个重要手段。模型和原型的水流现象是规模完全不同的两种水流运动,它们之间有怎样的联系?又能共同地反映哪些水流运动规律?这都需要根据相似原理给予解释。

因此,需要学习和掌握水力相似原理,在模型设计时将它作为依据,指导我们如何设计模型;在分析模型试验结果时将它作为把试验结果引申到原型的重要工具。本节将介绍水力相似的基本概念。

13.3.1　比尺、基本比尺、导出比尺

原型和模型对应的物理量之比称为比尺,如原型和模型对应点的速度之比可称为速度比尺。与量纲分析类似,物理量可分为基本物理量和一般物理量。基本物理量应是相互独立的,通常取长度、时间和质量作为基本物理量。基本物理量对应的比尺则称为基本比尺。一般物理量对应的比尺称为导出比尺,导出比尺可由基本比尺以指数形式的乘积构成。显然,对于模型试验,长度比尺是十分重要的基本比尺。

13.3.2　力学相似、几何相似、运动相似和动力相似

如果两种流动(如原型和模型)所有对应点上同名物理量存在一定的比例关系,则称这两种流动是力学相似的。水力模型试验应满足力学相似的要求。

要满足力学相似,必须满足几何相似、运动相似和动力相似。

现对有关符号予以说明。凡涉及原型中的物理量,以下标 p 表示;模型中的物理量,以下标 m 表示。物理量的比尺以 λ 表示,并加以下标表示该物理量的类别。

1. 几何相似

几何相似是指原型与模型两个流场中,所有相应线段的长度都维持一定的比例关系,即长度比尺为

$$\lambda_l = \frac{l_p}{l_m} \tag{13.8}$$

几何相似的必然结果是原型、模型相应部位的面积 A、体积 V 也维持一定的比例关系,面积比尺为

$$\lambda_A = \frac{A_p}{A_m} = \lambda_l^2 \tag{13.9}$$

体积比尺为

$$\lambda_V = \frac{V_p}{V_m} = \lambda_l^3 \tag{13.10}$$

几何相似是力学相似的前提,只有在几何相似的流场中,才可能存在对应的点,也才能够讨论对应点上同名物理量的相似问题。

2. 运动相似

运动相似是指原型与模型两个流场对应点的速度 u 和加速度 a 的大小各维持一定的比例关系,且方向相同。可表示为

速度比尺

$$\lambda_u = \frac{u_p}{u_m} = \frac{l_p/t_p}{l_m/t_m} = \frac{\lambda_l}{\lambda_t} \tag{13.11}$$

加速度比尺

$$\lambda_a = \frac{a_p}{a_m} = \frac{u_p/t_p}{u_m/t_m} = \frac{\lambda_u}{\lambda_t} = \frac{\lambda_l}{\lambda_t^2} \tag{13.12}$$

满足运动相似条件时原型与模型两个流场对应断面的平均流速 v 也具有速度比尺式(13.11)的比例关系。

式(13.11)、式(13.12)中, $\lambda_t = \dfrac{t_p}{t_m}$ 为时间比尺,它与 λ_l 同为基本比尺; λ_u、λ_a 为导出比尺。

3. 动力相似

动力相似是指作用于原型与模型两个流场相应点上的各种同名作用力的大小均维持一定的比例关系,且方向相同。如以 F_p、F_m 分别表示原型和模型流场中相应点所受的同类性质的力,则动力相似要求

$$F_p/F_m = \lambda_F \tag{13.13}$$

以上三个相似条件是模型和原型保持完全相似的主要条件,它们互相联系,互为条件。几何相似是运动相似和动力相似的前提和依据;动力相似是决定水流运动相似的主导因素;运动相似是几何相似和动力相似的具体表现和结果,它们是一个统一整体,缺一不可。

13.3.3　牛顿相似定律

在三个相似条件中,几何相似和运动相似条件比较简单,容易得到满足,而动力相似条件中,要求模型和原型对应点上各种同名作用力的大小均维持一定的比例关系,这几乎是做不到的。例如作用力中包括重力、黏滞力、弹性力、表面张力等,它们对水流运动所起的作用有十分明显的差别,当研究对象缩小为模型后,这些作用力并不是都按照某一相同的比例减少。因此,对于动力相似条件如何满足,需要做专门的讨论。

任何液体运动,不论是原型还是模型,都必须遵循牛顿第二定律,即

$$F = ma$$

式中,F 为各种作用力的合力。在水力学中,将 $-ma$ 视为惯性力。应用量纲分析中建立量纲关系式的方法,将物理量用量纲表示,牛顿第二定律可写为

$$F = ma = \rho l^3 \frac{l}{t^2} = \rho l^2 v^2$$

即合外力 F 可以用液体密度、长度、速度的指数的乘积形式表示。

按动力相似要求

$$\lambda_F = \frac{F_p}{F_m} = \frac{\rho_p l_p^2 v_p^2}{\rho_m l_m^2 v_m^2} = \lambda_\rho \lambda_l^2 \lambda_v^2 \tag{13.14}$$

式(13.14)可以写成

$$\frac{F_p}{\rho_p l_p^2 v_p^2} = \frac{F_m}{\rho_m l_m^2 v_m^2} \tag{13.15}$$

$\dfrac{F}{\rho l^2 v^2}$ 是无量纲数,称为牛顿数,以 Ne 表示,即

$$Ne = \frac{F}{\rho l^2 v^2} \tag{13.16}$$

牛顿数的物理意义是作用于水流的外力与惯性力之比。式中 F 为作用于研究对象上外力的合力;ρ 为密度;l 为特征长度;v 为流速。于是式(13.15)可写为

$$Ne_p = Ne_m \tag{13.17}$$

式(13.17)表明,两个动力相似的水流,它们的牛顿数必相等,称为牛顿相似定律。

13.3.4 相似准则

牛顿数中的 F 应为外力的合力。当仅将其中某一个作用力作为 F 的代表,忽略其他作用力的影响时,这样的相似定律称为单一作用力的相似准则。下面介绍一些主要的相似准则。分析过程中都将用到量纲分析中使用的方法。

1. 重力相似准则

重力是液流现象中常遇到的一种作用力,如明渠水流、堰流及闸孔出流等都是重力起主要作用的流动。

重力可表示为 $G = \rho g V$。重力的量纲关系式比尺为

$$\lambda_G = \frac{G_p}{G_m} = \frac{\rho_p g_p l_p^3}{\rho_m g_m l_m^3} = \lambda_\rho \lambda_g \lambda_l^3$$

当仅考虑重力作用时,可以认为 $F = G$,$\lambda_F = \lambda_G$,代入式(13.14)中可得

$$\lambda_\rho \lambda_g \lambda_l^3 = \lambda_\rho \lambda_l^2 \lambda_v^2$$

整理后得

$$\frac{\lambda_v^2}{\lambda_g \lambda_l} = 1 \tag{13.18}$$

即

$$\frac{v_p}{\sqrt{g_p l_p}} = \frac{v_m}{\sqrt{g_m l_m}}$$

$\dfrac{v}{\sqrt{gl}}$ 为无量纲的弗劳德数 Fr,即

$$Fr_p = Fr_m \tag{13.19}$$

式(13.19)表明,模型与原型的流动在重力作用下的动力相似条件是它们的弗劳德数相等,称为重力相似准则或弗劳德相似准则。

2. 摩阻力相似准则

对于实际液体的流动,摩阻力是十分重要的作用力之一。

摩阻力可表示为

$$T = \tau \chi l$$

式中,τ 为边界切应力,χ 为湿周,l 为流程。对于均匀流,$\tau = \rho g R J$,且水力坡度 $J = h_f/l = \dfrac{\lambda}{4R} \dfrac{v^2}{2g}$。代入上式,整理后得

$$T = \frac{1}{8} \rho \lambda l \chi v^2$$

式中,λ 为沿程水头损失系数,为无量纲数。摩阻力量纲关系式的比尺为

$$\lambda_T = \frac{T_p}{T_m} = \frac{\rho_p \lambda_p l_p^2 v_p^2}{\rho_m \lambda_m l_m^2 v_m^2} = \lambda_\rho \lambda_\lambda \lambda_l^2 \lambda_v^2$$

当仅考虑摩阻力作用时,可以认为 $F = T$,$\lambda_F = \lambda_T$,代入式(13.14)中可得

$$\lambda_\rho \lambda_\lambda \lambda_l^2 \lambda_v^2 = \lambda_\rho \lambda_l^2 \lambda_v^2$$

整理后得

$$\lambda_\lambda = 1 \tag{13.20}$$

即

$$\lambda_p = \lambda_m$$

上式表明,模型与原型的沿程水头损失系数相等是摩阻力相似的一般准则。

考虑到 λ 与谢才系数 C 的关系:$\lambda = \dfrac{8g}{C^2}$,则沿程水头损失系数比尺为

$$\lambda_\lambda = \frac{\lambda_g}{\lambda_C^2}$$

考虑到 $\lambda_g = 1$ 及式(13.20),可得到

$$\lambda_C = 1 \tag{13.21}$$

即

$$C_p = C_m$$

式(13.21)为摩阻力相似一般准则的另一表达式。式(13.20)及式(13.21)表明,模型与原型的流动在摩阻力作用下的动力相似条件是它们的沿程水头损失系数或谢才系数的比尺等于1,即沿程水头损失系数或谢才系数相等。这一条件对层流和紊流均适用。

根据这一条件,可分别导出适用于层流和紊流粗糙区的摩阻力相似准则和相似条件。

（1）层流

对圆管均匀层流，沿程水头损失系数 $\lambda = \dfrac{64}{Re}$，则比尺为

$$\lambda_\lambda = \frac{1}{\lambda_{Re}}$$

代入式（13.20），可得

$$\lambda_{Re} = 1 \tag{13.22}$$

即

$$Re_p = Re_m \tag{13.23}$$

式（13.23）表明层流时模型与原型的流动在摩阻力作用下的动力相似条件是它们的雷诺数相等，称为黏滞力相似准则或雷诺相似准则。

（2）紊流粗糙区

对于紊流粗糙区流动，引用曼宁公式：$C = \dfrac{1}{n}R^{\frac{1}{6}}$，其量纲关系式为

$$\lambda_C = \frac{\lambda_l^{\frac{1}{6}}}{\lambda_n}$$

代入式（13.21），可得

$$\lambda_n = \lambda_l^{\frac{1}{6}} \tag{13.24}$$

式（13.24）为紊流粗糙区的摩阻力相似条件，这一条件仅对模型的表面粗糙程度提出了要求。它表明，当模型与原型水流均处于紊流粗糙区范围时，只要模型的糙率比尺 λ_n 满足式（13.24）的关系，就能满足摩阻力作用下的动力相似，而不要求模型与原型的雷诺数相等。因此，紊流粗糙区又称自动模型区。

紊流粗糙区的摩阻力相似条件为开展模型试验研究提供了十分重要的理论依据。

3. 表面张力相似准则

表面张力可表示为

$$S = \sigma l$$

σ 为表面张力系数，当仅考虑表面张力作用时，可以认为 $F = S$，$\lambda_F = \lambda_S$，按与以上相同的方法由式（13.14），可得

$$\lambda_\sigma \lambda_l = \lambda_\rho \lambda_l^2 \lambda_v^2$$

整理后得

$$\frac{\lambda_\rho \lambda_l \lambda_v^2}{\lambda_\sigma} = 1 \tag{13.25}$$

即

$$\frac{\rho_p l_p v_p^2}{\sigma_p} = \frac{\rho_m l_m v_m^2}{\sigma_m}$$

令 $We = \dfrac{\rho l v^2}{\sigma}$，称为韦伯（Weber）数，是一个无量纲数，表征水流中惯性力与表面张力之比，于是上式可写为

$$We_p = We_m \tag{13.26}$$

式(13.26)为表面张力相似准则,或称为韦伯相似准则。它表明,模型与原型的流动在表面张力作用下的力学相似条件是它们的韦伯数相等。

4. 弹性力相似准则

弹性力可表示为

$$E = Kl^2$$

式中,K 为体积弹性系数,当仅考虑弹性力作用时,可以认为 $F = E$,$\lambda_F = \lambda_E$,按与以上相同的方法由式(13.14),可得

$$\lambda_K \lambda_l^2 = \lambda_\rho \lambda_l^2 \lambda_v^2$$

整理后得

$$\frac{\lambda_\rho \lambda_v^2}{\lambda_K} = 1 \tag{13.27}$$

即

$$\frac{\rho_p v_p^2}{K_p} = \frac{\rho_m v_m^2}{K_m}$$

令 $Ca = \dfrac{\rho v^2}{K}$,称为柯西(Cauchy)数,是一个无量纲数,表征惯性力与弹性力之比,于是上式可写为

$$Ca_p = Ca_m \tag{13.28}$$

式(13.28)为弹性力相似准则,或称柯西相似准则。它表明,模型与原型的流动在弹性力作用下的力学相似条件是它们的柯西数相等。

5. 压力相似准则

压力可表示为

$$P = pA$$

当仅考虑压力作用时,可以认为 $F = P$,$\lambda_F = \lambda_P$,按与以上相同的方法由式(13.14),可得

$$\lambda_p \lambda_l^2 = \lambda_\rho \lambda_l^2 \lambda_v^2$$

整理后得

$$\frac{\lambda_\rho \lambda_v^2}{\lambda_p} = 1 \tag{13.29}$$

即

$$\frac{p_p}{\rho_p v_p^2} = \frac{p_m}{\rho_m v_m^2}$$

令 $Eu = \dfrac{p}{\rho v^2}$,称为欧拉(Euler)数,是一个无量纲数,它表征水流中动水压力与惯性力之比。于是上式可写为

$$Eu_p = Eu_m \tag{13.30}$$

在液体运动当中,起作用的往往是压强差 Δp,而不是压强 p。因此,欧拉数常用这样的表达式

$$Eu = \frac{\Delta p}{\rho v^2}$$

式(13.30)为压力相似准则,或称欧拉相似准则。它表明,模型与原型的流动在压力作用下的力学相似条件是它们的欧拉数相等。

6. 惯性力相似准则

对非恒定的一元流动,加速度 a 可表示为

$$a = \frac{\mathrm{d}v}{\mathrm{d}t} = \frac{\partial v}{\partial t} + \frac{\partial v}{\partial s}\frac{\mathrm{d}s}{\mathrm{d}t} = \frac{\partial v}{\partial t} + v\frac{\partial v}{\partial s}$$

式中,加速度由当地加速度 $\dfrac{\partial v}{\partial t}$ 和迁移加速度 $v\dfrac{\partial v}{\partial s}$ 两部分组成,迁移加速度与当地加速度量纲关系式之比可写成

$$\frac{v \cdot v/l}{v/t} = \frac{vt}{l} \tag{13.31}$$

令 $St = \dfrac{l}{vt}$,称为斯特劳哈尔(Strouhal)数,为无量纲数。表征非恒定流动中当地加速度的惯性作用与迁移加速度的惯性作用之比。于是式(13.31)可写为

$$St_{\mathrm{p}} = St_{\mathrm{m}} \tag{13.32}$$

式(13.31)是惯性力相似准则,它表明,模型与原型非恒定流动相似的条件是它们的斯特劳哈尔数相等。因为斯特劳哈尔数是控制非恒定流时间的准数,故又称为时间相似准则。

6 个相似准则中提到的弗劳德数、雷诺数、韦伯数、柯西数、欧拉数和斯特劳哈尔数又称为相似准数。

以上所述的相似准则也可从纳维-斯托克斯方程导出,详见有关专著。

单一作用力的相似准则在指导模型试验研究中具有非常重要的地位。因为在自然界当中,作用于水流的力是多种多样的,例如重力、黏滞力、压力、表面张力、弹性力等,这些力与液体的物理性质,如密度、黏度、表面张力系数等有关,也与重力加速度有关。对于模型和原型这两种规模相差悬殊的水流来讲,与这些力有关的物理性质是不变的,但这些物理性质对两种流动产生的影响却有很大不同,如在很低流速时液体的黏度将比高流速时对摩阻力产生更大影响。因此,在满足动力相似条件即模型与原型牛顿数相等的条件时,要求各种力都按相同比尺变化,往往无法实现。这样,在考虑模型与原型水流保持动力相似时,需要将问题简化,抓住决定水流运动状态的一种或两种居于支配地位的作用力实现动力相似,即应用单一作用力的相似准则实现动力相似。通常,在水力模型试验中都是按单一作用力的相似准则设计模型。实践证明,这样处理能满足解决实际问题的精度要求。

在上面介绍的 6 个相似准则中,重力相似准则和阻力相似准则应用较为普遍。表面张力准则只有在流动规模甚小,表面张力的作用相对显著时才需应用。弹性力相似准则适用于管路中发生水击时的流动。惯性力相似准则用于非恒定流;压力相似是重力相似和阻力相似的必然结果,一般不需单独考虑。

13.4　相似准则的应用及水力模型设计

确定了相似准则后,即可进行模型设计。下面只介绍重力相似准则和阻力相似准则的有关内容。

13.4.1　相似准则的应用及模型比尺换算

根据不同的相似准则,可进行模型中各物理量比尺的计算。

1. 重力相似准则要求的物理量比尺

根据式(13.18)

$$\frac{\lambda_v^2}{\lambda_g \lambda_l} = 1$$

再考虑到模型与原型水流所受到的重力加速度 g 差异很小,故取 $\lambda_g = 1$。则可得流速比尺

$$\lambda_v = \lambda_l^{\frac{1}{2}} \tag{13.33}$$

由于流速比尺可写为

$$\lambda_v = \frac{\lambda_l}{\lambda_t}$$

代入式(13.33)后可得时间比尺

$$\lambda_t = \lambda_l^{\frac{1}{2}} \tag{13.34}$$

则流量比尺可写为

$$\lambda_Q = \frac{\lambda_l^3}{\lambda_t} = \frac{\lambda_l^3}{\lambda_l^{\frac{1}{2}}} = \lambda_l^{2.5} \tag{13.35}$$

以上只是对 3 个主要的物理量比尺进行了推导,由此可知,当满足重力相似准则时,如长度比尺为 λ_l,则模型中的模型流速应为原型流速的 $\frac{1}{\lambda_l^{\frac{1}{2}}}$ 倍;模型流量应为原型流量的 $\frac{1}{\lambda_l^{2.5}}$ 倍。例如,当长度比尺为 100 时,即模型长度为原型长度的 $\frac{1}{100}$ 时,则模型中的模型流速应为原型流速的 $\frac{1}{10}$;模型流量应为原型流量的 $\frac{1}{100\,000}$。

重力相似准则要求的其他物理量比尺可见表 13.2。

2. 摩阻力相似准则要求的物理量比尺

摩阻力相似准则分为黏滞力相似准则(层流摩阻力相似准则)和紊流粗糙区摩阻力相似准则。

(1) 黏滞力相似准则

因雷诺数 $Re = \dfrac{vl}{\nu}$，代入式（13.23）得

$$\frac{v_p l_p}{\nu_p} = \frac{v_m l_m}{\nu_m}$$

即

$$\frac{\lambda_v \lambda_l}{\lambda_\nu} = 1 \tag{13.36}$$

当原型与模型均为同一种液体，且液体温度相近时，$\nu_p = \nu_m$，即 $\lambda_\nu = 1$。

代入上式可得流速比尺

$$\lambda_v = \frac{1}{\lambda_l} \tag{13.37}$$

由于流速比尺可写为

$$\lambda_v = \frac{\lambda_l}{\lambda_t}$$

代入式（13.37）后可得时间比尺

$$\lambda_t = \lambda_l^2 \tag{13.38}$$

则流量比尺可写为

$$\lambda_Q = \frac{\lambda_l^3}{\lambda_t} = \frac{\lambda_l^3}{\lambda_l^2} = \lambda_l \tag{13.39}$$

通过以上对 3 个主要物理量比尺的推导可知，当满足黏滞力相似准则时，如长度比尺为 λ_l，则模型中的模型流速应为原型流速的 λ_l 倍；模型流量应为原型流量的 $\dfrac{1}{\lambda_l}$ 倍。例如，当长度比尺为 10 时，即模型长度为原型长度的 $\dfrac{1}{10}$ 时，则模型中的模型流速应为原型流速的 10 倍；模型流量应为原型流量的 $\dfrac{1}{10}$。

黏滞力相似准则要求的其他物理量比尺可见表 13.2。

表 13.2   重力相似准则和黏滞力相似准则物理量比尺对照

名　称	符　号	相　似　准　则		说　明
		重力	黏滞力	
长度	λ_l	λ_l	λ_l	
流速	λ_v	$\lambda_l^{\frac{1}{2}}$	λ_l^{-1}	
流量	λ_Q	$\lambda_l^{2.5}$	λ_l	
时间	λ_t	$\lambda_l^{\frac{1}{2}}$	λ_l^2	
力	λ_F	λ_l^3	1	要求：$\lambda_g = 1$；$\lambda_\rho = 1$；$\lambda_\nu = 1$
压强、切应力	λ_p、λ_τ	λ_l	λ_l^{-2}	
加速度	λ_a	1	λ_l^{-3}	
功能	λ_E	λ_l^4	λ_l	
功率	λ_N	$\lambda_l^{3.5}$	λ_l^{-1}	

通过对重力相似准则和黏滞力相似准则物理量比尺的推导可知,当模型和原型采用相同的液体,它们的流速比尺和流量比尺的表达式是不同的,即表明一般情况下重力相似准则和黏滞力相似准则无法同时满足。

若要同时满足重力相似准则和黏滞力相似准则,则模型使用的液体应与原型不同,即它们的黏度不同。

按重力相似准则,流速比尺为

$$\lambda_v = \lambda_l^{\frac{1}{2}}$$

按黏滞力相似准则,由式(13.36)

$$\frac{\lambda_v \lambda_l}{\lambda_\nu} = 1$$

可得流速比尺为

$$\lambda_v = \frac{\lambda_\nu}{\lambda_l}$$

若要两个流速比尺相等,则要求

$$\lambda_l^{\frac{1}{2}} = \frac{\lambda_\nu}{\lambda_l}$$

即两种液体运动黏度比尺为

$$\lambda_\nu = \lambda_l^{\frac{3}{2}} \tag{13.40}$$

模型液体的运动黏度应为原型液体运动黏度的 $\dfrac{1}{\lambda_l^{\frac{3}{2}}}$ 倍。如当原型液体为水,λ_l 取 20,

则 $\lambda_\nu = \lambda_l^{\frac{3}{2}} = 20^{\frac{3}{2}} = 89.4$,即 $\nu_m = \dfrac{\nu_p}{89.4}$,表明模型中液体的运动黏度必须为水的运动黏度的

$\dfrac{1}{89.4}$,这在模型试验中难以实现。或者取 $\lambda_l = 1$,根据式(13.40),有 $\lambda_\nu = 1$,即模型与原型可采用同一液体。但如果取 $\lambda_l = 1$,即表明模型要与原型制作得一样大,实际上失去了模型试验的意义。因此,层流中重力相似和黏滞力相似难以同时满足。

(2)紊流粗糙区摩阻力相似准则

当原型和模型水流均处于紊流粗糙区时,紊流粗糙区的摩阻力相似条件为式(13.24)

$$\lambda_n = \lambda_l^{\frac{1}{6}}$$

只要模型与原型壁面的糙率 n 满足上式的要求,即达到摩阻力相似条件,显然,在紊流粗糙区,重力相似准则和摩阻力相似准则可以同时满足。

如某工程导流底孔,原型材料为混凝土浇筑,壁面糙率 $n_p = 0.014$。现按长度比尺 $\lambda_l = 30$ 制作断面模型,为达到紊流粗糙区的摩阻力相似条件,则模型糙率应为

$$n_m = \frac{n_p}{\lambda_l^{\frac{1}{6}}} = \frac{0.014}{30^{\frac{1}{6}}} = 0.0079$$

采用有机玻璃制作模型,基本能满足要求。因此,这样的模型可以做到重力相似准则和摩阻力相似准则同时满足。

13.4.2　水力模型设计的限制条件

进行水力模型设计时,首先应根据原型液体运动的特性,确定控制流动的主要作用力,再根据对应的相似准则,算出各物理量的模型比尺。模型的长度比尺越小,模型的尺寸越大;反之,模型的长度比尺越大,模型的尺寸越小。确定模型的长度比尺时,除要考虑模型试验的要求以及经济因素外,还要考虑一些限制条件的制约。长度比尺的下限受实验室场地大小和水循环系统可提供最大流量的限制;长度比尺的上限主要受液体黏性和表面张力的影响,受到一定限制。对于有压管道流动,应控制雷诺数在紊流范围;对于明渠流动,应控制水深不得小于 3 cm。由于水流运动的复杂性,原型水流的所有水力特性并不能完全在模型水流得到再现,即使要满足两种水流的近似相似,除保持相似准数不变外,还应认可和遵守一些限制条件,保证模型中的物理现象与原型相似。这些限制条件可以归纳如下。

1. 共同作用力的限制条件

流体运动时一般要受到几种力的共同作用,如重力、摩擦阻力、压力和表面张力等。从理论上讲设计模型时应当同时考虑这几种力的作用,并满足各自的相似准则。但是实际上这是无法实现的。因此,设计模型时只考虑起主要作用的力,并按相应的相似准则设计模型。对于水流运动,一般情况需要考虑重力和阻力相似。当原型和模型水流都为层流时,无法使模型设计同时满足弗劳德相似准则和雷诺相似准则。当原型和模型水流都处于紊流粗糙区时,模型设计可以同时满足重力相似和阻力相似的要求,此时的模型比尺是按弗劳德相似准则确定的。由于水利工程建筑物中水流运动大多是重力起主要作用,在模拟共同作用力有困难时,往往忽略其他作用力,按弗劳德相似准则设计模型。因此在水工模型试验设计中,弗劳德相似准则具有十分重要的地位。

2. 流态的限制条件

(1) 层流与紊流的界限

层流运动与紊流运动有质的差别。由于水力模型试验中对应的原型水流都为紊流,因此模型水流必须是紊流。模型水流中所有过流断面的雷诺数均应大于上临界雷诺数 Re'_c。一般在圆管中,上临界雷诺数取 13 350;粗糙表面矩形明渠中上临界雷诺数 Re'_c 约为 3000～4000。

(2) 缓流与急流的界限

明渠缓流中的干扰波可向上游传播,急流中的干扰波不能向上游传播,因而缓流与急流有质的差别。对于明渠水流模型,应保证其水流状态(缓流或急流)与原型相同。如按重力相似准则设计明渠水流模型,模型和原型在对应过流断面上的弗劳德数应相等,从而水流状态也应相同。然而由于边界粗糙程度无法做到精确相似,即使按几何相似和重力相似设计的模型,其水流状态可能有所变化,导致模型与原型中水流状态不同。

在设计明渠水流模型时,需验证模型水流的状态是否符合要求。当模型流动状态不能满足要求时,可以根据经验对边界的粗糙程度或明渠底坡做适当调整,使模型流动状态满足要求。一般来讲,这种调整是允许的。

3. 模型试验中应注意的其他限制条件

（1）模型中糙率制作的限制条件

糙率与壁面的粗糙程度有很大关系，但水力模型中对糙率的模拟不能也无法按几何相似的方法制作模型壁面的粗糙程度。实际上，即使能够将原型边壁的粗糙程度按照几何相似的方法制作出模型的边壁，它们对水流摩阻的影响也不会与原型相似。因此水力模型糙率的模拟只能采取其他方法，即用原型与模型的水力坡度相等进行控制和衡量。当模型水流的水力坡度与原型水流的水力坡度一致时，即认为模型的糙率与原型相似。否则为不相似，需要调整模型边壁的粗糙程度直至模型中的水力坡度与原型相同为止。

（2）真空与空蚀的限制条件

按重力相似准则设计模型，可得到相应的压强比尺。但是当模型水流中出现真空即负压时，这一压强是否能够按照比尺换算到原型水流则要谨慎对待。否则有可能出现换算出来的原型水流真空压强大于一个大气压的荒谬结论。即使换算出的原型水流真空压强没有大于一个大气压，但是当局部点或区域的压强小于蒸汽压强时，模型水流与原型水流已经不相似了。因为当水流中的压强小于蒸汽压强时可能出现空化或空蚀现象，而这种现象在模型水流中无法看到。这是因为此时模型水流中的真空压强还大于蒸汽压强，并未达到发生空化或空蚀的条件。因此，模拟水流中发生真空与空蚀的试验受到一定限制。这样的试验研究一般需在特殊的试验设备上进行，如在减压箱中进行空化和空蚀的试验。

（3）高速水流中掺气的限制条件

当水流速度较高（一般认为大于 15 m/s），水流表面紊动强烈，会卷吸大量空气掺入水体，称为掺气水流，如高坝溢洪道中下泄的高流速水流。而模型中虽然流速与原型相似，但由于其缩小了若干倍，速度的量级和水体表面的紊动强度均达不到自然掺气的条件，因而模型中无法产生掺气现象。因此掺气水流的相似模拟就受到限制。

（4）模拟表面波浪的限制条件

模型中需要模拟表面波浪时，对模型中的最小水深有一定限制。当水深过小时，液体的黏滞力和表面张力引起的波浪衰减将影响到相似性。为了克服表面张力的影响，模型中水深应大于 2 cm。

综上所述，说明在进行水力模型试验时，除选定相似准则和推算相似比尺外，还要考虑对模型模拟有影响的有关物理因素的限制条件，注意到水力试验模型演现原型水流物理现象所具有的局限性。

13.5　水力模型的分类

水利工程的设计和运行过程中需要通过水力模型试验解决的问题是多种多样的，因而提出的试验任务也就各不相同。根据试验内容和要求的不同，试验中可采取不同类型的模型。常用的模型类型有以下几种。

13.5.1   按模型模拟的范围分类

1. 整体模型

包括整个水工建筑物或整个被研究对象的模型称为整体模型。如包括上下游河道的闸、坝枢纽模型。

2. 半整体模型

当建筑物较宽且结构对称，由于实验场地或供水流量等条件限制而不能制作整体模型时，有时也可取其一半来制成模型，称为半整体模型。如进行孔数较多的溢流坝、水闸试验时可采用此类模型。

由于上下游地形很难严格对称，水流在横向往往有质量、动量和能量的交换，产生主流的偏离和回流或旋涡等现象，而半整体模型将无法较真实地模拟水流现象。因此，鉴于半整体模型的弱点，一般不轻易采用此类模型。

3. 局部模型

为了更详细研究建筑物某个局部水流现象，取出建筑物中某个局部做成的模型，称为局部模型。如研究引水式水电站中动力渠道的涌波问题时，不需要研究坝区枢纽水流，往往只需选取动力渠道段制作模型。

4. 断面模型

当建筑物较宽，沿其宽度方向水流情况相近，这时可按垂向二维问题进行处理，即在其宽度方向取一小段制成模型，这种模型称为断面模型。如多孔水闸或溢流坝，可取其中一孔制成模型，将其放在玻璃水槽内进行试验，进行坝面剖面形状、与过流能力有关的各种系数、水流流态及消能工体型设计等问题的研究。

13.5.2   按床面的性质分类

1. 定床模型

在试验过程中河床边界固定不变的模型称为定床模型。研究一般水流运动状态时常采用此类模型。

2. 动床模型

为研究河床的冲淤演变、消能段的冲刷深度、范围，这时需要采用河床边界随水流运动不断改变的模型，称为动床模型。动床模型试验中需要同时研究水、沙运动，即要求水流运动相似及河床泥沙运动相似。

13.5.3 按模型的几何相似性分类

1. 正态模型

在空间三个方向采用相同的长度比尺,模型与原型完全几何相似的模型称为正态模型。由于水力模拟中模型与原型的几何相似是运动相似和动力相似的重要保证,因此应尽可能采用正态模型。当研究水利枢纽上下游水流、溢洪道泄流和显著弯曲的河渠问题等,必须采用正态模型。

2. 变态模型

在空间三个方向采用不同长度比尺的模型称为变态模型。一般在河工模型试验中常采用变态模型。具体做法是,在河流的长度和宽度方向采用相同的较大的长度比尺,在水深方向即垂向采用较小的长度比尺,这样模型中的河流与原型中的河流在几何上是不相似的,故称为变态模型。人们采用变态模型是一种无奈的选择。在模拟河流时,其原型长度和宽度的数量级一般在几十千米至几百米,而水深的数量级往往只有几米至十几米。由于试验场地、试验经费和试验室供水能力的限制,如采用正态模型,水深往往太小,不能满足流态和水深的限制条件,因此只能在水深方向采用较小的长度比尺,人为增加模型中的水深,形成一种变态模型。变态模型中的水流在作用力、水流结构和流速分布方面与原型水流已经存在很大的差别,可以模拟的内容受到很大限制。如何将模型试验中的现象和试验结果推演到原型水流,需要依据变态模型试验的相似理论。关于变态模型的相似理论,可以参考有关专业著作。

不同方向长度比尺之比称为变态模型的变率,一般要求变率不超过 5。由于变态模型与原型在几何上不完全相似,因此选择变态模型时必须慎重。水工建筑物和河道整治建筑物一般不采用变态模型。

思 考 题

13.1 要使两个水流系统为力学相似,应该满足什么条件?

13.2 在讲动力相似时为什么不能写出长度比尺与其他运动要素比尺的关系?

13.3 什么是重力相似准则?其动力相似的物理意义如何?所得的流速比尺与长度比尺关系如何?流量比尺与长度比尺关系又如何?

13.4 量纲分析方法的根据是什么?具体步骤如何?

13.5 两个力学相似的水流必须满足哪些条件?

13.6 水力模型试验中常见的相似准数有哪些?其意义如何?怎样表示?

13.7 何谓量纲?何谓单位?

13.8 基本量纲如何选取?怎样检查其独立性?

13.9 何谓有量纲数和无量纲数?无量纲数有哪些优点?

习　　题

13.1　整理下列各组物理量成为无量纲数：

(1) τ, v, ρ；　　　　(2) $\Delta p, v, g, \rho$；　　　　(3) F, L, v, ρ；　　　　(4) σ, L, v, ρ。

13.2　由实验观测得知量水堰的过堰流量 Q 与堰上水头 H_0、堰宽 b、重力加速度 g 之间存在一定的函数关系，试用瑞利法导出流量公式。

13.3　试用瑞利法推导管中液流的切应力 τ 的表达式。设切应力 τ 是管径 d、相对粗糙率 $\dfrac{\Delta}{d}$、液体密度 ρ、动力黏滞系数 μ 和流速 v 的函数，Δ 为绝对粗糙度。

13.4　用 π 定理推导文德里管流量公式。影响喉道处流速 v_2 的因素有：文德里管进口断面直径 d_1、喉道断面直径 d_2、水的密度 ρ、动力黏滞系数 μ 及两断面间压强差 Δp。（设该管水平放置）

13.5　运动黏滞系数为 4.645×10^{-5} m^2/s 的油，在黏滞力和重力均占优势的原型中流动，希望模型的长度比尺 $\lambda_l = 5$，为同时满足重力和黏滞力相似条件，问模型液体运动黏滞系数应为多少？

13.6　有一矩形单孔 WES 剖面混凝土溢流坝。已知坝高 $p_p = 10$ m，坝上设计水头 $H_p = 5$ m，流量系数 $m = 0.502$，溢流孔净宽 $b_p = 8$ m，在长度比尺 $\lambda_l = 20$ 的模型上进行试验，忽略行进流速，要求：(1)计算模型流量；(2)如在模型坝趾测得收缩断面表面流速 $u_{c0m} = 3.46$ m/s，计算原型的相应流速 u_{c0p}；(3)求原型的流速系数 φ_p。

13.7　某溢流坝按长度比尺 $\lambda_l = 25$ 设计一断面模型。模型坝宽 $b_m = 0.61$ m，原型坝高 $p_p = 11.4$ m，原型最大水头 $H_p = 1.52$ m，问：(1)模型坝高和最大水头应为多少？(2)如果模型通过流量为 0.02 m^3/s，问原型中单宽流量 q_p 为多少？(3)如果模型中出现跃高 $a_m = 26$ mm 之水跃，问原型中水跃高度为多少？

习　题　答　案

第 1 章

1.1　(1) 切应力 τ 为常数,沿间隙呈矩形分布;

　　(2) $F=0.402$ N

1.2　(1) $\tau=0.002\rho g(h-y)$;

　　(2) $\tau|_{y=0}=9.81$ N/m^2, $\tau|_{y=0.5}=0$;

　　(3) 切应力为线性分布,沿水深呈三角形分布。

1.3　(1) $\tau=0.002\rho gr$　　　　　　　(2) $\tau|_{r=0}=0$, $\tau|_{r=r_0}=9.81$ N/m^2

1.4　$\mu=\dfrac{M}{\dfrac{\omega}{\delta}\pi r_1^4\left[\dfrac{1}{2}+\dfrac{2\delta r_2 H}{r_1^2(r_2-r_1)}\right]}$

1.5　$\mu_1=0.834$ N·s/m^2, $\mu_2=0.417$ N·s/m^2

1.6　(1) $y=\dfrac{\mu_2 h}{\mu_1+\mu_2}$;　　　　　　(2) $y=\dfrac{h}{1+\sqrt{\dfrac{\mu_1}{\mu_2}}}$

1.7　(1) $h=2.16$ mm;　　　　　　(2) $d=9.0$ mm

1.8　$\mathrm{d}p=1.06\times10^6$ N/m^2

第 2 章

2.1　略

2.2　$H=2.48$ m

2.3　$p_{abs}=310.24$ kN/m^3, $p_r=208.94$ kN/m^3

2.4　$p_1=-4.64$ kN/m^3; $p_2=0$; $p_3=p_4=2.35$ kN/m^3; $p_5=6.17$ kN/m^3

2.5　$a=6.54$ m/s^2

2.6　$\dfrac{1}{2}\omega^2 r^2=g(z_r-z_0)$

2.7　$P=3.75$ kN; $h_D=1.96$ m

2.8　$T=245.8$ kN

2.9　$T=0.27$ kN

2.10　略

2.11　$P=34.4$ kN

2.12　$P=97.58$ kN; $\theta=78.4°$

2.13　(1) $P=0.205$ N; (2) $p_0\geqslant3.82$ kN/m^2

第 3 章

3.1　$Q_2=20$ m^3/s, $v_2=11.32$ m/s

3.2　$z_A = 10$ m，$\dfrac{p_A}{\rho g} = 2.63$ m，$\dfrac{u_A^2}{2g} = 1.27$ m，$E_A = 13.90$ m

3.3　$v = 0.72$ m/s，$Q = 9.07 \times 10^{-4}$ m³/s

3.4　$h_s = 6.32$ m

3.5　$p_A = -64.65$ kN/m²

3.6　$R = 93.49$ kN→

3.7　$R = 396.79$ kN→

3.8　$N = 5.52$ kN→

3.9　$R_x = 567.21$ kN→，$R_z = 1449.37$ kN↓

3.10　(1) $\theta = 30°$　　　　　　　　(2) $R = -456.5$ N→

3.11　$Q = 1.0$ m³/s

3.12　$R_x = 4082$ N→

3.13　$R_x = 0.077$ kN→，$R_z = 0.291$ kN↓

3.14　$H = 25.49$ m

第 4 章

4.1　层流

4.2　紊流

4.3　(1) 略；　　　　　　　　(2) 7.14 倍

4.4　$\tau_0 = 25.96$ N/m²

4.5　$\tau_0 = 14.72$ N/m²

4.6　$\lambda = 0.038$，$h_f = 3.31 \times 10^{-2}$ m

4.7　(1) $v = \dfrac{2}{3} u_0$；　　　　　　(2) $\tau_0 = \dfrac{2\mu u_0}{h}$

4.8　(1) $\lambda = 0.038$，紊流粗糙区，$\lambda = f\left(\dfrac{k_s}{d}\right)$；

　　(2) $\lambda = 0.0132$，紊流过渡粗糙区，$\lambda = f\left(Re, \dfrac{k_s}{d}\right)$；

　　(3) $\lambda = 0.018$，紊流光滑区，$\lambda = f(Re)$；

　　(4) $\lambda = 0.018$，紊流光滑区，$\lambda = f(Re)$。

4.9　$\lambda = 0.022$，$h_f = 6.5 \times 10^{-3}$ m

4.10　$Q = 32.78$ m³/s

4.11　$n = 0.025$

4.12　用 λ 计算，$h_f = 4.03$ m，用 C 计算，$h_f = 3.91$ m

4.13　$h_j = 0.661$ m

4.14　$Q = 0.0112$ m³/s

第 5 章

5.1　$t = 0$，流线方程 $xy = C$ 为等边双曲线。

5.2 流线方程为 $xy+t(y-x)-t^2=C$

5.3 (1) $\dfrac{\partial u_x}{\partial x}+\dfrac{\partial u_y}{\partial y}=A\cos(xy)(y-x)\neq0$，流动不能发生

(2) $\dfrac{\partial u_x}{\partial x}+\dfrac{\partial u_y}{\partial y}=0$，流动能发生

5.4 流线方程为 $\begin{cases}x^2+y^2=C_1\\z=C_2\end{cases}$

该流动为无旋运动

$\varepsilon_{xx}=\dfrac{2kxy}{(x^2+y^2)^2}$，　$\varepsilon_{yy}=-\dfrac{2kxy}{(x^2+y^2)^2}$，　$\varepsilon_{zz}=0$

$\varepsilon_{xy}=\varepsilon_{yx}=-\dfrac{k(x^2-y^2)}{(x^2+y^2)^2}$，　$\varepsilon_{xz}=\varepsilon_{zx}=0$，　$\varepsilon_{zy}=\varepsilon_{yz}=0$

既有线变形，又有角变形

5.5 (1)

$\varepsilon_{xx}=\varepsilon_{yy}=\varepsilon_{zz}=0$

$\varepsilon_{xy}=\varepsilon_{yx}=z$，　$\varepsilon_{xz}=\varepsilon_{zx}=y$，　$\varepsilon_{zy}=\varepsilon_{yz}=x$

有角变形

(2) 流动为无旋运动

5.6 $\omega_x=0$，　$\omega_y=-\dfrac{u_m}{r_0^2}z$，　$\omega_z=\dfrac{u_m}{r_0^2}y$

$\varepsilon_{xy}=-\dfrac{u_m}{r_0^2}y$，　$\varepsilon_{zx}=-\dfrac{u_m}{r_0^2}z$，　$\varepsilon_{yz}=0$

流动为有旋运动

5.7 存在 φ，　$\varphi=\dfrac{1}{3}x^3-xy^2+\dfrac{1}{2}x^2-\dfrac{1}{2}y^2+C$

存在 ψ，　$\psi=-\dfrac{1}{3}y^3+x^2y+xy$

5.8 $\varphi=-4xy+C$

5.9 $\psi=\dfrac{k\sin\theta}{r}+C$

5.10 略

5.11 $P=24\,\text{kN}$

第 6 章

6.1 (1) $z=70.3\,\text{m}$；　　(2) $h_s=4.95\,\text{m}$

6.2 $d=0.945\,\text{m}$

6.3 $Q=0.021\,\text{m}^3/\text{s}$

6.4 (1) $Q=0.024\,\text{m}^3/\text{s}$；　　(2) $H=21.63\,\text{m}$；　　(3) $d=0.262\,\text{m}$

6.5 略

6.6 $Q=0.019\,\text{m}^3/\text{s}$

6.7　$Q_1 = 0.157Q_2 = 0.0534Q_3$

6.8　$Q_1 = 0.058 \text{ m}^3/\text{s}$; $Q_2 = 0.11 \text{ m}^3/\text{s}$; $Q_3 = 0.035 \text{ m}^3/\text{s}$; $h_f = 4.0 \text{ m}$

6.9　$H = 1.26 \text{ m}$

6.10　$h_f = 5.6 \text{ m}$

6.11　$\Delta p_1 = 1400 \text{ kN/m}^2$; $\Delta p_2 = 210 \text{ kN/m}^2$

第 7 章

7.1　$Q = 1.61 \text{ m}^3/\text{s}$

7.2　$i = 0.000\ 29$

7.3　$h_0 = 1.265 \text{ m}$

7.4　$Q = 922.16 \text{ m}^3/\text{s}$

7.5　$v = 1.2 \text{ m/s}$, $Q = 14.4 \text{ m}^3/\text{s}$

第 8 章

8.1　略

8.2　$h_c = 0.54 \text{ m}$

8.3　$h_c = 0.79 \text{ m}$

8.4　(1) $h_{01} = 2.60 \text{ m}$, $h_{02} = 1.44 \text{ m}$　(2) $h_c = 1.37 \text{ m}$　(3) i_1, i_2 渠段上的均匀流为缓流

8.5　$i_c = 0.006\ 31$

8.6　(1) $h_2 = 3.55 \text{ m}$, $v_2 = 1.27 \text{ m/s}$; (2) $\Delta E = 8.06 \text{ m}$; (3) $a = 3.25 \text{ m}$

8.7　略

8.8　略

8.9　$\Delta h = 0.1 \text{ m}$, $\sum \Delta s = 5637 \text{ m}$; $\Delta h = 0.2 \text{ m}$, $\sum \Delta s = 5623 \text{ m}$

8.10　略

第 9 章

9.1　$Q_1 = 0.484 \text{ m}^3/\text{s}$, $Q_2 = 0.416 \text{ m}^3/\text{s}$

9.2　$Q = 0.496 \text{ m}^3/\text{s}$

9.3　$a = 0.55 \text{ m}$, $B = 0.621 \text{ m}$

9.4　$Q = 0.0318 \text{ m}^3/\text{s}$

9.5　略

9.6　略

9.7　$Q = 1917 \text{ m}^3/\text{s}$

9.8　$B = 6.46 \text{ m}$

9.9　$Q = 146.2 \text{ m}^3/\text{s}$

9.10　$Q = 371.3 \text{ m}^3/\text{s}$

9.11　$B = 8.9 \text{ m}$, $n = 3$

9.12　$Q = 78.83 \text{ m}^3/\text{s}$

9.13　$Q=401.5\ \mathrm{m^3/s}$

第 10 章

10.1　$h_{c0}=0.215\ \mathrm{m}$，$h_{c02}=3.82\ \mathrm{m}$

10.2　远离式水跃，$s=1.49\ \mathrm{m}$，$l=14.54\ \mathrm{m}$

10.3　(1) 需要做消能工；　　(2) $d=2.37\ \mathrm{m}$

10.4　$L_0=18.08\ \mathrm{m}$，$T=0.54\ \mathrm{m}$

第 11 章

11.1　$k=0.0467\ \mathrm{cm/s}$

11.2　$q=1.75\ \mathrm{m^2/d}$

11.3　$q=0.037\ \mathrm{cm^2/s}$

11.4　$Q=7.43\times10^{-4}\ \mathrm{m^3/s}$，$h=7.65\ \mathrm{m}$

11.5　$Q=195.45\ \mathrm{m^3/d}$

11.6　$\Delta h=0.54\ \mathrm{m}$

11.7　(1) $J=0.25$，$u=0.5\times10^{-4}\mathrm{cm/s}$　(2) $q=2.2\times10^{-1}\mathrm{cm^2/s}$　(3) $p=78.48\ \mathrm{kN/m^2}$

第 12 章

12.1　$C=0.046\ \mathrm{kg/m^3}$

12.2　$C=4.415\times10^{-3}\mathrm{kg/m^3}$

12.3　$C=4.06\ \mathrm{kg/m^3}$

12.4　$C=0.016\ \mathrm{kg/m^3}$

第 13 章

13.1　(1) $\pi=\dfrac{\tau}{\rho v^2}$　　(2) $\pi=\dfrac{\Delta p}{\rho v^2}$　　(3) $\pi=\dfrac{F}{\rho v^2 L^2}$　　(4) $\dfrac{\sigma}{\rho v^2 L}$

13.2　$Q=kb\sqrt{g}\,H_0^{\frac{3}{2}}$

13.3　$\tau=\rho v^2 f_1(Re)f_2\left(\dfrac{\Delta}{d}\right),Re=\dfrac{vd}{\nu}$

13.4　$Q=\dfrac{\pi d_2^2}{4}\sqrt{\dfrac{\Delta p}{\rho}}\,f\left(\dfrac{d_2}{d_1},Re\right),\ Re=\dfrac{v_2 d_2}{\nu}$

13.5　$\nu_\mathrm{m}=4.15\times10^{-6}\mathrm{m^2/s}$

13.6　(1) $Q_\mathrm{m}=0.111\ \mathrm{m^3/s}$　(2) $u_{c0p}=15.47\ \mathrm{m/s}$　(3) $\varphi_\mathrm{p}=0.95$

13.7　(1) $p_\mathrm{m}=0.456\mathrm{m}$　$H_\mathrm{m}=0.061\ \mathrm{m}$　(2) $q_\mathrm{p}=4.1\ \mathrm{m^2/s}$　(3) $a_\mathrm{p}=0.65\ \mathrm{m}$

参 考 文 献

[1] 华东水利学院.水力学[M].北京:科学出版社,1985.

[2] 李家星,赵振兴.水力学[M].南京:河海大学出版社,2001.

[3] 清华大学水力学教研室.水力学[M].北京:人民教育出版社,1980.

[4] 吴持恭.水力学[M].3 版.北京:高等教育出版社,2003.

[5] 西南交通大学水力学教研室.水力学[M].3 版.北京:高等教育出版社,1983.

[6] 李玉柱,苑明顺.流体力学[M].2 版.北京:高等教育出版社,2008.

[7] 美国陆军工程兵团.水力设计准则[M].王昭,张元禧,等译.北京:水利出版社,1982.

[8] KOBUS H.水力模拟[M].清华大学水利系泥沙研究室,译.北京:清华大学出版社,1988.

[9] 武汉大学水利水电学院水力学流体力学教研室,李炜.水力计算手册[M].2 版.北京:中国水利水电出版社,2006.

[10] 章梓雄,董曾南.粘性流体力学[M].北京:清华大学出版社,1998.

[11] 闻德荪.工程流体力学(水力学)[M].2 版.北京:高等教育出版社,2004.

[12] 李炜,徐孝平.水力学[M].武汉:武汉水利电力大学出版社,1999.

[13] 禹华谦,莫乃榕.工程流体力学[M].北京:高等教育出版社,2004.

[14] 郭子中.消能防冲原理与水力设计[M].北京:科学出版社,1982.

[15] 杨凌真.水力学难题分析[M].北京:高等教育出版社,1988.

[16] 莫乃榕,槐文信.流体力学水力学题解[M].武汉:华中科技大学出版社,2002.

[17] CHANSON H.明渠水力学[M].可索娟,等译.郑州:黄河水利出版社,2001.

[18] 大连工学院水力学教研室.水力学解题指导及习题集[M].北京:高等教育出版社,1984.

[19] CALSLAW H S, JAEGER J C. Conduction of Heat in Solid[M]. Oxford:Oxford University Press,1959.

[20] CRANK J.The Mathematics of Diffusion[M]. Oxford:Oxford University Press,1975.

[21] FRENCH R H.Open Channel Hydraulics[M]. New York:McGraw-Hill Book Company,1986.

[22] HOLZBECHER E. Environmental Modeling Using MATLAB[M]. Berlin:Springer,2007.

[23] STREETER V L,WYLIE E B,BEDFORD K W.Fluid Mechanics[M]. New York:McGraw-Hill Book Company,1997.

[24] 周光炯.流体力学[M].北京:高等教育出版社,2004.

[25] 王惠民.流体力学基础[M].南京:河海大学出版社,1991.